MBA
BA
PA
EM
MPAcc

第8版

乐学喵
LEXUEMIAO.COM

理工社

管理类联考

老吕数学

要点精编

主编○吕建刚　　副主编○罗瑞

编委：刘晓宇

母题篇

全新
改版升级

北京理工大学出版社
BEIJING INSTITUTE OF TECHNOLOGY PRESS

图书在版编目（CIP）数据

管理类联考·老吕数学要点精编/吕建刚主编．--

8版．--北京：北京理工大学出版社，

2021.10（2022.1重印）

ISBN 978 - 7 - 5763 - 0603 - 3

Ⅰ.①管…　Ⅱ.①吕…　Ⅲ.①高等数学-研究生-入

学考试-自学参考资料　Ⅳ.①O13

中国版本图书馆 CIP 数据核字（2021）第 215804 号

出版发行 / 北京理工大学出版社有限责任公司

社　　　址 / 北京市海淀区中关村南大街 5 号

邮　　　编 / 100081

电　　　话 / （010）68914775（总编室）

　　　　　　（010）82562903（教材售后服务热线）

　　　　　　（010）68944723（其他图书服务热线）

网　　　址 / http：//www.bitpress.com.cn

经　　　销 / 全国各地新华书店

印　　　刷 / 保定市中画美凯印刷有限公司

开　　　本 / 787 毫米×1092 毫米　1/16

印　　　张 / 35

字　　　数 / 821 千字

版　　　次 / 2021 年 10 月第 8 版　2022 年 1 月第 2 次印刷

定　　　价 / 99.80 元（全两册）

责任编辑 / 多海鹏

文案编辑 / 多海鹏

责任校对 / 周瑞红

责任印制 / 李志强

'每份努力 都值得

现在是凌晨三点，刚刚写完《老吕逻辑要点精编》的最后一个字，我抬头看看窗外，一弯新月遥挂空中，几点星光若隐若现。偌大的一栋写字楼，空无一人，除了我。这样静谧的夜色，会让人想起很多。

二十年前.

我在武汉大学读书的时候，学校里有两位非常受学生欢迎的老师，一位是教西方哲学史的赵林教授，一位是我的经济学老师程虹教授.

那时候，赵林教授是武大辩论队的主教练，口才一流、学识渊博。每周一晚上，他在学校当时最大的教室（教三101室）开讲他那门最受欢迎的选修课——西方哲学史。我也凑热闹，听了几节课，不过说实话，没听懂几句。一是课上讲了好多外国人的名字，太难记；二是那些抽象的哲学思想，难理解。尽管如此，赵老师上课的场景直到现在仍犹在眼前：从各校区慕名而来的同学挤满了教室，讲台边、过道里，坐着的、站着的，满满当当，人山人海。

程虹教授的名字像个女生，但却是位温文尔雅的男教授。程教授是我们的经济学老师，他的经济学课，既能把高深的经济学理论讲得通俗易懂，又能结合商业案例进行分析。我们班多数同学都是他的迷弟迷妹，我也不例外。当然，程教授不可能认识我，班上同学太多了，我只是其中最平凡的一个。

两位优秀的老师让我一下子找到了人生理想——我要成为大学里一位最受欢迎的教授，用学生们最喜欢的方式传授知识。

大三时候的我，为了这份理想，信誓旦旦地说我要考上北大的研究生。但是，复习了不到3天，就把书置之一旁，这份理想变成了空想。毕竟，努力学习多累呀，玩游戏比学习更加快乐，不是吗？

十五年前．

这一年，我经历了一次严重的创业失败．

可能是因为第一次创业，太顺利了，顺利到我一边创业买房买车，还一边考上了研究生．又因为自己那个成为名教授的理想，还兼职成了一位考研讲师．总之我觉得创业太容易了，于是头脑一热，和一位朋友开了一家在线超市，比天猫超市差不多早两年．

回头想来，这次创业完全不具备任何成功的可能性——自身能力不足、资源有限；外部环境也还不成熟．这次创业让我负债累累，但我特别感谢这次失败．

这次失败之前，我最专注的时候，就是玩网游的时候．上大学时，我本来可以保研的，但因为沉迷了几个月的网游，导致有一门专业课挂科，所以保研失败了；大学毕业后，曾经有过近一年的时间，我迷恋于魔兽世界之中，常常为了开荒魔兽世界的副本而彻夜不眠．

这次失败之后，我成了一个极为勤奋的人．我发现老天爷又给了我一次机会，他给了我一份我喜欢而且我也能干好的工作，讲课不再是我的爱好和理想，而是一份实实在在的职业．当又一次机会摆在面前的时候，我能不珍惜吗？我敢不努力吗？

于是，我立志成为中国最好的讲师．

十年前．

那时，我还是考研培训界一个寂寂无名的小卒，没有名气，只有勤奋．我记得那一年我出差了近300天，不是在出差，就是在出差的路上．但是我想写书，想写出自己的书，于是我只能在火车上写、在酒店里写，没课时白天写，有课时晚上加班写．那一年我每天都工作到晚上12点左右，没有一天休息．

一年过后，我写出了3本书，其中有2本书的完成稿和1本书的初稿．但是，出版商拒绝出版，理由是我名气不够．

第二年，我又疯狂写了一年，又是白天写、晚上写，又是路上写、酒店里写．三百多个日夜后，我又写出了3本书，加上去年的3本，形成了最早的"老吕专硕"系列图书．这一年，经一位朋友的推荐，在北京理工大学出版社编辑的帮助下，"老吕专硕"系列图书得以出版．可惜的是，由于出版进度的原因，6本书在当年只出版了4本．唉，"满纸荒唐言，一把辛酸泪．都云作者痴，谁解其中味？"

一年又一年……

近十年来，我几乎没有过周末。一年有大约三百三十天到三百四十天，我都是早上 9 点之前到公司，晚上 10 点左右回家。没有任何疑问，我就是全公司最勤奋的人。

可能很多作者的书写完以后，就可以一年又一年地复印了，但我坚持图书每年改版。最近半年，我重写了《老吕写作要点精编》80％的内容，更新了《老吕逻辑要点精编》70％的内容，新增了《老吕数学要点精编》近 100 页的母题技巧。尤其是最近两个月，为了赶书稿，我每天工作 12 个小时以上。

累吗？
累。
苦吗？
不觉得，我乐在其中吧。

驱动我不停前进的力量，我觉得是责任感和成就感吧。

首先是责任感。一个考研学生买了我的书，其实不仅仅是花了几十块上百块钱，而是要在这套书上付出半年甚至一年的努力。他是把自己的未来，或者至少是自己未来的一小部分寄托在了这套书上。如此沉重的托付，让我时有任重才轻之感，让我战战兢兢、如履薄冰。即使水平不高、能力有限，也得贡献出自己最大的力量吧。所以，这么一份职业，敢不努力吗？

其次是成就感。老师这个职业真的太好了，既能成就别人，又能养家糊口，讲好课还是我的理想和爱好，上天真心待我不薄！所以，当一本一本的书摆在我面前时，当一张又一张的好成绩截图发给我时，当一份又一份录取通知书接踵而至时，成就感油然而生。所以，这么一份职业，不值得努力吗？

回想年轻时候的我，和你们一样，不光逃课、打游戏，还会逃课打游戏。现在，四十岁的我，终于懂得了每份努力都有它的价值。我愿意把自己这些小小的奋斗经历分享给大家，因为我知道，考研不是我一个人的事，也不是你一个人的事，是我们要一起努力的事。

让我们一起努力，
好吗？

好了，啰嗦半天了，言归正传，接下来我要给你介绍一下"老吕专硕系列"图书的体系、特点以及你应该怎么用这些书．

1 "老吕专硕"系列图书的适用范围

"老吕专硕"系列图书适合 199 管理类联考的所有考生．具体专业如下：

考试	专业
199 管理类联考	工商管理硕士（MBA）、公共管理硕士（MPA）、工程管理硕士（MEM，含四个方向：工程管理、项目管理、工业工程与管理、物流工程与管理）、旅游管理硕士（MTA）、会计硕士（MPAcc）、审计硕士（MAud）以及图书情报硕士（MLIS）

2 "老吕专硕"系列图书的体系

"老吕专硕"系列图书，是以最新考试大纲为准绳，以近 10 年联考真题为依据编写的．建议你认真阅读本书的"大纲解读与命题趋势分析"部分，以便了解考试内容和命题趋势．

"老吕专硕"系列图书包括联考教材、母题专训、真题精解、冲刺押题四大体系，涵盖从基础到提高到冲刺的全过程．

"老吕专硕"系列的体系及使用阶段如下：

图书体系	书名	内容介绍
联考教材（第 1 轮）	《老吕数学要点精编》《老吕逻辑要点精编》《老吕写作要点精编》	①本套书是必做教材，是备考的起点．②数学和逻辑分基础篇和母题篇 2 个分册．基础篇从零起步，讲解大纲规定的所有基础知识；母题篇归纳总结为 101 类数学题型、26 类逻辑题型，囊括所有考点，教你做一道会一类．③写作分论证有效性分析、论说文和技巧总结 3 个分册，手把手教你学会写作套路、提供写作素材．
母题专训（第 2 轮）	《老吕数学母题 800 练》《老吕逻辑母题 800 练》	①本套书是对"母题"的强化训练．②与"要点精编"一脉相承，用来总结题型、训练题型．
真题精解（第 3 轮）	《老吕综合真题超精解》（试卷版）《老吕写作 33 篇》（真题精讲版）	以考试大纲为依据、以官方答案为标准，详尽细致解析历年真题．

续表

图书体系	书名	内容介绍
冲刺押题 （第4轮）	《老吕综合冲刺8套卷》 《老吕综合密押6套卷》 《老吕写作33篇》(考前背诵版)	①紧扣最新大纲，精编全真模考卷，适合冲刺阶段提分使用. ②回归母题，查漏补缺，冲刺拔高. ③密押6套卷＋写作33篇，具有考前押题性质. 近10年8次押中写作论说文；基本囊括数学逻辑原型题.

注意："老吕专硕"系列图书有统一的母题编号，针对薄弱考点，可查看母题编号，回归"要点精编"（母题篇)作总结，回归"母题800练"做练习.

③ "老吕专硕"系列图书的备考思路

如果我们只看题目，联考的总题量是非常大的，比如仅逻辑一科，历年真题就有1 500多道，但如果我们分析这些题目的内在逻辑，对其分门别类进行总结，则这些逻辑题型只有26类. 同理，数学题型只有101类，论证有效性分析只有6大类12种常见题型，论说文只有3大类33个常见主题.

因此，老吕的教研体系的核心就是找到这些题目的内在规律，找到题源、题根，把它化成可以被重复使用、重复命题的"母题". 那么，何谓"母题"？"母题者，题妈妈也；一生二，二生四，以至无穷."

有一些不了解老吕的学生误以为母题就是指《老吕数学母题800练》和《老吕逻辑母题800练》这两本书，甚至因此忽略了最关键的"要点精编"系列教材和独创性、实用性非常强的"老吕写作"系列图书. 其实，母题是一套完整的考研解决方案，是一套系统化的解题逻辑. 它始于"联考教材"，终于"冲刺押题". 这一套备考逻辑的思路如图1所示：

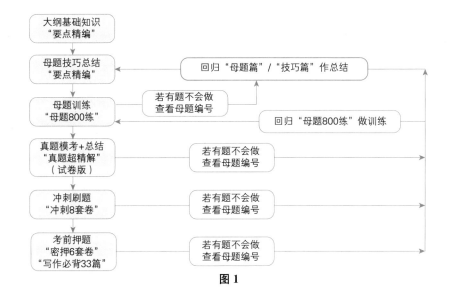

图1

4 配套课程或赠送课程

书名	适用人群	配套或赠送课程
《老吕逻辑要点精编》	管理类、经济类联考所有专业	基础班课程：配套"基础篇"，精讲每个知识点、每道例题、每道习题、每个选项，巩固基础知识，建立扎实基本功。
《老吕数学要点精编》	管理类联考各专业	母题班课程：配套"母题篇"，精讲每个母题、每个变化、每个技巧、每道习题、每个选项，掌握系统解题方法，全面提高解题能力。
《老吕写作要点精编》	管理类、经济类联考所有专业	论证有效性分析写作技巧精讲： 一、大纲解读与真题样题 二、全文结构 三、正文写法的三级进阶 论说文写作技巧精讲： 一、大纲解读与命题类型分析 二、1342 写作法

5 交流方式

备考过程中有什么疑问，可以通过以下方式联系老吕．由于学员众多，老吕并不能保证 100％回复．但老吕在力所能及的范围内，还是会做大量的回复的．

微博：@老吕考研吕建刚-MBAMPAcc

微信：lvlvmba   lvlvmpacc

微信公众号：老吕考研（MPAcc、MAud、图书情报专用）

老吕教你考 MBA（MBA、MPA、MEM 专用）

199 管理类联考备考 QQ 群：798505287   173304937   799367655   747997204   797851440

最后，老吕想引用苏轼的一句话："古之立大事者，不惟有超世之才，亦必有坚忍不拔之志．"我们也许很难成为"立大事者"，但我们也可以有一份属于普通人的小小梦想．对我而言，这个小小梦想就是写出更好的书、讲出更好的课，帮你考上研究生；对你来说，现在这个小小梦想就是考上研究生．让我们一起努力吧，因为，每份努力都值得！

吕建刚

2021 年 9 月 10 日教师节之际

目录

下部:母题篇

第2章 《整式与分式》母题精讲

第3章 《函数、方程和不等式》母题精讲

第4章 《数列》母题精讲

第 5 章　《几何》母题精讲

第6章 《数据分析》母题精讲

第 7 章　《应用题》母题精讲

下部
母题篇

母题者，题妈妈也。一生二，二生四，以至无穷。

母题篇学习指南

1. 母题篇的内容

(1)本书母题篇总结了数学的 101 类题型 315 种变化及其对应的 258 个解题方法.

(2)本书母题篇几乎穷尽了命题人的命题思路和角度，值得你学习、总结 2~3 遍.

2. 哪些题型更重要?

本书母题篇统计了近 10 年联考的详细题型分布. 其中，近年真题多次考查的题型如不定方程、直线与圆的位置关系、应用题等都是重点题型，具体大家可以看各章的命题统计.

但是，由于数学题型特别多，历年真题并没有覆盖大纲规定的全部题型. 比如频率分布直方图，真题尚未考过，但它是大纲明确规定要考的内容. 再加上数学题之间存在互相关联性，比如说因式分解问题，真题几乎不会单独命题，但如果你不会因式分解的话，几乎所有代数题的解题都会受影响. 可见，有些题型虽然没有考过，但也不容忽视.

第一、二轮复习时，建议大家全面复习. 冲刺阶段老吕会开课给大家画重点，一般画重点的时间是在每年的"双十一押题之夜"，大家可以关注老吕微博的相关通知.

3. 母题篇的学习步骤

(1)母题篇建议用于第二轮复习.

(2)学习步骤建议为：预习——听课——复习总结——模考.

(3)听课十分重要. 很多同学自己做题时，看明白了答案就感觉自己懂了. 其实不然，理解一道题的命题方式、解题思路更加重要，这也是我们听课的重点. 因此，本书的配套课程请务必认真听讲.

(4)模考一定要限时，一套 25 道题的模考题建议时间为 55~60 分钟.

4. 母题篇的难度

母题篇的例题与真题难度基本相当.

管理类联考

数学题型说明

1. 题型与分值

管理类联考中，数学分为两种题型，即问题求解和条件充分性判断，均为选择题. 其中，问题求解题 15 道，每道题 3 分，共 45 分；条件充分性判断题有 10 道，每题 3 分，共 30 分.

2. 条件充分性判断

2.1 充分性定义

对于两个命题 A 和 B，若有 A⇒B，则称 A 为 B 的充分条件.

2.2 条件充分性判断题的题干结构

题干先给出结论，再给出两个条件，要求判断根据给定的条件是否足以推出题干中的结论.

例：

方程 $f(x)=1$ 有且仅有一个实根.　　　　　　（结论）

(1) $f(x)=|x-1|$.　　　　　　　　　　　（条件 1）

(2) $f(x)=|x-1|+1$.　　　　　　　　　（条件 2）

2.3 条件充分性判断题的选项设置

如果条件(1)能推出结论，就称条件(1)是充分的；同理，如果条件(2)能推出结论，就称条件(2)是充分的. 在两个条件单独都不充分的情况下，要考虑二者联立起来是否充分，然后按照以下选项设置做出选择.

> **考生注意**
>
> 选项设置：
> (A)条件(1)充分，条件(2)不充分.
> (B)条件(2)充分，条件(1)不充分.
> (C)条件(1)和条件(2)单独都不充分，但条件(1)和条件(2)联合起来充分.
> (D)条件(1)充分，条件(2)也充分.
> (E)条件(1)和条件(2)单独都不充分，条件(1)和条件(2)联合起来也不充分.
>
> 【注意】
> ①条件充分性判断题为固定题型，其选项设置(A)、(B)、(C)、(D)、(E)均同以上选项设置(即此类题型的选项设置是一样的).

②各位同学在备考管理类联考数学之前，要先了解条件充分性判断题型的题干结构及其选项设置．

③由于此类题型选项设置均相同，本书之后将不再单独注明条件充分性判断题及选项设置，出现条件(1)和条件(2)的就是这种题型，各位同学只需将选项设置记住，即可做题．

[典型例题]

例1 方程 $f(x)=1$ 有且仅有一个实根．

(1)$f(x)=|x-1|$．

(2)$f(x)=|x-1|+1$．

【解析】由条件(1)得

$$|x-1|=1 \Rightarrow x-1=\pm1 \Rightarrow x_1=2, \ x_2=0,$$

所以条件(1)不充分．

由条件(2)得

$$|x-1|+1=1 \Rightarrow x-1=0 \Rightarrow x=1,$$

所以条件(2)充分．

【答案】(B)

例2 $x=3$．

(1)x 是自然数．　　　　(2)$1<x<4$．

【解析】条件(1)不能推出 $x=3$ 这一结论，即条件(1)不充分．

条件(2)也不能推出 $x=3$ 这一结论，即条件(2)也不充分．

联立两个条件：可得 $x=2$ 或 3，也不能推出 $x=3$ 这一结论，所以条件(1)和条件(2)联合起来也不充分．

【答案】(E)

例3 x 是整数，则 $x=3$．

(1)$x<4$．　　　　(2)$x>2$．

【解析】条件(1)和条件(2)单独显然不充分，联立两个条件得 $2<x<4$．

仅由这两个条件当然不能得到题干的结论 $x=3$．

但要注意，题干还给了另外一个条件，即 x 是整数；

结合这个条件，可知两个条件联立起来充分，选(C)．

【答案】(C)

例4 $x^2-5x+6 \geqslant 0$．

(1)$x \leqslant 2$．

(2)$x \geqslant 3$．

【解析】由 $x^2-5x+6 \geqslant 0$，可得 $x \leqslant 2$ 或 $x \geqslant 3$．

条件(1)：可以推出结论，充分．

条件(2)：可以推出结论，充分．

两个条件都充分，选(D)．

注意：在此题中我们求解了不等式 $x^2-5x+6\geqslant0$，即对不等式进行了等价变形，得到了一个结论，然后再看条件(1)和条件(2)能不能推出这个结论．切记不是由这个不等式的解去推出条件(1)和条件(2)．

【答案】(D)

例5 $(x-2)(x-3)\neq0$．

(1) $x\neq2$．

(2) $x\neq3$．

【解析】条件(1)：不充分，因为在 $x\neq2$ 的条件下，如果 $x=3$，可以使 $(x-2)(x-3)=0$．

条件(2)：不充分，因为在 $x\neq3$ 的条件下，如果 $x=2$，可以使 $(x-2)(x-3)=0$．

所以，必须联立两个条件，才能保证 $(x-2)(x-3)\neq0$．

【答案】(C)

例6 $(a-b)\cdot|c|\geqslant|a-b|\cdot c$．

(1) $a-b>0$．

(2) $c>0$．

【解析】此题有些同学会这么想：

由条件(1)，可知 $(a-b)=|a-b|>0$．

由条件(2)，可知 $|c|=c>0$．

故有

$$(a-b)\cdot|c|=|a-b|\cdot c,$$

能推出 $(a-b)\cdot|c|\geqslant|a-b|\cdot c$，所以联立起来成立，选(C)．

条件(1)和条件(2)联合起来确实能推出结论，但问题在于：

由条件(1)，可知 $(a-b)=|a-b|>0$，则 $(a-b)\cdot|c|\geqslant|a-b|\cdot c$，可化为 $|c|\geqslant c$，此式是恒成立的．

也就是说，仅由条件(1)就已经可以推出结论了，并不需要联立．因此，本题选(A)．

各位同学一定要谨记，将两个条件联立的前提是条件(1)和条件(2)单独都不充分．

【答案】(A)

第1章 《算术》母题精讲

本章题型思维导图

听本章课程

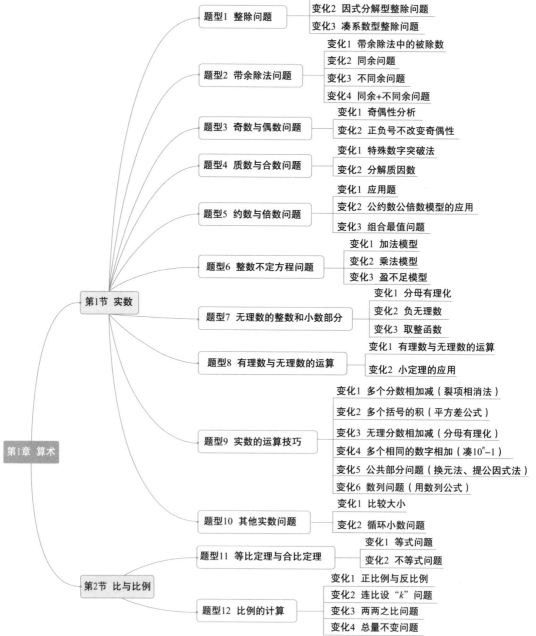

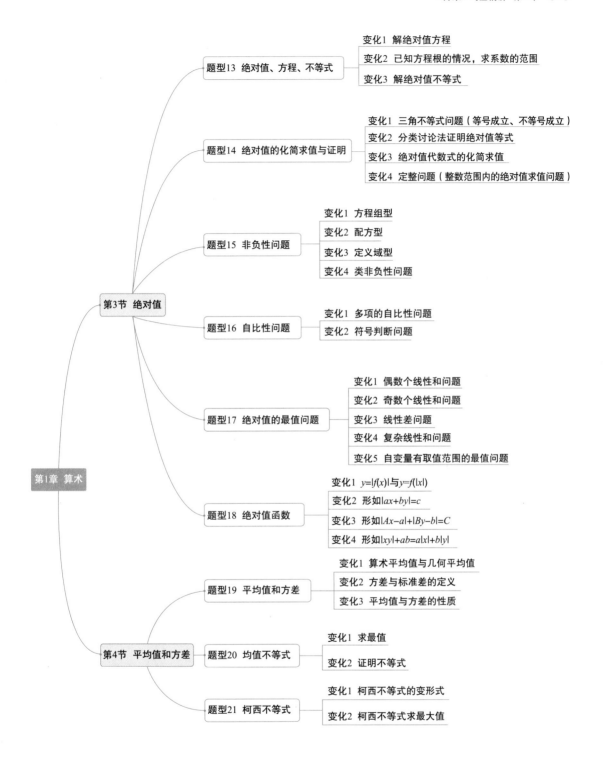

历年真题考点统计

题型名称	2013	2014	2015	2016	2017	2018	2019	2020	2021	2022	合计
整除问题				7	11						2 道
带余除法问题							22			8	2 道
奇数与偶数问题										7	1 道
质数与合数问题	17	10	3					4	4	10	6 道
约数与倍数问题					5						1 道
整数不定方程			21	18	13，23	18	19	20，22	22		9 道
整数和小数部分											0 道
有理数与无理数											0 道
实数的运算技巧	5								3		2 道
其他实数问题											0 道
等比合比定理											0 道
比例的计算			1								1 道
绝对值方程和绝对值不等式		17			10						2 道
绝对值的化简求值与证明	21		24		22	5	4		20	25	7 道
非负性问题											0 道
自比性问题											0 道
绝对值的最值									17		1 道
绝对值函数		17				16		7			3 道
平均值和方差		24	24	21	4，11	2	8	9，18			9 道
均值不等式			13			16，19	2，17	24，25			7 道
柯西不等式						16					1 道

说明：由于很多真题都是综合题，不是考查 1 个知识点而是考查 2 个甚至 3 个知识点，所以，此考点统计表并不能做到 100% 精确，但基本准确.

命题趋势及预测

2013—2022 年，合计考了 49 道，平均每年 4.9 道.

较有难度的题型：整数不定方程、均值不等式. 其余题型一般难度不大.

考试频率较高的题型：质数合数问题、整数不定方程、绝对值方程和绝对值不等式、绝对值的化简求值、平均值与方差的定义、均值不等式.

第❶节 实数

题型 ❶ 整除问题

〔母题综述〕

1. 数的整除

(1)定义：整数 a 除以非零整数 b，当商是整数，且余数为 0 时，称 a 能被 b 整除，或 b 能整除 a.

(2)常见数字的整除特征(如 2，3，4，5，6，8，9)，详见要点精编基础篇.

(3)整除问题常与约数和倍数问题结合考查.

2. 代数式的整除

考查形式：判断一个代数式能否被一个具体的数字(或另一个代数式)整除.

3. 常用方法：

(1)特殊值法(首选方法).

(2)设 k 法(常用方法，必须掌握)：若已知 a 能被 b 整除，可设 $a=bk(k\in\mathbf{Z})$.

(3)拆项法.

(4)分解因式法：已知条件往往是待求式子的因式.

(5)凑系数法.

〔母题精讲〕

母题1 (条件充分性判断) m 是一个整数.

(1)若 $m=\dfrac{p}{q}$，其中 p 与 q 为非零整数，且 m^2 是一个整数.

(2)若 $m=\dfrac{p}{q}$，其中 p 与 q 为非零整数，且 $\dfrac{2m+4}{3}$ 是一个整数.

(A)条件(1)充分，但条件(2)不充分.

(B)条件(2)充分，但条件(1)不充分.

(C)条件(1)和条件(2)单独都不充分，但条件(1)和条件(2)联合起来充分.

(D)条件(1)充分，条件(2)也充分.

(E)条件(1)和条件(2)单独都不充分，条件(1)和条件(2)联合起来也不充分.

【解析】条件(1)：p 与 q 为非零整数，所以 $m=\dfrac{p}{q}$ 为整数或分数.

因为分数的平方必然为分数，与 m^2 是整数矛盾，所以 m 必然是整数，故条件(1)充分.

条件(2)：设 k 法．令 $\dfrac{2m+4}{3}=k(k\in\mathbf{Z})$，则 $m=\dfrac{3k}{2}-2$．

所以，当 k 为偶数时，m 是整数；当 k 为奇数时，m 是分数，故条件(2)不充分．

【快速得分法】对于条件(2)用特殊值法：

令 $p=-1$，$q=2$，则 $\dfrac{2m+4}{3}=1$ 是整数，但 $m=\dfrac{p}{q}=-\dfrac{1}{2}$ 不是整数，所以条件(2)不充分．

【答案】（A）

考生注意

母题 1 为条件充分性判断题，这种题型的特点是：

题干先给出一个结论：m 是一个整数．

再给出两个条件：(1)若 $m=\dfrac{p}{q}$，其中 p 与 q 为非零整数，且 m^2 是一个整数．

(2)若 $m=\dfrac{p}{q}$，其中 p 与 q 为非零整数，且 $\dfrac{2m+4}{3}$ 是一个整数．

解题思路：

条件(1)能充分地推出结论吗？条件(2)能充分地推出结论吗？如果两个都不充分的话，两个条件联立能充分地推出结论吗？

选项设置：

(A)条件(1)充分，但条件(2)不充分．

(B)条件(2)充分，但条件(1)不充分．

(C)条件(1)和条件(2)单独都不充分，但条件(1)和条件(2)联合起来充分．

(D)条件(1)充分，条件(2)也充分．

(E)条件(1)和条件(2)单独都不充分，条件(1)和条件(2)联合起来也不充分．

【注意】

①条件充分性判断题为固定题型，其选项设置(A)、(B)、(C)、(D)、(E)均同此题(即此类题型的选项设置是一样的)．

②各位同学在做条件充分性判断题之前，要先了解这类题型的题干结构及其选项设置，详细内容可参看本书正文第 3 页的《管理类联考数学题型说明》．

③由于此类题型选项设置均相同，本书之后的例题将不再单独注明条件充分性判断题及选项设置，出现条件(1)和条件(2)的就是这种题型，各位同学只需将选项设置记住，即可做题．

[母题变化]

变化1　拆项型整除问题

> **技巧总结**
>
> 判断一个分式（分子、分母均为代数式）是否为整数，即分母的代数式能否整除分子，可以通过拆项法或裂项法，将分式化简为未知数只存在于分母（或分子）中的形式.
>
> 【例】$\dfrac{x+3}{x+2}=\dfrac{x+2+1}{x+2}=1+\dfrac{1}{x+2}$，$\dfrac{x+1}{x+2}=\dfrac{x+2-1}{x+2}=1-\dfrac{1}{x+2}$.

例1　m 是一个整数.

(1)若 $m=\dfrac{p}{q}$，其中 p 与 q 为非零整数，且 $\log_2 3m$ 是一个整数.

(2)若 $m=\dfrac{p}{q}$，其中 p 与 q 为非零整数，且 $\dfrac{2m+4}{m+1}$ 是一个整数.

【解析】*方法一：特殊值法.*

条件(1)：令 $m=\dfrac{1}{3}$，不充分；条件(2)：令 $m=-\dfrac{1}{2}$，不充分.

方法二：设 k 法.

条件(1)：令 $\log_2 3m=k(k\in\mathbf{Z})$，则有 $3m=2^k$，$m=\dfrac{2^k}{3}$，显然，m 不是整数，故条件(1)不充分；

条件(2)：令 $\dfrac{2m+4}{m+1}=k(k\in\mathbf{Z})$，整理为 $\dfrac{2m+2+2}{m+1}=k$，即 $2+\dfrac{2}{m+1}=k$，得 $m=\dfrac{2}{k-2}-1$，显然 m 不一定为整数，故条件(2)不充分；

因为条件(1)中 m 一定不是整数，故两个条件联立也不充分.

【答案】(E)

例2　$\dfrac{n+68}{35}$ 是整数.

(1)n 是整数，$\dfrac{n+3}{5}$ 是整数. 　　　　　　　　(2)n 是整数，$\dfrac{n+5}{7}$ 是整数.

【解析】*特殊值法、拆项法、分析法.*

条件(1)：令 $n=7$，显然 $\dfrac{n+3}{5}$ 为整数，而 $\dfrac{n+68}{35}$ 不是整数，故条件(1)不充分.

条件(2)：令 $n=9$，显然 $\dfrac{n+5}{7}$ 为整数，而 $\dfrac{n+68}{35}$ 不是整数，故条件(2)不充分.

联立两个条件，拆项可得

$$\dfrac{n+3}{5}=\dfrac{n-2+5}{5}=\dfrac{n-2}{5}+1,\quad \dfrac{n+5}{7}=\dfrac{n-2+7}{7}=\dfrac{n-2}{7}+1.$$

因为这两个数都为整数，故 $n-2$ 既能被5整除又能被7整除；

又因为5与7互质，最小公倍数为35，故 $n-2$ 能被35整除，所以

$$\frac{n+68}{35}=\frac{n-2+70}{35}=\frac{n-2}{35}+2,$$

其必为整数，故联立两个条件充分．

【答案】(C)

变化 2　因式分解型整除问题

> **技巧总结**
>
> 1. 当已知代数式可以因式分解时，先进行因式分解，然后分别分析各个因式的整除情况．
>
> 2. 常用因式分解的方法：提公因式法、公式法、凑配法、十字相乘法等．
>
> 3. 解题突破口：已知条件往往是待求式子的因式．

例3　$4x^2+7xy-2y^2$ 是 9 的倍数．

(1) x，y 是整数．

(2) $4x-y$ 是 3 的倍数．

【解析】条件(1)：令 $x=0$，$y=1$，代入可知不充分；条件(2)：令 $x=\dfrac{3}{4}$，$y=0$，代入可知不充分，故联立之．

方法一：设 k 法．

设 $4x-y=3k(k\in\mathbf{Z})\Rightarrow y=4x-3k$，代入题干，得
$$4x^2+7xy-2y^2=4x^2+7x(4x-3k)-2(4x-3k)^2=27kx-18k^2=9(3kx-2k^2).$$

因为 k，x 均为整数，所以 $3kx-2k^2$ 为整数，故原式能被 9 整除，两个条件联立起来充分．

方法二：因式分解(十字相乘法)+设 k 法．

对 $4x^2+7xy-2y^2$ 使用十字相乘法，如图 1-1 所示．

故有 $4x^2+7xy-2y^2=(4x-y)(x+2y)$．

设 $4x-y=3k(k\in\mathbf{Z})\Rightarrow y=4x-3k$，得 $x+2y=x+2(4x-3k)=9x-6k$ 是 3 的倍数，又因为 $4x-y$ 是 3 的倍数，故 $(4x-y)(x+2y)$ 是 9 的倍数，两个条件联立起来充分．

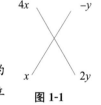

图 1-1

方法三：因式分解(凑配法)+设 k 法．

本题中已知条件中有因式 $4x-y$，故令
$$4x^2+7xy-2y^2=x(4x-y)+8xy-2y^2=x(4x-y)+2y(4x-y)=(4x-y)(x+2y).$$

以下步骤同方法二．

【答案】(C)

变化 3　凑系数型整除问题

> **技巧总结**
>
> **定理：**若已知 A 是 k 的倍数，$mA+nB$ 是 k 的倍数，则 B 也是 k 的倍数（k 为题干所给的已知整数，m，n 是自己凑出的整数且不是 k 的倍数，A、B 为已知代数式）．

【例】若已知 $4x-y$ 是 7 的倍数 $(x, y \in \mathbf{Z})$，$3 \times (4x-y) + (2x+3y) = 14x$ 是 7 的倍数，则 $2x+3y$ 也是 7 的倍数．此时 $A = 4x-y$，$B = 2x+3y$，$m = 3$，$n = 1$，确定 m，n 的方法如下：

（1）找出代数式 A、B 中各对应项系数的最小公倍数：x 系数的最小公倍数是 4，y 系数的最小公倍数是 -3；

（2）选最小公倍数的绝对值最小的那一组，即选择 $-y$ 和 $3y$；

（3）利用最小公倍数，将 $-y$ 和 $3y$ 四则运算后为 0，即 $3 \cdot (-y) + 1 \cdot (3y) = 0$，此时得到 $m = 3$，$n = 1$．

因此，在判断代数式的整除情况时，可以用凑系数法，看看能否凑出所求的倍数．

例 4 若 $5m+3n(m, n \in \mathbf{N})$ 是 11 的倍数，则 $9m+n($ $)$．

(A) 是 11 的倍数   (B) 不是 11 的倍数   (C) 是偶数

(D) 是质数   (E) 以上选项均不正确

【解析】*方法一：设 k 法．*

设 $5m+3n = 11k(k \in \mathbf{Z})$，则有 $n = \dfrac{11k-5m}{3}$，代入题干，得

$$9m+n = 9m + \frac{11k-5m}{3} = \frac{11k+22m}{3} = \frac{11(k+2m)}{3},$$

即 $3(9m+n) = 11(k+2m)$，又因为 k，m，n 为整数，故 $3(9m+n)$ 能被 11 整除；

3 与 11 互质，故 $9m+n$ 能被 11 整除，即 $9m+n$ 是 11 的倍数．

方法二：凑系数法．

$3(9m+n) - (5m+3n) = 22m$，显然能被 11 整除．

因为 $5m+3n$ 能被 11 整除，所以 $3(9m+n)$ 能被 11 整除．

又因为 3 和 11 互质，所以 $9m+n$ 能被 11 整除，即 $9m+n$ 是 11 的倍数．

【答案】(A)

例 5 已知 x，y，$z \in \mathbf{Z}$，则 $x+2y+3z$ 是 11 的倍数．

(1) $2x+4y-5z$ 是 11 的倍数．

(2) $x+2y-z$ 是 11 的倍数．

【解析】*凑系数法．*

条件 (1)：因为 $(2x+4y-5z) - 2(x+2y+3z) = -11z$ 是 11 的倍数，且 $2x+4y-5z$ 是 11 的倍数，故 $2(x+2y+3z)$ 也是 11 的倍数，又因为 2 不是 11 的倍数，所以 $x+2y+3z$ 是 11 的倍数，条件 (1) 充分．

条件 (2)：$(x+2y-z) - (x+2y+3z) = -4z$，不一定是 11 的倍数．可用举反例法排除，令 $x=0$，$y=6$，$z=1$，则 $x+2y-z=11$ 是 11 的倍数，$x+2y+3z=15$ 不是 11 的倍数，故条件 (2) 不充分．

【答案】(A)

题型 2 带余除法问题

[母题综述]

1. 带余除法的定义

整数 a 除以非零整数 b，商是整数，且余数不为 0 时，称为带余除法.

2. 带余除法常用公式

(1)被除数＝除数×商＋余数；(2)被除数－余数＝除数×商.

注意：余数要小于除数.

[母题精讲]

母题 2 394 除以一个质数，余数是 9，那么这个质数是(   ).

(A)5   (B)7   (C)11   (D)13   (E)17

【解析】394 除以这个质数余数是 9，那么 394 减去 9 之后必然是这个质数的倍数.

$394－9＝385$，$385＝5×7×11$，余数是 9，那么这个质数必然比 9 大，因此这个质数是 11.

【答案】(C)

[母题变化]

变化 1   带余除法中的被除数

技巧总结

带余除法问题常用以下方法：

（1）特殊值法：带余除法的条件充分性判断问题，首选特殊值法.

（2）设 k 法：若 a 被 b 除余 r，可设 $a＝bk+r(k\in \mathbf{Z})$；若 a 被 b 除余 r，则 $a－r$ 能被 b 整除 $(0\leq r<b)$.

（3）已知 a 被 b 除余 r，则 $a－r$ 能被 b 整除，此时 $a－r＝bk\Rightarrow a+(b－r)＝b(k+1)$，即被除数＋（除数－余数）也能被 b 整除.

（4）若已知 x、y 被同一个数 b 除之后的余数分别为 r_1、r_2，则 $x \cdot y$ 被 b 除之后的余数等于 $r_1 \cdot r_2$ 被 b 除之后的余数.

例 6 若 x 和 y 是整数，则 $xy+1$ 能被 3 整除.

(1)当 x 被 3 除时，余数为 1.

(2)当 y 被 9 除时，余数为 8.

【解析】条件(1)：特殊值法. 令 $x＝1$，则 $xy+1＝y+1$，能否被 3 整除与 y 的值有关，y 值不确定，故条件(1)不充分.

条件(2)：同理可知，条件(2)不充分.

联立条件(1)和条件(2)：

方法一：设 k 法.

由条件(1)可设 $x=3m+1(m\in\mathbf{Z})$，由条件(2)可设 $y=9n+8(n\in\mathbf{Z})$，则

$$xy+1=(3m+1)(9n+8)+1=27mn+24m+9n+9=3(9mn+8m+3n+3).$$

因为 m，n 为整数，所以 $9mn+8m+3n+3$ 为整数，故 $xy+1$ 可被 3 整除，联立两个条件充分.

方法二：利用上述技巧(3)和(4).

当 y 被 9 除时，余数为 8，等价于当 y 被 3 除时，余数为 2，故 xy 被 3 除的余数为 2，即 $xy+1$ 能被 3 整除.

【易错点】有同学误用设 k 法.

由条件(1)设 $x=3k+1$，由条件(2)设 $y=9k+8$，这种设法误把两个未知数当作一个未知数，相当于对 $x=3k_1+1$，$y=9k_2+8$ 取了特殊值 $k_1=k_2=k$，但 k_1，k_2 未必相等.

【答案】(C)

例7　一个自然数，除以 11 时所得的商和余数是相等的，除以 9 时所得的商是余数的 3 倍，这个自然数是(　　).

(A)62　　　　(B)84　　　　(C)96　　　　(D)108　　　　(E)168

【解析】根据带余除法，这个自然数可以写成

$$n=11x+x(x<11),\quad n=9y+\frac{y}{3}\left(\frac{y}{3}<9\right),$$

即 $11x+x=9y+\dfrac{y}{3}$，化为 $\dfrac{x}{y}=\dfrac{7}{9}$，因为 x，y 同为自然数，并且要满足余数小于除数，即 $x<11$，可得 $x=7$，$y=9$，因此这个自然数是 84.

【快速得分法】可将答案代入进行判断，例如：$62=11\times5+7$，商和余数不相等，选项(A)不对，以此类推即可.

【答案】(B)

变化 2　同余问题

> **技巧总结**
>
> 用一个数除以几个不同的数，得到的余数相同，称为"同余问题"．此时反求这个数，可以选除数的最小公倍数，加上这个相同的余数，称为"余同取余"．

例8　一个数除以 3 余 2，除以 5 余 2，除以 7 余 2，这个数最小是(　　).

(A)57　　　　(B)87　　　　(C)102　　　　(D)107　　　　(E)142

【解析】设这个数是 x，由题意可知，$x-2$ 能被 3，5，7 整除，因此 $x-2$ 最小的值是 3，5，7 的最小公倍数 105，故而 $x=107$.

【快速得分法】直接由小到大代入选项即可验证.

【答案】(D)

例 9　某人手中握有一把玉米粒，若 3 粒一组取出，余 1 粒；若 5 粒一组取出，也余 1 粒；若 6 粒一组取出，也余 1 粒，则这把玉米粒最少有(　　)粒.

(A)28　　　　(B)39　　　　(C)51　　　　(D)91　　　　(E)31

【解析】方法一：设共有 x 粒玉米粒，由题意可知，$x-1$ 能被 3，5，6 整除，若要玉米粒最少，则令 $x-1$ 是 3，5，6 的最小公倍数 30，故 x 为 31，即最少有 31 粒.

方法二：设 $x=30m+1(m>0)$，当 $m=1$ 时，x 最小，为 31.

【答案】(E)

变化3　不同余问题

技巧总结

　　若一个数除以两个数的余数不同且无规律，则将其中一个除数拆分成另外一个除数加上一个数的形式，再利用商和余数分别相等列方程求解.

例 10　某人手中握有一把玉米粒，若 3 粒一组取出，余 2 粒；若 5 粒一组取出，余 4 粒；若 6 粒一组取出，余 5 粒，则这把玉米粒最少有(　　)粒.

(A)28　　　　(B)29　　　　(C)51　　　　(D)91　　　　(E)31

【解析】设有 x 粒玉米粒，由题意可知，$x+1$ 能被 3，5，6 整除，若要玉米粒最少，则 $x+1$ 是 3，5，6 的最小公倍数 30，故最少有 29 粒.

【答案】(B)

例 11　有一个四位数，它被 131 除余 13，被 132 除余 130，则此数字的各位数字之和为(　　).

(A)23　　　　(B)24　　　　(C)25　　　　(D)26　　　　(E)27

【解析】设所求的四位数为 x，则有

$$\begin{cases} x=131k_1+13, \\ x=132k_2+130, \end{cases} \text{其中 } k_1, k_2 \in \mathbf{Z}^+, k_1 \geqslant k_2,$$

于是有 $131k_1+13=132k_2+130$，整理得

$$131k_1=132k_2+117=131k_2+k_2+117 \Rightarrow 131(k_1-k_2)=k_2+117.$$

①当 $k_1=k_2$ 时，$k_2+117=0$，$k_2=-117$. 此时 $x=-15\ 314$，显然不是四位数，故舍去.

②当 $k_1-k_2=1$ 时，$k_2+117=131$，$k_2=14$. 此时 $x=132 \times 14+130=1\ 978$，符合题意，此数字的各位数字之和为 $1+9+7+8=25$. 本题为选择题，也可不必讨论③和④.

③当 $k_1-k_2=2$ 时，$k_2+117=262$，$k_2=145$. 此时 $x=19\ 270$，显然不是四位数，故舍去.

④当 $k_1-k_2>2$ 时，x 的值更大，皆不符合题意.

【答案】(C)

变化4　同余＋不同余问题

例 12　一个盒子装有 $m(m \leqslant 100)$ 个小球，按照每次 2 个排序取出，盒内只剩下 1 个小球；按照每次 3 个排序取出，盒内只剩下 1 个小球；按照每次 4 个排序取出，盒内也只剩下 1 个小球；

如果每次取出 11 个，则余 4 个，则 m 的各数位上的数字之和为(   ).

(A)9   (B)10   (C)16   (D)12   (E)10 或 16

【解析】由前 3 种取法知 $m-1$ 能被 2、3、4 的最小公倍数 12 整除，可设 $m=12k_1+1$；又由"每次取出 11 个，则余 4 个"，可设 $m=11k_2+4$，故

$$\begin{cases} m=12k_1+1, \\ m=11k_2+4, \end{cases} 其中\ k_1,\ k_2\in \mathbf{Z}^+.$$

讨论：①若 $k_1=k_2=k$，则有 $12k+1=11k+4$，解得 $k=3$.

$m=12\times 3+1=37<100$，符合题干，则 m 的各数位上的数字之和为 10.

②若 $k_1\neq k_2$，则 $m=12k_1+1=11k_1+k_1+11-10=11(k_1+1)+k_1-10=11k_2+4$，故有

$$\begin{cases} k_1+1=k_2, \\ k_1-10=4, \end{cases} \Rightarrow \begin{cases} k_1=14, \\ k_2=15, \end{cases}$$

因此 $m=12k_1+1=12\times 14+1=169>100$，不符合题干，故不成立.

【答案】(B)

题型3 奇数与偶数问题

[母题综述]

1. 奇数、偶数问题的考查方式：判断一个代数式是奇数还是偶数.

2. 解题中需掌握以下内容：

(1)设偶数为 $2n(n\in \mathbf{Z})$，奇数为 $2n+1(n\in \mathbf{Z})$.

(2)奇数和偶数的四则运算规律，即

奇数＋奇数＝偶数，奇数＋偶数＝奇数，偶数＋偶数＝偶数；

奇数×奇数＝奇数，奇数×偶数＝偶数，偶数×偶数＝偶数.

相邻的两个整数一奇一偶，因此乘积一定为偶数；相邻的三个整数的乘积一定为 6 的倍数.

3. 常用特殊值法判断奇偶性.

[母题精讲]

母题3 x 一定是偶数.

(1)$x=n^2+3n+2(n\in \mathbf{Z})$.   (2)$x=n^2+4n-5(n\in \mathbf{Z})$.

【解析】条件(1)：分解因式，$x=n^2+3n+2=(n+1)(n+2)$，相邻两个整数的乘积一定为偶数，故 x 为偶数，条件(1)充分.

条件(2)：分解因式，$x=n^2+4n-5=(n-1)(n+5)$，相差为 6 的两个整数同奇或同偶，乘积未必为偶数，则 x 的奇偶性不确定，条件(2)不充分.

【答案】(A)

〔母题变化〕

变化 1 **奇偶性分析**

技巧总结

对于 $A+B=C$ 型，可以先分析 C 的奇偶性进而讨论 A，B 的奇偶性，则有

（1）当 C 为奇数时，左边一奇一偶；

（2）当 C 为偶数时，左边同奇或同偶.

例 13　已知 n 是偶数，m 是奇数，x，y 为整数且是方程组 $\begin{cases} x-1\ 998y=n, \\ 9x+13y=m \end{cases}$ 的解，那么（　　）.

(A) x，y 都是偶数 　　　　(B) x，y 都是奇数 　　　　(C) x 是偶数，y 是奇数

(D) x 是奇数，y 是偶数 　　　　(E) 以上选项均不正确

【解析】由方程组第一个式子得 $x=1\ 998y+n$，因为 $1\ 998y$ 和 n 都是偶数，故 x 是偶数.

又由方程组第二个式子得 $13y=m-9x$，因为 m 是奇数、$9x$ 是偶数，故 $m-9x$ 是奇数，则 y 是奇数.

【答案】(C)

变化 2 **正负号不改变奇偶性**

技巧总结

正负号不改变奇偶性，$a+b$ 与 $a-b$ 同奇或同偶.

例 14　能确定冬雨现在的年龄.

(1) 冬雨 2 年前的年龄是一个平方数.

(2) 18 年后冬雨的年龄是一个平方数.

【解析】条件(1)：单独不充分，举反例，假设冬雨现在的年龄为 6 岁、11 岁等都可以.

条件(2)：单独也不充分，同样可以举反例，如 7 岁、18 岁等.

考虑联立，设冬雨现在的年龄是 x 岁，可得

$$\begin{cases} x-2=a^2, \\ x+18=b^2, \end{cases}$$

整理可得 $(b+a)(b-a)=20=1\times20=2\times10=4\times5$，因为正负号不改变奇偶性，所以 $b+a$ 与 $b-a$ 同奇或同偶，只能是 $\begin{cases} b+a=10, \\ b-a=2 \end{cases}$ 或者 $\begin{cases} b+a=2, \\ b-a=10, \end{cases}$ 解得 $\begin{cases} b=6, \\ a=4 \end{cases}$ 或 $\begin{cases} b=6, \\ a=-4. \end{cases}$

代入上述方程组即可得到 $x=18$，故两个条件联立充分.

【快速得分法】穷举法.

在人类正常年龄范围穷举即可，满足条件(1)的年龄为 2，3，6，11，18，27，38，51，66，83；满足条件(2)的年龄为 7，18，31，46，63，显然条件(1)和条件(2)有唯一一个交集 18，因此两个条件联立充分.

【答案】(C)

题型 4 质数与合数问题

[母题综述]

1. 质数与合数问题，经常与整除问题、奇数偶数问题相结合考查.

2. 性质以及常用方法：

(1)质数的性质：只有1和它本身两个约数，即质数＝1×本身.

(2)质数问题最常用的方法就是穷举法，使用穷举法时，常根据整除的特征、奇偶性等缩小穷举的范围. 故30以内的质数要熟练记忆：2，3，5，7，11，13，17，19，23，29.

(3)特殊质数常作为突破口，如2(质数中唯一的偶数)，5.

(4)分解质因数法.

3. 常见命题模型：$A+B=C$ 型，$A \times B=C$(质数)型，$A \times B=C$(合数)型.

[母题精讲]

母题 4 三个质数之积恰好等于它们和的 5 倍，则这三个质数之和为(　　).

(A)11　　　　　(B)12　　　　　(C)13　　　　　(D)14　　　　　(E)15

【解析】 设这三个质数分别为 a，b，c，根据题意，有 $abc=5(a+b+c)$，故 a，b，c 中有一个数是5，假设令 $a=5$ 且 $b<c$，则 $bc=b+c+5$，移项，对其进行因式分解，得

$$bc-b-c=5 \Rightarrow b(c-1)-(c-1)=6 \Rightarrow (b-1)(c-1)=6=1 \times 6=2 \times 3,$$

故 $\begin{cases} b-1=1, \\ c-1=6 \end{cases} \Rightarrow \begin{cases} b=2, \\ c=7 \end{cases}$，或者 $\begin{cases} b-1=2, \\ c-1=3 \end{cases} \Rightarrow \begin{cases} b=3, \\ c=4 \end{cases}$(含去).

因此，这三个质数是 $a=5$，$b=2$，$c=7$，和为14.

【答案】 (D)

[母题变化]

变化 1 特殊数字突破法

技巧总结

"$A+B=C$ 型"题目常用数字突破法进行奇偶性分析，从而求解，具体为

(1)数字"2"突破法："2"是质数中唯一的偶数.

若两个质数的和(或差)是奇数，则其中必有一个是2；若两个质数的积是偶数，则其中必有一个是2.

(2)数字"5"突破法：若几个质数的乘积的个位数字是0或5，则其中必有一个是5.

(3)若有三个质数成等差数列，则最小的质数一般是3或5.

【例】3，5，7（公差为 2）；3，7，11（公差为 4）；5，11，17（公差为 6）；3，11，19（公差为 8）；3，13，23（公差为 10）；5，17，29（公差为 12）．

例 15　若 a，b 都是质数，且 $a^2+b=2\ 003$，则 $a+b=($　　$)$．

　(A)1 999　　　　(B)2 000　　　　(C)2 001　　　　(D)2 002　　　　(E)2 003

【解析】$a^2+b=2\ 003$，可知 a^2 和 b 必为一奇一偶，又因为 a，b 都是质数，2 是质数中唯一的偶数，所以 a，b 中有一个为 2．

故有两组解 $a=2$，$b=1\ 999$ 或 $b=2$，$a=\sqrt{2\ 001}$．

因为当 $b=2$，$a=\sqrt{2\ 001}$ 时，不符合题意，故 $a=2$，$b=1\ 999$，$a+b=2\ 001$．

【答案】(C)

变化 2　分解质因数

技巧总结

$A\times B=C$（质数）型：利用质数的定义，质数$=1\times$本身，故 A 和 B 分别等于 1 和 C；

"$A\times B=C$（合数）"型的题目，常对 C 分解质因数．

例 16　已知 3 个质数的倒数和为 $\dfrac{1\ 661}{1\ 986}$，则这三个质数的和为($　　$)．

　(A)334　　　　(B)335　　　　(C)336　　　　(D)338　　　　(E)377

【解析】设这三个数分别为 a，b，c，则有

$$\frac{1}{a}+\frac{1}{b}+\frac{1}{c}=\frac{bc+ac+ab}{abc}=\frac{1\ 661}{1\ 986}.$$

将 1 986 分解质因数，可知 $1\ 986=2\times 3\times 331$，故这三个数可能为 2，3，331．代入上式验证成立，故有 $a+b+c=336$．

【答案】(C)

题型 5　约数与倍数问题

[母题综述]

约数与倍数问题，需要掌握以下内容：

(1)公约数与公倍数经常与应用题相结合考查．

(2)求最大公约数和最小公倍数的方法：短除法，分解质因数法，辗转相除法(适用于两个较大的数)．

[母题精讲]

母题 5 两个正整数的最大公约数是6，最小公倍数是72，则这两个数的和为( ).

(A)42   (B)48   (C)78   (D)42 或 78   (E)48 或 78

【解析】设这两个数为 a，b，则有

$$ab=(a，b)[a，b]=6\times72=6\times6\times3\times4，$$

由于 a，b 的最大公约数是6，最小公倍数是72，故 $a=6$，$b=72$ 或 $a=18$，$b=24$.

因此 $a+b=78$ 或 42.

【答案】(D)

[母题变化]

变化 1   应用题

技巧总结

公约数与公倍数经常与应用题相结合考查，题目中出现的数据是整数.

（1）公约数的应用

通常涉及长度、数量、重量等，进行等量分段时，需要按照公约数进行分段.

（2）公倍数的应用

公倍数的应用情况比较多，如植树问题、物品分配问题、长度问题、相遇问题，等等.

例 17 某种同样的商品装成一箱，每个商品的重量都超过1千克，并且是1千克的整数倍，去掉箱子重量后净重210千克，拿出若干个商品后，净重183千克，则每个商品的重量为( )千克.

(A)1   (B)2   (C)3   (D)4   (E)5

【解析】公约数问题.

由题意可知，商品重量必为 210 和 183 的公约数.

210 和 183 的公约数为 1 和 3. 重量超过 1 千克，所以每个商品的重量只能是 3 千克.

【答案】(C)

例 18 将长、宽、高分别是 24、18、12 的长方体切割成正方体，且切割后无剩余，则能切割成相同正方体的最少个数是( ).

(A)6   (B)12   (C)24   (D)48   (E)5 184

【解析】要使切割成的相同正方体的个数最少，则需要正方体的棱长尽可能大.

正方体的棱长都相等，所以 24、18、12 的最大公约数即为正方体的棱长.

最大公约数为 6，所以正方体的棱长为 6.

$$
\begin{array}{c|ccc}
6 & 24 & 18 & 12 \\
\hline
 & 4 & 3 & 2
\end{array}
$$

所以切割成的相同正方体的个数是 $\dfrac{24\times18\times12}{6\times6\times6}=4\times3\times2=24$（个）.

【答案】(C)

例 19 甲、乙、丙三人去图书馆借书，甲每隔 2 天去一次，乙每隔 5 天去一次，丙每隔 8 天去一次，如果他们三人 10 月 1 日在图书馆相遇，下一次三个人在图书馆相遇的时间是( )．

(A)11 月 10 日 (B)11 月 11 日 (C)10 月 18 日 (D)10 月 19 日 (E)11 月 12 日

【解析】公倍数问题．

"每隔 n 天"等价于"每 $n+1$ 天"，即甲每 3 天去一次，乙每 6 天去一次，丙每 9 天去一次，所以下次相遇时，经过的天数为 3、6、9 的最小公倍数，即 18 天．那么下次相遇的时间是 10 月 19 日．

【答案】(D)

变化 2 公约数公倍数模型的应用

技巧总结

若已知两个整数为 x, y, 公约数公倍数模型如下（a, b 互质）：

$$k \mid \frac{x \quad y}{a \quad b}$$

则 $x=ak$, $y=bk$, 最大公约数为 k, 最小公倍数为 abk.

两个数的乘积为 $xy=ak \cdot bk=abk^2=k \cdot kab=(x, y)[x, y]$.

例 20 已知两数之和是 60，它们的最大公约数与最小公倍数之和是 84，这两个数中较大那个数为( )．

(A)36 (B)38 (C)40 (D)42 (E)48

【解析】设这两个数为 x, y, 且 $x=ak$, $y=bk$（k 为 x, y 的最大公约数），故最小公倍数为 abk, 由题意得

$$\begin{cases} ak+bk=60, \\ k+abk=84, \end{cases} \text{等价于} \begin{cases} k(a+b)=60, \\ k(1+ab)=84. \end{cases}$$

由上式可知，k 为 60 和 84 的公约数，所以 k 在 1，2，3，4，6，12 中取值，又因为 a, b 为整数且互质，穷举可知，当 k 取最大值 12 时，满足条件，代入上式，可得

$$\begin{cases} a+b=5, \\ ab=6 \end{cases} \Rightarrow \begin{cases} a=3, \\ b=2 \end{cases} \text{或} \begin{cases} a=2, \\ b=3. \end{cases}$$

所以，$x=36$，$y=24$ 或 $x=24$，$y=36$，故两个数中较大的数为 36．

【答案】(A)

变化 3 组合最值问题

技巧总结

1. 积为定值：若 n 个数（皆为正数）之积为定值，和的最值求解原则为

①要使得 n 个数的和最大，应尽可能让其中一个数极大，其他数极小；

②要使得 n 个数的和最小，应尽可能让这 n 个数接近．

【例】已知 $a, b, c \in \mathbf{Z}^+$，则有

$$abc=18 \Rightarrow \begin{cases} abc=1 \times 1 \times 18 \Rightarrow a+b+c=20 \text{（越极端，和越大）}, \\ abc=1 \times 2 \times 9 \Rightarrow a+b+c=12, \\ abc=1 \times 3 \times 6 \Rightarrow a+b+c=10, \\ abc=2 \times 3 \times 3 \Rightarrow a+b+c=8 \text{（越接近，和越小）}. \end{cases}$$

2. 和为定值：若 n 个数（皆为正数）之和为定值，积的最值求解原则为

①要使得 n 个数的积最大，应尽可能让这 n 个数接近；

②要使得 n 个数的积最小，应尽可能让其中一个数极大，其他数极小．

【例】已知 $a, b, c \in \mathbf{Z}^+$，则有

$$a+b+c=6 \Rightarrow \begin{cases} a+b+c=1+1+4 \Rightarrow abc=4 \text{（越极端，积越小）}, \\ a+b+c=1+2+3 \Rightarrow abc=6, \\ a+b+c=2+2+2 \Rightarrow abc=8 \text{（越接近，积越大）}. \end{cases}$$

例21　a，b 为实数，则 $ab \leqslant \dfrac{1}{4}$．

(1) $a+b=1$．

(2) $a>0$，$b>0$．

【解析】条件(1)：$a+b=1$，则 a 和 b 的正负有两种情况：同正、一正一负．

若 a，b 同正，则当两个数尽量平均，即 $a=b=\dfrac{1}{2}$ 时，积有最大值，为 $ab=\dfrac{1}{2} \times \dfrac{1}{2}=\dfrac{1}{4}$；

若 a，b 一正一负，那么 $ab<0$，一定小于 $\dfrac{1}{4}$．

综上，$ab \leqslant \dfrac{1}{4}$ 成立，故条件(1)充分．

条件(2)：举反例，令 $a=2$，$b=1$，显然不充分．

【答案】(A)

例22　将一段长为 52 厘米的铁丝，做成长方体，体积最大为 80 立方厘米．

(1) 将铁丝截成 1 厘米长的小段，拼接．

(2) 直接焊接．

【解析】将一段长为 52 厘米的铁丝，做成长方体，说明长方体的棱长总和为 52 厘米．

设长方体的长、宽、高分别为 a，b，c，则 $4(a+b+c)=52$，$a+b+c=13$．求体积最大，即求 abc 的最大值，故此题转化为组合最值问题：和有定值时，求积的最大值．

条件(1)：a，b，c 是正整数，求 abc 的最大值，则 a，b，c 尽量平均，所以 $abc=4 \times 4 \times 5=80$，条件(1)充分．

条件(2)：直接焊接，那么 a，b，c 不要求是整数，当 $a=b=c=\dfrac{13}{3}$ 时，abc 有最大值，最大值为 $\left(\dfrac{13}{3}\right)^3 \neq 80$，显然不充分．

【答案】(A)

题型 6 整数不定方程问题

[母题综述]

　　若方程含有多个未知数，且未知数的个数多于方程的个数，已知未知数的解为整数，则称之为整数不定方程问题，常有多组解.

　　在解不定方程时，通常需要结合常见数字的整除特征、奇偶性分析来缩小穷举范围.

　　整数不定方程通常有以下几种模型：加法模型、乘法模型、盈不足模型.

[母题精讲]

母题6　一次考试有 20 道题，做对一题得 8 分，做错一题扣 5 分，不做不计分. 某同学共得 13 分，则该同学没做的题数是(　　)道.

　　(A)4　　　　　　(B)6　　　　　　(C)7　　　　　　(D)8　　　　　　(E)9

　　【解析】设该同学做对的题数为 x 道，做错的题数为 y 道，则没做的题数为 $20-x-y$ 道，根据题意可得

$$8x-5y=13, \text{即 } y=\frac{8x-13}{5},$$

由于 x，y 均为整数，穷举法可知 $x=6$，$y=7$，故 $20-x-y=7$.

　　所以该同学没做的题数是 7 道.

　　【答案】(C)

[母题变化]

变化 1　**加法模型**

　　技巧总结

　　若已知条件可整理为 $ax+by=c$ 型，则将原式化为 $x=\dfrac{c-by}{a}$ 或 $y=\dfrac{c-ax}{b}$，然后再结合奇偶性分析与整除的特征，用穷举法讨论.

　　例 23　一个小孩子，将 99 个小球装进两种盒子，每个大盒子可以装 12 个小球，每个小盒子可以装 5 个小球，恰好装满，所用大、小盒子的数量多于 10 个，则用到小盒子的个数为(　　).

　　(A)3　　　　　　(B)10　　　　　　(C)12　　　　　　(D)15　　　　　　(E)16

　　【解析】设用大盒子的数量为 x 个、小盒子的数量为 y 个，根据题意得

$$12x+5y=99, \text{即 } y=\frac{99-12x}{5}. \quad ①$$

　　因为 x，y 均为整数，故 $99-12x$ 能被 5 整除，则穷举得 x 必为 2 或 7；

当 $x=2$ 时，$y=15$；当 $x=7$ 时，$y=3$.

因所用大、小盒子的数量多于 10 个，故 $x=2$，$y=15$.

【注意】整理得到式①时，如果解出 x，则有 $x=\dfrac{99-5y}{12}$，此时在进行穷举时，要试验很多组才能出答案，所以一般我们解出系数较小的未知数.

【答案】(D)

变化 2 乘法模型

> **技巧总结**
>
> 若已知条件可整理为"式子×式子×式子…＝整数×整数×整数…"的形式，可以将整数分解因数（因数的个数＝式子的个数，注意因数是否可以为负、因数是否可以互换），再分别对应相等.
>
> 【例】若已知 a，b 为自然数，又有 $ab=7$. 因为 $7=1\times7$，故 $a=1$，$b=7$ 或 $a=7$，$b=1$.
>
> 常用两个公式：
>
> ① $ab\pm n(a+b)=(a\pm n)(b\pm n)-n^2$；若 $ab\pm n(a+b)=0$，则有 $(a\pm n)(b\pm n)=n^2$.
>
> ② 平方差公式：$a^2-b^2=(a+b)(a-b)$.

例24 一个整数 x，加 3 之后是一个完全平方数，减 4 之后也是一个完全平方数，则 $x=($ $)$.

(A)7　　　　(B)9　　　　(C)10　　　　(D)13　　　　(E)16

【解析】由题意知

$$\begin{cases} x+3=m^2(m\in\mathbf{Z}), & ① \\ x-4=n^2(n\in\mathbf{Z}), & ② \end{cases}$$

式①减去式②，得 $7=m^2-n^2=(m+n)(m-n)=7\times1=1\times7$. 故必有

$$\begin{cases} m+n=7, \\ m-n=1 \end{cases} 或 \begin{cases} m+n=1, \\ m-n=7, \end{cases}$$

解得 $m=4$，$n=3$ 或 $m=4$，$n=-3$，所以 $x=13$.

【快速得分法】由选项验证法或穷举法，均可迅速得解.

【答案】(D)

例25 a 和 b 的算术平均值是 8.

(1) a，b 为不相等的自然数，且 $\dfrac{1}{a}$ 和 $\dfrac{1}{b}$ 的算术平均值为 $\dfrac{1}{6}$.

(2) a，b 为自然数，且 $\dfrac{1}{a}$ 和 $\dfrac{1}{b}$ 的算术平均值为 $\dfrac{1}{6}$.

【解析】条件(1)：由题意知，$\dfrac{1}{a}+\dfrac{1}{b}=\dfrac{1}{3}$，即 $\dfrac{a+b}{ab}=\dfrac{1}{3}$，整理得 $ab-3(a+b)=0$，即

$$(a-3)(b-3)=9=3\times3=9\times1=1\times9,$$

故 $\begin{cases} a-3=3, \\ b-3=3 \end{cases}$ 或 $\begin{cases} a-3=9, \\ b-3=1 \end{cases}$ 或 $\begin{cases} a-3=1, \\ b-3=9, \end{cases}$ 解得 $\begin{cases} a=6, \\ b=6 \end{cases}$ （舍去）或 $\begin{cases} a=12, \\ b=4 \end{cases}$ 或 $\begin{cases} a=4, \\ b=12. \end{cases}$

则 a 和 b 的算术平均值为 $\dfrac{4+12}{2}=8$，条件(1)充分．

条件(2)：特殊值法．令 $a=b=6$，显然不充分．

【答案】(A)

变化 3 盈不足模型

技巧总结

盈不足模型题目的常见形式：分某样东西，每人多分一些则不够，每人少分一些则有盈余．
这类问题可以转化为加法模型或不等式模型进行计算．

例 26 某校女生宿舍的房间数为 6．

(1)若每间房住 4 人，则还剩 20 人未住下．

(2)若每间房住 8 人，则仅有一间未住满．

【解析】两个条件单独显然不充分，故考虑联立．

设女生宿舍的房间数为 x，女生的人数为 y(x，$y\in\mathbf{Z}^{+}$)．

方法一：转化为两个不等式求交集(不等式模型)．

由条件(1)得，$y=4x+20$；由条件(2)得，$8(x-1)<y<8x$．

联立两式得，$8(x-1)<4x+20<8x$，解得 $5<x<7$，所以 $x=6$，即两个条件联立起来充分．

方法二：转化为加法模型．

由条件(1)得，$y=4x+20$；

由条件(2)，可设再来 m 人可将所有房间住满，且 $m\in[1,7]$，故有 $y+m=8x$．

联立两式，可得 $4x+20+m=8x$，得 $4x=20+m$．

故当 $m=4$ 时，上式成立，此时 $x=6$，即两个条件联立起来充分．

【答案】(C)

题型 7 无理数的整数和小数部分

[母题综述]

---

1. 定义

一个数的整数部分是不大于这个数的最大整数；小数部分是原数减去整数部分．

【例】2.5 的整数部分是 2，小数部分是 0.5；

$\sqrt{5}$ 的整数部分是 2，小数部分是 $\sqrt{5}-2$；

-2.2 的整数部分是 -3，小数部分是 0.8．

2. 解题步骤

设一个数为 m，其整数部分为 a，小数部分为 b，则此类题的解题步骤如下：

第1步：整理题干，对于给出的数 m，估算它的大小，从而得到整数部分 a；

第2步：小数部分 $b=$ 原数 $m-$ 整数部分 a．

[母题精讲]

母题7 已知实数 $2+\sqrt{3}$ 的整数部分为 x，小数部分为 y，则 $\dfrac{x+2y}{x-2y}=$（   ）．

(A) $\dfrac{17+12\sqrt{3}}{13}$　　(B) $\dfrac{17+12\sqrt{3}}{12}$　　(C) $\dfrac{17+9\sqrt{3}}{13}$　　(D) $\dfrac{17+6\sqrt{3}}{13}$　　(E) $\dfrac{17+\sqrt{3}}{13}$

【解析】因为 $1<\sqrt{3}<2$，故 $3<2+\sqrt{3}<4$，得 $x=3$，$y=2+\sqrt{3}-3=\sqrt{3}-1$，所以

$$\frac{x+2y}{x-2y}=\frac{3+2(\sqrt{3}-1)}{3-2(\sqrt{3}-1)}=\frac{1+2\sqrt{3}}{5-2\sqrt{3}}=\frac{(1+2\sqrt{3})(5+2\sqrt{3})}{(5-2\sqrt{3})(5+2\sqrt{3})}=\frac{17+12\sqrt{3}}{13}.$$

【答案】(A)

[母题变化]

变化 1　分母有理化

技巧总结

在估算一个无理数的大小时，如果分母也是无理数，需要先利用平方差公式，将分母进行有理化，变成有理数，再进行估算．

【例】$\dfrac{1}{a+b\sqrt{c}}=\dfrac{a-b\sqrt{c}}{(a+b\sqrt{c})(a-b\sqrt{c})}=\dfrac{a-b\sqrt{c}}{a^2-b^2c}.$

例27 把 $\dfrac{\sqrt{5}+1}{\sqrt{5}-1}$ 的整数部分记作 a，小数部分记作 b，则 $ab-\sqrt{5}$ 等于（   ）．

(A)1　　　　(B)-1　　　　(C)0　　　　(D)$\sqrt{5}$　　　　(E)$-\sqrt{5}$

【解析】将原数分母有理化，得

$$\frac{\sqrt{5}+1}{\sqrt{5}-1}=\frac{(\sqrt{5}+1)^2}{(\sqrt{5}-1)(\sqrt{5}+1)}=\frac{3+\sqrt{5}}{2},$$

又因为 $\sqrt{5}\approx2.236$，故 $\dfrac{3+\sqrt{5}}{2}$ 的整数部分为2，即 $a=2$．小数部分 $b=\dfrac{3+\sqrt{5}}{2}-2=\dfrac{\sqrt{5}-1}{2}$．

将 a，b 代入题干，得 $ab-\sqrt{5}=-1$．

【答案】(B)

变化 2　负无理数

技巧总结

在对负数进行取整运算时，容易出错．要特别注意，一个数的整数部分，是不大于这个数的最大整数．【例】$-2<-\sqrt{2}<-1$，故 $-\sqrt{2}$ 的整数部分是 -2，而不是 -1．

例28 设 $x=\dfrac{1}{\sqrt{2}-1}$，a 是 x 的小数部分，b 是 $-x$ 的小数部分，则 $a^3+b^3+3ab=($).

(A)0 　　　(B)1 　　　(C)2 　　　(D)3 　　　(E)4

【解析】因为 $x=\dfrac{1}{\sqrt{2}-1}=\sqrt{2}+1\approx2.414$，其整数部分为2，故 $a=x-2=\sqrt{2}-1$.

$-x=-\sqrt{2}-1\approx-2.414$，其整数部分为 -3，所以 $b=(-\sqrt{2}-1)-(-3)=2-\sqrt{2}$.

所以，$a+b=1$，则

$$a^3+b^3+3ab=(a+b)(a^2-ab+b^2)+3ab=a^2+2ab+b^2=(a+b)^2=1.$$

【答案】(B)

变化3 取整函数

技巧总结

1. 取整

（1）整数部分的表示方法：$[x]$ 表示 x 的整数部分，即不超过 x 的最大整数.

（2）任何实数都可以取整，一个整数的整数部分是它本身.

（3）若 $[x]=n(n\in\mathbf{Z})$，则 $n\leqslant x<n+1$.

2. 倍数问题

应用容斥原理，$1\sim n$ 中是 a 或 b 倍数的数有 $\left[\dfrac{n}{a}\right]+\left[\dfrac{n}{b}\right]-\left[\dfrac{n}{[a,b]}\right]$ 个，其中 $[a,b]$ 表示 a,b 的最小公倍数.

例29 若 $[x]=1$，$[y]=3$，则 $[x-y]=($).

(A)-3 　　　　　　　(B)-2 　　　　　　　(C)-3 或 -2

(D)-3 或 -4 　　　　　(E)-1 或 -2

【解析】因为 $[x]=1\Rightarrow1\leqslant x<2$；$[y]=3\Rightarrow3\leqslant y<4$，所以 $-4<-y\leqslant-3$，$-3<x-y<-1$.

所以 $[x-y]=-3$ 或 -2.

【答案】(C)

例30 在小于100的正整数中，能被2或3整除的数有( )个.

(A)45 　　　　　　　(B)50 　　　　　　　(C)55

(D)66 　　　　　　　(E)75

【解析】小于100的正整数，即从1到99.

能被2整除的数有 $\left[\dfrac{99}{2}\right]=49$(个)，能被3整除的数有 $\left[\dfrac{99}{3}\right]=33$(个)，2和3的最小公倍数是

6，能被6整除的数有 $\left[\dfrac{99}{6}\right]=16$(个)，则能被2或3整除的数有 $49+33-16=66$(个).

【答案】(D)

题型8 有理数与无理数的运算

[母题综述]

1. 有理数与无理数的运算规律

有理数的加、减、乘、除四则运算仍为有理数；

有理数＋无理数＝无理数；

无理数＋无理数＝有理数或无理数；

有理数×无理数＝0或无理数；

无理数×无理数＝有理数或无理数.

考试常考"有理数＋无理数＝无理数".

2. 无理数的化简求值

(1)分母有理化；

(2)$\sqrt{a+b\sqrt{c}}$型：将根号下面的式子凑成完全平方式，可以去根号；

(3)$(\sqrt{n+k}+\sqrt{n})(\sqrt{n+k}-\sqrt{n})=k$.

[母题精讲]

母题8 若$(1+\sqrt{3})^4+2\sqrt{3}+1=a+b\sqrt{3}$，$a$，$b$均为有理数，则$2a-3b=($ $)$.

(A)4   (B)8   (C)9

(D)12   (E)25

【解析】$(1+\sqrt{3})^4+2\sqrt{3}+1=(4+2\sqrt{3})^2+2\sqrt{3}+1=29+18\sqrt{3}$，因此$a=29$，$b=18$.

所以$2a-3b=2\times29-3\times18=58-54=4$.

【答案】(A)

[母题变化]

变化1   有理数与无理数的运算

技巧总结

去根号的常用运算技巧：

(1)分母出现根号，首先想到分母有理化.

(2)$\sqrt{a+b\sqrt{c}}$型去根号时，可以把根号下面的部分配方（配成完全平方），注意开方后一定是大于等于0的数（或者加绝对值：$\sqrt{a^2}=|a|$）.

(3)等式两端同时平方，注意隐含定义域.

例 31　已知 $x=\dfrac{\sqrt{3}-\sqrt{2}}{\sqrt{3}+\sqrt{2}}$，$y=\dfrac{\sqrt{3}+\sqrt{2}}{\sqrt{3}-\sqrt{2}}$，则 $x^2-xy+y^2=(\quad)$.

(A)1　　　　　　(B)-1　　　　　(C)$\sqrt{3}-\sqrt{2}$　　　　(D)$\sqrt{3}+\sqrt{2}$　　　　(E)97

【解析】由题意可得

$$xy=\dfrac{\sqrt{3}-\sqrt{2}}{\sqrt{3}+\sqrt{2}}\times\dfrac{\sqrt{3}+\sqrt{2}}{\sqrt{3}-\sqrt{2}}=1,\quad x+y=\dfrac{\sqrt{3}-\sqrt{2}}{\sqrt{3}+\sqrt{2}}+\dfrac{\sqrt{3}+\sqrt{2}}{\sqrt{3}-\sqrt{2}}=(\sqrt{3}-\sqrt{2})^2+(\sqrt{3}+\sqrt{2})^2=10.$$

凑完全平方式，得 $x^2-xy+y^2=(x+y)^2-3xy=10^2-3=97$.

【答案】(E)

例 32　已知 a，b 为有理数，且满足等式 $a+b\sqrt{3}=\sqrt{6}\times\sqrt{1+\sqrt{4+2\sqrt{3}}}$，则 $a+b=(\quad)$.

(A)2　　　　　　(B)4　　　　　(C)6　　　　　(D)8　　　　　(E)10

【解析】$4+2\sqrt{3}=1+2\times1\times\sqrt{3}+3=(1+\sqrt{3})^2$，故 $\sqrt{4+2\sqrt{3}}=1+\sqrt{3}$.

$a+b\sqrt{3}=\sqrt{6}\times\sqrt{2+\sqrt{3}}=\sqrt{12+6\sqrt{3}}=\sqrt{9+2\times3\times\sqrt{3}+3}=\sqrt{(3+\sqrt{3})^2}=3+\sqrt{3}$.

故 $a=3$，$b=1$，$a+b=4$.

【答案】(B)

变化 2　小定理的应用

技巧总结

已知 a，b 为有理数，λ 为无理数，若有 $a+b\lambda=0$，则有 $a=b=0$.

所以，形如 $a+b\lambda=0$ 的问题，将有理部分和无理部分分别合并同类项，即可求解.

例 33　若 x，y 是有理数，且满足 $(1+2\sqrt{3})x+(1-\sqrt{3})y-2+5\sqrt{3}=0$，则 x，y 的值为$(\quad)$.

(A)1，3　　　　　　　　　　(B)-1，2　　　　　　　　　　(C)-1，3

(D)1，2　　　　　　　　　　(E)以上选项均不正确

【解析】将原方程整理，可得

$$x+2\sqrt{3}x+y-\sqrt{3}y-2+5\sqrt{3}=0,$$
$$x+y-2+(2x-y+5)\sqrt{3}=0,$$

应用小定理，得 $\begin{cases}x+y-2=0,\\2x-y+5=0,\end{cases}$ 解得 $x=-1$，$y=3$.

【答案】(C)

题型 9　实数的运算技巧

[母题综述]

　　本类题型的主要考查形式是将一长串的数字进行化简运算，常考题型为多个分数相加减、多个括号乘积、无理分数相加减、相同数字相加减、公共部分问题、数列求和公式.

[母题精讲]

母题9　$\dfrac{1}{1\times 2}+\dfrac{1}{2\times 3}+\dfrac{1}{3\times 4}+\cdots+\dfrac{1}{99\times 100}=($ 　　$).$

(A)$\dfrac{99}{100}$　　　(B)$\dfrac{100}{101}$　　　(C)$\dfrac{99}{101}$　　　(D)$\dfrac{97}{100}$　　　(E)$\dfrac{97}{99}$

【解析】裂项相消法.

$$\dfrac{1}{1\times 2}+\dfrac{1}{2\times 3}+\dfrac{1}{3\times 4}+\cdots+\dfrac{1}{99\times 100}$$

$$=\left(1-\dfrac{1}{2}\right)+\left(\dfrac{1}{2}-\dfrac{1}{3}\right)+\left(\dfrac{1}{3}-\dfrac{1}{4}\right)+\cdots+\left(\dfrac{1}{99}-\dfrac{1}{100}\right)$$

$$=1-\dfrac{1}{100}=\dfrac{99}{100}.$$

【答案】(A)

[母题变化]

变化1　多个分数相加减（裂项相消法）

技巧总结

如果题干为多个分数相加减，则使用裂项相消法，常用公式：

（1）$\dfrac{1}{n(n+k)}=\dfrac{1}{k}\left(\dfrac{1}{n}-\dfrac{1}{n+k}\right)$；当 $k=1$ 时，$\dfrac{1}{n(n+1)}=\dfrac{1}{n}-\dfrac{1}{n+1}.$

（2）$\dfrac{1}{(2n-1)(2n+1)}=\dfrac{1}{2}\left(\dfrac{1}{2n-1}-\dfrac{1}{2n+1}\right).$

（3）$\dfrac{1}{n(n+1)(n+2)}=\dfrac{1}{2}\left[\dfrac{1}{n(n+1)}-\dfrac{1}{(n+1)(n+2)}\right].$

（4）$\dfrac{n-1}{n!}=\dfrac{1}{(n-1)!}-\dfrac{1}{n!}.$

（5）$1-\dfrac{1}{n^2}=\dfrac{n-1}{n}\cdot\dfrac{n+1}{n}$（平方差公式）.

例34　$\dfrac{1}{1\times 2}+\dfrac{2}{1\times 2\times 3}+\dfrac{3}{1\times 2\times 3\times 4}+\cdots+\dfrac{2\,010}{1\times 2\times 3\times\cdots\times 2\,011}=($ 　　$).$

(A)$1-\dfrac{1}{2\,010!}$　　(B)$1-\dfrac{1}{2\,011!}$　　(C)$\dfrac{2\,009}{2\,010!}$　　(D)$\dfrac{2\,010}{2\,011!}$　　(E)$1-\dfrac{2\,010}{2\,011!}$

【解析】原式可化为 $\dfrac{1}{2!}+\dfrac{2}{3!}+\dfrac{3}{4!}+\cdots+\dfrac{2\,010}{2\,011!}.$

因为 $\dfrac{n-1}{n!}=\dfrac{n}{n!}-\dfrac{1}{n!}=\dfrac{1}{(n-1)!}-\dfrac{1}{n!}$，故

$$原式=1-\dfrac{1}{2!}+\dfrac{1}{2!}-\dfrac{1}{3!}+\cdots+\dfrac{1}{2\,010!}-\dfrac{1}{2\,011!}=1-\dfrac{1}{2\,011!}.$$

【答案】(B)

例 35 $\dfrac{1}{1+2}+\dfrac{1}{1+2+3}+\dfrac{1}{1+2+3+4}+\cdots+\dfrac{1}{1+2+3+\cdots+2\,010}=($).

(A) $\dfrac{4\,020}{2\,011}$ (B) $\dfrac{2\,009}{2\,011}$ (C) $\dfrac{4\,019}{2\,011}$ (D) $\dfrac{4\,021}{2\,011}$ (E) $\dfrac{2\,009}{2\,010}$

【解析】因为 $\dfrac{1}{1+2+3+\cdots+n}=\dfrac{1}{\dfrac{n(n+1)}{2}}=\dfrac{2}{n(n+1)}=2\left(\dfrac{1}{n}-\dfrac{1}{n+1}\right)$，故

$$原式=\dfrac{2}{2\times3}+\dfrac{2}{3\times4}+\dfrac{2}{4\times5}+\cdots+\dfrac{2}{2\,010\times(2\,010+1)}$$

$$=2\left(\dfrac{1}{2}-\dfrac{1}{3}+\dfrac{1}{3}-\dfrac{1}{4}+\dfrac{1}{4}-\dfrac{1}{5}+\cdots+\dfrac{1}{2\,010}-\dfrac{1}{2\,011}\right)$$

$$=2\left(\dfrac{1}{2}-\dfrac{1}{2\,011}\right)$$

$$=\dfrac{2\,009}{2\,011}.$$

【答案】(B)

变化 2 多个括号的积（平方差公式）

技巧总结

如果题干有多个括号的乘积，则使用分子分母相消法或者凑平方差公式法，常用公式：

（1）$\left(1-\dfrac{1}{2}\right)\left(1-\dfrac{1}{3}\right)\left(1-\dfrac{1}{4}\right)\cdots\left(1-\dfrac{1}{n}\right)=\dfrac{1}{2}\times\dfrac{2}{3}\times\dfrac{3}{4}\times\cdots\times\dfrac{n-1}{n}=\dfrac{1}{n}$；

（2）$(a+b)(a^2+b^2)(a^4+b^4)\cdots=\dfrac{(a-b)(a+b)(a^2+b^2)(a^4+b^4)\cdots}{(a-b)}=\dfrac{(a^8-b^8)\cdots}{(a-b)}$.

例 36 $\dfrac{(1+3)(1+3^2)(1+3^4)(1+3^8)\cdots(1+3^{32})+\dfrac{1}{2}}{3\times3^2\times3^3\times\cdots\times3^{10}}=($).

(A) $\dfrac{1}{2}\times3^{10}+3^{19}$ (B) $\dfrac{1}{2}+3^{19}$ (C) $\dfrac{1}{2}\times3^{19}$

(D) $\dfrac{1}{2}\times3^9$ (E) 以上选项均不正确

【解析】凑平方差公式法.

$$\dfrac{(1-3)(1+3)(1+3^2)(1+3^4)(1+3^8)\cdots(1+3^{32})+(1-3)\times\dfrac{1}{2}}{(1-3)\times3\times3^2\times3^3\times\cdots\times3^{10}}$$

$$=\dfrac{(1-3^{64})-1}{-2\times3^{55}}$$

$$=\dfrac{1}{2}\times3^9.$$

【答案】(D)

变化 3 无理分数相加减（分母有理化）

技巧总结

无理分数相加减可将每个无理分数分母有理化，再消项即可．常用公式：

$$\frac{1}{\sqrt{n+k}+\sqrt{n}}=\frac{1}{k}(\sqrt{n+k}-\sqrt{n});\ \text{当}\ k=1\ \text{时}，\frac{1}{\sqrt{n+1}+\sqrt{n}}=\sqrt{n+1}-\sqrt{n}.$$

例 37 $\left(\dfrac{1}{1+\sqrt{2}}+\dfrac{1}{\sqrt{2}+\sqrt{3}}+\cdots+\dfrac{1}{\sqrt{2\,010}+\sqrt{2\,011}}\right)\times(1+\sqrt{2\,011})=(\qquad).$

(A)2 006　　　(B)2 007　　　(C)2 008　　　(D)2 009　　　(E)2 010

【解析】 分母有理化．

$$\left(\frac{1}{1+\sqrt{2}}+\frac{1}{\sqrt{2}+\sqrt{3}}+\cdots+\frac{1}{\sqrt{2\,009}+\sqrt{2\,010}}+\frac{1}{\sqrt{2\,010}+\sqrt{2\,011}}\right)\times(1+\sqrt{2\,011})$$

$$=[(\sqrt{2}-1)+(\sqrt{3}-\sqrt{2})+\cdots+(\sqrt{2\,010}-\sqrt{2\,009})+(\sqrt{2\,011}-\sqrt{2\,010})]\times(\sqrt{2\,011}+1)$$

$$=(\sqrt{2\,011}-1)(\sqrt{2\,011}+1)$$

$$=2\,011-1=2\,010.$$

【答案】(E)

变化 4 多个相同的数字相加（凑 10^n-1）

技巧总结

利用 $9+99+999+9\,999\cdots=10^1-1+10^2-1+10^3-1+10^4-1\cdots$ 这一恒等式求解，则有

$\underbrace{xxxx\cdots x}_{n\text{个}}=\dfrac{x}{9}(10^n-1)$，如 $44\,444=\dfrac{4}{9}(10^5-1).$

例 38 $7+77+777+\cdots+777\,777\,777=(\qquad).$

(A)$\dfrac{7}{9}\times\dfrac{10(10^9-1)}{9}-7$　　　(B)$\dfrac{7}{9}\times\dfrac{10(10^9+1)}{9}-7$　　　(C)$\dfrac{10(10^9-1)}{9}-7$

(D)$\dfrac{7}{9}\times\dfrac{10(10^9-1)}{9}+7$　　　(E)以上选项均不正确

【解析】 原式可化为

$$\frac{7}{9}(9+99+999+\cdots+999\,999\,999)$$

$$=\frac{7}{9}(10-1+10^2-1+10^3-1+\cdots+10^9-1)$$

$$=\frac{7}{9}(10+10^2+10^3+\cdots+10^9-9)$$

$$=\frac{7}{9}\times\frac{10(1-10^9)}{1-10}-7$$

$$=\frac{7}{9}\times\frac{10(10^9-1)}{9}-7.$$

【答案】(A)

变化 5　公共部分问题（换元法、提公因式法）

> **技巧总结**
>
> 如果题干中多次出现某些相同的项，可将这些相同的项换元，设为 t.

例39　$\left(1+\dfrac{1}{2}+\dfrac{1}{3}+\dfrac{1}{4}\right)\times\left(\dfrac{1}{2}+\dfrac{1}{3}+\dfrac{1}{4}+\dfrac{1}{5}\right)-\left(1+\dfrac{1}{2}+\dfrac{1}{3}+\dfrac{1}{4}+\dfrac{1}{5}\right)\times\left(\dfrac{1}{2}+\dfrac{1}{3}+\dfrac{1}{4}\right)=$

（　　）.

(A) $\dfrac{1}{5}$　　　　(B) $\dfrac{2}{5}$　　　　(C)1　　　　(D)2　　　　(E)3

【解析】提取公共部分换元，设 $t=\dfrac{1}{2}+\dfrac{1}{3}+\dfrac{1}{4}$，则

$$\left(1+\dfrac{1}{2}+\dfrac{1}{3}+\dfrac{1}{4}\right)\times\left(\dfrac{1}{2}+\dfrac{1}{3}+\dfrac{1}{4}+\dfrac{1}{5}\right)-\left(1+\dfrac{1}{2}+\dfrac{1}{3}+\dfrac{1}{4}+\dfrac{1}{5}\right)\times\left(\dfrac{1}{2}+\dfrac{1}{3}+\dfrac{1}{4}\right)$$

$$=(1+t)\left(t+\dfrac{1}{5}\right)-\left(1+t+\dfrac{1}{5}\right)t=\dfrac{1}{5}.$$

【答案】(A)

例40　$\dfrac{1\times2\times3+2\times4\times6+4\times8\times12+7\times14\times21}{1\times3\times5+2\times6\times10+4\times12\times20+7\times21\times35}=$（　　）.

(A) $\dfrac{1}{2}$　　　　(B) $\dfrac{2}{5}$　　　　(C) $\dfrac{3}{5}$　　　　(D) $\dfrac{2}{3}$　　　　(E) $\dfrac{4}{5}$

【解析】方法一：提公因式法.

$$原式=\dfrac{1\times2\times3(1^3+2^3+4^3+7^3)}{1\times3\times5(1^3+2^3+4^3+7^3)}=\dfrac{2}{5}.$$

方法二：等比定理.

因为 $\dfrac{1\times2\times3}{1\times3\times5}=\dfrac{2\times4\times6}{2\times6\times10}=\dfrac{4\times8\times12}{4\times12\times20}=\dfrac{7\times14\times21}{7\times21\times35}=\dfrac{2}{5}$，故

$$\dfrac{1\times2\times3+2\times4\times6+4\times8\times12+7\times14\times21}{1\times3\times5+2\times6\times10+4\times12\times20+7\times21\times35}=\dfrac{1\times2\times3}{1\times3\times5}=\dfrac{2}{5}.$$

【答案】(B)

变化 6　数列问题（用数列公式）

> **技巧总结**
>
> 1. 等差数列求和公式：$S_n=\dfrac{(a_1+a_n)n}{2}$.
>
> 2. 等比数列求和公式：$S_n=\dfrac{a_1(1-q^n)}{1-q}(q\neq1)$.
>
> 3. 错位相减法
>
> 形如求数列 $\{a_n\cdot b_n\}$ 的前 n 项和 S_n，其中 $\{a_n\}$、$\{b_n\}$ 分别是等差数列和等比数列，则使用错位相减法，在 S_n 上乘以 $\{b_n\}$ 的公比 q，再与 S_n 相减得 qS_n-S_n，即可求解.

例 41 $\dfrac{\dfrac{1}{2}+\left(\dfrac{1}{2}\right)^{2}+\left(\dfrac{1}{2}\right)^{3}+\cdots+\left(\dfrac{1}{2}\right)^{8}}{0.1+0.2+0.3+0.4+\cdots+0.9}=($ $)$.

(A)$\dfrac{85}{768}$ (B)$\dfrac{85}{512}$ (C)$\dfrac{85}{384}$ (D)$\dfrac{255}{256}$ (E)以上选项均不正确

【解析】对分子、分母分别利用等比、等差的前 n 项和公式，则有

$$原式=\dfrac{\dfrac{\dfrac{1}{2}\left[1-\left(\dfrac{1}{2}\right)^{8}\right]}{1-\dfrac{1}{2}}}{\dfrac{0.1+0.9}{2}\times 9}=\dfrac{1-\left(\dfrac{1}{2}\right)^{8}}{\dfrac{9}{2}}=\dfrac{85}{384}.$$

【答案】(C)

例 42 求 $S_{n}=3+2\times 3^{2}+3\times 3^{3}+4\times 3^{4}+\cdots+n\times 3^{n}$ 的结果为($\quad$).

(A)$\dfrac{3(3^{n}-1)}{4}+\dfrac{n\cdot 3^{n}}{2}$ (B)$\dfrac{3(1-3^{n})}{4}+\dfrac{3^{n+1}}{2}$ (C)$\dfrac{3(1-3^{n})}{4}+\dfrac{(n+2)\cdot 3^{n}}{2}$

(D)$\dfrac{3(3^{n}-1)}{4}+\dfrac{3^{n}}{2}$ (E)$\dfrac{3(1-3^{n})}{4}+\dfrac{n\cdot 3^{n+1}}{2}$

【解析】*形如等差数列中的项与等比数列中的项相乘，可用错位相减法．*

$$\begin{cases} S_{n}=3+2\times 3^{2}+3\times 3^{3}+4\times 3^{4}+\cdots+n\cdot 3^{n}, \\ 3S_{n}=3^{2}+2\times 3^{3}+3\times 3^{4}+\cdots+(n-1)\cdot 3^{n}+n\cdot 3^{n+1}. \end{cases}$$

两式相减，得 $-2S_{n}=3+3^{2}+3^{3}+3^{4}+\cdots+3^{n}-n\cdot 3^{n+1}=\dfrac{3(1-3^{n})}{1-3}-n\cdot 3^{n+1}.$

解得 $S_{n}=\dfrac{3(1-3^{n})}{4}+\dfrac{n\cdot 3^{n+1}}{2}.$

【答案】(E)

题型 10 其他实数问题

[母题综述]

1. 实数之间的大小比较

(1)比较大小常用比差法、比商法．

(2)比较代数式的大小，常用特殊值法．

(3)比较两个分式的大小，若分式的分子相等，只需要比较分母就可以了．但要注意符号是否确定．

(4)比较根式的大小，常用平方法．

2. 掌握无限循环小数化成分数的方法．

[母题精讲]

母题 10　若 a，b 为有理数，$a>0$，$b<0$ 且 $|a|<|b|$，则 a，b，$-a$，$-b$ 的大小关系是（　　）.

(A)$b<-b<-a<a$　　　　　　(B)$b<-a<-b<a$　　　　　　(C)$b<-a<a<-b$

(D)$-a<-b<b<a$　　　　　　(E)以上选项均不正确

【解析】特殊值法.

设 $a=1$，$b=-2$，则 $-a=-1$，$-b=2$，因为 $-2<-1<1<2$，所以 $b<-a<a<-b$.

【答案】(C)

[母题变化]

变化 1　比较大小

技巧总结

1. 若题干所给条件为代数式，可以用特值法.

2. 熟记常见无理数的估算值

$$\sqrt{2}\approx1.414,\ \sqrt{3}\approx1.732,\ \sqrt{5}\approx2.236,\ \sqrt{6}\approx2.449,\ e\approx2.72,\ \pi\approx3.14.$$

3. 比差法与比商法

（1）比差法：比较 a，b 两个数的大小.

若 $a-b>0$，则 $a>b$；若 $a-b<0$，则 $a<b$；若 $a-b=0$，则 $a=b$.

（2）比商法：比较 a，b 两个数的大小.

当 $a>0$，$b>0$ 时，若 $\dfrac{a}{b}>1$，则 $a>b$；若 $\dfrac{a}{b}<1$，则 $a<b$；若 $\dfrac{a}{b}=1$，则 $a=b$；

当 $a<0$，$b<0$ 时，若 $\dfrac{a}{b}>1$，则 $a<b$；若 $\dfrac{a}{b}<1$，则 $a>b$；若 $\dfrac{a}{b}=1$，则 $a=b$；

若 $\dfrac{a}{b}<0$，则 a，b 异号，a，b 中的正数大于负数.

例 43　设 $a=\sqrt{3}-\sqrt{2}$，$b=2-\sqrt{3}$，$c=\sqrt{5}-2$，则 a，b，c 的大小关系是（　　）.

(A)$a>b>c$　　　　　　(B)$a>c>b$　　　　　　(C)$c>b>a$

(D)$b>c>a$　　　　　　(E)以上选项均不正确

【解析】方法一：利用常见无理数的估算值直接计算.

$a=\sqrt{3}-\sqrt{2}\approx0.318$，$b=2-\sqrt{3}\approx0.268$，$c=\sqrt{5}-2\approx0.236$，故有 $a>b>c$.

方法二：分子有理化，分子相同，比较分母的大小.

$a=\sqrt{3}-\sqrt{2}=\dfrac{1}{\sqrt{3}+\sqrt{2}}$，$b=2-\sqrt{3}=\dfrac{1}{2+\sqrt{3}}$，$c=\sqrt{5}-2=\dfrac{1}{2+\sqrt{5}}$.

因为 $\sqrt{3}+\sqrt{2}<2+\sqrt{3}<\sqrt{5}+2$，故 $a>b>c$.

【答案】(A)

变化2 循环小数问题

技巧总结

无限循环小数化分数的方法如下:

(1)纯循环小数

【例】①$0.333\,3\cdots=0.\dot{3}=\dfrac{3}{9}=\dfrac{1}{3}$; ②$0.121\,2\cdots=0.\dot{1}\dot{2}=\dfrac{12}{99}=\dfrac{4}{33}$.

结论:将纯循环小数化为分数,分子是循环节,循环节有几位,分母就是几个9,最后进行约分.

(2)混循环小数

【例】①$0.203\,030\,3\cdots=0.2\dot{0}\dot{3}=\dfrac{203-2}{990}=\dfrac{201}{990}=\dfrac{67}{330}$;

②$0.238\,888\cdots=0.23\dot{8}=\dfrac{238-23}{900}=\dfrac{215}{900}=\dfrac{43}{180}$.

结论:混循环小数化为分数,分子为第二个循环节以前的小数部分减去小数部分中不循环的部分,循环节有几位,分母就有几个9,循环节前有几位,分母中的9后面就有几个0.

例44 有一个非零的自然数,当乘以$2.1\dot{2}\dot{6}$时由于误乘了2.126,使答案差1.4,则此自然数等于( ).

(A)11 100　　　　(B)11 010　　　　(C)10 110　　　　(D)10 100　　　　(E)11 000

【解析】设此自然数为a,根据题意有

$$2.1\dot{2}\dot{6}a-2.126a=1.4\Rightarrow(0.1\dot{2}\dot{6}-0.126)a=\frac{7}{5},$$

化为分数为$\left(\dfrac{126}{999}-\dfrac{126}{1\,000}\right)a=\dfrac{7}{5}$,解得$a=11\,100$.

【答案】(A)

例45 m除10^k的余数为1.

(1)既约分数$\dfrac{n}{m}$满足$0<\dfrac{n}{m}<1$.

(2)分数$\dfrac{n}{m}$可以化为小数部分的一个循环节有k位的纯循环小数.

【解析】条件(1):令$\dfrac{n}{m}=\dfrac{1}{2}$,$m=2$,2除$10^k$无余数,显然不充分.

条件(2):令$\dfrac{n}{m}=\dfrac{2}{6}$,其可以化为$0.\dot{3}$,则循环节有1位,那么6除10的余数为4,显然不充分.

联立条件(1)和条件(2),根据纯循环小数化为分数的特点,则m必为k个9,或者k个9的约数,即k个1或3.故m一定是k个1的1倍、3倍或9倍,即

$$m=\frac{1}{9}(10^k-1)或m=\frac{1}{3}(10^k-1)或m=(10^k-1),$$

则$9m+1=10^k$或$3m+1=10^k$或$m+1=10^k$.所以m除10^k的余数为1,故两个条件联立充分.

【答案】(C)

第 **2** 节 比与比例

题型 11 等比定理与合比定理

【母题综述】

1. 等比定理：

若已知 $\dfrac{a}{b}=\dfrac{c}{d}=\dfrac{e}{f}$，则 $\dfrac{a+c+e}{b+d+f}=\dfrac{a}{b}=\dfrac{c}{d}=\dfrac{e}{f}$（其中，$b+d+f\neq 0$）.

【易错点】使用等比定理时，"分母不等于0"并不能保证"分母之和也不等于0"，所以要先讨论分母之和是否为0.

2. 合比定理：$\dfrac{a}{b}=\dfrac{c}{d}\Leftrightarrow\dfrac{a+b}{b}=\dfrac{c+d}{d}$（等式左右同加1）；

分比定理：$\dfrac{a}{b}=\dfrac{c}{d}\Leftrightarrow\dfrac{a-b}{b}=\dfrac{c-d}{d}$（等式左右同减1）.

合比定理与分比定理是在等式两边加减1得到的，但是解题时，未必非得是加减1，也可以是加减别的数；

使用合比定理的目标，往往是将分子变成相等的项，吕老师将其命名为"通分子".

3. 本题型解决的多为分式问题，可参考与分式有关的各种题型.

【母题精讲】

母题 11 若 $\dfrac{a+b-c}{c}=\dfrac{a-b+c}{b}=\dfrac{-a+b+c}{a}=k$，则 k 的值为（　　）.

(A)1　　　　　(B)1 或 -2　　　(C)-1 或 2　　　(D)-2　　　　(E)以上选项均不正确

【解析】方法一：设 k 法.

由 $\dfrac{a+b-c}{c}=k$，得 $a+b-c=ck$. 以此类推，$a-b+c=bk$，$-a+b+c=ak$.

三个等式相加，得 $a+b+c=k(a+b+c)$，故有 $k=1$ 或者 $a+b+c=0$. 若 $a+b+c=0$，则将 $a+b=-c$ 代入原式，可知 $k=-2$.

方法二：等比定理法.

欲使用等比定理，先判断分母之和是否为0，故分两类讨论：

①当 $a+b+c=0$ 时，$a+b=-c$，代入原式，可知 $k=-2$；

②当 $a+b+c\neq 0$ 时，由等比定理，可知

$$\frac{a+b-c}{c}=\frac{a-b+c}{b}=\frac{-a+b+c}{a}=\frac{(a+b-c)+(a-b+c)+(-a+b+c)}{a+b+c}=k,$$

整理得 $k=1$.

方法三：合比定理法.

在等式的各个位置均+2，得

$$\frac{a+b-c}{c}+2=\frac{a-b+c}{b}+2=\frac{-a+b+c}{a}+2=k+2,$$

$$\frac{a+b-c+2c}{c}=\frac{a-b+c+2b}{b}=\frac{-a+b+c+2a}{a}=k+2,$$

$$\frac{a+b+c}{c}=\frac{a+b+c}{b}=\frac{a+b+c}{a}=k+2,$$

可知 $a=b=c \Rightarrow 3=k+2$，即 $k=1$；或者 $a+b+c=0 \Rightarrow k+2=0$，即 $k=-2$。

综上可得，k 的值为 1 或 -2。

【答案】(B)

[母题变化]

变化 1　等式问题

技巧总结

能用等比定理、合比定理的题型，常常也可以用设 k 法。

例 46　已知 $\dfrac{x}{a-b}=\dfrac{y}{b-c}=\dfrac{z}{c-a}$（$a$，$b$，$c$ 互不相等），则 $x+y+z=($　　$)$。

(A)1　　　　　(B)-1　　　　　(C)0　　　　　(D)0 或 1　　　　　(E)2

【解析】设 k 法。设 $\dfrac{x}{a-b}=\dfrac{y}{b-c}=\dfrac{z}{c-a}=k$，则有

$$x=(a-b)k,\ y=(b-c)k,\ z=(c-a)k,$$

叠加可得 $x+y+z=(a-b)k+(b-c)k+(c-a)k=(a-b+b-c+c-a)k=0$。

【答案】(C)

变化 2　不等式问题

技巧总结

当我们发现不等号左右两侧的分子和分母之和（或之差）相等时，可以考虑合比定理（或分比定理），在不等式左右两侧同加 1（或同减 1），使其分子相同，达到"通分子"的效果。

例 47　$\dfrac{c}{a+b}<\dfrac{a}{b+c}<\dfrac{b}{c+a}$。

(1)$0<c<a<b$。　　　　　　　(2)$0<a<b<c$。

【解析】不等式两边均加 1，得 $\dfrac{c}{a+b}+1<\dfrac{a}{b+c}+1<\dfrac{b}{c+a}+1$，即

$$\frac{a+b+c}{a+b}<\frac{a+b+c}{b+c}<\frac{a+b+c}{c+a}。$$

上式分子相同，比较分母即可。

条件(1)：由 $0 < c < a < b$，得 $a+b > b+c > a+c > 0$，故 $\dfrac{a+b+c}{a+b} < \dfrac{a+b+c}{b+c} < \dfrac{a+b+c}{c+a}$，充分.

条件(2)：由 $0 < a < b < c$，得 $0 < a+b < a+c < b+c$，故 $\dfrac{a+b+c}{a+b} > \dfrac{a+b+c}{a+c} > \dfrac{a+b+c}{c+b}$，不充分.

【快速得分法】条件(2)可以用举反例法.

令 $a=1$，$b=2$，$c=3$，则有 $\dfrac{c}{a+b}=1$，$\dfrac{a}{b+c}=\dfrac{1}{5}$，$\dfrac{b}{a+c}=\dfrac{1}{2}$，显然题干不成立，故条件(2)不充分.

【答案】(A)

题型 12 比例的计算

【母题综述】

1. 比例的计算常考题型：正比例、反比例问题，连比问题，两两之比问题，其中比例问题常跟应用题一起考，可见题型 92・比例问题.

2. 比例问题一般采用特殊值法、设 k 法进行求解.

【母题精讲】

母题 12 设 $x : y : z = 2 : 3 : 4$，$x+y+z=72$，$y=(\quad)$.

(A)12　　　(B)18　　　(C)24　　　(D)36　　　(E)48

【解析】对于连比问题，通常做法就是设"k".

设 $x=2k$，$y=3k$，$z=4k$，由题意可得 $9k=72$，解得 $k=8$，因此 $y=3k=24$.

【答案】(C)

【母题变化】

变化 1　正比例与反比例

技巧总结

若已知 x，y 成正比例，则可设 $y=kx(k \neq 0)$；若已知 x，y 成反比例，则可设 $y=\dfrac{k}{x}(k \neq 0)$.

例 48 某商品销售量对于进货量的百分比与销售价格成反比例，已知销售价格为 9 元时，可售出进货量的 80%. 又知销售价格与进货价格成正比例，已知进货价格为 6 元，销售价格为 9 元. 在以上比例系数不变的情况下，当进货价格为 8 元时，可售出进货量的百分比为(　).

(A)72%　　(B)70%　　(C)68%　　(D)65%　　(E)60%

【解析】设进货价格为 8 元时，新销售价格为 x 元，由销售价格与进货价格成正比例，设比例系数为 k_1. 根据题意，可得 $k_1=\dfrac{x}{8}=\dfrac{9}{6}$，解得 $x=12$.

设可售出进货量的百分比为 y,由销售量对进货量的百分比与销售价格成反比例,设比例系数为 k_2.根据题意可得 $12y=9\times80\%=k_2$,解得 $y=60\%$.

【答案】(E)

变化 2 连比设 "k" 问题

> 技巧总结
>
> 1. 连比问题常用设 k 法,也可以用特殊值法分析.
>
> 如:已知 $\dfrac{x}{a}=\dfrac{y}{b}=\dfrac{z}{c}$,则可设 $\dfrac{x}{a}=\dfrac{y}{b}=\dfrac{z}{c}=k$,则 $x=ak$,$y=bk$,$z=ck$.
>
> 2. 已知分式比,可化为整式比,见例 49 方法二.

例 50 设 $\dfrac{1}{x}:\dfrac{1}{y}:\dfrac{1}{z}=4:5:6$,则使 $x+y+z=74$ 成立的 y 值是( ).

(A)24   (B)36   (C)$\dfrac{74}{3}$ (D)$\dfrac{37}{2}$ (E)$\dfrac{37}{4}$

【解析】方法一:设 k 法,直接计算.

设 $\dfrac{1}{x}=4k$,$\dfrac{1}{y}=5k$,$\dfrac{1}{z}=6k$,则有

$$x=\frac{1}{4k},\ y=\frac{1}{5k},\ z=\frac{1}{6k},$$

由题意知 $\dfrac{1}{4k}+\dfrac{1}{5k}+\dfrac{1}{6k}=74$,解得 $k=\dfrac{1}{120}$,得 $y=\dfrac{1}{5k}=\dfrac{120}{5}=24$.

方法二:化成整式比.

$\dfrac{1}{x}:\dfrac{1}{y}:\dfrac{1}{z}=4:5:6$,则 $x:y:z=\dfrac{1}{4}:\dfrac{1}{5}:\dfrac{1}{6}=\dfrac{15}{60}:\dfrac{12}{60}:\dfrac{10}{60}=15:12:10$.

所以,设 $x=15k$,$y=12k$,$z=10k$,$x+y+z=15k+12k+10k=37k=74$,$k=2$.

故 $x=30$,$y=24$,$z=20$.

【答案】(A)

例 50 $\left(\dfrac{1}{x}+\dfrac{1}{y}\right):\left(\dfrac{1}{y}+\dfrac{1}{z}\right):\left(\dfrac{1}{z}+\dfrac{1}{x}\right)=4:10:9$.

(1)$(x+y):(y+z):(z+x)=4:2:3$.

(2)$(x+y):(y+z):(z+x)=3:2:4$.

【解析】赋值法.

条件(1):设 $\begin{cases}x+y=4,\\y+z=2,\\z+x=3,\end{cases}$ 解得 $x=\dfrac{5}{2}$,$y=\dfrac{3}{2}$,$z=\dfrac{1}{2}$.

代入题干,有 $\left(\dfrac{1}{x}+\dfrac{1}{y}\right):\left(\dfrac{1}{y}+\dfrac{1}{z}\right):\left(\dfrac{1}{z}+\dfrac{1}{x}\right)=\dfrac{16}{15}:\dfrac{8}{3}:\dfrac{12}{5}=4:10:9$,故条件(1)充分.

条件(2):设 $\begin{cases}x+y=3,\\y+z=2,\\z+x=4,\end{cases}$ 解得 $x=\dfrac{5}{2}$,$y=\dfrac{1}{2}$,$z=\dfrac{3}{2}$.

代入题干，$\left(\dfrac{1}{x}+\dfrac{1}{y}\right):\left(\dfrac{1}{y}+\dfrac{1}{z}\right):\left(\dfrac{1}{z}+\dfrac{1}{x}\right)=\dfrac{12}{5}:\dfrac{8}{3}:\dfrac{16}{15}=9:10:4$，故条件(2)不充分.

【答案】(A)

变化 3　两两之比问题

> **技巧总结**
>
> 已知 3 个对象的两两之比问题，常用最小公倍数法，即取中间项的最小公倍数，将比例放大.
>
> 【例】甲：乙＝7：3，乙：丙＝5：3.
>
> 可令乙放大到 3 和 5 的最小公倍数 15，则甲：乙：丙＝35：15：9.

例 51　某产品有一等品、二等品和不合格品三种，若在一批产品中一等品件数和二等品件数的比是 5：3，二等品件数和不合格品件数的比是 4：1，则该产品的不合格品率约为(　　).

(A)7.2%　　　　　　　　(B)8%　　　　　　　　(C)8.6%

(D)9.2%　　　　　　　　(E)10%

【解析】设二等品的件数为 x，则一等品的件数为 $\dfrac{5}{3}x$，不合格品的件数为 $\dfrac{1}{4}x$.

所以总件数为 $\dfrac{5}{3}x+x+\dfrac{1}{4}x=\dfrac{35}{12}x$，不合格品率为 $\dfrac{1}{4}x\div\dfrac{35}{12}x\cdot 100\%=\dfrac{3}{35}\times100\%\approx8.6\%$.

【快速得分法】*最小公倍数法*.

取中间项(二等品)的两个数字的最小公倍数 12，得一等品：二等品：不合格品＝20：12：3，所以，不合格品率为 $\dfrac{3}{20+12+3}\times100\%\approx8.6\%$.

【答案】(C)

变化 4　总量不变问题

> **技巧总结**
>
> 对于两个样本容量相同的对象，如果每个对象内部的各个部分比例不同，混合之后求各部分比例，可用最小公倍数法，将两个对象的样本容量转化为相同的份数.

例 52　两个班参加数学竞赛的人数相等，甲班获奖人数与未获奖人数的比是 1：8，乙班获奖人数与未获奖人数的比是 1：5，两个班中获奖与未获奖人数的比是(　　).

(A)2：13　　　　　　　　(B)3：21　　　　　　　　(C)4：23

(D)5：31　　　　　　　　(E)6：43

【解析】甲班参加竞赛总人数是 9 份，乙班参加竞赛总人数是 6 份，但是两个班参加竞赛的人数相等，它们的最小公倍数是 18 份，因此甲班获奖人数与未获奖人数之比是 2：16，乙班获奖与未获奖的人数之比是 3：15，两个班中总获奖与总未获奖的人数之比为 5：31.

【答案】(D)

第 3 节 绝对值

题型 13 绝对值方程、不等式

[母题综述]

1. 绝对值方程

(1)定义：方程中含有绝对值，称为绝对值方程，如母题13.

(2)解绝对值方程常用以下方法：

①首先考虑选项代入法；

②可以画图像的用图像法；

③万能方法：去绝对值符号(平方法、分类讨论法).

2. 解绝对值不等式常用方法：

(1)首先考虑特殊值验证法，特殊值一般先选0，再选负数；

(2)可以画图像的用图像法；

(3)三角不等式的应用，需熟练掌握等号与不等号成立的条件；

(4)万能方法：去绝对值符号(平方法、分类讨论法).

[母题精讲]

母题 13 方程 $|x-|2x+1||=4$ 的根是(　　).

(A)$x=-5$ 或 $x=1$　　　　(B)$x=5$ 或 $x=-1$　　　　(C)$x=3$ 或 $x=-\dfrac{5}{3}$

(D)$x=-3$ 或 $x=\dfrac{5}{3}$　　　　(E)不存在

【解析】方法一：选项代入法，易知选(C).

方法二：分类讨论法.

原式等价于Ⅰ：$|2x+1|=x-4$ 或Ⅱ：$|2x+1|=x+4$.

解式Ⅰ：当 $x-4\geqslant0$，即 $x\geqslant4$ 时，必有 $2x+1>x-4$，故 $|2x+1|=x-4$ 无解.

解式Ⅱ：$\begin{cases}2x+1\geqslant0,\\x-2x-1=-4\end{cases}$ 或 $\begin{cases}2x+1<0,\\x+2x+1=-4,\end{cases}$ 解得 $x=3$ 或 $x=-\dfrac{5}{3}$.

综上可得，方程的根为 $x=3$ 或 $x=-\dfrac{5}{3}$.

【答案】(C)

[母题变化]

变化 1 解绝对值方程

技巧总结

【易错点】方程 $|f(x)| = g(x)$ 有隐含定义域，不能直接平方，而是等价于
$$g(x) \geq 0, \quad f^2(x) = g^2(x).$$

例 53 方程 $|x+1| + |x| = 2$ 无根.

(1) $x \in (-\infty, -1)$.   (2) $x \in (-1, 0)$.

【解析】条件(1)：当 $x \in (-\infty, -1)$ 时，$|x+1| + |x| = 2$ 可化为 $-x - 1 - x = 2$，解得 $x = -\dfrac{3}{2}$，

有解，条件(1)不充分.

条件(2)：当 $x \in (-1, 0)$ 时，$|x+1| + |x| = 2$ 可化为 $x + 1 - x = 2$，显然无解，条件(2)充分.

【答案】(B)

变化 2 已知方程根的情况，求系数的范围

技巧总结

已知方程根的情况，可以将根代入方程中，再求系数的范围. 如果方程中含有绝对值，可以结合图像法或分类讨论法去绝对值符号.

例 54 如果方程 $|x| = ax + 1$ 有一个负根，那么 a 的取值范围是（ ）.

(A) $a < 1$ (B) $a = 1$ (C) $a > -1$ (D) $a < -1$ (E) 以上选项均不正确

【解析】方法一：将根代入方程.

设 x_0 为此方程的负根，则 $x_0 < 0$，有

$$|x_0| = ax_0 + 1 \Rightarrow -x_0 = ax_0 + 1 \Rightarrow x_0 = \frac{-1}{(a+1)} < 0 \Rightarrow a > -1.$$

方法二：图像法.

原题等价于函数 $y = |x|$ 与函数 $y = ax + 1$ 的图像在第二象限有交点. 如图1-2所示：

看图易知，当 $a > 0$ 时，$y = ax + 1$ 始终与 $y = |x|$ 在第二象限有交点；

当 $a = -1$ 时，直线 $y = ax + 1$ 与直线 $y = |x|$（$x < 0$）平行，两个函数的图像在第二象限无交点；

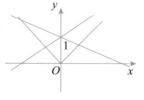

图 1-2

当 $a < -1$ 时，直线 $y = ax + 1$ 向靠近 y 轴的方向旋转，两个函数的图像在第二象限无交点；

当 $-1 < a \leq 0$ 时，直线 $y = ax + 1$ 向靠近直线 $y = |x|$（$x < 0$）的方向旋转，两个函数的图像在第二象限有一个交点；

数形结合可知，当直线的斜率 $a > -1$ 时，在第二象限有交点.

【答案】(C)

变化3 解绝对值不等式

技巧总结

去绝对值符号的方法:

(1)平方法去绝对值:$|f(x)|^2 = [f(x)]^2$,要注意定义域问题.

(2)分类讨论法去绝对值:

$|f(x)| < a \Leftrightarrow -a < f(x) < a$,其中 $a > 0$.

$|f(x)| > a \Leftrightarrow f(x) < -a$ 或 $f(x) > a$,其中 $a > 0$.

$|f(x)| = \begin{cases} f(x), & f(x) \geqslant 0, \\ -f(x), & f(x) < 0. \end{cases}$

例55 若 x 满足 $x^2 - x - 5 > |1 - 2x|$,则 x 的取值范围为(　　).

(A)$x > 4$　　　　　　　(B)$x < -1$　　　　　　　(C)$x > 4$ 或 $x < -3$

(D)$x > 4$ 或 $x < -1$　　　　(E)$-3 < x < 4$

【解析】*分类讨论法去绝对值*. 原式可化为

$$\begin{cases} 1 - 2x < 0, \\ x^2 - x - 5 > 2x - 1 \end{cases} \text{或者} \begin{cases} 1 - 2x \geqslant 0, \\ x^2 - x - 5 > 1 - 2x, \end{cases}$$

解得 $x > 4$ 或 $x < -3$.

【答案】(C)

例56 不等式 $|x+1| + |x-2| \leqslant 5$ 的解集为(　　).

(A)$2 \leqslant x \leqslant 3$　　　　　　　(B)$-2 \leqslant x \leqslant 13$　　　　　　(C)$1 \leqslant x \leqslant 7$

(D)$-2 \leqslant x \leqslant 3$　　　　　(E)以上选项均不正确

【解析】*分类讨论法去绝对值*.

当 $x < -1$ 时,原式可化为 $(-x-1) - (x-2) \leqslant 5$,解得 $x \geqslant -2$,则 $-2 \leqslant x < -1$;

当 $-1 \leqslant x < 2$ 时,原式可化为 $x + 1 - (x - 2) \leqslant 5$,即 $3 \leqslant 5$,恒成立,则 $-1 \leqslant x < 2$;

当 $x \geqslant 2$ 时,原式可化为 $x + 1 + x - 2 \leqslant 5$,解得 $x \leqslant 3$,则 $2 \leqslant x \leqslant 3$.

综上,不等式解集为 $-2 \leqslant x \leqslant 3$.

【答案】(D)

题型 14 绝对值的化简求值与证明

[母题综述]

带有绝对值的代数式的化简求值与证明,常用以下方法:

(1)三角不等式.

(2)万能方法:分类讨论法.

[母题精讲]

母题 14 已知 a，b 是实数，$|a+b| \leqslant 1$，$|a-b| \leqslant 1$，则下列选项正确的是（　　）.

(A) $|a| \leqslant 1$，$|b| \leqslant 1$　　　　(B) $|a| < 1$，$|b| < 1$　　　　(C) $|a+b| \geqslant \dfrac{1}{2}$

(D) $|a-b| \geqslant \dfrac{1}{2}$　　　　(E) $|a-b| \geqslant \dfrac{1}{3}$

【解析】 方法一：平方法.

由 $|a+b| \leqslant 1$，平方得 $a^2 + 2ab + b^2 \leqslant 1$.

由 $|a-b| \leqslant 1$，平方得 $a^2 - 2ab + b^2 \leqslant 1$.

两式相加得 $2(a^2 + b^2) \leqslant 2$，即 $a^2 + b^2 \leqslant 1$，故 $|a| \leqslant 1$，$|b| \leqslant 1$.

方法二：分类讨论法.

由 $|a+b| \leqslant 1$ 得 $-1 \leqslant a+b \leqslant 1$. 　　　①

由 $|a-b| \leqslant 1$ 得 $-1 \leqslant a-b \leqslant 1$. 　　　②

两式相加得 $-2 \leqslant 2a \leqslant 2 \Rightarrow -1 \leqslant a \leqslant 1$，即 $|a| \leqslant 1$.

由式②得 $-1 \leqslant b-a \leqslant 1$，与式①相加可得 $-2 \leqslant 2b \leqslant 2 \Rightarrow -1 \leqslant b \leqslant 1$，即 $|b| \leqslant 1$.

方法三：三角不等式法.

两个条件相加可得 $|a+b| + |a-b| \leqslant 2$.

由三角不等式得 $|(a+b) + (a-b)| \leqslant |a+b| + |a-b| \leqslant 2$，即 $|2a| \leqslant 2$，$|a| \leqslant 1$.

又由三角不等式得 $|(a+b) - (a-b)| \leqslant |a+b| + |a-b| \leqslant 2$，即 $|2b| \leqslant 2$，$|b| \leqslant 1$.

【快速得分法】 用特值法可迅速排除(B)、(C)、(D)、(E)项.

【答案】 (A)

[母题变化]

变化 1　三角不等式问题（等号成立、不等号成立）

技巧总结

三角不等式等号与不等号成立的条件：

（1）等号成立的条件：

$||a| - |b|| \leqslant |a+b| \leqslant |a| + |b|$ 是恒成立的，其中左边等号成立的条件：$ab \leqslant 0$；右边等号成立的条件：$ab \geqslant 0$.

口诀：左异右同，可以为零.

$||a| - |b|| \leqslant |a-b| \leqslant |a| + |b|$ 是恒成立的，其中左边等号成立的条件：$ab \geqslant 0$；右边等号成立的条件：$ab \leqslant 0$.

口诀：左同右异，可以为零.

（2）不等号成立的条件：

$||a| - |b|| \leqslant |a+b| \leqslant |a| + |b|$ 是恒成立的，其中左边不等号成立的条件：$ab > 0$；右边不等号成立的条件：$ab < 0$.

$||a|-|b||\leqslant|a-b|\leqslant|a|+|b|$ 是恒成立的,其中左边不等号成立的条件:$ab<0$;右边不等号成立的条件:$ab>0$.

（3）列表如下:

不等式	等号成立的条件	不等号成立的条件	示例
左:$||a|-|b||\leqslant|a+b|$	左异号,可为零:$ab\leqslant0$	左同号,不可为零:$ab>0$	$||1|-|-2||=|1+(-2)|$ $||1|-|1||<|1+1|$
右:$|a+b|\leqslant|a|+|b|$	右同号,可为零:$ab\geqslant0$	右异号,不可为零:$ab<0$	$|1+2|=|1|+|2|$ $|1+(-2)|<|1|+|-2|$
左:$||a|-|b||\leqslant|a-b|$	左同号,可为零:$ab\geqslant0$	左异号,不可为零:$ab<0$	$||1|-|2||=|1-2|$ $||1|-|-1||<|1-(-1)|$
右:$|a-b|\leqslant|a|+|b|$	右异号,可为零:$ab\leqslant0$	右同号,不可为零:$ab>0$	$|1-(-2)|=|1|+|-2|$ $|1-2|<|1|+|2|$

例 57　$|2x-11|=|x-3|+|x-8|$ 的解集为(　　).

(A)$3<x<8$ (B)$x\leqslant3$ (C)$x\geqslant8$

(D)$x<3$ 或 $x>8$ (E)$x\leqslant3$ 或 $x\geqslant8$

【解析】根据三角不等式可知,$|2x-11|=|x-3+x-8|\leqslant|x-3|+|x-8|$,由等号成立的条件知,当 $(x-3)(x-8)\geqslant0$ 时,$|x-3+x-8|=|x-3|+|x-8|$,即原式成立,解得 $x\geqslant8$ 或 $x\leqslant3$.

【答案】(E)

例 58　不等式 $|2x-4|<|x-1|+|x-3|$ 的解集为(　　).

(A)$(1,3)$ (B)$(-3,-1)$ (C)$(-\infty,1)\bigcup(1,+\infty)$

(D)$[-3,-1]$ (E)$[1,3]$

【解析】三角不等式 $|2x-4|<|x-1|+|x-3|$,可化为
$$|(x-1)+(x-3)|<|x-1|+|x-3|.$$

由三角不等式 $|a+b|<|a|+|b|$ 成立的条件,即当 a,b 异号时,不等式成立,所以有 $(x-1)(x-3)<0$,解得 $1<x<3$.

所以,不等式 $|2x-4|<|x-1|+|x-3|$ 的解集为 $(1,3)$.

【答案】(A)

变化 2　分类讨论法证明绝对值等式

技巧总结

分类讨论法是去绝对值符号的万能方法,当其他方法不可用时,可以用分类讨论法.

例 59　$|1-x|-\sqrt{x^2-8x+16}=2x-5$.

(1) $2<x$.　　　　　　　　　(2) $x<3$.

【解析】等式左边可化简为

$$|x-1|-|x-4|=\begin{cases}-3, & x<1, \\ 2x-5, & 1\leqslant x\leqslant 4, \\ 3, & x>4.\end{cases}$$

所以当 $1\leqslant x\leqslant 4$ 时，题干中的结论成立.

故条件(1)和条件(2)单独不充分，联立起来有 $2<x<3$，在 $1\leqslant x\leqslant 4$ 范围内，故联立充分.

【答案】(C)

变化 3　绝对值代数式的化简求值

> **技巧总结**
>
> 　　绝对值代数式的化简求值，可以采用平方法、分类讨论法去绝对值符号. 有些题目也可以利用三角不等式.

例 60　对任意实数 $x\in\left(\dfrac{1}{8}, \dfrac{1}{7}\right)$，代数式 $|1-2x|+|1-3x|+|1-4x|+\cdots+|1-10x|=$（　　）.

(A)10　　　　　(B)1　　　　　(C)3　　　　　(D)4　　　　　(E)5

【解析】因为 $\dfrac{1}{8}<x<\dfrac{1}{7}$，所以 $7x<1, 8x>1$，因此

　　原式 $=(1-2x)+(1-3x)+\cdots+(1-7x)+(8x-1)+(9x-1)+(10x-1)=6-3=3$.

【答案】(C)

例 61　设实数 x, y 满足 $|x-y|=2$，$|x^3-y^3|=26$，则 $x^2+y^2=$（　　）.

(A)30　　　　　(B)22　　　　　(C)15　　　　　(D)13　　　　　(E)10

【解析】由 $|x-y|=2$，$|x^3-y^3|=|x-y||x^2+xy+y^2|=26$ 可得，$|x^2+xy+y^2|=13$.

因为 $x^2+xy+y^2=\left(x+\dfrac{y}{2}\right)^2+\dfrac{3}{4}y^2\geqslant 0$，所以 $|x^2+xy+y^2|=x^2+xy+y^2=13$.

又因为 $|x-y|=2$，平方，得 $x^2-2xy+y^2=4$，联立得 $xy=3$，$x^2+y^2=10$.

【答案】(E)

变化 4　定整问题（整数范围内的绝对值求值问题）

> **技巧总结**
>
> 　　定义：若干个整式的绝对值之和（或高次绝对值的和）为较小的自然数（如 1，2 等），称为定整问题.

解法：抓住整式的绝对值均为自然数的特征，推理出整式绝对值可能出现的情况．通常使用分类讨论法、特殊值法，常见情况分类如下：

（1）几个整式的绝对值（或高次绝对值）的和为1，则必然其中一个绝对值为1，其余为0．

（2）几个整式的绝对值的和为2，则其中一个绝对值为2，其余为0；或者其中两个绝对值为1，其余为0．

（3）几个整式的绝对值的高次幂的和为2，则其中两个绝对值为1，其余为0．

【易错点】若使用特殊值法，容易漏根．答案中若有带"或"的选项，取特值时注意正负值都取，看看有没有多组解．

例 62　设 a，b，c 为整数，且 $|a-b|^{20}+|c-a|^{41}=2$，则 $|a-b|+|a-c|+|b-c|=($　　$)$．

(A)2 或 4　　　　(B)2　　　　(C)4　　　　(D)0 或 2　　　　(E)0

【解析】由 $|a-b|^{20}+|c-a|^{41}=2$，a，b，c 均为整数，可知 $|a-b|=1$，$|c-a|=1$，故有 $a-b=\pm1$，$c-a=\pm1$，两式相加，可得 $b-c=\pm2$ 或 0，则 $|b-c|=2$ 或 0．

故 $|a-b|+|a-c|+|b-c|=2$ 或 4．

【易错点】本题如果用特殊值法，容易漏根．

【答案】(A)

例 63　满足 $|a-b|+ab=1$ 的非负整数对 (a,b) 的个数是($　　$)．

(A)1　　　　(B)2　　　　(C)3　　　　(D)4　　　　(E)5

【解析】由 $|a-b|+ab=1$ 且 a，b 为非负整数，可得

$$①\begin{cases}|a-b|=1,\\ab=0\end{cases}\quad 或 ②\begin{cases}|a-b|=0,\\ab=1,\end{cases}$$

由①解得 $\begin{cases}a=1,\\b=0\end{cases}$ 或 $\begin{cases}a=0,\\b=1,\end{cases}$ 由②解得 $\begin{cases}a=1,\\b=1.\end{cases}$

综上，满足条件的非负整数对为 $(1,0)$，$(0,1)$，$(1,1)$，共 3 个．

【答案】(C)

题型 15　非负性问题

[母题综述]

1. 非负性问题的特征

一个方程出现多个未知数，并且一般不会说明这几个未知数是整数．

2. 具有非负性的式子

$$|a|\geq0，a^2\geq0，\sqrt{a}\geq0.$$

3. 非负性问题的标准形式

若已知 $|a|+b^2+\sqrt{c}=0$ 或 $|a|+b^2+\sqrt{c}\leqslant0$，可得 $a=b=c=0$.

由非负数的性质可知，若干个非负数之和等于或小于0，则每个非负数都为0.

4. 非负性问题的 3 种变化

(1)方程组型；(2)配方型；(3)定义域型.

〔母题精讲〕

母题 15 若实数 a，b，c 满足 $|a-3|+\sqrt{3b+5}+(5c-4)^2=0$，则 $abc=($).

(A)-4 (B)$-\dfrac{5}{3}$ (C)$-\dfrac{4}{3}$ (D)$\dfrac{4}{5}$ (E)3

【解析】基本非负性问题.

根据非负性可知 $a=3$，$b=-\dfrac{5}{3}$，$c=\dfrac{4}{5}$，所以，$abc=-4$.

【答案】(A)

〔母题变化〕

变化 1 方程组型

技巧总结

定义：题干给出一个方程组（或两个方程），方程中含有典型的非负性特征，即绝对值、平方、根号，则此类题型为方程组型非负性问题.

解法：将两个方程相加，整理成 $|a|+b^2+\sqrt{c}=0$ 或 $|a|+b^2+\sqrt{c}\leqslant0$ 形式，可得 $a=b=c=0$.

例 64 已知实数 a，b，x，y 满足 $y+\left|\sqrt{x}-\sqrt{2}\right|=1-a^2$ 和 $|x-2|=y-1-b^2$，则 $3^{x+y}+3^{a+b}=($).

(A)25   (B)26   (C)27   (D)28   (E)29

【解析】两式相加法.

由 $y+\left|\sqrt{x}-\sqrt{2}\right|=1-a^2$，得 $a^2+\left|\sqrt{x}-\sqrt{2}\right|=1-y$.   ①

由 $|x-2|=y-1-b^2$，得 $|x-2|+b^2=y-1$.   ②

式①+式②，得 $\left|\sqrt{x}-\sqrt{2}\right|+a^2+|x-2|+b^2=0$.

故由非负性可知 $x=2$，$a=b=0$.

将 x，a，b 代入题干任一式子，解得 $y=1$.

所以，$3^{x+y}+3^{a+b}=28$.

【快速得分法】特殊值法.

令 $x=2$，$a=b=0$，可知 $y=1$，代入验证即可.

【答案】(D)

变化 2　配方型

> **技巧总结**
>
> 有些方程需要先配方，通过配方整理成 $a^2+b^2+c^2=0$ 的形式，或者 $a^2+b^2+c^2\leqslant0$ 的形式.

例65 实数 x，y，z 满足条件 $|x^2+4xy+5y^2|+\sqrt{z+\dfrac{1}{2}}=-2y-1$，则 $(4x-10y)^z=($ 　　$)$.

(A)$\dfrac{\sqrt{6}}{2}$ 　　　(B)$-\dfrac{\sqrt{6}}{2}$ 　　　(C)$\dfrac{\sqrt{2}}{6}$ 　　　(D)$-\dfrac{\sqrt{2}}{6}$ 　　　(E)$\dfrac{\sqrt{6}}{6}$

【解析】将条件进行化简

$$|x^2+4xy+5y^2|+\sqrt{z+\frac{1}{2}}=-2y-1,$$

$$|x^2+4xy+4y^2|+\sqrt{z+\frac{1}{2}}+y^2+2y+1=0,$$

$$|(x+2y)^2|+\sqrt{z+\frac{1}{2}}+(y+1)^2=0,$$

由非负性可得

$$\begin{cases}x+2y=0,\\ z+\dfrac{1}{2}=0,\\ y+1=0\end{cases}\Rightarrow\begin{cases}x=2,\\ y=-1,\\ z=-\dfrac{1}{2},\end{cases}$$

所以 $(4x-10y)^z=(8+10)^{-\frac{1}{2}}=\dfrac{1}{\sqrt{18}}=\dfrac{\sqrt{2}}{6}$.

【答案】(C)

例66 若 $a^2+ab+b^2+3a+3b+3=0$，则 $ab=($ 　　$)$.

(A)1 　　　(B)2 　　　(C)3 　　　(D)-1 　　　(E)-2

【解析】 方法一：配方法.

考虑去凑完全平方公式，可得

$$a^2+ab+b^2+3a+3b+3=0$$
$$\Rightarrow2a^2+2ab+2b^2+6a+6b+6=0$$
$$\Rightarrow a^2+2ab+b^2+4a+4b+4+a^2+2a+1+b^2+2b+1=0$$
$$\Rightarrow[(a+b)^2+4(a+b)+4]+(a+1)^2+(b+1)^2=0$$
$$\Rightarrow(a+b+2)^2+(a+1)^2+(b+1)^2=0,$$

由非负性可得，$a=-1$，$b=-1$，$ab=1$.

方法二：判别式法.

如果对配方法掌握得不是很熟练，可以用判别式法.

将方程 $a^2+ab+b^2+3a+3b+3=0$ 整理成关于 b(或关于 a)的一元二次方程，可得

$$b^2+(a+3)b+a^2+3a+3=0.$$

已知方程有根，则 $\Delta \geqslant 0$，即 $(a+3)^2-4(a^2+3a+3)\geqslant 0$，整理得 $(a+1)^2 \leqslant 0$，解得 $a=-1$.

将 $a=-1$ 代入原方程中，解得 $b=-1$，$ab=1$.

【答案】(A)

变化 3 定义域型

技巧总结

定义域型的题目，一般需要先根据根号下面的数大于等于 0，求出变量的范围，再根据变量的范围，对方程进行化简求值.

例 67 设 x，y，z 满足 $\sqrt{3x+y-z-2}+\sqrt{2x+y-z}=\sqrt{x+y-2\,002}+\sqrt{2\,002-x-y}$，则 $x+y+z=($　　$)$.

(A)4 000　　　　　　　(B)4 002　　　　　　　(C)4 004

(D)4 006　　　　　　　(E)4 008

【解析】由根号下面的数大于等于 0 可知 $x+y-2\,002 \geqslant 0$ 且 $2\,002-x-y \geqslant 0$，可得

$$x+y=2\,002,　　　　　　　　　①$$

由此可得，题干中等式右边的值为零，那么原方程可化为 $\sqrt{3x+y-z-2}+\sqrt{2x+y-z}=0$.

由 $\sqrt{3x+y-z-2} \geqslant 0$，$\sqrt{2x+y-z} \geqslant 0$ 可得

$$3x+y-z-2=0,　　　　　　　　②$$
$$2x+y-z=0,　　　　　　　　　③$$

联立式①②③，可得 $x=2$，$y=2\,000$，$z=2\,004$，故 $x+y+z=2+2\,000+2\,004=4\,006$.

【答案】(D)

变化 4 类非负性问题

技巧总结

有些题目并不是严格的非负性的题目，但是可以将上述方法应用到题目里.

例 68 已知 x 满足 $\sqrt{x-999}+|99-2x|=2x$，则 $99^2-x=($　　$)$.

(A)999　　　　(B)99　　　　(C)-99　　　　(D)-999　　　　(E)99^2

【解析】类似非负性问题中的定义域型.

由 $\sqrt{x-999}$ 知 $x \geqslant 999$，所以 $99-2x<0$，原式可化为

$$\sqrt{x-999}+2x-99=2x \Rightarrow \sqrt{x-999}=99.$$

故 $x-999=99^2$，$99^2-x=-999$.

【答案】(D)

题型 16 自比性问题

〖母题综述〗

自比性问题，实际上是符号判断问题，需要我们判断代数式的正负，其基本形式为

$$\frac{|a|}{a} = \frac{a}{|a|} = \begin{cases} 1, & a > 0, \\ -1, & a < 0. \end{cases}$$

〖母题精讲〗

母题 16 $\dfrac{|x-1|}{1-x} + \dfrac{|x-2|}{x-2}$ 的值为 -2.

(1) $1 < x < 2$.   (2) $2 < x < 3$.

【解析】条件(1)：由 $1 < x < 2$，得 $x-1 > 0$，$x-2 < 0$，故 $\dfrac{|x-1|}{1-x} + \dfrac{|x-2|}{x-2} = -1 - 1 = -2$，充分.

条件(2)：因为 $2 < x < 3$，所以 $x-1 > 0$，$x-2 > 0$，故 $\dfrac{|x-1|}{1-x} + \dfrac{|x-2|}{x-2} = -1 + 1 = 0$，不充分.

【答案】(A)

〖母题变化〗

变化 1 多项的自比性问题

技巧总结

1. 两项的自比性

$$\frac{|a|}{a} + \frac{|b|}{b} = \begin{cases} 2(a, b \text{ 同正}), \\ 0(a, b \text{ 一正一负}), \\ -2(a, b \text{ 同负}). \end{cases}$$

2. 三项的自比性

$$\frac{|a|}{a} + \frac{|b|}{b} + \frac{|c|}{c} = \begin{cases} 3(a, b, c \text{ 同正}), \\ 1(a, b, c \text{ 两正一负}), \\ -1(a, b, c \text{ 两负一正}), \\ -3(a, b, c \text{ 同负}). \end{cases}$$

例 69 $\dfrac{b+c}{|a|} + \dfrac{c+a}{|b|} + \dfrac{a+b}{|c|} = 1$.

(1) 实数 a，b，c 满足 $a+b+c = 0$.   (2) 实数 a，b，c 满足 $abc > 0$.

【解析】条件(1)：举反例. 令 a，b，c 均等于 0，题干不成立，显然不充分.

条件(2)：举反例. 令 $a = 1$，$b = 1$，$c = 1$，则 $\dfrac{b+c}{|a|} + \dfrac{c+a}{|b|} + \dfrac{a+b}{|c|} = 6$，不充分.

联立两个条件，由 $abc>0$，可知 a，b，c 有 1 正 2 负或者 3 正.

又由 $a+b+c=0$，可知 a，b，c 应为 1 正 2 负.

由 $a+b+c=0$，可得原式 $=\dfrac{-a}{|a|}+\dfrac{-b}{|b|}+\dfrac{-c}{|c|}=-\left(\dfrac{a}{|a|}+\dfrac{b}{|b|}+\dfrac{c}{|c|}\right)=-(1-1-1)=1$.

故两个条件联立起来充分.

【答案】(C)

变化 2　符号判断问题

> **技巧总结**
>
> 自比性问题的关键是判断符号，常与以下几个表达式有关：
>
> (1) $abc>0$，说明 a，b，c 有 3 正或 2 负 1 正；
>
> (2) $abc<0$，说明 a，b，c 有 3 负或 2 正 1 负；
>
> (3) $abc=0$，说明 a，b，c 至少有 1 个为 0；
>
> (4) $a+b+c>0$，说明 a，b，c 至少有 1 正，注意有可能某个字母等于 0；
>
> (5) $a+b+c<0$，说明 a，b，c 至少有 1 负，注意有可能某个字母等于 0；
>
> (6) $a+b+c=0$，说明 a，b，c 至少有 1 正 1 负，或者三者都等于 0.

例70 已知 a，b，c 是不完全相等的任意实数，若 $x=a^2-bc$，$y=b^2-ac$，$z=c^2-ab$，则 x，y，z（　　）.

(A) 都大于 0　　　　(B) 至少有一个大于 0　　　　(C) 至少有一个小于 0

(D) 都不小于 0　　　　(E) 恰有两个大于 0

【解析】由题意可得

$$
\begin{aligned}
x+y+z &= a^2-bc+b^2-ac+c^2-ab \\
&= \dfrac{a^2-2ab+b^2+b^2-2bc+c^2+c^2-2ac+a^2}{2} \\
&= \dfrac{(a-b)^2+(b-c)^2+(c-a)^2}{2},
\end{aligned}
$$

因为 a，b，c 是不完全相等的任意实数，所以 $(a-b)^2+(b-c)^2+(c-a)^2>0$，即 $x+y+z>0$，故 x，y，z 中至少有一个大于 0.

【答案】(B)

题型 17 绝对值的最值问题

[母题综述]

1. 求绝对值的最值问题有以下几种方法：

(1) 几何意义；

(2)三角不等式；

(3)图像法；

(4)分类讨论法.

2. 绝对值最值问题的常见类型：

类型1. 形如 $y=|x-a|+|x-b|$；

类型2. 形如 $y=|x-a|+|x-b|+|x-c|$；

类型3. 形如 $y=|x-a|-|x-b|$；

类型4. 形如 $y=m|x-a|\pm n|x-b|\pm p|x-c|\pm q|x-d|$；

类型5. x 属于某区间.

3. 管理类联考中的最值问题常见以下几类：

(1)绝对值的最值问题；

(2)代数式的最值问题；

(3)均值不等式求最值问题；

(4)函数的最值问题，尤其是一元二次函数的最值；

(5)等差数列前 n 项和的最值问题；

(6)解析几何中的最值问题；

(7)应用题中的最值问题.

[母题精讲]

母题 17 设 $y=|x-2|+|x+2|$，则下列结论正确的是(　　).

(A)y 没有最小值　　　　　　　　(B)只有一个 x 使 y 取到最小值

(C)有无穷多个 x 使 y 取到最大值　　(D)有无穷多个 x 使 y 取到最小值

(E)以上选项均不正确

【解析】方法一：分类讨论法.

$$y=|x-2|+|x+2|=\begin{cases}-2x, & x<-2, \\ 4, & -2\leqslant x\leqslant 2, \\ 2x, & x>2,\end{cases}$$

显然当 $-2\leqslant x\leqslant 2$ 时，y 有最小值4.

方法二：几何意义法.

$y=|x-2|+|x+2|$ 表示数轴上的点 x 到点 -2 和2的距离之和，画数轴易得，当 $-2\leqslant x\leqslant 2$ 时，y 有最小值4.

综上所述，y 可以取到最小值4，且最小值点有无穷多个.

【快速得分法】本题可直接应用下述变化1：线性和问题的结论，此时 $a=2$，$b=-2$，故当 $-2\leqslant x\leqslant 2$ 时，y 有最小值4，最小值点有无穷多个.

【答案】(D)

[母题变化]

变化 1 偶数个线性和问题

技巧总结

两个线性和问题：形如 $y=|x-a|+|x-b|$.

设 $a<b$，则当 $x\in[a,b]$ 时，y 有最小值 $|a-b|$.

函数的图像如图 1-3 所示（盆地形）.

【推广】$y=|x-a_1|+|x-a_2|+\cdots+|x-a_{2n-1}|+|x-a_{2n}|$（共有偶数个），且 $a_1\leqslant a_2\leqslant\cdots\leqslant a_{2n-1}\leqslant a_{2n}$，则当 $x\in[a_n,a_{n+1}]$ 时，取区间内任意一点，代入式中即可得出 y 的最小值，最小值点有无穷多个.

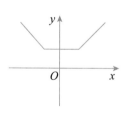

图 1-3

例 71 不等式 $|x-2|+|4-x|<s$ 无解.

(1) $s\leqslant 2$. (2) $s>2$.

【解析】本题等价于求 $y=|x-2|+|4-x|=|x-2|+|x-4|$ 的最小值，根据线性和的相关结论，可知最小值为 $|2-4|=2$，故它的值域为 $[2,+\infty)$.

若要结论成立，则 $|x-2|+|4-x|$ 的最小值 $2<s$ 无解，故 $s\leqslant 2$.

故条件(1)充分，条件(2)不充分.

【答案】(A)

变化 2 奇数个线性和问题

技巧总结

三个线性和问题：形如 $y=|x-a|+|x-b|+|x-c|$.

若 $a<b<c$，则当 $x=b$ 时，y 有最小值 $|a-c|$.

函数的图像如图 1-4 所示（尖铅笔形）.

【推广】$y=|x-a_1|+|x-a_2|+\cdots+|x-a_{2n-1}|$（共有奇数个），且 $a_1\leqslant a_2\leqslant\cdots\leqslant a_{2n-1}$，则当 $x=a_n$（中间项）时，代入式中可得 y 的最小值，故取到最小值的点只有 1 个，将 $x=a_n$ 代入式中，得最小值 $y_{\min}=(a_{n+1}+a_{n+2}+\cdots+a_{2n-1})-(a_1+a_2+\cdots+a_{n-1})$.

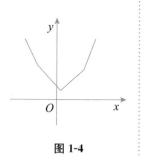

图 1-4

例 72 设 $y=|x-a|+|x-20|+|x-a-20|$，其中 $0<a<20$，则对于满足 $a\leqslant x\leqslant 20$ 的 x 值，y 的最小值是( ).

(A)10 (B)15 (C)20 (D)25 (E)30

【解析】*方法一：去绝对值符号.*

由题意可知，$x-a\geqslant 0$，$x-20\leqslant 0$，$x-a-20<0$.

所以，$y=|x-a|+|x-20|+|x-a-20|=x-a+20-x+20-x=40-x$.

故当 $x=20$ 时，y 的最小值是20.

方法二：三个线性和问题.

当 x 取 a，20，$a+20$ 的中间值时，y 取到最值.

又知 $a<20<a+20$，故当 $x=20$ 时，代入原式，可知 y 的最小值是20，此时 x 的取值在定义域内.

【答案】(C)

变化3　线性差问题

技巧总结

线性差问题：形如 $y=|x-a|-|x-b|$.

y 有最小值 $-|a-b|$，最大值 $|a-b|$.

函数的图像如图1-5所示（正 Z 形或反 Z 形中的一个）.

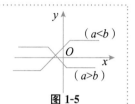

图1-5

例73　不等式 $|x+3|-|x-1|\leqslant a^2-3a$ 对任意实数 x 恒成立，则实数 a 的取值范围为(　　).

(A)$(-\infty,-1]\cup[4,+\infty)$　　　　(B)$(-\infty,-2]\cup[5,+\infty)$　　　　(C)$[1,2]$

(D)$(-\infty,1]\cup[2,+\infty)$　　　　(E)以上选项均不正确

【解析】由线性差的相关结论可知 $|x+3|-|x-1|$ 有最大值 $|-3-1|=4$.原不等式若成立，则 $|x+3|-|x-1|$ 的最大值小于等于 a^2-3a，则 $a^2-3a\geqslant4$，解得 $a\leqslant-1$ 或 $a\geqslant4$.

【答案】(A)

变化4　复杂线性和问题

技巧总结

复杂线性和问题：形如 $y=m|x-a|\pm n|x-b|\pm p|x-c|\pm q|x-d|$.

此类题比较复杂，用分类讨论法虽然可以做，但是计算量太大，用图像法也可以做，但是传统的画图像方法并不可取，请大家记忆吕老师的"描点看边法"画绝对值的图像，用"描点看边取拐点法"求最值.

【例】画出 $y=|x-1|+2|x-2|-3|x-3|+|x-4|$ 的图像，并求出 y 的取值范围.

【解析】第一步，描点连线：

分别令 $x=1$，$x=2$，$x=3$，$x=4$，可知图像必过4个点：$(1,-1)$，$(2,0)$，$(3,5)$，$(4,4)$，将这4个点描在平面直角坐标系中，并用线段顺次连接，如图1-6所示：

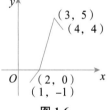

图1-6

第二步，画出最右边的一段图像：

令 $x>4$，此时只需要看原式每个绝对值符号内的一次项系数即可（因为图像的右半段必然和 $(4,4)$ 点相连，所以常数项不用管），可知原式在此时的一次项为 x，即最右边一段图像的斜率为1，是增函数；画出最右边的图像，如图1-7所示.

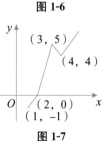

图1-7

第三步，画出最左边的一段图像：

最左边的一段图像的斜率必与最右边的一段图像的斜率互为相反数（令 $x<1$ 即可证明），故右边为增函数，左边必为减函数，画出图像如图 1-8 所示．

根据图像可知，原函数的取值范围为 $[-1,+\infty)$．

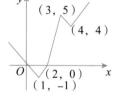

图 1-8

【总结】（1）"描点看边取拐点法"口诀：

描点看右边，最值取拐点；

右减左必增，右增左必减；

右减有最大，右增有最小；

题干知大小，直接取拐角．

（2）直接取拐点法：因为最值必然取在拐点处，所以，当题目仅要求求出最值时，直接求各个拐点的纵坐标，比较大小即可得最值．

例 74　函数 $y=2|x+1|+|x-2|-5|x-1|+|x-3|$ 的最大值是（　　）．

(A)-3　　　　(B)2　　　　(C)7　　　　(D)-1　　　　(E)10

【解析】根据"描点看边取拐点法"，最大值一定取 4 个拐点的纵坐标的最大值．

故令 $x=-1$，$x=2$，$x=1$，$x=3$，可知函数的图像过以下 4 个点：$(-1,-3)$，$(2,2)$，$(1,7)$，$(3,-1)$．故 y 的最大值为 7．

【答案】(C)

变化5　自变量有取值范围的最值问题

技巧总结

自变量有范围的线性问题：x 属于某区间

（1）在前 4 类题型中，x 的定义域均为全体实数，若 x 的定义域不是全体实数则不能直接套用以上结论．

（2）拐点端点法：当 x 的定义域属于某闭区间时，求出拐点纵坐标和区间端点的纵坐标，找到最值即为答案．

例 75　已知 $\dfrac{8x+1}{12}-1\leqslant x-\dfrac{x+1}{2}$，关于 $|x-1|-|x-3|$ 的最值，下列说法正确的是（　　）．

(A)最大值为 1，最小值为 -1　　　　　　(B)最大值为 2，最小值为 -1

(C)最大值为 2，最小值为 -2　　　　　　(D)最大值为 1，最小值为 -2

(E)无最大值和最小值

【解析】$\dfrac{8x+1}{12}-1\leqslant x-\dfrac{x+1}{2}\Rightarrow\dfrac{8x-11}{12}\leqslant\dfrac{x-1}{2}$，得 $8x-11\leqslant6x-6\Rightarrow2x\leqslant5$，解得 $x\leqslant\dfrac{5}{2}$．

方法一：已知自变量有范围求绝对值的最值时，可将端点 $x=\dfrac{5}{2}$ 和拐点 $x=1$ 代入绝对值中，

当 $x=1$ 时，$|x-1|-|x-3|=-2$；当 $x=\dfrac{5}{2}$ 时，$|x-1|-|x-3|=1$．

故$|x-1|-|x-3|$的最大值为1，最小值为-2.

方法二：分类讨论法.

当$x\leqslant 1$时，$|x-1|-|x-3|=1-x-(3-x)=-2$；

当$1<x\leqslant\dfrac{5}{2}$时，$|x-1|-|x-3|=x-1-(3-x)=2x-4$，则$-2<2x-4\leqslant 1$；

所以当$x\leqslant\dfrac{5}{2}$，$|x-1|-|x-3|$的最大值为1，最小值是-2.

【答案】(D)

题型 18 绝对值函数

[母题综述]

1. 理解$y=|f(x)|$、$y=f(|x|)$的由来；能根据$y=f(x)$的图像画出$y=|f(x)|$与$y=f(|x|)$的图像.

2. 理解以下三种特殊的绝对值函数：

$$|ax+by|=c,\quad |Ax-a|+|By-b|=C,\quad |xy|+ab=a|x|+b|y|.$$

[母题精讲]

母题 18 函数$f(x)=|x^2-4x|$与函数$f(x)=a$有四个不同的交点，则实数a的取值范围是（　　）.

(A)$a>2$　　　　(B)$0\leqslant a<4$　　　　(C)$0<a<4$　　　　(D)$0<a<2$　　　　(E)$a>4$

【解析】画出$f(x)=x^2-4x$的图像，如图1-9所示；

将图像位于x轴下方的部分翻转到x轴上方，得到$f(x)=|x^2-4x|$的图像，如图1-10所示.

函数$f(x)=a$表示与x轴平行的直线，其与$f(x)=|x^2-4x|$有四个不同的交点，由图1-11可得，$0<a<4$.

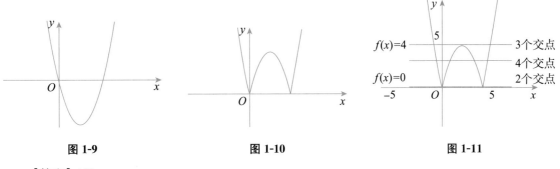

图 1-9　　　　　　　　　　图 1-10　　　　　　　　　　图 1-11

【答案】(C)

[母题变化]

变化 1 $y=|f(x)|$ 与 $y=f(|x|)$

技巧总结

1. $y=|f(x)|$ 图像的画法

先画 $y=f(x)$ 的图像，再将图像位于 x 轴下方的部分翻到 x 轴上方.

2. $y=f(|x|)$ 图像的画法

先画 y 轴右侧的图像，令 $x>0$，画出 $y=f(x)$ 的图像；再画 y 轴左侧的图像，即将图像位于 y 轴右侧的部分翻到 y 轴左侧. 图像是偶函数，关于 y 轴对称.

例 76　$|1-|1-x||=a$ 有三个不同的实根，则 a 的取值范围是(　　　).

(A)$a=0$　　　(B)$a>1$　　　(C)$0\leqslant a<1$　　　(D)$0<a<1$　　　(E)$a=1$

【解析】①画出 $y=1-x$ 的图像(图 1-12)；②画出 $y=|1-x|$ 的图像(图 1-13)；

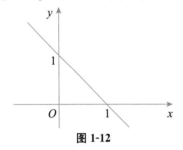

图 1-12　　　　　　　　　　　图 1-13

③画出 $y=-|1-x|$ 的图像(图 1-14)；④画出 $y=1-|1-x|$ 的图像(图 1-15)；

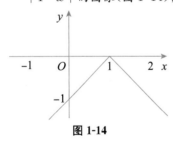　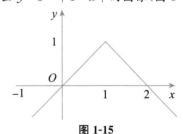

图 1-14　　　　　　　　　　　图 1-15

⑤画出 $y=|1-|1-x||$ 的图像(图 1-16).

$|1-|1-x||=a$ 有三个不同的实根，说明 $y=|1-|1-x||$ 的图像与 $y=a$ 有三个不同的交点(图 1-17)：

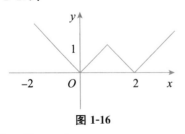　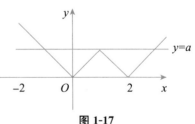

图 1-16　　　　　　　　　　　图 1-17

由图像可得，$a=1$.

【答案】(E)

例 77 已知指数函数 $f(x)=\left(\dfrac{1}{2}\right)^{|x|}$，则 $f(x)$ 的值域是(　　).

(A)$[0,1]$　　(B)$(0,+\infty)$　　(C)$(0,1]$　　(D)$[1,+\infty)$　　(E)$(1,+\infty)$

【解析】①画出 $y=\left(\dfrac{1}{2}\right)^{x}$ 的图像(图 1-18)；②画出 $y=\left(\dfrac{1}{2}\right)^{|x|}$ 的图像(图 1-19)：

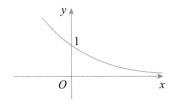

图 1-18　　　　　　　　图 1-19

由图像可得，值域为 $(0,1]$.

【答案】(C)

变化 2　形如 $|ax+by|=c$

> 技巧总结
>
> 形如 $|ax+by|=c$ 的函数，可化简为 $ax+by=\pm c$，图像是两条关于原点对称的平行直线.

例 78 已知实数 x，y 满足方程 $|x+y|\leqslant1$，$|x-y|\leqslant1$，则点 (x,y) 所在区域的面积为(　　).

(A)1　　　　(B)2　　　　(C)3　　　　(D)4　　　　(E)8

【解析】由 $|x+y|\leqslant1$，可得 $-1\leqslant x+y\leqslant1$，即 $\begin{cases}x+y\geqslant-1,\\ x+y\leqslant1\end{cases}$，为 l_1，l_2 两条平行线之间的区域.

由 $|x-y|\leqslant1$，可得 $-1\leqslant x-y\leqslant1$，即 $\begin{cases}x-y\geqslant-1,\\ x-y\leqslant1\end{cases}$，为 l_3，l_4 两条平

行线之间的区域. 画出图像如图 1-20 所示：

显然 $|x+y|\leqslant1$，$|x-y|\leqslant1$ 围成的图像为正方形，对角线长为 2，

故面积为 $\dfrac{1}{2}\times2\times2=2$.

【答案】(B)

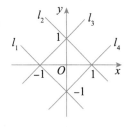

图 1-20

变化 3　形如 $|Ax-a|+|By-b|=C$

> 技巧总结
>
> 形如 $|Ax-a|+|By-b|=C$ 的函数，当 $A=B$ 时，函数的图像所围成的图形是正方形；当 $A\neq B$ 时，函数的图像所围成的图形是菱形；无论是正方形还是菱形，面积均为 $S=\dfrac{2C^2}{AB}$.
>
> 证明可参考例 79.

例 79　方程 $|x-1|+|y-1|=1$ 所围成的图形是(　　).

(A)一个点　　　　(B)四条直线　　　(C)正方形　　　　(D)四个点　　　(E)圆

【解析】*方法一：分类讨论法.*

对方程 $|x-1|+|y-1|=1$ 分类讨论可得 $\begin{cases} x+y-3=0, & x\geq 1, \ y\geq 1, \\ x-y-1=0, & x\geq 1, \ y<1, \\ y-x-1=0, & x<1, \ y\geq 1, \\ 1-x-y=0, & x<1, \ y<1, \end{cases}$

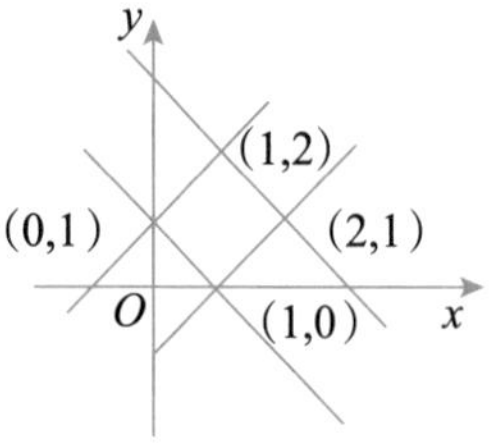

在平面直角坐标系中画出这四条线，如图 1-21 所示：图形是一个以 $(1,1)$ 为中心的正方形.

方法二：已知 $|Ax-a|+|By-b|=C$，则当 $A=B$ 时，函数的图像所围成的图形是正方形. 结合题干知 $|x-1|+|y-1|=1$，$A=B=1$，故所围成的图形是正方形.

【答案】(C)

图 1-21

变化 4　**形如 $|xy|+ab=a|x|+b|y|$**

技巧总结

形如 $|xy|+ab=a|x|+b|y|$ 的函数表示 $x=\pm b$，$y=\pm a$ 的四条直线所围成的矩形，面积为 $S=4|ab|$. 当 $a=b$ 时，图像为正方形，面积为 $S=4a^2$.

证明可参考例 80.

例 80　曲线 $|xy|+1=|x|+|y|$ 所围成的图形的面积为(　　).

(A)$\dfrac{1}{4}$　　　　　(B)$\dfrac{1}{2}$　　　　　(C)1　　　　　(D)2　　　　(E)4

【解析】*方法一：* $|xy|+1=|x|+|y| \Leftrightarrow |x| \cdot |y| - |x| - |y| + 1=0 \Leftrightarrow (|x|-1)(|y|-1)=0$，解得 $x=\pm 1$ 或 $y=\pm 1$，所围成的图像如图 1-22 所示，其是一个边长为 2 的正方形，故面积为 4.

方法二： $|xy|+ab=a|x|+b|y|$ 表示由 $x=\pm b$，$y=\pm a$ 的四条直线所围成的矩形，面积为 $S=4|ab|$. 本题中，$a=1$，$b=1$，故 $S=4$.

【答案】(E)

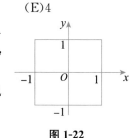

图 1-22

第 **4** 节　平均值和方差

题型 19　平均值和方差

[母题综述]

1. 掌握算术平均值、几何平均值的定义及性质.

2. 掌握方差和标准差的定义、意义和性质.

【母题精讲】

母题 19 三个实数 x_1，x_2，x_3 的算术平均数为 4.

(1) x_1+6，x_2-2，x_3+5 的算术平均数为 4.

(2) x_2 为 x_1 和 x_3 的等差中项，且 $x_2=4$.

【解析】结论等价于 $x_1+x_2+x_3=12$.

条件(1)：$\dfrac{x_1+6+x_2-2+x_3+5}{3}=4$，所以 $x_1+x_2+x_3=3$，条件(1)不充分.

条件(2)：由中项公式得 $2x_2=x_1+x_3=8$，所以 $x_1+x_2+x_3=12$，条件(2)充分.

【答案】(B)

【母题变化】

变化 1 **算术平均值与几何平均值**

技巧总结

1. 算术平均值

n 个数 x_1，x_2，x_3，$\cdots$，x_n 的算术平均值为 $\dfrac{x_1+x_2+x_3+\cdots+x_n}{n}$，记为 $\bar{x}=\dfrac{1}{n}\sum\limits_{i=1}^{n}x_i$.

2. 几何平均值

n 个正数 x_1，x_2，x_3，$\cdots$，x_n 的几何平均值为 $\sqrt[n]{x_1\cdot x_2\cdot x_3\cdot\cdots\cdot x_n}$，记为 $G_n=\sqrt[n]{\prod\limits_{i=1}^{n}x_i}$.

【易错点】注意只有正数才有几何平均值.

3. 几何平均值和算术平均值的关系

对于 n 个正数 x_1，x_2，x_3，$\cdots$，x_n，必有 $\sqrt[n]{x_1\cdot x_2\cdot x_3\cdot\cdots\cdot x_n}\leqslant\dfrac{x_1+x_2+x_3+\cdots+x_n}{n}$.

例 81 设方程 $3x^2-8x+a=0$ 的两个实根为 x_1 和 x_2，若 $\dfrac{1}{x_1}$ 和 $\dfrac{1}{x_2}$ 的算术平均值为 2，则 a 的值是（　　）.

(A) -2　　　(B) -1　　　(C) 1　　　(D) $\dfrac{1}{2}$　　　(E) 2

【解析】由韦达定理知 $x_1+x_2=\dfrac{8}{3}$，$x_1x_2=\dfrac{a}{3}$. 故 $\dfrac{1}{x_1}+\dfrac{1}{x_2}=\dfrac{x_1+x_2}{x_1x_2}=\dfrac{8}{a}=4$，解得 $a=2$.

验证：当 $a=2$ 时，$\Delta=(-8)^2-4\times3\times2=40>0$，满足方程有两个根.

【答案】(E)

例 82 x_1，x_2 是方程 $6x^2-7x+a=0$ 的两个实根，若 $\dfrac{1}{x_1}$ 和 $\dfrac{1}{x_2}$ 的几何平均值是 $\sqrt{3}$，则 a 的值是（　　）.

(A) 2　　　(B) 3　　　(C) 4　　　(D) -2　　　(E) -3

【解析】根据韦达定理知 $x_1x_2=\dfrac{a}{6}$；$\dfrac{1}{x_1}$ 和 $\dfrac{1}{x_2}$ 的几何平均值为 $\sqrt{\dfrac{1}{x_1}\cdot\dfrac{1}{x_2}}=\sqrt{\dfrac{6}{a}}=\sqrt{3}$，得 $\dfrac{6}{a}=3$，

即 $a=2$.

验证：当 $a=2$ 时，$\Delta=(-7)^2-4\times6\times2=1>0$，满足方程有两个根.

【答案】(A)

变化 2　方差与标准差的定义

技巧总结

1. 方差

$S^2=\dfrac{1}{n}[(x_1-\overline{x})^2+(x_2-\overline{x})^2+\cdots+(x_n-\overline{x})^2]$，也可记为 $D(x)$；

方差的简化公式：$S^2=\dfrac{1}{n}[(x_1^2+x_2^2+\cdots+x_n^2)-n\overline{x}^2]$.

2. 标准差

$S=\sqrt{S^2}=\sqrt{\dfrac{1}{n}[(x_1-\overline{x})^2+(x_2-\overline{x})^2+\cdots+(x_n-\overline{x})^2]}$，也可记为 $\sqrt{D(x)}$.

3. 方差和标准差的意义

方差和标准差反映的是一组数据偏离平均值的情况，是反映一组数据的整体波动大小的特征的量. 方差越大，数据的波动越大；方差越小，数据的波动越小.

根据这一点，我们可以通过观察数据的波动情况，来判断两组及以上数据的方差大小.

例 83　一组数据有 10 个，数据与它们的平均数的差依次为 -2，4，-4，5，-1，-2，0，2，3，-5，则这组数据的方差为（　　）.

(A)1　　　　　　(B)10.4　　　　　(C)4.8　　　　　(D)3.2　　　　　(E)8.4

【解析】根据方差的定义，知

$$S^2=\dfrac{1}{10}[(-2)^2+4^2+(-4)^2+5^2+(-1)^2+(-2)^2+0^2+2^2+3^2+(-5)^2]=10.4.$$

【答案】(B)

变化 3　平均值与方差的性质

技巧总结

1. 算术平均值的性质

$E(ax+b)=aE(x)+b(a\neq0,b\neq0)$，即该组数据中的每个数字都乘以一个非零的数字 a，平均值变为原来的 a 倍；该组数据中的每个数字都加上一个非零的数字 b，平均值在原来的基础上增加 b.

2. 方差与标准差的性质

$D(ax+b)=a^2D(x)(a\neq0,b\neq0)$，即该组数据中的每个数字都乘以一个非零的数字 a，方差变为原来的 a^2 倍，标准差变为原来的 a 倍；该组数据中的每个数字都加上一个非零的数字 b，方差和标准差不变.

例84 已知样本 x_1，x_2，$\cdots$，x_n 的方差是 2，则样本 $2x_1$，$2x_2$，$\cdots$，$2x_n$ 和 x_1+2，x_2+2，$\cdots$，x_n+2 样本的方差分别是( ).

(A)8，2   (B)4，2   (C)2，4   (D)8，0   (E)4，4

【解析】$2x_1$，$2x_2$，$\cdots$，$2x_n$ 是将原样本的每个数值乘以 2，则方差应乘以 4，故其方差为 8；x_1+2，x_2+2，$\cdots$，x_n+2 是将原样本的每个数值加上 2，方差不变，仍为 2.

【答案】(A)

题型 20 均值不等式

[母题综述]

1. 均值不等式有两个作用：求最值、证明不等式.

2. 使用均值不等式的口诀：一"正"二"定"三"相等"；

"正"是使用均值不等式的前提；

"定"是使用均值不等式的目标；

"相等"是最值取到时的条件.

3. 和为定值积最大，积为定值和最小.

4. 常考用均值不等式证明不等式，但遇到此类问题仍应该先考虑特殊值法.

5. 对勾函数

函数 $y=x+\dfrac{1}{x}$（或 $y=ax+\dfrac{b}{x}$，$a\neq 0$，$b\neq 0$）的图像形如两个"对勾"，因此将这个函数称为对勾函数.

对于 $y=x+\dfrac{1}{x}$，当 $x>0$ 时，此函数有最小值 2；当 $x<0$ 时，此函数有最大值 -2，图像如图 1-23 所示.

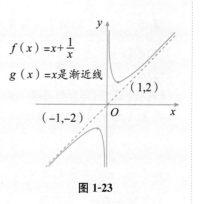

图 1-23

[母题精讲]

母题 20 直角边之和为 12 的直角三角形面积的最大值等于( ).

(A)16   (B)18   (C)20

(D)22   (E)以上选项均不正确

【解析】设两条直角边分别为 a，b，则 $a+b=12$，因为 $2ab\leqslant a^2+b^2$，故 $4ab\leqslant a^2+b^2+2ab=(a+b)^2$，所以 $ab\leqslant\dfrac{(a+b)^2}{4}$，$S=\dfrac{1}{2}ab\leqslant\dfrac{(a+b)^2}{8}=18$，故面积的最大值为 18.

【快速得分法】根据均值不等式等号成立的条件为 $a=b$，直接令 $a=b=6$，求得面积即可.

【答案】(B)

〖母题变化〗

变化 1　求最值

技巧总结

利用均值不等式求最值时，常常需要对已知条件进行构造．两种常见的构造形式：

（1）拆项法：拆项常拆次数较小的项，并且拆成相等的项．

（2）对勾函数法：求形如 $\dfrac{m}{x}+\dfrac{n}{y}$（$x>0$，$y>0$，$m$ 和 n 是已知系数）的最小值，先构造成对勾函数的形式，再用均值不等式求解．

例 85　函数 $y=x+\dfrac{1}{2(x-1)^2}$（$x>1$）的最小值为（　　）．

(A) $\dfrac{5}{2}$　　　　(B) 1　　　　(C) $2\sqrt{3}$　　　　(D) 2　　　　(E) 3

【解析】拆项常拆次数较小的项，且必拆成相等的项．结合均值不等式得

$$y=x+\dfrac{1}{2(x-1)^2}=\dfrac{x-1}{2}+\dfrac{x-1}{2}+\dfrac{1}{2(x-1)^2}+1\geqslant 3\sqrt[3]{\dfrac{x-1}{2}\cdot\dfrac{x-1}{2}\cdot\dfrac{1}{2(x-1)^2}}+1=\dfrac{5}{2}.$$

【答案】(A)

例 86　$\dfrac{1}{m}+\dfrac{2}{n}$ 的最小值为 $3+2\sqrt{2}$．

(1) 函数 $y=a^{x+1}-2$（$a>0$，$a\neq 1$）的图像恒过定点 A，点 A 在直线 $mx+ny+1=0$ 上．

(2) m，$n>0$．

【解析】条件(1)：利用指数函数的性质，可知 $y=a^{x+1}-2$（$a>0$，$a\neq 1$）恒过定点 $A(-1,-1)$．将点 A 的坐标代入直线方程，得 $m+n=1$，故

$$\dfrac{1}{m}+\dfrac{2}{n}=\dfrac{m+n}{m}+\dfrac{2(m+n)}{n}=3+\dfrac{n}{m}+\dfrac{2m}{n}.$$

由于 m，n 的正负无法确定，故条件(1)不充分．明显地，条件(2)单独不充分．

联立两个条件：由条件(2)知 m，$n>0$，可用均值不等式 $\dfrac{1}{m}+\dfrac{2}{n}=3+\dfrac{n}{m}+\dfrac{2m}{n}\geqslant 3+2\sqrt{2}$．

故两个条件联立起来充分．

【答案】(C)

变化 2　证明不等式

技巧总结

1. 重要不等式链：若 $a>0$，$b>0$，则

$$\dfrac{2}{\dfrac{1}{a}+\dfrac{1}{b}}\leqslant\sqrt{ab}\leqslant\dfrac{a+b}{2}\leqslant\sqrt{\dfrac{a^2+b^2}{2}}.$$

当且仅当 $a=b$ 时等号成立．此不等式链可以扩展到 n 个数.

2. 常用变形式：若 $a>0$, $b>0$, $c>0$, 则有

$$a+b\geqslant2\sqrt{ab}；a+b+c\geqslant3\sqrt[3]{abc}；ab\leqslant\left(\frac{a+b}{2}\right)^2；abc\leqslant\left(\frac{a+b+c}{3}\right)^3.$$

3. 恒成立的不等式

$$a^2+b^2\geqslant2ab(a\in\mathbf{R}, b\in\mathbf{R})；$$
$$a^2+b^2+c^2\geqslant ab+bc+ac(a\in\mathbf{R}, b\in\mathbf{R}, c\in\mathbf{R}).$$

例87 $\frac{1}{a}+\frac{1}{b}+\frac{1}{c}>\sqrt{a}+\sqrt{b}+\sqrt{c}$.

(1) $abc=1$.   (2) a, b, c 为不全相等的正数.

【解析】 用均值不等式证明不等式.

条件(1)：举反例．令 $a=b=c=1$, 显然不充分.

条件(2)：举反例．令 $a=1$, $b=1$, $c=4$, 显然不充分.

联立两个条件：

$$\frac{1}{a}+\frac{1}{b}+\frac{1}{c}=\frac{abc}{a}+\frac{abc}{b}+\frac{abc}{c}=bc+ac+ab=\frac{bc+ac}{2}+\frac{ab+ac}{2}+\frac{ab+bc}{2},$$

再用均值不等式，有 $\frac{1}{a}+\frac{1}{b}+\frac{1}{c}\geqslant\sqrt{abc^2}+\sqrt{a^2bc}+\sqrt{ab^2c}=\sqrt{c}+\sqrt{a}+\sqrt{b}$.

由条件(2)可知，不存在 $a=b=c$, 故等号不成立，$\frac{1}{a}+\frac{1}{b}+\frac{1}{c}>\sqrt{c}+\sqrt{a}+\sqrt{b}$.

所以两个条件联立起来充分.

【快速得分法】 特殊值法.

令 $a=1$, $b=1$, $c=1$, 显然不充分；令 $a=1$, $b=\frac{1}{4}$, $c=4$, 充分，猜测答案是(C).

【答案】 (C)

题型21 柯西不等式

【母题综述】

柯西不等式：$(a^2+b^2)(c^2+d^2)\geqslant(ac+bd)^2$, 当且仅当 $ad=bc$ 时等号成立.

【母题精讲】

母题21 已知实数 a, b, c, d 满足 $a^2+b^2=1$, $c^2+d^2=1$, 则 $|ac+bd|<1$.

(1) 直线 $ax+by=1$ 与 $cx+dy=1$ 仅有一个交点.

(2) $a\neq c$, $b\neq d$.

【解析】 $|ac+bd|^2=(ac+bd)^2=a^2c^2+b^2d^2+2acbd.$ ①

$(a^2+b^2)(c^2+d^2)=a^2c^2+b^2d^2+b^2c^2+a^2d^2.$ ②

方法一： 由式①和式②得

$$|ac+bd|^2=a^2c^2+b^2d^2+2acbd$$
$$=(a^2+b^2)(c^2+d^2)-b^2c^2-a^2d^2+2abcd$$
$$=1-(bc-ad)^2\leqslant 1,$$

即 $|ac+bd|\leqslant 1$，当 $bc=ad$ 时等号成立.

方法二： 由基本不等式可知 $b^2c^2+a^2d^2\geqslant 2abcd$，当 $bc=ad$ 时等号成立.

由式①和式②得 $(ac+bd)^2\leqslant(a^2+b^2)(c^2+d^2)=1$，即 $|ac+bd|\leqslant 1$，当 $bc=ad$ 时等号成立.

条件(1)：由两条直线相交，得 $bc\neq ad$，所以 $|ac+bd|<1$，条件(1)充分.

条件(2)：令 $a=b=\dfrac{\sqrt{2}}{2}$，$c=d=-\dfrac{\sqrt{2}}{2}$，则 $|ac+bd|=1$，条件(2)不充分.

【快速得分法】 由柯西不等式：$(ac+bd)^2\leqslant(a^2+b^2)(c^2+d^2)$，当 $bc=ad$ 时等号成立，再去判断两个条件.

【答案】 (A)

[母题变化]

变化 ① 柯西不等式的变形式

> **技巧总结**
>
> 柯西不等式的简化变形式：令 $a=b=1$，$c=x$，$d=y$，则上述不等式变形为
> $$2(x^2+y^2)\geqslant(x+y)^2.$$
> 当且仅当 $x=y$ 时等号成立. 这个不等式可用于判断 x^2+y^2 与 $x+y$ 的大小关系.

例88 若 x,y 为实数，则 $x+y\leqslant\dfrac{1}{2}$.

(1) $x^2+y^2\leqslant\dfrac{1}{12}$.

(2) $xy\leqslant\dfrac{1}{12}$.

【解析】 柯西不等式的简化变形式.

条件(1)：因为 $2(x^2+y^2)\geqslant(x+y)^2$，所以 $(x+y)^2\leqslant 2(x^2+y^2)\leqslant\dfrac{1}{6}$，即 $(x+y)^2\leqslant\dfrac{1}{6}$，$-\dfrac{\sqrt{6}}{6}\leqslant x+y\leqslant\dfrac{\sqrt{6}}{6}$，所以 $x+y\leqslant\dfrac{1}{2}$，条件(1)充分.

条件(2)：举反例，$x=1$，$y=\dfrac{1}{100}$，$xy=\dfrac{1}{100}<\dfrac{1}{12}$，$x+y>\dfrac{1}{2}$，故条件(2)不充分.

【答案】 (A)

变化 2　柯西不等式求最大值

技巧总结

柯西不等式的根号变形式为 $|ac+bd| \leqslant \sqrt{(a^2+b^2)(c^2+d^2)}$.

考查形式：形如 $y=\sqrt{Ax+B}+\sqrt{D-Cx}$（$x$ 前后的系数异号），可以利用柯西不等式求 y 的最大值，即

$$y=\underset{\underset{a}{\downarrow}}{\sqrt{A}} \cdot \underset{\underset{c}{\downarrow}}{\sqrt{x+\dfrac{B}{A}}}+\underset{\underset{b}{\downarrow}}{\sqrt{C}} \cdot \underset{\underset{d}{\downarrow}}{\sqrt{\dfrac{D}{C}-x}} \leqslant \sqrt{\left[(\sqrt{A})^2+(\sqrt{C})^2\right]\left[\left(\sqrt{x+\dfrac{B}{A}}\right)^2+\left(\sqrt{\dfrac{D}{C}-x}\right)^2\right]}.$$

例 89　$f(x)=\sqrt{x-4}+\sqrt{8-x}$ 的最大值是（　　）.

(A)$2\sqrt{2}-2$　　　(B)2　　　　(C)$2\sqrt{2}+2$　　　(D)$2\sqrt{2}$　　　(E)0

【解析】$f(x)=\sqrt{x-4}+\sqrt{8-x}=1 \cdot \sqrt{x-4}+1 \cdot \sqrt{8-x}$.

换元，令 $a=1$，$c=\sqrt{x-4}$，$b=1$，$d=\sqrt{8-x}$，根据柯西不等式的变形公式 $|ac+bd| \leqslant \sqrt{(a^2+b^2)(c^2+d^2)}$，可得

$$1 \cdot \sqrt{x-4}+1 \cdot \sqrt{8-x} \leqslant \sqrt{(1+1)(x-4+8-x)}=\sqrt{2 \times 4}=2\sqrt{2}.$$

所以 $f(x)$ 的最大值是 $2\sqrt{2}$.

【答案】(D)

本章模考题 ▸ 算术

(共 25 小题, 每小题 3 分, 限时 60 分钟)

一、问题求解: 第 1~15 小题, 每小题 3 分, 共 45 分, 下列每题给出的(A)、(B)、(C)、(D)、(E)五个选项中, 只有一项是最符合试题要求的.

1. 已知 p, q 均为质数, 且满足 $5p^2+3q=59$, 则以 $p+3$, $1-p+q$, $2p+q-4$ 为边长的三角形是(   ).

   (A)锐角非等边三角形　　　　(B)直角三角形　　　　　　(C)等边三角形

   (D)钝角三角形　　　　　　　(E)等腰非等边三角形

2. 已知两个正整数的和是 50, 它们的最大公约数是 5, 这两个自然数的乘积一定能够被(   )整除.

   (A)7　　　　(B)9　　　　(C)18　　　　(D)45　　　　(E)75

3. 化简 $\dfrac{1}{x^2+3x+2}+\dfrac{1}{x^2+5x+6}+\dfrac{1}{x^2+7x+12}+\cdots+\dfrac{1}{x^2+201x+10\,100}$ 得(   ).

   (A)$\dfrac{100}{(x-1)(x-101)}$ 　　　　　　　　(B)$\dfrac{100}{(x+1)(x-101)}$

   (C)$\dfrac{100}{(x+1)(x+101)}$ 　　　　　　　　(D)$\dfrac{100}{(x-1)(x+101)}$

   (E)以上选项均不正确

4. 已知 a, b, c, d 均为正数, 且 $\dfrac{a}{b}=\dfrac{c}{d}$, 则 $\dfrac{\sqrt{a^2+b^2}}{\sqrt{c^2+d^2}}$ 的值为(   ).

   (A)$\dfrac{a^2}{d^2}$ 　　　(B)$\dfrac{c^2}{b^2}$ 　　　(C)$\dfrac{a+b}{c+d}$ 　　　(D)$\dfrac{d}{b}$ 　　　(E)$\dfrac{c}{a}$

5. 纯循环小数 $0.\dot{a}b\dot{c}$ 写成最简分数时, 分子与分母之和是 58, 这个循环小数是(   ).

   (A)$0.\dot{5}6\dot{7}$　　(B)$0.\dot{5}3\dot{7}$　　(C)$0.\dot{5}1\dot{7}$　　(D)$0.\dot{5}6\dot{9}$　　(E)$0.\dot{5}6\dot{2}$

6. 计算 $\dfrac{\dfrac{1}{1\times 2}+\dfrac{1}{2\times 3}+\cdots+\dfrac{1}{2\,010\times 2\,011}}{\left(1-\dfrac{1}{2}\right)\left(1-\dfrac{1}{3}\right)\left(1-\dfrac{1}{4}\right)\left(1-\dfrac{1}{5}\right)\cdots\left(1-\dfrac{1}{2\,011}\right)}=(\quad)$.

   (A)2 009　　(B)2 010　　(C)2 011　　(D)$\dfrac{2\,010}{2\,011}$　　(E)$\dfrac{2\,009}{2\,011}$

7. $a=\sqrt{5+2\sqrt{6}}$ 的小数部分为 b, 则 $\dfrac{1}{a}+b=(\quad)$.

   (A)$2\sqrt{3}-3$　　　　　　(B)$2\sqrt{3}+3$　　　　　　(C)$\sqrt{3}+3$

   (D)$\sqrt{2}-3$　　　　　　　(E)以上选项均不正确

8. 函数 $y=|x+1|+|x+2|+|x+3|$, 当 $x=(\quad)$时, y 有最小值.

   (A)-1　　　(B)0　　　(C)1　　　(D)-2　　　(E)-3

9. 某个七位数 2 013 *abc* 能够同时被 2，3，4，5，6，7，8，9 整除，那么它的最后三位数是（   ）.

    (A)360   (B)400   (C)440   (D)480   (E)520

10. 有一个正整数，它加上 100 后是一个完全平方数，加上 168 后也是一个完全平方数. 这个正整数是（   ）.

    (A)21   (B)69   (C)121   (D)156   (E)193

11. n 除以 2 余 1，除以 3 余 2，除以 4 余 3，…，除以 9 余 8，则 n 的最小值是（   ）.

    (A)419   (B)629   (C)839   (D)2 519   (E)2 520

12. 某次聚餐，每一位男宾付 130 元，每一位女宾付 100 元，每带 1 个孩子付 60 元，现在有 $\frac{1}{3}$ 的成人各带一个孩子，总共收了 2 160 元，则参加聚餐的人数是（   ）.

    (A)16   (B)17 或 18   (C)20   (D)18 或 20   (E)20 或 24

13. 若 a，b，c 为整数，且 $|a-b|^{19}+|c-a|^{99}=1$，则 $|b-a|+|c-a|+|b-c|=$（   ）.

    (A)0   (B)1   (C)2   (D)3   (E)4

14. 若 $(x-2)^5=a_5x^5+a_4x^4+a_3x^3+a_2x^2+a_1x+a_0$，则 $a_5+a_4+a_3+a_2+a_1=$（   ）.

    (A)-31 (B)-32 (C)31   (D)32   (E)-21

15. 不等式 $(1+x)(1-|x|)>0$ 的解集是（   ）.

    (A)$\{x|0\leqslant x<1\}$ (B)$\{x|x<0$，且 $x\neq-1\}$

    (C)$\{x|-1<x<1\}$ (D)$\{x|x<1$，且 $x\neq-1\}$

    (E)以上选项均不正确

二、条件充分性判断：第 16～25 小题，每小题 3 分，共 30 分. 要求判断每题给出的条件(1)和条件(2)能否充分支持题干所陈述的结论.（A）、（B）、（C）、（D）、（E）五个选项为判断结果，请选择一项符合试题要求的判断.

    (A)条件(1)充分，但条件(2)不充分.

    (B)条件(2)充分，但条件(1)不充分.

    (C)条件(1)和条件(2)单独都不充分，但条件(1)和条件(2)联合起来充分.

    (D)条件(1)充分，条件(2)也充分.

    (E)条件(1)和条件(2)单独都不充分，条件(1)和条件(2)联合起来也不充分.

16. x 和 y 的算术平均值为 5，且 $\sqrt{x}$ 和 $\sqrt{y}$ 的几何平均值为 2.

    (1)$x=4$，$y=6$.

    (2)$x=2$，$y=8$.

17. 若 n 为正整数，则 n 是一个完全平方数.

    (1)对于每一个质数 p，若 p 是 n 的一个因子，则 p^2 也是 n 的一个因子.

    (2)$\sqrt{n}$ 是一个整数.

18. $a+b+c+d$ 是 4 的倍数.

    (1)a，b，c，d 为互不相等的整数.

    (2)整数 x 满足 $(x-a)(x-b)(x-c)(x-d)-9=0$.

19. 若 x，y 是质数，则 $8x+666y=2\,014$.

    (1)$3x+4y$ 是偶数.

    (2)$3x-4y$ 是 6 的倍数.

20. $\dfrac{|a+b|}{1+|a+b|}>\dfrac{|a|+|b|}{1+|a|+|b|}$.

    (1)$a>0$.

    (2)$b<0$.

21. 设 m，n 都是自然数，则 $m=2$.

    (1)$n\neq 2$，$m+n$ 为奇数.

    (2)m，n 都是质数.

22. 能确定 $\dfrac{2n}{5}$ 是整数.

    (1)n 为整数，且 $\dfrac{13n}{10}$ 是整数.

    (2)$m=2+\sqrt{5}$，$m+\dfrac{1}{m}$ 的整数部分是 n.

23. 已知 $|x+2|+|1-x|=9-|y-5|-|1+y|$，则 $m+n=2$.

    (1)$x+y$ 的最大值为 m.

    (2)$x+y$ 的最小值为 n.

24. $a=b=0$.

    (1)$|a|=a$，$|b|=b$，$\left(\dfrac{1}{2}\right)^{a+b}=1$.

    (2)设 a，b 为有理数，m 是无理数，且 $a+bm=0$.

25. 方程的整数解有 5 个.

    (1)方程为 $|x+1|+|x-3|=4$.

    (2)方程为 $|x+1|-|x-3|=4$.

本章模考题 ▶ 参考答案

一、问题求解

1. (B)

【解析】质数合数问题，用特殊数字突破法.

由 $5p^2+3q=59$，奇＋偶＝奇，奇×奇＝奇，知 p，q 必为一奇一偶，又因为 p，q 均为质数，故必有一个是 2.

若 $q=2$，p 不是整数，不符合题意；若 $p=2$，则 $q=13$，显然满足条件．那么三角形三边分别为 $p+3=5$，$1-p+q=12$，$2p+q-4=13$，因为 $5^2+12^2=13^2$，故该三角形为直角三角形.

2. (E)

【解析】约数倍数问题.

设这两个正整数分别为 a 和 b，$a<b$，其最大公约数为 5，设 $a=5m$，$b=5n$，且 $m<n(m$ 和 n 互质)，由 $a+b=5m+5n=50\Rightarrow m+n=10$，满足条件 $m<n(m$ 和 n 互质)的解有 $\begin{cases}m=1,\\n=9\end{cases}$ 或

$\begin{cases}m=3,\\n=7\end{cases}\Rightarrow\begin{cases}a=5,\\b=45\end{cases}$ 或 $\begin{cases}a=15,\\b=35\end{cases}$.

因为 $ab=5\times45=5\times5\times3\times3$；$ab=15\times35=5\times3\times5\times7$，最大公因数为 75，所以无论哪种情况，$a\times b$ 都能被 75 整除.

3. (C)

【解析】实数的运算技巧问题，多分数相加，用裂项相消法.

由题意，得

$$\frac{1}{x^2+3x+2}+\frac{1}{x^2+5x+6}+\frac{1}{x^2+7x+12}+\cdots+\frac{1}{x^2+201x+10\ 100}$$

$$=\frac{1}{(x+1)(x+2)}+\frac{1}{(x+2)(x+3)}+\frac{1}{(x+3)(x+4)}+\cdots+\frac{1}{(x+100)(x+101)}$$

$$=\frac{1}{x+1}-\frac{1}{x+2}+\frac{1}{x+2}-\frac{1}{x+3}+\cdots+\frac{1}{x+100}-\frac{1}{x+101}$$

$$=\frac{1}{x+1}-\frac{1}{x+101}=\frac{100}{(x+1)(x+101)}.$$

4. (C)

【解析】合比定理的应用.

由 $\dfrac{a}{b}=\dfrac{c}{d}$ 可得 $\dfrac{a^2}{b^2}=\dfrac{c^2}{d^2}$，则利用合比定理，有 $\dfrac{a^2+b^2}{b^2}=\dfrac{c^2+d^2}{d^2}$.

由此可知，$\dfrac{a^2+b^2}{c^2+d^2}=\dfrac{b^2}{d^2}$，故由已知条件和等比定理，可知 $\dfrac{\sqrt{a^2+b^2}}{\sqrt{c^2+d^2}}=\dfrac{b}{d}=\dfrac{a}{c}=\dfrac{a+b}{c+d}$.

【快速得分法】使用特殊值法验证可快速得解.

5．（A）

【解析】 无限循环小数化分数＋分解质因数．

先将 $0.\dot{a}b\dot{c}$ 化为分数可得 $\dfrac{abc}{999}$，然后进行约分化为最简分数．

因为分子分母之和为 58，分母大于分子，所以分母大于 $58\div2＝29$，即分母是大于 29 的两位数．对 999 分解质因数得 $999＝3\times3\times3\times37$．

在 999 的约数中，大于 29 的两位数只有 37，故分母是 37，分子是 $58-37＝21$．

因为 $\dfrac{21}{37}＝\dfrac{21\times27}{37\times27}＝\dfrac{567}{999}$，所以这个循环小数是 $0.\dot{5}6\dot{7}$．

【快速得分法】 使用选项代入法可快速得解．

6．（B）

【解析】 实数的运算技巧．

分子为多分数相加，使用裂项相消法，故

$$分子＝\frac{1}{1}-\frac{1}{2}+\frac{1}{2}-\frac{1}{3}+\cdots+\frac{1}{2\,010}-\frac{1}{2\,011}＝1-\frac{1}{2\,011}＝\frac{2\,010}{2\,011}.$$

分母为多括号相乘，化为多分数相乘，故

$$分母＝\frac{1}{2}\times\frac{2}{3}\times\frac{3}{4}\times\frac{4}{5}\times\cdots\times\frac{2\,010}{2\,011}＝\frac{1}{2\,011}.$$

故原式 $＝\dfrac{\dfrac{2\,010}{2\,011}}{\dfrac{1}{2\,011}}＝2\,010.$

7．（A）

【解析】 整数部分与小数部分问题．

$$a＝\sqrt{5+2\sqrt{6}}＝\sqrt{2+2\sqrt{6}+3}＝\sqrt{(\sqrt{2}+\sqrt{3})^2}＝\sqrt{2}+\sqrt{3}\approx1.4+1.7＝3.1,$$

故 $b＝\sqrt{2}+\sqrt{3}-3$，所以 $\dfrac{1}{a}+b＝\dfrac{1}{\sqrt{2}+\sqrt{3}}+(\sqrt{2}+\sqrt{3}-3)＝2\sqrt{3}-3.$

8．（D）

【解析】 绝对值的最值问题．

方法一：由题型 17，变化 2 中三个线性和问题可知，形如 $y＝|x-a|+|x-b|+|x-c|$ 的绝对值函数，$a<b<c$，当 $x＝b$ 时，y 最小．故本题中，当 $x＝-2$ 时，y 有最小值 2．

方法二：直接取拐点法．

分别令 $x＝-1$，$x＝-2$，$x＝-3$，求得 y 的值，比较可得，当 $x＝-2$ 时，y 取得最小值为 2．

9．（D）

【解析】 整除问题．

该七位数被 2，3，4，5，6，7，8，9 整除，必然也被其最小公倍数 2 520 整除．

而 $2\,013\,999\div2\,520＝799\cdots519$．故 $2\,013\,999-519＝2\,013\,480$ 能同时被这些数整除，因此它的最后三位数为 480．

【快速得分法】 使用选项代入法可快速得解．

10. (D)

【解析】整数不定方程问题.

设这个数为 x，加上 100 后为 a^2，加上 168 后为 b^2，则

$$\begin{cases} x+100=a^2, \\ x+168=b^2. \end{cases}$$

两式相减，得 $(b+a)(b-a)=68=2\times2\times17$.

又因为 $b+a$ 与 $b-a$ 奇偶性相同，故 $b-a=2$，$b+a=34$ 或 $b-a=34$，$b+a=2$.

解得 $a=16$ 或 $a=-16$，$b=18$，则 $x=b^2-168=156$.

【快速得分法】使用选项代入法可快速得解.

11. (D)

【解析】整除问题.

由题意知，除数与余数之差均为 1，可知 $n+1$ 能被 2，3，4，5，6，7，8，9 整除，故可以被这些数的最小公倍数整除. 2，3，4，5，6，7，8，9 的最小公倍数为 $[2，3，4，\cdots，9]=2^3\times3^2\times5\times7=2\,520$.

则 $n+1$ 的最小值为 2 520，故 n 的最小值为 2 519.

12. (E)

【解析】整数不定方程问题.

设参加聚餐的男宾有 x 人，女宾有 y 人，则有 $130x+100y+\dfrac{1}{3}(x+y)\times60=2\,160$，化简可得

$$5x+4y=72\Rightarrow y=\frac{72-5x}{4}$$

解得四组整数解为 $\begin{cases} x=4, \\ y=13, \end{cases}\begin{cases} x=8, \\ y=8, \end{cases}\begin{cases} x=12, \\ y=3, \end{cases}\begin{cases} x=0, \\ y=18. \end{cases}$

但孩子的人数为 $\dfrac{1}{3}(x+y)$，应为整数，经检验，仅后两组解满足，故总人数为

$$12+3+\frac{1}{3}(12+3)=20 \text{ 或 } 18+\frac{1}{3}\times18=24.$$

13. (C)

【解析】定整问题.

因为 a，b，c 均为整数，所以 $|a-b|$，$|c-a|$ 也应为整数.

而 $|a-b|^{19}$，$|c-a|^{99}$ 为两个非负整数且和为 1，故有

$$\text{I}:\begin{cases} |a-b|^{19}=0, \\ |c-a|^{99}=1. \end{cases} \text{ 或 } \text{II}:\begin{cases} |a-b|^{19}=1, \\ |c-a|^{99}=0. \end{cases}$$

由第 I 种情况，可得 $a=b$ 且 $|c-a|=1$，则 $|b-c|=|c-a|=1$，故

$$|b-a|+|c-a|+|b-c|=2.$$

同理，第 II 种情况也可得出原式等于 2.

14. (C)

【解析】赋值法求展开式系数.

令 $x=1$，得 $a_5+a_4+a_3+a_2+a_1+a_0=-1$.

令 $x=0$，得 $a_0=-32$.

故 $a_5+a_4+a_3+a_2+a_1=-1-(-32)=31$.

15. (D)

【解析】绝对值不等式问题.

显然分两类进行讨论：

①当 $x\geqslant0$ 时，原式化为 $(1+x)(1-x)>0$，解得 $-1<x<1$，即 $0\leqslant x<1$；

②当 $x<0$ 时，原式化为 $(1+x)^2>0$，显然 $x\neq-1$.

综上所述，$x<1$，且 $x\neq-1$.

二、条件充分性判断

16. (B)

【解析】平均值问题.

条件(1)：$\sqrt{x}$，$\sqrt{y}$ 的几何平均值 $\sqrt{\sqrt{x}\sqrt{y}}=\sqrt{\sqrt{4}\sqrt{6}}=\sqrt{2\sqrt{6}}\neq2$，条件(1)不充分.

条件(2)：x，y 的算术平均值为 $\dfrac{x+y}{2}=5$，$\sqrt{x}$，$\sqrt{y}$ 的几何平均值为 $\sqrt{\sqrt{x}\sqrt{y}}=\sqrt{\sqrt{2}\sqrt{8}}=\sqrt{4}=$

2，故条件(2)充分.

17. (B)

【解析】质数与整数问题.

条件(1)：令 $p=2$，$n=8$，则 p 是 n 的一个因子且 p^2 也是 n 的一个因子，但 n 不是完全平方数，故条件(1)不充分.

条件(2)：$\sqrt{n}$ 是一个整数，即 n 可开方，则 n 是一个完全平方数，条件(2)充分.

18. (C)

【解析】整数不定方程.

条件(1)显然不充分；条件(2)：举反例，令 $x=0$，$a=\dfrac{1}{3}$，$b=c=d=3$，也不充分.

联立两个条件：由条件(1)知，a，b，c，d 为互不相等的整数，将条件(2)分解因数，可得

$$(x-a)(x-b)(x-c)(x-d)=9=1\times(-1)\times3\times(-3).$$

故 $x-a$，$x-b$，$x-c$，$x-d$ 分别等于 1，-1，3，-3.

四式相加，可得 $4x-(a+b+c+d)=1-1+3-3=0$.

故 $a+b+c+d$ 等于 $4x$，即是 4 的倍数. 所以，联立充分.

19. (B)

【解析】质数问题.

条件(1)：令 $x=2$，$y=5$，因 $8\times2+666\times5=3\ 346\neq2\ 014$，故条件(1)不充分.

条件(2)：$3x-4y=6k$，$4y$，$6k$ 是偶数，故 $3x$ 是偶数，即 x 是偶数. 又因为 x 是质数，故 $x=2$，即 $3x=6$，所以，$4y=6-6k=6(1-k)$ 是 6 的倍数，已知 y 也为质数，故 $y=3$.

因此 $8x+666y=2\ 014$，条件(2)充分.

20. (E)

【解析】证明绝对值不等式.

条件(1)和条件(2)显然不充分，联立可知 a，b 均不为零.

根据三角不等式有 $|a+b|\leqslant|a|+|b|$ 且不等式两边均为正，故有 $\dfrac{1}{|a+b|}\geqslant\dfrac{1}{|a|+|b|}$.

左右两边同时加 1, 得 $\dfrac{1+|a+b|}{|a+b|} \geqslant \dfrac{1+|a|+|b|}{|a|+|b|}$.

取倒数, 得 $\dfrac{|a+b|}{1+|a+b|} \leqslant \dfrac{|a|+|b|}{1+|a|+|b|}$, 故题干不成立, 即联立也不充分, 故选 (E).

【快速得分法】使用特殊值法举反例可迅速得解.

21. (C)

【解析】质数问题.

条件 (1): $m+n$ 为奇数, 所以 m 与 n 必有一个是偶数, 另一个为奇数, 推不出结论, 条件 (1) 不充分.

条件 (2): m, n 可以取任意质数, 条件 (2) 也不充分.

考虑联立, 两个条件联立可知, $n \neq 2$, n 必然为奇数, 则 m 为偶数, 故 $m=2$, 因此两个条件联立充分.

22. (A)

【解析】整除问题 + 整数与小数部分问题.

条件 (1): 由 $\dfrac{13n}{10}$ 是整数可知, n 为 10 的倍数, 故 $\dfrac{2n}{5}$ 是整数, 条件 (1) 充分.

条件 (2): $m+\dfrac{1}{m}=2+\sqrt{5}+\dfrac{1}{2+\sqrt{5}}=2+\sqrt{5}+\sqrt{5}-2=2\sqrt{5} \approx 4.5$, 故整数部分 $n=4$, $\dfrac{2n}{5}=\dfrac{8}{5}$ 不是整数, 条件 (2) 不充分.

23. (E)

【解析】绝对值的最值问题.

两个条件显然单独不充分, 联立之.

由三角不等式, 得

$|x+2|+|1-x| \geqslant |x+2+1-x|=3$, $|y-5|+|1+y| \geqslant |5-y+1+y|=6$.

又因为原式等价于 $|x+2|+|1-x|+|y-5|+|1+y|=9$.

所以只有当 $|x+2|+|1-x|=3$, $|y-5|+|1+y|=6$ 时满足条件, 再利用线性和结论, 此时有 $x \in [-2, 1]$, $y \in [-1, 5]$.

故 $x+y$ 最大值和最小值分别为 6, -3, 即 $m+n=3$.

故两个条件联立也不充分.

24. (D)

【解析】乘方运算与无理数的运算.

条件 (1): 由 $|a|=a$, $|b|=b$ 可知, $a \geqslant 0$, $b \geqslant 0$, 又因为 $\left(\dfrac{1}{2}\right)^{a+b}=1$, 故 $a+b=0$.

因此, $a=b=0$, 故条件 (1) 充分.

条件 (2): 因为 a, b 为有理数, m 是无理数, $a+bm=0$, 则必有 $a=b=0$, 条件 (2) 充分.

25. (A)

【解析】绝对值的最值问题.

条件 (1): 根据线性和结论可知, 当 $-1 \leqslant x \leqslant 3$ 时, $|x+1|+|x-3|=4$, 故方程的整数解为 -1, 0, 1, 2, 3, 恰为 5 个, 条件 (1) 充分.

条件 (2): 根据线性差结论可知, 当 $x \geqslant 3$ 时, $|x+1|-|x-3|=4$, 故方程有无数个整数解, 条件 (2) 不充分.

第2章 《整式与分式》母题精讲

本章题型思维导图

听本章课程

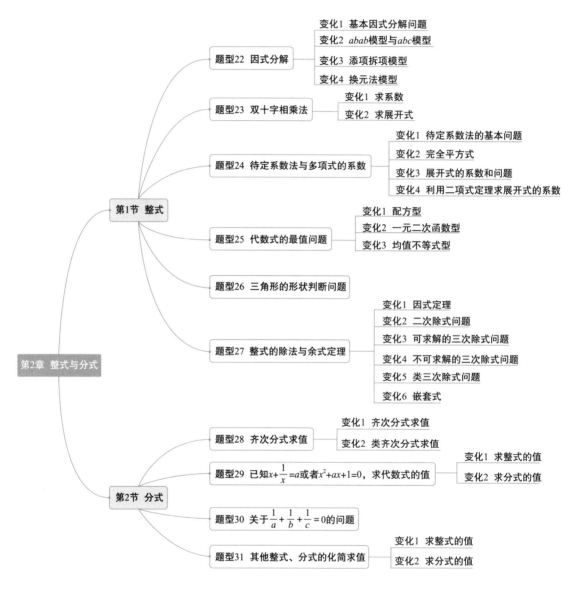

第2章 整式与分式

第1节 整式

- 题型22 因式分解
  - 变化1 基本因式分解问题
  - 变化2 $abab$模型与abc模型
  - 变化3 添项拆项模型
  - 变化4 换元法模型
- 题型23 双十字相乘法
  - 变化1 求系数
  - 变化2 求展开式
- 题型24 待定系数法与多项式的系数
  - 变化1 待定系数法的基本问题
  - 变化2 完全平方式
  - 变化3 展开式的系数和问题
  - 变化4 利用二项式定理求展开式的系数
- 题型25 代数式的最值问题
  - 变化1 配方型
  - 变化2 一元二次函数型
  - 变化3 均值不等式型
- 题型26 三角形的形状判断问题
- 题型27 整式的除法与余式定理
  - 变化1 因式定理
  - 变化2 二次除式问题
  - 变化3 可求解的三次除式问题
  - 变化4 不可求解的三次除式问题
  - 变化5 类三次除式问题
  - 变化6 嵌套式

第2节 分式

- 题型28 齐次分式求值
  - 变化1 齐次分式求值
  - 变化2 类齐次分式求值
- 题型29 已知$x+\dfrac{1}{x}=a$或者$x^2+ax+1=0$，求代数式的值
  - 变化1 求整式的值
  - 变化2 求分式的值
- 题型30 关于$\dfrac{1}{a}+\dfrac{1}{b}+\dfrac{1}{c}=0$的问题
- 题型31 其他整式、分式的化简求值
  - 变化1 求整式的值
  - 变化2 求分式的值

历年真题考点统计

题型名称	2013	2014	2015	2016	2017	2018	2019	2020	2021	2022	合计
因式分解						18					1 道
双十字相乘法											0 道
待定系数法与多项式的系数	9										1 道
代数式的最值问题				23						3	2 道
三角形的形状判断问题	18										1 道
整式的除法与余式定理											0 道
齐次分式求值	22										1 道
已知 $x+\dfrac{1}{x}=a$ 或者 $x^2+ax+1=0$，求代数式的值		19						6		22	3 道
关于 $\dfrac{1}{a}+\dfrac{1}{b}+\dfrac{1}{c}=0$ 的问题											0 道
其他整式、分式的化简求值			17								1 道

命题趋势及预测

2013—2022 年，合计考了 10 道，平均每年 1 道.

本章看似单独命题的数量较少，但是十分重要. 因为第一，本章是全书内容最少的一章，因此从命题率的角度来看，本章的命题率并不比其他章节低；第二，本章的因式分解、整式的化简、分式的化简等知识是解其他章节题目的基础，如果本章学不好，其他各章节都受影响.

考试频率较高的题型为待定系数法与求多项式的系数、整式除法与余式定理、整式与分式的化简求值等.

第 **1** 节 整式

题型22 因式分解

[母题综述]

因式分解可用的方法有很多，这里做一下总结：

(1)常规方法

如：提公因式法、公式法、十字相乘法、双十字相乘法、添项拆项法、分组分解法、待定系数法、换元法等．

(2)检验法

①首尾项检验法

原式的最高次项系数＝因式分解后各因式的最高次项系数之积；

原式的常数项＝因式分解后各因式常数项之积，利用此规律排除选项即可．

②特殊值检验法

原式＝因式分解后各因式之积，故可令 x 等于 0，1，-1 等特殊值，排除各选项即可．

(3)整式的除法

若已知某因式，可以用整式的除法求出另一个因式，达到因式分解的目的．

(4)求根法

若方程 $f(x)=0$ 有根 x_0，即 $f(x_0)=0$，则 $x-x_0$ 是 $f(x)$ 的一个因式．

注意：真题虽然较少对因式分解单独出题，但是，因式分解是解所有整式、分式、方程、不等式的基础，故需熟练掌握．

[母题精讲]

母题22 在实数的范围内，将 $(x+1)(x+2)(x+3)(x+4)-24$ 分解因式为(　　)．

(A) $x(x-5)(x^2+5x+10)$

(B) $x(x+5)(x^2+5x+10)$

(C) $x(x-5)(x^2+5x-10)$

(D) $(x+1)(x+5)(x^2+5x+10)$

(E) $(x-1)(x+5)(x^2+5x-10)$

【解析】分组分解法．

$$原式=[(x+1)(x+4)][(x+2)(x+3)]-24$$
$$=(x^2+5x+4)(x^2+5x+6)-24$$
$$=(x^2+5x)^2+10(x^2+5x)$$
$$=(x^2+5x)(x^2+5x+10)$$
$$=x(x+5)(x^2+5x+10).$$

【快速得分法】特值检验法、首尾项法.

原式的常数项为 0,(D)项、(E)项常数项为 50,排除;令 $x=5$,原式显然大于 0,(A)项、(C)项等于 0,排除.故选(B).

【答案】(B)

[母题变化]

变化1 基本因式分解问题

技巧总结

因式分解方法的优先级:优先考虑首尾项法或特值检验法,再使用因式分解的一般方法.

例 1 将多项式 $2x^4-x^3-6x^2-x+2$ 因式分解为 $(2x-1)q(x)$,则 $q(x)=($).

(A)$(x+2)(2x-1)^2$ (B)$(x-2)(x+1)^2$ (C)$(2x+1)(x^2-2)$

(D)$(2x-1)(x+2)^2$ (E)$(2x+1)^2(x-2)$

【解析】方法一:首尾项法.

原式的最高次项系数为 2,故 $q(x)$ 的最高次项系数必为 1,排除(A)、(C)、(D)、(E),选(B).

方法二:凑配法.

$$2x^4-x^3-6x^2-x+2=x^3(2x-1)-3x(2x-1)-2(2x-1)$$
$$=(2x-1)(x^3-3x-2)$$
$$=(2x-1)[(x^3+1)-3(x+1)]$$
$$=(2x-1)[(x+1)(x^2-x+1)-3(x+1)]$$
$$=(2x-1)(x+1)(x^2-x-2)$$
$$=(2x-1)(x+1)^2(x-2).$$

【答案】(B)

变化2 $abab$ 模型与 abc 模型

技巧总结

1.$abab$ 模型:$ab+a+b+1=(a+1)(b+1)$;$ab-a-b+1=(a-1)(b-1)$.

类似地,当题干中出现 ab 项、a 项、b 项时,可以使用两次提公因式法实现因式分解.

2.abc 模型

$$abc+ab+bc+ac+a+b+c+1=(a+1)(b+1)(c+1);$$
$$a^3+b^3+c^3-3abc=(a+b+c)(a^2+b^2+c^2-ab-bc-ac).$$

例 2 满足 $6xy-4x+9y-7=0$ 的整数解有(   )组.

(A)1   (B)2   (C)3   (D)4   (E)5

【解析】将 $6xy-4x+9y-7=0$ 因式分解为

$$2x(3y-2)+3(3y-2)=1 \Rightarrow (2x+3)(3y-2)=1.$$

因为 x，y 为整数，所以 $2x+3$，$3y-2$ 均为整数，所以

$$\begin{cases} 2x+3=1, \\ 3y-2=1 \end{cases} \Rightarrow \begin{cases} x=-1, \\ y=1 \end{cases} \text{或} \begin{cases} 2x+3=-1, \\ 3y-2=-1 \end{cases} \Rightarrow \begin{cases} x=-2, \\ y=\dfrac{1}{3} \end{cases} (\text{舍去}).$$

故整数解有 1 组.

【答案】（A）

例 3　已知 a，b，c 是长方体的三条边，且为整数，则能确定长方体的体积.

(1)$abc+ab+bc+ac+a+b+c=29$.

(2)$abc+ab+bc+ac+a+b+c=23$.

【解析】 条件(1)：由条件可知 $abc+ab+bc+ac+a+b+c+1=30$，即 $(a+1)(b+1)(c+1)=30$. 因为 $30=2\times3\times5=(1+1)\times(2+1)\times(4+1)$，故 $abc=1\times2\times4=8$，能确定长方体的体积，条件(1)充分.

条件(2)：由条件可知 $abc+ab+bc+ac+a+b+c+1=24$，即 $(a+1)(b+1)(c+1)=24$.

因为 $24=2\times2\times6=(1+1)\times(1+1)\times(5+1)$，即 $abc=1\times1\times5=5$；

或者 $24=2\times3\times4=(1+1)\times(2+1)\times(3+1)$，即 $abc=1\times2\times3=6$.

故长方体的体积为 5 或 6，无法确定，条件(2)不充分.

【答案】（A）

例 4　实数 a，b，c，满足 $abc\neq0$，则可以确定 $\dfrac{a^2}{bc}+\dfrac{b^2}{ac}+\dfrac{c^2}{ab}$ 的值.

(1)已知 $a+b+c=0$.　　　　　　　　　　　　(2)已知 $abc=1$.

【解析】 结论等价于

$$\frac{a^2}{bc}+\frac{b^2}{ac}+\frac{c^2}{ab}=\frac{a^3+b^3+c^3}{abc}=\frac{a^3+b^3+c^3}{abc}-3+3$$

$$=\frac{a^3+b^3+c^3-3abc}{abc}+3=\frac{(a+b+c)(a^2+b^2+c^2-ab-bc-ac)}{abc}+3.$$

条件(1)：当 $a+b+c=0$ 时，$\dfrac{a^2}{bc}+\dfrac{b^2}{ac}+\dfrac{c^2}{ab}=3$，条件(1)充分.

条件(2)：当 $abc=1$ 时，$\dfrac{a^2}{bc}+\dfrac{b^2}{ac}+\dfrac{c^2}{ab}=\dfrac{a^3+b^3+c^3}{abc}=a^3+b^3+c^3$，值无法确定. 条件(2)不充分.

【答案】（A）

变化 3　添项拆项模型

技巧总结

1. 添项法

（1）少中间项（形如 a^2+b^2，少 $2ab$，那么添加 $2ab$，使之能凑成完全平方式）.

【例】

$$x^4 + 4 \qquad\qquad x^4 - 3x^2 + 9$$
$$= x^4 + 4x^2 + 4 - 4x^2 (添 4x^2) \qquad = x^4 + 6x^2 + 9 - 9x^2 (添 6x^2)$$
$$= (x^2 + 2)^2 - (2x)^2 \qquad\qquad = (x^2 + 3)^2 - (3x)^2$$
$$= (x^2 + 2x + 2)(x^2 - 2x + 2); \qquad = (x^2 + 3x + 3)(x^2 - 3x + 3).$$

（2）少次数（添加与已知条件的次数相近的项）.

【例】因式分解 $x^4 + x^2 + 1$.

方法一：添中间项.

$$x^4 + x^2 + 1 = x^4 + 2x^2 + 1 - x^2 (添 x^2) = (x^2 + 1)^2 - x^2 = (x^2 + x + 1)(x^2 - x + 1).$$

方法二：添次数.

$$x^4 + x^2 + 1 = x^4 + x^3 + x^2 + 1 - x^3 (添 x^3)$$
$$= x^2(x^2 + x + 1) + (1 - x)(1 + x + x^2) = (x^2 + x + 1)(x^2 - x + 1).$$

2. 拆项法

一般拆中间次项，将中间次项拆成两项，再通过提公因式法、公式法等进行因式分解.

例5　将 $x^5 + x^4 + 1$ 因式分解为（　　）.

(A) $(x^2 + x + 1)(x^3 + x + 1)$ (B) $(x^2 - x + 1)(x^3 + x + 1)$

(C) $(x^2 - x + 1)(x^3 - x - 1)$ (D) $(x^2 + x + 1)(x^3 - x + 1)$

(E) $(x^2 + x - 1)(x^3 + x + 1)$

【解析】添次数法.

$$原式 = x^5 + x^4 + x^3 - (x^3 - 1) = x^3(x^2 + x + 1) - (x - 1)(x^2 + x + 1)$$
$$= (x^2 + x + 1)(x^3 - x + 1).$$

【快速得分法】特值检验法、首尾项法.

原式常数项为1，可排除(C)、(E)项；令 $x = 1$，可排除(A)项；再令 $x = -1$，可排除(B)项. 故选(D).

【答案】(D)

例6　多项式 $2x^3 + ax^2 + 1$ 可分解因式为三个一次因式的乘积.

(1) $a = -5$.   (2) $a = -3$.

【解析】条件(1)：使用拆项法. 当 $a = -5$ 时，可得

$$原式 = 2x^3 - 5x^2 + 1 = 2x^3 - x^2 - 4x^2 + 1 = x^2(2x - 1) - (2x + 1)(2x - 1)$$
$$= (2x - 1)(x^2 - 2x - 1) = (2x - 1)(x - \sqrt{2} - 1)(x + \sqrt{2} - 1).$$

故条件(1)充分.

条件(2)：使用拆项法. 当 $a = -3$ 时，可得

$$原式 = 2x^3 - 3x^2 + 1 = 2x^3 - 2x^2 - x^2 + 1 = 2x^2(x - 1) - (x + 1)(x - 1)$$
$$= (2x^2 - x - 1)(x - 1) = (2x + 1)(x - 1)^2.$$

故条件(2)充分.

【答案】(D)

变化 4 换元法模型

技巧总结

1. 形如 $x-y$, $y-z$, $x-z$ 的代数式，可以用换元法：令 $x-y=a$, $y-z=b$，则 $x-z=a+b$.

2. 形如 $x-y$, $z-y$, $x-z$ 的代数式，可以用换元法：令 $x-y=a$, $z-y=b$，则 $x-z=a-b$.

3. 出现公共部分可以使用换元法．

例7 代数式 $(x-2)^3-(y-2)^3-(x-y)^3$ 可因式分解为(   ).

(A)$2(x-2)(y-2)$ (B)$(x-2)(y+2)(x+y)$ (C)$3(x+2)(y+2)(x-y)$

(D)$3(x-2)(y-2)(x-y)$ (E)$4(x-y)(x-2)$

【解析】令 $x-2=a$, $y-2=b$，则 $x-y=a-b$，原式可化为 $a^3-b^3-(a-b)^3$，展开合并得

$$a^3-b^3-(a^3-3a^2b+3ab^2-b^3)=3a^2b-3ab^2=3ab(a-b),$$

还原可得，代数式可因式分解为 $3(x-2)(y-2)(x-y)$.

【答案】(D)

题型 23 双十字相乘法

[母题综述]

1. 双十字相乘法可以解决两类问题：

类型 1. 形如 $ax^2+bxy+cy^2+dx+ey+f$ 的因式分解问题.

类型 2. 形如 $(a_1x^2+b_1x+c_1)(a_2x^2+b_2x+c_2)$ 的展开式问题.

2. 多数情况下与几何相关的题目(如两条直线)也可用双十字相乘法．

[母题精讲]

母题23 $x^2+mxy+6y^2-10y-4=0$ 的图像是两条直线.

(1)$m=7$. (2)$m=-7$.

【解析】条件(1)：将 $m=7$ 代入原方程中，此方程相当于对 $x^2+7xy+6y^2$，$6y^2-10y-4$ 和 x^2+0x-4，分别使用十字相乘法，如图 2-1 所示：

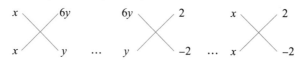

图 2-1

将三个图合并可得图 2-2：

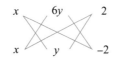

图 2-2

$$x^2 + 7xy + 6y^2 - 10y - 4 = (x + 6y + 2)(x + y - 2) = 0,$$

故有 $x + 6y + 2 = 0$ 或 $x + y - 2 = 0$，图像是两条直线，条件(1)充分.

条件(2)：将 $m = -7$ 代入原方程，同理，用双十字相乘法可得(如图 2-3 所示)：

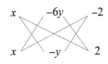

图 2-3

$$x^2 - 7xy + 6y^2 - 10y - 4 = (x - 6y - 2)(x - y + 2) = 0,$$

故有 $x - 6y - 2 = 0$ 或 $x - y + 2 = 0$，图像是两条直线，条件(2)充分.

【答案】(D)

[母题变化]

变化 1 求系数

技巧总结

形如 $ax^2 + bxy + cy^2 + dx + ey + f$ 的多项式，因式分解后求系数问题.

方法：分解 x^2 项、y^2 项和常数项，去凑 xy 项、x 项和 y 项的系数，如图 2-4 所示，则有

$$\begin{cases} a_1 c_2 + a_2 c_1 = b（左十字：xy 的系数），\\ c_1 f_2 + c_2 f_1 = e（右十字：y 的系数），\\ a_1 f_2 + a_2 f_1 = d（大十字：x 的系数）. \end{cases}$$

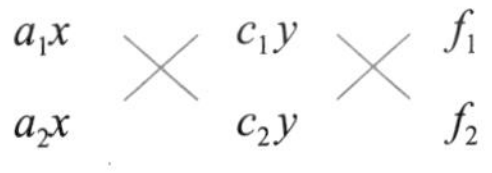

$$\begin{array}{ccc} a_1 x & c_1 y & f_1 \\ a_2 x & c_2 y & f_2 \end{array}$$

图 2-4

例 8 已知 $6x^2 + 7xy - 3y^2 - 8x + 10y + c$ 是两个关于 x，y 的一次多项式的乘积，则常数 $c = ($).

(A)-8 (B)8 (C)6 (D)-6 (E)10

【解析】用双十字相乘法，根据 $6x^2 + 7xy - 3y^2$ 确定左十字，再将 c 分解为 $m \cdot \dfrac{c}{m}$，则有(如图 2-5 所示)：

大十字为 x 的一次项，即 $3 \cdot \dfrac{c}{m} x + 2mx = -8x$；

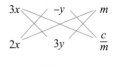

图 2-5

右十字为 y 的一次项，即 $(-1) \cdot \dfrac{c}{m} y + 3my = 10y$.

联立两个等式，解得 $c = -8$，$m = 2$.

【答案】(A)

变化 2　求展开式

> **技巧总结**
>
> 求形如 $(a_1x^2+b_1x+c_1)(a_2x^2+b_2x+c_2)$ 的展开式问题．
>
> 将两个因式写成如图 2-6 所示的双十字形式，则有
>
> $$\begin{cases} x^4\ \text{的系数：}a_1a_2, \\ x^3\ \text{的系数：}a_1b_2+a_2b_1\text{（左十字）}, \\ x^2\ \text{的系数：}a_1c_2+a_2c_1+b_1b_2, \\ x\ \text{的系数：}b_1c_2+b_2c_1\text{（右十字）}, \\ \text{常数项：}c_1c_2. \end{cases}$$

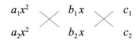

图 2-6

例9　ax^2+bx+1 与 $3x^2-4x+5$ 的积不含 x 的一次方项和三次方项．

(1) $a:b=3:4$.　　　　(2) $a=\dfrac{3}{5}$，$b=\dfrac{4}{5}$.

【解析】 方法一：利用多项式相等的定义．

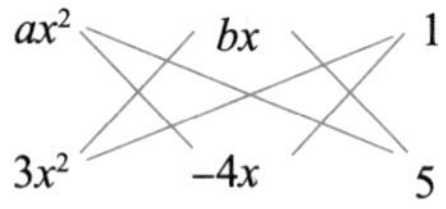

$(ax^2+bx+1)(3x^2-4x+5)=3ax^4+(3b-4a)x^3+(5a+3-4b)x^2+(5b-4)x+5.$

由题意可知，不含 x 的一次方项和三次方项，需要有 $\begin{cases} 3b-4a=0, \\ 5b-4=0, \end{cases}$ 得 $a=\dfrac{3}{5}$，$b=\dfrac{4}{5}$.

所以，条件(1)不充分，条件(2)充分．

方法二：将两式的积写为双十字相乘的形式，如图 2-7 所示：

右十字用十字相乘，得一次方项，故 $5bx-4x=0$，$b=\dfrac{4}{5}$；

左十字用十字相乘，得三次方项，故 $3bx^3-4ax^3=0$，$a=\dfrac{3}{5}$.

所以，条件(1)不充分，条件(2)充分．

【答案】（B）

题型 24　待定系数法与多项式的系数

[母题综述]

> 1. 多项式相等
>
> 两个多项式相等，则对应项的系数均相等．
>
> 2. 待定系数法
>
> 待定系数法是设某一多项式的全部或部分系数为未知数，利用两个多项式相等时，各同类项系数相等，即可确定待求的值．
>
> 3. 求展开式系数之和问题，用赋值法．
>
> 4. 理解二项式定理的原理．

[母题精讲]

母题24 若 $mx^2+kx+9=(2x-3)^2$，则 m，k 的值分别是( ).

(A)$m=2$，$k=6$ (B)$m=2$，$k=12$ (C)$m=-4$，$k=-12$

(D)$m=4$，$k=-12$ (E)$m=4$，$k=12$

【解析】多项式相等，则对应项系数均相等，即

$$(2x-3)^2=4x^2-12x+9=mx^2+kx+9.$$

故 $m=4$，$k=-12$.

【答案】(D)

[母题变化]

变化 1   **待定系数法的基本问题**

技巧总结

1. 待定系数法的原理：两个多项式相等，则对应项系数分别相等．

2. 使用待定系数法的常用技巧

（1）使用待定系数法时，最高次项和常数项往往能直接写出，但要注意符号问题（分析是否有正负两种情况）．

（2）已知两个多项式相等，可使用赋值法．

例10 多项式 $f(x)=2x-7$ 与 $g(x)=a(x-1)^2+b(x+2)+c(x^2+x-2)$ 相等，则 a、b、c 分别为( ).

(A)$a=\dfrac{11}{3}$，$b=\dfrac{5}{3}$，$c=-\dfrac{11}{3}$ (B)$a=\dfrac{11}{9}$，$b=-\dfrac{5}{3}$，$c=-\dfrac{11}{9}$

(C)$a=-11$，$b=15$，$c=11$ (D)$a=11$，$b=-15$，$c=-11$

(E)$a=-\dfrac{11}{9}$，$b=-\dfrac{5}{3}$，$c=\dfrac{11}{9}$

【解析】方法一：利用多项式相等.

$$
\begin{aligned}
g(x) &=a(x-1)^2+b(x+2)+c(x^2+x-2)\\
&=(a+c)x^2+(c-2a+b)x+a+2b-2c\\
&=2x-7.
\end{aligned}
$$

所以，$\begin{cases} a+c=0, \\ c-2a+b=2, \\ a+2b-2c=-7, \end{cases}$ 解得 $a=-\dfrac{11}{9}$，$b=-\dfrac{5}{3}$，$c=\dfrac{11}{9}$.

方法二：赋值法.

$a(x-1)^2+b(x+2)+c(x^2+x-2)=2x-7$ 对于任意 x 值成立，故取特殊值有：

令 $x=1$，得 $3b=-5$，$b=-\dfrac{5}{3}$；

令 $x=-2$，得 $9a=-11$，$a=-\frac{11}{9}$；

观察选项，可知选(E). 当然，再令 x 等于某特殊值，即可求出 c 的值来.

【答案】(E)

变化 2　完全平方式

技巧总结

已知条件中出现完全平方式时，要注意符号问题.

【例】若已知 x^2+ax+4 是完全平方式，则此式可以是 $(x\pm2)^2$. 此时，x 的符号可不予以考虑，因为 $(x+2)^2$ 等价于 $(-x-2)^2$，$(x-2)^2$ 等价于 $(-x+2)^2$.

例 11　已知 $x^4-6x^3+ax^2+bx+4$ 是一个二次三项式的完全平方式，$ab<0$，则 a 和 b 的值分别为(　　).

(A) $a=6$，$b=-1$　　(B) $a=-5$，$b=4$　　(C) $a=-12$，$b=8$

(D) $a=13$，$b=-12$　　(E) $a=-13$，$b=8$

【解析】方法一：待定系数法.

$x^4-6x^3+ax^2+bx+4=(x^2+mx+2)^2$ 或 $(x^2+mx-2)^2$，即

$$\begin{aligned}&x^4-6x^3+ax^2+bx+4\\=&(x^2+mx+2)^2\\=&x^4+m^2x^2+4+2mx^3+4x^2+4mx\\=&x^4+2mx^3+(m^2+4)x^2+4mx+4.\end{aligned}$$

故有 $-6=2m$，$a=m^2+4$，$b=4m$，解得 $a=13$，$b=-12$.

同理，当 $x^4-6x^3+ax^2+bx+4=(x^2+mx-2)^2$ 时，解得 $a=5$，$b=12$($ab>0$，舍去).

方法二：双十字相乘法.

$x^4-6x^3+ax^2+bx+4=(x^2+mx+2)^2$ 或 $(x^2+mx-2)^2$，对第二种情况使用双十字相乘，如图 2-8 所示：

左十字：$2mx^3=-6x^3$，得 $m=-3$；

右十字：$-4mx=bx$，得 $b=12$；

大十字加中间两项的积：$-4x^2+m^2x^2=ax^2$，得 $a=5$.

故 $a=5$，$b=12$($ab>0$，舍去)；

同理，可得 $x^4-6x^3+ax^2+bx+4=(x^2+mx+2)^2$ 时，$a=13$，$b=-12$.

图 2-8

【答案】(D)

变化 3　展开式的系数和问题

技巧总结

对多项式 $f(x)=a_0+a_1x+a_2x^2+\cdots+a_nx^n$：

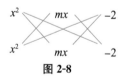

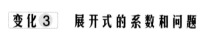

（1）求常数项，则 $a_0 = f(0)$.

（2）求各项系数和，则 $a_0 + a_1 + \cdots + a_{n-1} + a_n = f(1)$.

（3）求奇次项系数和，则 $a_1 + a_3 + a_5 + \cdots = \dfrac{f(1) - f(-1)}{2}$.

（4）求偶次项系数和，则 $a_0 + a_2 + a_4 + \cdots = \dfrac{f(1) + f(-1)}{2}$.

例 12　$(1+x) + (1+x)^2 + \cdots + (1+x)^n = a_0 + a_1(x-1) + 2a_2(x-1)^2 + \cdots + na_n(x-1)^n$，则
$a_0 + a_1 + 2a_2 + 3a_3 + \cdots + na_n = ($　　$)$.

(A) $\dfrac{3^n - 1}{2}$　　　　　　　(B) $\dfrac{3^{n-1} - 1}{2}$　　　　　　　(C) $\dfrac{3^{n+1} - 3}{2}$

(D) $\dfrac{3^n - 3}{2}$　　　　　　　(E) $\dfrac{3^n - 3}{4}$

【解析】赋值法. 令 $x = 2$，则有
$$a_0 + a_1 + 2a_2 + 3a_3 + \cdots + na_n = 3 + 3^2 + \cdots + 3^n = \frac{3(1 - 3^n)}{1 - 3} = \frac{3^{n+1} - 3}{2}.$$

【答案】(C)

例 13　$(1 - 3x)^7 = a_7 x^7 + a_6 x^6 + \cdots + a_1 x + a_0$，则 $a_0 + a_2 + a_4 + a_6 = ($　　$)$.

(A) 8 128　　　(B) $-8\ 128$　　　(C) 16 384　　　(D) $-16\ 384$　　　(E) -128

【解析】令 $f(x) = a_7 x^7 + a_6 x^6 + \cdots + a_1 x + a_0$，则有
$$f(1) = a_7 + a_6 + \cdots + a_1 + a_0 = (1 - 3)^7 = -128;$$
$$f(-1) = -a_7 + a_6 - \cdots - a_1 + a_0 = (1 + 3)^7 = 16\ 384.$$
$$a_0 + a_2 + a_4 + a_6 = \frac{f(1) + f(-1)}{2} = 8\ 128.$$

【答案】(A)

变化 4　利用二项式定理求展开式的系数

技巧总结

二项式定理：$(a+b)^n = C_n^0 a^n + C_n^1 a^{n-1} b + \cdots + C_n^k a^{n-k} b^k + \cdots + C_n^{n-1} a b^{n-1} + C_n^n b^n$.

其中第 $k+1$ 项为 $T_{k+1} = C_n^k a^{n-k} b^k$，称为通项.

例 14　$(x^2 + 1)(x - 2)^7$ 的展开式中 x^3 项的系数是（　　）.

(A) $-1\ 008$　　　(B) 1 008　　　(C) 504　　　(D) -504　　　(E) 280

【解析】由二项式定理得 $(x-2)^7$ 的展开式中 x、x^3 的系数分别为 $C_7^1(-2)^6$ 和 $C_7^3(-2)^4$，将 $(x-2)^7$ 中的 x 项与 x^2 相乘，x^3 项与 1 相乘，故 $(x^2 + 1)(x - 2)^7$ 的展开式中 x^3 项的系数为 $C_7^1(-2)^6 + C_7^3(-2)^4 = 1\ 008$.

【答案】(B)

题型 *25* 代数式的最值问题

[母题综述]

求代数式的最值问题，常用方法有

(1)配方法，将代数式化为形如"数±式^2"的形式.

(2)一元二次函数求最值法.

(3)均值不等式法.

(4)几何意义法(见第5章解析几何中的最值问题).

(5)如遇复合函数，可用换元法.

[母题精讲]

母题25 设实数 x、y 满足等式 $x^2-4xy+4y^2+\sqrt{3}x+\sqrt{3}y-6=0$，则 $x+y$ 的最大值为( ).

(A)2   (B)3   (C)$2\sqrt{3}$ (D)$3\sqrt{2}$ (E)$3\sqrt{3}$

【解析】*配方法*.

原式可化为 $(x-2y)^2+\sqrt{3}(x+y)-6=0 \Rightarrow \sqrt{3}(x+y)=6-(x-2y)^2 \leqslant 6.$

故 $x+y \leqslant \dfrac{6}{\sqrt{3}}=2\sqrt{3}.$

【答案】(C)

[母题变化]

变化 1 **配方型**

技巧总结

若一个代数式通过配方化为形如"数±式^2"的形式，则当平方项为 0 时，代数式取得最值.

例15 若实数 a,b,c 满足：$a^2+b^2+c^2=9$，则代数式 $(a-b)^2+(b-c)^2+(c-a)^2$ 的最大值是( ).

(A)21   (B)27   (C)29   (D)32   (E)39

【解析】对原式进行化简整理，可得

$$(a-b)^2+(b-c)^2+(c-a)^2 = 2(a^2+b^2+c^2)-2(ab+bc+ac)$$
$$= 3(a^2+b^2+c^2)-(a+b+c)^2$$
$$= 27-(a+b+c)^2 \leqslant 27.$$

当 $a+b+c=0$ 时，所求代数式的值最大，为 27.

【答案】(B)

变化 2　一元二次函数型

技巧总结

若代数式含有两个未知数，且已知这两个未知数的关系，则可以将其中一个未知数用另一个未知数替代，将所求式转化为只含有一个未知数的代数式.

若所求式可化为一元二次函数型，则可以利用一元二次函数的性质来求最值.

注意隐含定义域问题.

例 16　设实数 x，y 满足 $x+2y=3$，则 x^2+y^2+2y 的最小值为(　　).

(A)4　　　　　　(B)5　　　　　　(C)6　　　　　　(D)$\sqrt{5}-1$　　　　　(E)$\sqrt{5}+1$

【解析】由题干 $x+2y=3$，整理得 $x=3-2y$，代入 x^2+y^2+2y，得

$$(3-2y)^2+y^2+2y=5y^2-10y+9,$$

最值在顶点处取到，由一元二次函数的顶点坐标公式，得最小值为 $\dfrac{4ac-b^2}{4a}=\dfrac{4\times5\times9-100}{4\times5}=4.$

【答案】(A)

变化 3　均值不等式型

技巧总结

有些代数式求最值问题考查的实质是均值不等式问题.

最常见的命题方式是已知几个字母之间的关系，求他们和或积的最值.

例 17　已知 m，n 均为正数，$\sqrt{3}$ 是 3^m 与 3^n 的等比中项，则 $\dfrac{1}{m}+\dfrac{1}{n}$ 的最小值为(　　).

(A)2　　　　　　(B)4　　　　　　(C)5　　　　　　(D)6　　　　　　(E)7

【解析】由题干知，$\sqrt{3}$ 是 3^m 与 3^n 的等比中项，可得 $(\sqrt{3})^2=3^m\cdot3^n$，故 $m+n=1$. m，n 均为正数，则利用均值不等式，有

$$\frac{1}{m}+\frac{1}{n}=\left(\frac{1}{m}+\frac{1}{n}\right)(m+n)=\frac{n}{m}+\frac{m}{n}+2\geqslant2\sqrt{\frac{n}{m}\cdot\frac{m}{n}}+2=4.$$

当且仅当 $m=n=\dfrac{1}{2}>0$ 时，$\dfrac{1}{m}+\dfrac{1}{n}$ 取到最小值，为 4.

【答案】(B)

题型 26　三角形的形状判断问题

[母题综述]

1. 判断三角形的形状时，此三角形必为特殊三角形，即等边三角形、等腰三角形、等腰直角三角形、直角三角形.

2. 等边三角形常考公式

(1) $a^2+b^2+c^2-ab-bc-ac=\dfrac{1}{2}\left[(a-b)^2+(b-c)^2+(a-c)^2\right]$，若此式等于 0，则 $a=b=c$.

(2) $a^3+b^3+c^3-3abc=(a+b+c)(a^2+b^2+c^2-ab-bc-ac)$，若此式等于 0，因为在三角形中，$a+b+c$ 不可能等于 0，故 $a^2+b^2+c^2-ab-bc-ac=0$，即 $a=b=c$.

3. 等腰直角三角形是既是等腰又是直角（等腰并且直角）的三角形，而不是等腰或者直角三角形.

〖母题精讲〗

母题26 若 $\triangle ABC$ 的三边 a，b，c 满足 $a^2+b^2+c^2=ab+ac+bc$，则 $\triangle ABC$ 为（   ）.

(A) 等腰非等边三角形　　　　(B) 直角三角形　　　　　　(C) 等边三角形

(D) 等腰直角三角形　　　　　(E) 以上选项均不正确

【解析】原式可化为 $\dfrac{1}{2}\times\left[(a-b)^2+(b-c)^2+(a-c)^2\right]=0$，所以 $a=b=c$，是等边三角形.

【答案】(C)

〖典型例题〗

例18 已知 a，b，c 是 $\triangle ABC$ 的三条边长，且边长 $a=c=1$，若 $(b-x)^2-4(a-x)(c-x)=0$ 有两个相同的实根，则 $\triangle ABC$ 为（   ）.

(A) 等边三角形　　　　　　　(B) 等腰非等边三角形　　　　(C) 直角三角形

(D) 钝角三角形　　　　　　　(E) 锐角非等边三角形

【解析】因为 $a=c=1$，故原方程为 $(b-x)^2-4(1-x)^2=0$，整理得

$$(3x-b-2)(x+b-2)=0,$$

两根相等，即 $\dfrac{b+2}{3}=2-b$，解得 $b=1$，则 $a=b=c$.

故三角形是等边三角形.

【答案】(A)

例19 方程 $3x^2+[2b-4(a+c)]x+(4ac-b^2)=0$ 有两个相等的实根.

(1) a，b，c 是等边三角形的三条边.

(2) a，b，c 是等腰三角形的三条边.

【解析】方程有两个相等的实根，即 $\Delta=[2b-4(a+c)]^2-4\times3\times(4ac-b^2)=0$.

条件(1)：$a=b=c$，$\Delta=(2b-8b)^2-4\times3\times(4b^2-b^2)=0$，充分.

条件(2)：可令 $a=c=1$，$b=\sqrt{2}$，代入可得 $\Delta\neq0$，不充分.

【答案】(A)

题型 27 整式的除法与余式定理

〖母题综述〗

1. 整式的除法

若 $F(x)$ 除以 $f(x)$，商是 $g(x)$，余式是 $r(x)$，则有 $F(x)=f(x)g(x)+r(x)$，并且 $r(x)$ 的次数小于 $f(x)$ 的次数.

当 $r(x)=0$ 时，$F(x)=f(x)g(x)$，此时称 $F(x)$ 能被 $f(x)$ 整除(也能被 $g(x)$ 整除，$f(x)$ 和 $g(x)$ 都是 $F(x)$ 的因式).

2. 余式定理

(1)若有 $x=a$ 使得 $f(a)=0$，则 $F(a)=r(a)$，即当除式=0 时，被除式=余式.

(2)$F(x)$ 除以 $ax-b$，当除式 $ax-b=0$ 时，被除式等于余式，即 $F\left(\dfrac{b}{a}\right)=$ 余式.

(3)$F(x)$ 除以 ax^2+bx+c，可令除式 $ax^2+bx+c=0$，解得两个根 x_1，x_2，则有余式 $R(x_1)=F(x_1)$，$R(x_2)=F(x_2)$.

3. 常用方法

(1)选项代入法.

(2)待定系数法.

(3)实在不会做时，可以用竖除法.

〖母题精讲〗

母题 27 已知 ax^4+bx^3+1 能被 $(x-1)^2$ 整除，则 a、b 的值分别为(   ).

(A)$a=-3$，$b=4$ (B)$a=-1$，$b=4$

(C)$a=3$，$b=-4$ (D)$a=-1$，$b=-3$

(E)$a=1$，$b=3$

【解析】方法一：余式定理.

令 $f(x)=ax^4+bx^3+1$，由 $f(x)$ 能被 $(x-1)^2$ 整除，可知 $f(1)=0$.

故 $f(1)=a+b+1=0$，$a+b=-1$，只有(C)项满足.

方法二：待定系数法.

设 $ax^4+bx^3+1=(ax^2+mx+1)(x-1)^2$，展开得

$$ax^4+bx^3+1=ax^4+(m-2a)x^3+(a+1-2m)x^2+(m-2)x+1.$$

故有 $\begin{cases} b=m-2a, \\ a+1-2m=0, \\ m-2=0, \end{cases}$ 解得 $\begin{cases} a=3, \\ b=-4, \\ m=2. \end{cases}$

方法三：整式除法.

$$
x^2-2x+1 \overline{\smash{\big)}\,\begin{array}{r} ax^2+(b+2a)x+(2b+3a) \\ ax^4+bx^3+0x^2+0x+1 \\ \underline{ax^4-2ax^3+ax^2} \\ (b+2a)x^3-ax^2+1 \\ \underline{(b+2a)x^3-2(b+2a)x^2+(b+2a)x} \\ (2b+3a)x^2-(b+2a)x+1 \\ \underline{(2b+3a)x^2-2(2b+3a)x+(2b+3a)} \\ (4a+3b)x+(1-2b-3a) \end{array}}
$$

因 ax^4+bx^3+1 能被 $(x-1)^2$ 整除，故余数为 0，即有 $\begin{cases} 4a+3b=0, \\ 1-2b-3a=0, \end{cases}$ 解得 $\begin{cases} a=3, \\ b=-4. \end{cases}$

【答案】(C)

[母题变化]

变化 1　因式定理

技巧总结

1. 因式定理是余式定理的一种特殊情况，即余式刚好为 0.

2. 当 $x=a$ 时，$f(a)=0 \Leftrightarrow x-a$ 是 $f(x)$ 的一个因式 $\Leftrightarrow f(x)$ 能被 $x-a$ 整除.

例20　二次三项式 x^2+x-6 是多项式 $2x^4+x^3-ax^2+bx+a+b-1$ 的一个因式.

(1) $a=16$.　　　　　　(2) $b=2$.

【解析】条件(1)和条件(2)单独显然不充分，假设联立两个条件可以充分，得

$$
\begin{aligned}
f(x) &= 2x^4+x^3-ax^2+bx+a+b-1 \\
&= 2x^4+x^3-16x^2+2x+17 \\
&= (x^2+x-6)g(x).
\end{aligned}
$$

根据因式定理，令 $x^2+x-6=0$，得 $x=2$ 或 -3，则有 $f(2)=0$，$f(-3)=0$.

但是，经计算可知 $f(2)=2\times2^4+2^3-16\times2^2+2\times2+17=-3\neq0$，与假设相矛盾.

故两个条件联立起来也不充分.

【答案】(E)

变化 2　二次除式问题

技巧总结

二次除式问题有两种考查形式：

（1）已知 $f(x)$ 除以某两个一次除式的余式，即已知 $f(x)$ 除以 $x-a$ 和 $f(x)$ 除以 $x-b$ 的余式，求 $f(x)$ 除以 $(x-a)(x-b)$ 的余式.

解法：待定系数法. 设余式为 $mx+n$（m，n 为待求系数），再用余式定理，列出关于 m，n 的方程组，解方程组即可.

（2）已知 $f(x)$ 能被某可因式分解的二次除式 ax^2+bx+c 整除，求 $f(x)$ 中的未知参数.

解法：余式定理. 令 $ax^2+bx+c=0$，解得两个根 x_1，x_2，则有 $f(x_1)=0$，$f(x_2)=0$，列出方程组，求出 $f(x)$ 中的未知参数.

例 21　已知多项式 $f(x)$ 除以 $x+2$ 所得余数为 1，除以 $x+3$ 所得余数为 -1，则多项式 $f(x)$ 除以 $(x+2)(x+3)$ 所得余式是(　　).

(A)$2x-5$　　　(B)$2x+5$　　　(C)$x-1$　　　(D)$x+1$　　　(E)$2x-1$

【解析】待定系数法.

设 $f(x)=(x+2)(x+3)q(x)+mx+n$. 令除式 $x+2=0$，$x+3=0$.

所以，$f(-2)=-2m+n=1$，$f(-3)=-3m+n=-1$，解得 $m=2$，$n=5$.

余式为 $2x+5$.

【快速得分法】选项代入法.

将选项分别除以 $x+2$ 和 $x+3$，检验余数是否是 1 和 -1，可得(B)为正确答案.

【答案】(B)

例 22　若 x^3+x^2+ax+b 能被 x^2-3x+2 整除，则 a，b 的值分别为(　　).

(A)$a=4$，$b=4$　　　　　(B)$a=-4$，$b=-4$　　　　　(C)$a=10$，$b=-8$

(D)$a=-10$，$b=8$　　　　(E)$a=-2$，$b=0$

【解析】余式定理.

设 $f(x)=x^3+x^2+ax+b$，令 $x^2-3x+2=0$，解得 $x=1$，$x=2$，由余式定理，得

$$\begin{cases} f(1)=1+1+a+b=0, \\ f(2)=8+4+2a+b=0 \end{cases} \Rightarrow \begin{cases} a=-10, \\ b=8. \end{cases}$$

【答案】(D)

变化 3　可求解的三次除式问题

技巧总结

求 $f(x)$ 除以 $(a_0x^2+b_0x+c_0)(m_0x+n_0)$ 的余式 （a_0，b_0，c_0，m_0，n_0 为已知数）.

一般解法：待定系数法. 设 $f(x)=(a_0x^2+b_0x+c_0)(m_0x+n_0)g(x)+ax^2+bx+c$ （a，b，c 为所求余式中的系数），再用余式定理，列出关于 a，b，c 的方程组，解方程组即可.

例 23　设多项式 $f(x)$ 有因式 x，$f(x)$ 被 x^2-1 除后的余式为 $3x+4$，若 $f(x)$ 被 $x(x^2-1)$ 除后的余式为 ax^2+bx+c，则 $a^2+b^2+c^2=(\quad)$.

(A)1　　　(B)13　　　(C)16　　　(D)25　　　(E)36

【解析】由余式定理可设 $f(x)=x(x^2-1)g(x)+ax^2+bx+c$.

由 $f(x)$ 有因式 x 可知 $f(0)=c=0$.

由 $f(x)$ 被 x^2-1 除后的余式为 $3x+4$，可令 $x^2-1=0$，即 $x=1$ 或 -1，故有

$$\begin{cases} f(1)=3\times 1+4=7, \\ f(-1)=3\times(-1)+4=1, \end{cases} \quad \text{即} \quad \begin{cases} f(1)=a+b+c=7, \\ f(-1)=a-b+c=1, \end{cases}$$

解得 $a=4$，$b=3$，$c=0$，故 $a^2+b^2+c^2=25$.

【答案】(D)

变化 4 **不可求解的三次除式问题**

技巧总结

已知 $f(x)$ 除以 $a_0x^2+b_0x+c_0$ 的余式为 p_0x+q_0，又已知 $f(x)$ 除以 m_0x+n_0 的余式为 r_0，求 $f(x)$ 除以 $(a_0x^2+b_0x+c_0)(m_0x+n_0)$ 的余式（a_0，b_0，c_0，p_0，q_0，m_0，n_0，r_0 为已知数），若令除式中的 $a_0x^2+b_0x+c_0=0$ 时，方程无解，则可令

$$f(x)=(a_0x^2+b_0x+c_0)(m_0x+n_0)g(x)+k(a_0x^2+b_0x+c_0)+p_0x+q_0 \text{（} k \text{ 为所求系数）},$$

再用余式定理，求出 k，则所求余式为 $k(a_0x^2+b_0x+c_0)+p_0x+q_0$.

例24 已知多项式 $f(x)$ 除以 $x-1$ 所得余数为 2，除以 x^2-2x+3 所得余式为 $4x+6$，则多项式 $f(x)$ 除以 $(x-1)(x^2-2x+3)$ 所得余式是(　　).

(A)$-2x^2+6x-3$　　　(B)$2x^2+6x-3$　　　(C)$-4x^2+12x-6$

(D)$x+4$　　　(E)$2x-1$

【解析】$x^2-2x+3=0$ 无解，故设 $f(x)=(x^2-2x+3)(x-1)g(x)+k(x^2-2x+3)+4x+6$.
由题意，可知 $k(x^2-2x+3)+4x+6$ 除以 $x-1$ 所得余数为 2，根据余式定理得
$$k(1^2-2+3)+4+6=2\Rightarrow k=-4.$$
故余式为 $k(x^2-2x+3)+4x+6=-4x^2+12x-6$.

【快速得分法】选项代入法.

已知 $f(x)$ 除以 $x-1$ 所得余数为 2，根据余式定理可知，所求余式为 $r(x)$ 且 $f(1)=r(1)=2$，将 $x=1$ 代入各选项，可知选(C).

【答案】(C)

变化 5 **类三次除式问题**

技巧总结

此类问题的解法一般是待定系数法，将 $f(x)$ 先设出来，再代入求参数，此时"设法"的简便性尤为重要，如果设法过于一般，例如，设 $f(x)=ax^2+bx+c$，则计算越是烦琐；反之，设法越紧贴题干，越具有特殊性，计算越是简单.

例25 $f(x)$ 为二次多项式，且 $f(2\,004)=1$，$f(2\,005)=2$，$f(2\,006)=7$，则 $f(2\,008)=(　　)$.

(A)29　　　(B)26　　　(C)28　　　(D)27　　　(E)39

【解析】方法一：设 $f(x)=ax^2+bx+c$，$f(2\,008)=n$.

$$\begin{cases} f(2\ 004)=2\ 004^2a+2\ 004b+c=1①, \\ f(2\ 005)=2\ 005^2a+2\ 005b+c=2②, \\ f(2\ 006)=2\ 006^2a+2\ 006b+c=7③, \\ f(2\ 008)=2\ 008^2a+2\ 008b+c=n④. \end{cases}$$

式②－式①得：$(2\ 005^2-2\ 004^2)a+b=1$，根据平方差公式得

$$(2\ 005+2\ 004)(2\ 005-2\ 004)a+b=1 \Rightarrow 4\ 009a+b=1⑤;$$

同理，式③－式②得：$4\ 011a+b=5⑥$；

同理，式④－式③得：$(2\ 008^2-2\ 006^2)a+2b=n-7$，根据平方差公式得

$$(2\ 008+2\ 006)(2\ 008-2\ 006)a+2b=n-7 \Rightarrow 4\ 014\times 2a+2b=n-7,$$

解得 $4\ 014a+b=\dfrac{n-7}{2}⑦$；

式⑥－式⑤得：$2a=4$，$a=2$；

式⑦－式⑥得：$3a=\dfrac{n-7}{2}-5$，故 $\dfrac{n-7}{2}-5=3\times 2=6$，解得 $n=29$.

故 $f(2\ 008)=29$.

方法二：设 $f(x)=a(x-2\ 004)(x-2\ 005)+b(x-2\ 004)+c$. 由余式定理得

$$\begin{cases} f(2\ 004)=c=1, \\ f(2\ 005)=b+c=2, \qquad \Rightarrow a=2,\ b=1,\ c=1. \\ f(2\ 006)=2a+2b+c=7 \end{cases}$$

故 $f(x)=2(x-2\ 004)(x-2\ 005)+(x-2\ 004)+1$，将 2 008 代入知 $f(2\ 008)=29$.

【答案】(A)

变化 6　嵌套式

例 26　多项式 $f(x)$ 被 $x+3$ 除后的余数为 -19.

(1)多项式 $f(x)$ 被 $x-2$ 除后所得商式为 $Q(x)$，余数为 1.

(2)$Q(x)$ 被 $x+3$ 除后的余数为 4.

【解析】两个条件单独显然不充分，联立之．设

$$f(x)=(x-2)Q(x)+1, \qquad\qquad ①$$

$$Q(x)=(x+3)g(x)+4, \qquad\qquad ②$$

将式②代入式①得

$$f(x)=(x-2)[(x+3)g(x)+4]+1$$
$$=(x-2)(x+3)g(x)+4(x-2)+1,$$

故被 $x+3$ 除后的余数为 $f(-3)=4(-3-2)+1=-19$，两个条件联立充分．

【答案】(C)

例 27　多项式 $f(x)$ 除以 x^2+x+1 所得的余式为 $x+3$.

(1)多项式 $f(x)$ 除以 x^4+x^2+1 所得的余式为 x^3+2x^2+3x+4.

(2)多项式 $f(x)$ 除以 x^4+x^2+1 所得的余式为 x^3+x+2.

【解析】条件(1)：设 $f(x)=g(x)(x^4+x^2+1)+x^3+2x^2+3x+4$，因为
$$x^4+x^2+1=(x^2+x+1)(x^2-x+1),$$
故 $f(x)=g(x)(x^2+x+1)(x^2-x+1)+x^3+2x^2+3x+4.$

所以，只需证明 x^3+2x^2+3x+4 除以 x^2+x+1 余式为 $x+3$ 即可.

方法一：整式的除法.

$$
\begin{array}{r}
x+1 \\
x^2+x+1 \overline{)\, x^3+2x^2+3x+4} \\
\underline{x^3+x^2+x} \\
x^2+2x+4 \\
\underline{x^2+x+1} \\
x+3
\end{array}
$$

故条件(1)充分；同理，条件(2)也充分.

方法二：提公因式法.

条件(1)：$x^3+2x^2+3x+4=(x^3+x^2+x)+(x^2+x+1)+x+3=(x^2+x+1)(x+1)+x+3.$

显然，$(x^2+x+1)(x+1)+x+3$ 除以 x^2+x+1 余式为 $x+3$.

故 x^3+2x^2+3x+4 除以 x^2+x+1 余式为 $x+3$. 条件(1)充分.

条件(2)：设 $f(x)=g(x)(x^4+x^2+1)+x^3+x+2=g(x)(x^2+x+1)(x^2-x+1)+x^3+x+2.$

所以，只需证明 x^3+x+2 除以 x^2+x+1 余式为 $x+3$ 即可.

$$x^3+x+2=x^3+x^2+x-x^2-x-1+x+3$$
$$=(x^3+x^2+x)-(x^2+x+1)+x+3=(x^2+x+1)(x-1)+x+3.$$

显然，$(x^2+x+1)(x-1)+x+3$ 除以 x^2+x+1 余式为 $x+3$.

故 x^3+x+2 除以 x^2+x+1 余式为 $x+3$. 条件(2)充分.

【答案】(D)

第 **2** 节 分式

题型 *28* 齐次分式求值

[母题综述]

1. 定义：分式的分子、分母上的每个项的次数均相同的式子，称为齐次分式.

【例】 $\dfrac{x+y}{2x-y}$ 的分子、分母每项次数均为一次，$\dfrac{ab+a^2-b^2}{3ab+b^2}$ 的分子、分母每项次数均为二次.

2. 赋值法

(1)若已知各字母的比例关系，可直接使用赋值法求分式的值；

（2）若不能直接知道各字母的比例关系，则通过整理已知条件，求出各字母之间的关系，再用赋值法求分式的值．

【母题精讲】

母题28 已知 $4x-3y-6z=0$，$x+2y-7z=0$，则 $\dfrac{2x^2+3y^2+6z^2}{x^2+5y^2+7z^2}=($ 　　$)$．

(A)-1　　　　(B)2　　　　(C)$\dfrac{1}{2}$　　　　(D)$\dfrac{2}{3}$　　　　(E)1

【解析】联立两个已知条件，可得

$$\begin{cases}4x-3y-6z=0,\\x+2y-7z=0\end{cases}\Rightarrow\begin{cases}y=2z,\\x=3z.\end{cases}$$

令 $x=3$，$y=2$，$z=1$，代入所求分式，可得 $\dfrac{2x^2+3y^2+6z^2}{x^2+5y^2+7z^2}=1$．

【答案】(E)

【母题变化】

变化1　齐次分式求值

例28 已知 $2x-3\sqrt{xy}-2y=0(x>0，y>0)$，则 $\dfrac{x^2+4xy-16y^2}{2x^2+xy-9y^2}=($ 　　$)$．

(A)-1　　　　(B)$\dfrac{2}{3}$　　　　(C)$\dfrac{4}{9}$　　　　(D)$\dfrac{16}{25}$　　　　(E)$\dfrac{16}{27}$

【解析】方法一：赋值法．

因为 $x>0$，$y>0$，故有

$$2x-3\sqrt{xy}-2y=2(\sqrt{x})^2-3\sqrt{x}\cdot\sqrt{y}-2(\sqrt{y})^2=(2\sqrt{x}+\sqrt{y})(\sqrt{x}-2\sqrt{y})=0,$$

解得 $2\sqrt{x}+\sqrt{y}=0$（舍去）或 $\sqrt{x}-2\sqrt{y}=0$，故有 $\sqrt{x}=2\sqrt{y}$．

令 $x=4$，$y=1$，代入所求分式可得 $\dfrac{x^2+4xy-16y^2}{2x^2+xy-9y^2}=\dfrac{16}{27}$．

方法二：换元法．

因为 $x>0$，$y>0$，故可设 $m=\sqrt{x}$，$n=\sqrt{y}$，其中 $m>0$，$n>0$．

原式 $=2m^2-3mn-2n^2=0$，$(m-2n)(2m+n)=0$，解得 $m=2n$ 或 $2m=-n$（舍）．

故有 $\sqrt{x}=2\sqrt{y}$，$x=4y$，代入所求式子中，可得原式 $=\dfrac{16y^2+16y^2-16y^2}{32y^2+4y^2-9y^2}=\dfrac{16}{27}$．

【答案】(E)

变化2　类齐次分式求值

技巧总结

有些代数式虽然并不是严格意义上的齐次分式，但是齐次分式求值的解题思路仍然适用．

例29　已知 $\dfrac{1}{x}-\dfrac{1}{y}=4$，则 $\dfrac{3x-2xy-3y}{x+2xy-y}=$（　　）．

(A)4　　　　　　(B)$\dfrac{11}{2}$　　　　　　(C)$\dfrac{16}{3}$　　　　　　(D)$\dfrac{19}{3}$　　　　　　(E)7

【解析】注意，因为分子分母上各项的次数并不统一，故此式并非齐次分式．

由 $\dfrac{1}{x}-\dfrac{1}{y}=4$，得 $x-y=-4xy$，则

$$\frac{3x-2xy-3y}{x+2xy-y}=\frac{3(x-y)-2xy}{(x-y)+2xy}=\frac{-14xy}{-2xy}=7.$$

【答案】(E)

题型29　已知 $x+\dfrac{1}{x}=a$ 或者 $x^2+ax+1=0$，求代数式的值

[母题综述]

> 1. 此类题目的已知条件有两种类型：
> 　类型①：$x+\dfrac{1}{x}=a$；
> 　类型②：$x^2+ax+1=0$．
> 2. 考查形式一般也有两种：
> 　形式①：求整式 $f(x)$ 的值；
> 　形式②：求形如 $x^3+\dfrac{1}{x^3}$，$x^4+\dfrac{1}{x^4}$ 等分式的值．

[母题精讲]

母题29　已知 $x+\dfrac{1}{x}=3$，则 $x^2+\dfrac{1}{x^2}$，$x^3+\dfrac{1}{x^3}$，$x^4+\dfrac{1}{x^4}$，$x^6+\dfrac{1}{x^6}$ 的值分别为（　　）．

(A)7，18，47，322　　　　　(B)7，18，47，324　　　　　(C)7，18，49，322

(D)7，16，47，322　　　　　(E)7，18，49，324

【解析】将题干中所求的式子应用公式整理，可得

$$x^2+\frac{1}{x^2}=\left(x+\frac{1}{x}\right)^2-2x\cdot\frac{1}{x}=7,$$

$$x^3+\frac{1}{x^3}=\left(x+\frac{1}{x}\right)\left(x^2-1+\frac{1}{x^2}\right)=18,$$

$$x^4+\frac{1}{x^4}=\left(x^2+\frac{1}{x^2}\right)^2-2x^2\cdot\frac{1}{x^2}=47,$$

$$x^6+\frac{1}{x^6}=\left(x^3+\frac{1}{x^3}\right)^2-2x^3\cdot\frac{1}{x^3}=324-2=322.$$

【答案】(A)

[母题变化]

变化 1 求整式的值

技巧总结

1. 降次法

（1）方程中降次：已知 $x^2+ax+1=0$ 型，可化简，从而实现降次．

【例】已知 $a^2-3a+1=0$，则有

$$a^2=3a-1,\ a^2-3a=-1,\ a^2+1=3a,\ a+\frac{1}{a}=3.$$

（2）有理化降次：若已知一个无理数，可将所给无理数凑配成有理数，然后再进行降次．

【例】已知 $a=\sqrt{2}+1$，则 $a-2=\sqrt{2}-1$，根据平方差公式，可得 $a(a-2)=1$，则有

$$a^2-2a=1,\ a^2=2a+1,\ a^2-1=2a,\ a-\frac{1}{a}=2.$$

2. 整式的除法

若已知 $x^2+ax+1=0$，则可用 $f(x)$ 除以 x^2+ax+1，如果所得余式为常数，则此常数为 $f(x)$ 的值．

例 30 已知 $x^2-3x-1=0$，则多项式 $3x^3-11x^2+3x+3$ 的值为(　　)．

(A)-1　　　　　(B)0　　　　　(C)1　　　　　(D)2　　　　　(E)3

【解析】方法一：降次法．

$x^2-3x-1=0$ 等价于 $x^2=3x+1$，代入所求多项式，得

$$3x^3-11x^2+3x+3$$
$$=3x\cdot x^2-11x^2+3x+3$$
$$=3x\cdot(3x+1)-11x^2+3x+3$$
$$=-2x^2+6x+3$$
$$=-2\cdot(3x+1)+6x+3$$
$$=1.$$

方法二：整式的除法．

$$
\begin{array}{r}
3x-2 \\
x^2-3x-1\ \overline{\smash{)}\ 3x^3-11x^2+3x+3} \\
\underline{3x^3-9x^2-3x} \\
-2x^2+6x+3 \\
\underline{-2x^2+6x+2} \\
1
\end{array}
$$

可知 $3x^3-11x^2+3x+3=(x^2-3x-1)(3x-2)+1$．

又因为 $x^2-3x-1=0$，故 $3x^3-11x^2+3x+3=1$．

【答案】(C)

例 31　已知实数 $a=2+\sqrt{3}$，则代数式 $\dfrac{a^4-4a^3+3a^2+2}{a^2+1}$ 的值为（　　）.

(A)-2 　　　　(B)-1 　　　　(C)1 　　　　(D)2 　　　　(E)3

【解析】有理化降幂.

因为 $a=2+\sqrt{3}$，所以 $a-4=\sqrt{3}-2$，相乘可得，$a(a-4)=-1$，故有

$$a^2-4a=-1,\quad a^2=4a-1,\quad a^2+1=4a,\quad a+\frac{1}{a}=4.$$

所以

$$\frac{a^4-4a^3+3a^2+2}{a^2+1}=\frac{a^2(a^2-4a)+3a^2+2}{a^2+1}=\frac{-a^2+3a^2+2}{a^2+1}=\frac{2a^2+2}{a^2+1}=2.$$

【答案】(D)

例 32　若 α,β 是方程 $x^2-x-1=0$ 的两个根，则 $2\alpha^4+3\beta^3=$（　　）.

(A)377 　　　(B)64 　　　(C)37 　　　(D)13 　　　(E)1

【解析】因为 α,β 是方程 $x^2-x-1=0$ 的两个根，所以 $\alpha^2-\alpha-1=0\Rightarrow\alpha^2=\alpha+1$，$\beta^2-\beta-1=0\Rightarrow\beta^2=\beta+1$. 故有

$$\alpha^4=(\alpha+1)^2=\alpha^2+2\alpha+1=\alpha+1+2\alpha+1=3\alpha+2\Rightarrow2\alpha^4=6\alpha+4,$$
$$\beta^3=\beta(\beta+1)=\beta^2+\beta=\beta+1+\beta=2\beta+1\Rightarrow3\beta^3=6\beta+3,$$

即 $2\alpha^4+3\beta^3=6(\alpha+\beta)+7$. 根据韦达定理，$\alpha+\beta=1$，所以 $2\alpha^4+3\beta^3=6+7=13$.

【答案】(D)

变化 2　　求分式的值

技巧总结

已知 $x+\dfrac{1}{x}=a$，求形如 $x^3+\dfrac{1}{x^3}$，$x^4+\dfrac{1}{x^4}$ 等分式的值.

解法：将已知条件平方升次，或者将未知分式因式分解降次，即可求解.

【例】$x+\dfrac{1}{x}=3\Rightarrow x^2+\dfrac{1}{x^2}=7\Rightarrow x^3+\dfrac{1}{x^3}=18\Rightarrow x^4+\dfrac{1}{x^4}=47\Rightarrow x^5+\dfrac{1}{x^5}=123$；

$$x+\frac{1}{x}=3\Rightarrow x-\frac{1}{x}=\pm\sqrt{5}；\quad x^2+\frac{1}{x^2}=7\Rightarrow x+\frac{1}{x}=\pm3.$$

例 33　若 $x+\dfrac{1}{x}=3$，则 $\dfrac{x^2}{x^4+x^2+1}=$（　　）.

(A)$-\dfrac{1}{8}$ 　　　(B)$\dfrac{1}{6}$ 　　　(C)$\dfrac{1}{4}$ 　　　(D)$-\dfrac{1}{4}$ 　　　(E)$\dfrac{1}{8}$

【解析】$\left(x+\dfrac{1}{x}\right)^2=x^2+\dfrac{1}{x^2}+2=9$，所以 $x^2+\dfrac{1}{x^2}=7$. 由条件知，$x\neq0$，故

$$\frac{x^2}{x^4+x^2+1}=\frac{1}{x^2+1+\frac{1}{x^2}}=\frac{1}{8}（分式上下同除\ x^2）.$$

【答案】(E)

例 34 $2a^2-5a+\dfrac{3}{a^2+1}=-1$.

(1)a 是方程 $x^2-3x+1=0$ 的根.   (2)$|a|=1$.

【解析】条件(1)：a 是方程 $x^2-3x+1=0$ 的根，代入可得 $a^2-3a+1=0$，即 $a^2=3a-1$，$a^2+1=3a$，等式两边同除以 a，得 $a+\dfrac{1}{a}=3$，则 $2a^2-5a+\dfrac{3}{a^2+1}=2(3a-1)-5a+\dfrac{3}{3a}=a-2+\dfrac{1}{a}=1$，条件(1)不充分.

条件(2)：$|a|=1$，$a^2=1$，$a=\pm 1$，则 $2a^2-5a+\dfrac{3}{a^2+1}=2\pm 5+\dfrac{3}{1+1}=\dfrac{17}{2}$ 或 $-\dfrac{3}{2}$，条件(2)不充分.

因为 $a=\pm 1$ 不是方程 $x^2-3x+1=0$ 的根，故两个条件无法联立.

【答案】(E)

题型 30　关于 $\dfrac{1}{a}+\dfrac{1}{b}+\dfrac{1}{c}=0$ 的问题

[母题综述]

定理：若 $\dfrac{1}{a}+\dfrac{1}{b}+\dfrac{1}{c}=0$，则 $(a+b+c)^2=a^2+b^2+c^2$.

证明：$(a+b+c)^2=a^2+b^2+c^2+2ab+2ac+2bc$.

由于 $\dfrac{1}{a}+\dfrac{1}{b}+\dfrac{1}{c}=\dfrac{ab+ac+bc}{abc}=0$，故有 $ab+ac+bc=0$.

所以，$(a+b+c)^2=a^2+b^2+c^2$.

[母题精讲]

母题 30　已知 $a+b+c=-3$，且 $\dfrac{1}{a+1}+\dfrac{1}{b+2}+\dfrac{1}{c+3}=0$，则 $(a+1)^2+(b+2)^2+(c+3)^2$ 的值为(　　).

(A)9   (B)16   (C)4   (D)25   (E)36

【解析】若 $\dfrac{1}{a}+\dfrac{1}{b}+\dfrac{1}{c}=0$，则 $(a+b+c)^2=a^2+b^2+c^2$，本题 $\dfrac{1}{a+1}+\dfrac{1}{b+2}+\dfrac{1}{c+3}=0$，可得

$(a+1)^2+(b+2)^2+(c+3)^2=(a+1+b+2+c+3)^2=(6-3)^2=9$.

【答案】(A)

[典型例题]

例 35 $\dfrac{x^2}{a^2}+\dfrac{y^2}{b^2}+\dfrac{z^2}{c^2}=1$ 成立.

(1) $\dfrac{x}{a}+\dfrac{y}{b}+\dfrac{z}{c}=1$.   (2) $\dfrac{a}{x}+\dfrac{b}{y}+\dfrac{c}{z}=0$.

【解析】换元法. 设 $\dfrac{x}{a}=u$，$\dfrac{y}{b}=v$，$\dfrac{z}{c}=w$.

条件(1)：$u+v+w=1$ 不能推出 $u^2+v^2+w^2=1$，不充分.

条件(2)：$\dfrac{1}{u}+\dfrac{1}{v}+\dfrac{1}{w}=0$ 不能推出 $u^2+v^2+w^2=1$，不充分.

条件(1)和条件(2)联立，可得

$$\frac{1}{u}+\frac{1}{v}+\frac{1}{w}=0\Rightarrow\frac{uv+vw+uw}{uvw}=0\Rightarrow uv+vw+uw=0,$$

$$u+v+w=1\Rightarrow(u+v+w)^2=u^2+v^2+w^2+2uv+2uw+2vw=1.$$

因此可得 $u^2+v^2+w^2=1$，所以条件(1)和条件(2)联立起来充分.

【快速得分法】公式法.

由条件(2)，得 $\dfrac{a}{x}+\dfrac{b}{y}+\dfrac{c}{z}=0$，则 $\dfrac{x^2}{a^2}+\dfrac{y^2}{b^2}+\dfrac{z^2}{c^2}=\left(\dfrac{x}{a}+\dfrac{y}{b}+\dfrac{z}{c}\right)^2$.

由条件(1)，得 $\left(\dfrac{x}{a}+\dfrac{y}{b}+\dfrac{z}{c}\right)^2=1$，则 $\dfrac{x^2}{a^2}+\dfrac{y^2}{b^2}+\dfrac{z^2}{c^2}=1$，所以两个条件联立起来充分.

【答案】(C)

题型 31　其他整式、分式的化简求值

[母题综述]

整式、分式化简求值的常用技巧：

(1)特殊值法：首选方法，尤其适合解代数式求值以及条件充分性判断题；其中，齐次分式求值必用特殊值法.

(2)见比设 k 法.

(3)等比定理：要记得讨论分母之和是否可以为 0.

(4)合比分比定理：通过加(减)一个数，把分子化为相同的项，称为通分子.

(5)等式左右同乘除某式；分式上下同乘除某式.

(6)因式分解法.

(7)迭代降次与平方升次法.

[母题精讲]

母题 31　若 $x^2+xy+y=14$，$y^2+xy+x=28$，则 $x+y$ 的值为（　　）.

(A)6 或 7　　　　(B)6 或 -7　　　　(C)-6 或 -7　　　　(D)6　　　　(E)7

【解析】将已知两式相加可得 $(x+y)^2+x+y-42=0$，因式分解，得 $(x+y+7)(x+y-6)=0$，解得 $x+y=6$ 或 -7.

【答案】(B)

[母题变化]

变化 1 **求整式的值**

例 36 已知 $a^2+bc=14$，$b^2-2bc=-6$，则 $3a^2+4b^2-5bc=($　　$)$.

(A)13　　　　(B)14　　　　(C)18　　　　(D)20　　　　(E)1

【解析】将所求式子整理，尽量出现已知式子，则原式 $=3(a^2+bc)+4(b^2-2bc)=42-24=18$.

【答案】(C)

例 37 若 $x^3+x^2+x+1=0$，则 $x^{-27}+x^{-26}+\cdots+x^{-1}+1+x+\cdots+x^{26}+x^{27}=($　　$)$.

(A)0　　　　(B)-1　　　　(C)1　　　　(D)-2　　　　(E)2

【解析】$x^{-27}+x^{-26}+x^{-25}+x^{-24}=x^{-27}(1+x+x^2+x^3)=0$，可知所求多项式中，每 4 项的计算结果为 0，$x^{-27}+x^{-26}+\cdots+x^{-1}+1$ 是 28 项，和为 0，$x^{27}+x^{26}+\cdots+x^4$ 是 24 项，和为 0，剩余 $x^3+x^2+x=-1$，故所求结果为 -1.

【快速得分法】$x^3+x^2+x+1=0$，即 $x^2(x+1)+x+1=0 \Rightarrow (x^2+1)(x+1)=0$，得 $x=-1$，代入要求的式子即可得解.

【答案】(B)

变化 2 **求分式的值**

例 38 已知 $3a^2+ab-2b^2=0 (a\neq 0, b\neq 0)$，则 $\dfrac{a}{b}-\dfrac{b}{a}-\dfrac{a^2+b^2}{ab}=($　　$)$.

(A)-3　　　　(B)2　　　　(C)-3 或 2　　　　(D)3　　　　(E)-2

【解析】等式左右同除以 b^2，得 $3a^2+ab-2b^2=0 \Rightarrow 3\left(\dfrac{a}{b}\right)^2+\left(\dfrac{a}{b}\right)-2=0$，解得 $\dfrac{a}{b}=\dfrac{2}{3}$ 或 -1，对所求式子整理可得 $\dfrac{a}{b}-\dfrac{b}{a}-\dfrac{a^2+b^2}{ab}=\dfrac{a}{b}-\dfrac{b}{a}-\left(\dfrac{a}{b}+\dfrac{b}{a}\right)=-\dfrac{2b}{a}$，则它的值为 -3 或 2.

【答案】(C)

例 39 若 $abc=1$，那么 $\dfrac{a}{ab+a+1}+\dfrac{b}{bc+b+1}+\dfrac{c}{ca+c+1}=($　　$)$.

(A)-1　　　　(B)0　　　　(C)1　　　　(D)0 或 1　　　　(E)± 1

【解析】由 $abc=1$，得 $a=\dfrac{1}{bc}$，故

$$\frac{a}{ab+a+1}+\frac{b}{bc+b+1}+\frac{c}{ca+c+1}$$

$$=\frac{\dfrac{1}{bc}}{\dfrac{1}{bc}\cdot b+\dfrac{1}{bc}+1}+\frac{b}{bc+b+1}+\frac{c}{\dfrac{1}{bc}\cdot c+c+1}$$

$$=\frac{1}{bc+b+1}+\frac{b}{bc+b+1}+\frac{bc}{bc+b+1}$$

$$=1.$$

【答案】(C)

例 40　已知 x，y，z 都是实数，有 $x+y+z=0$.

(1) $\dfrac{x}{a+b}=\dfrac{y}{b+c}=\dfrac{z}{c+a}$.　　　　(2) $\dfrac{x}{a-b}=\dfrac{y}{b-c}=\dfrac{z}{c-a}$.

【解析】设 k 法.

条件(1)：设 $\dfrac{x}{a+b}=\dfrac{y}{b+c}=\dfrac{z}{c+a}=k$，故 $x=(a+b)k$，$y=(b+c)k$，$z=(a+c)k$，故 $x+y+z=2(a+b+c)k$，不一定为 0，条件(1)不充分.

条件(2)：设 $\dfrac{x}{a-b}=\dfrac{y}{b-c}=\dfrac{z}{c-a}=k$，故 $x=(a-b)k$，$y=(b-c)k$，$z=(c-a)k$，故 $x+y+z=(a-b)k+(b-c)k+(c-a)k=0$，条件(2)充分.

【答案】(B)

本章模考题 ▶ 整式与分式

(共 25 小题，每小题 3 分，限时 60 分钟)

一、问题求解： 第 1～15 小题，每小题 3 分，共 45 分，下列每题给出的(A)、(B)、(C)、(D)、(E)五个选项中，只有一项是最符合试题要求的.

1. 若 $a+x^2=2\,003$，$b+x^2=2\,005$，$c+x^2=2\,004$，且 $abc=24$，则 $\dfrac{a}{bc}+\dfrac{b}{ac}+\dfrac{c}{ab}-\dfrac{1}{a}-\dfrac{1}{b}-\dfrac{1}{c}=$（　　）.

   (A)$\dfrac{3}{8}$　　　(B)$\dfrac{1}{8}$　　　(C)$\dfrac{7}{12}$　　　(D)$\dfrac{5}{12}$　　　(E)1

2. 若 $\dfrac{1}{x}+x=-3$，那么 $x^5+\dfrac{1}{x^5}=$（　　）.

   (A)322　　(B)-123　　(C)123　　(D)47　　(E)-233

3. 在多项式 $(x^2+x+1)(x^2+x+2)-12$ 的分解式中，必有因式（　　）.

   (A)x^2+x+5　　　　　(B)x^2-x+5　　　　　(C)x^2-x-5

   (D)x^2+x+3　　　　　(E)x^2+x-10

4. 已知 a_1，a_2，a_3，…，$a_{1\,996}$，$a_{1\,997}$ 均为正数，$M=(a_1+a_2+\cdots+a_{1\,996})(a_2+a_3+\cdots+a_{1\,997})$，$N=(a_1+a_2+\cdots+a_{1\,997})(a_2+a_3+\cdots+a_{1\,996})$，则 M 与 N 的大小关系是（　　）.

   (A)$M=N$　　　　　(B)$M<N$　　　　　(C)$M>N$

   (D)$M\geqslant N$　　　　　(E)$M\leqslant N$

5. 已知 $a=1\,999x+2\,000$，$b=1\,999x+2\,001$，$c=1\,999x+2\,002$，则多项式 $a^2+b^2+c^2-ac-bc-ab$ 的值为（　　）.

   (A)1　　(B)2　　(C)4　　(D)3　　(E)0

6. 已知实数 a，b，c 满足 $a+b+c=-2$，则当 $x=-1$ 时，多项式 ax^5+bx^3+cx-1 的值是（　　）.

   (A)1　　(B)-1　　(C)3　　(D)-3　　(E)0

7. 已知多项式 $f(x)=x^3+mx^2+nx-12$ 有一次因式 $x-1$，$x-2$，则多项式的另外一个一次因式为（　　）.

   (A)$2x-6$　　(B)$x+6$　　(C)$x-6$　　(D)$x-3$　　(E)$x+3$

8. 已知 $\dfrac{1}{a}-\dfrac{1}{b}=2$，则代数式 $\dfrac{-3a+4ab+3b}{2a-3ab-2b}$ 的值为（　　）.

   (A)$-\dfrac{10}{7}$　　(B)$\dfrac{10}{7}$　　(C)$-\dfrac{10}{9}$　　(D)$\dfrac{10}{9}$　　(E)$-\dfrac{11}{9}$

9. 如果 $4x^3+9x^2+mx+n=0$ 能被 x^2+2x-3 整除，则（　　）.

   (A)$m=10$，$n=3$　　　　(B)$m=-10$，$n=3$　　　　(C)$m=-10$，$n=-3$

   (D)$m=10$，$n=-3$　　　　(E)$m=-13$，$n=-3$

10. 已知 $x=-2$，$y=\dfrac{1}{2}$，则 $(x^2-xy)\div\dfrac{x^2-2xy+y^2}{y}\cdot\dfrac{x^2-y^2}{x^2}=(\quad)$.

(A)$\dfrac{1}{8}$　　(B)$\dfrac{3}{8}$　　(C)$\dfrac{5}{8}$　　(D)$\dfrac{1}{4}$　　(E)$\dfrac{1}{2}$

11. 已知 $a^2+4a+1=0$ 且 $\dfrac{a^4+ma^2+1}{3a^3+ma^2+3a}=5$，则 $m=(\quad)$.

(A)$\dfrac{33}{2}$　　(B)$\dfrac{35}{2}$　　(C)$\dfrac{37}{2}$　　(D)$\dfrac{39}{2}$　　(E)$\dfrac{41}{2}$

12. $f(x)=x^4+x^3-3x^2-4x-1$ 和 $g(x)=x^3+x^2-x-1$ 的最大公因式是($\quad$).

(A)$x+1$　　　　　　(B)$x-1$　　　　　　(C)$(x+1)(x-1)$

(D)$(x+1)^2(x-1)$　　(E)$(x-1)^2$

13. 若 $x^2-3x+1=0$，那么 $x^4+\dfrac{1}{x^4}$ 等于($\quad$).

(A)49　　(B)7　　(C)9　　(D)47　　(E)27

14. 若多项式 $f(x)=x^3+px^2+qx+6$ 含有一次因式 $x+1$ 和 $\dfrac{x-3}{2}$，则 $\dfrac{p}{q}=(\quad)$.

(A)-4　　(B)-8　　(C)-9　　(D)9　　(E)10

15. 已知 $x+y+z=0$，$2x+5y+4z=0$，则 $\dfrac{x^2+2y^2+z^2}{6x^2+3y^2+2z^2}=(\quad)$.

(A)1　　(B)$\dfrac{1}{3}$　　(C)$\dfrac{1}{2}$　　(D)$\dfrac{1}{4}$　　(E)$\dfrac{2}{3}$

二、条件充分性判断：第 16～25 小题，每小题 3 分，共 30 分. 要求判断每题给出的条件(1)和条件(2)能否充分支持题干所陈述的结论. (A)、(B)、(C)、(D)、(E)五个选项为判断结果，请选择一项符合试题要求的判断.

(A)条件(1)充分，但条件(2)不充分.

(B)条件(2)充分，但条件(1)不充分.

(C)条件(1)和条件(2)单独都不充分，但条件(1)和条件(2)联合起来充分.

(D)条件(1)充分，条件(2)也充分.

(E)条件(1)和条件(2)单独都不充分，条件(1)和条件(2)联合起来也不充分.

16. $\dfrac{a}{a^2+5a+1}=\dfrac{1}{7}$.

(1)$a+\dfrac{1}{a}=-2$.

(2)$a+\dfrac{1}{a}=2$.

17. 设 $f(x)$ 是三次多项式，则 $f(0)=-13$.

(1)$f(2)=f(-1)=f(4)=3$.

(2)$f(1)=-9$.

18. 方程 $(a^2+b^2)x^2-2(am+bn)x+(m^2+n^2)=0$ 有实数根.

(1)非零实数满足：$an=bm$.

(2)非零实数满足：$am=bn$.

19. $a+b=2$.

    (1)多项式 $f(x)=x^3+a^2x^2+ax-1$ 被 $x+1$ 除余 -2，且 $a\neq0$.

    (2)$b=x^2y^2z^2$，x，y，z 为两两不等的三个实数，且满足 $x+\dfrac{1}{y}=y+\dfrac{1}{z}=z+\dfrac{1}{x}$.

20. $\dfrac{(a+b)(c+b)(a+c)}{abc}=8$.

    (1)$abc\neq0$，且 $\dfrac{a+b-c}{c}=\dfrac{a-b+c}{b}=\dfrac{-a+b+c}{a}$.

    (2)$abc\neq0$，$\dfrac{a}{2}=\dfrac{b}{3}=\dfrac{c}{4}$.

21. 多项式 $f(x)=x-5$ 与 $g(x)=a(x-2)^2+b(x+1)+c(x^2-x+2)$ 相等.

    (1)$a=-\dfrac{6}{5}$，$b=-\dfrac{13}{5}$，$c=\dfrac{6}{5}$.

    (2)$a=-6$，$b=-13$，$c=6$.

22. 已知 a，b，c 均为非零实数，有 $a\left(\dfrac{1}{b}+\dfrac{1}{c}\right)+b\left(\dfrac{1}{a}+\dfrac{1}{c}\right)+c\left(\dfrac{1}{b}+\dfrac{1}{a}\right)=-3$.

    (1)$a+b+c=0$.

    (2)$a+b+c=1$.

23. $x^3+y^3+z^3+mxyz$ 能被 $x+y+z$ 整除.

    (1)$m=-2$.

    (2)$y+z=0$.

24. $\dfrac{b+c+d}{|a|}+\dfrac{|b|}{a+c+d}+\dfrac{a+b+d}{|c|}+\dfrac{|d|}{a+b+c}=-2$.

    (1)$a+b+c+d=0$.

    (2)$abcd<0$.

25. 已知 $a+b+c=2$，则 $a^2+b^2+c^2=4$.

    (1)b 是 a，c 的等差中项.

    (2)$\dfrac{bc}{a}+b+c=0$，$abc\neq0$.

本章模考题 ▶ 参考答案

一、问题求解

1. （B）

【解析】分式化简求值，用特殊值法.

令 $a=2$，$b=4$，$c=3$，则满足 $abc=24$.

令 $x^2=2\,001$，则满足 $a+x^2=2\,003$，$b+x^2=2\,005$，$c+x^2=2\,004$.

将 $a=2$，$b=4$，$c=3$ 代入原式，可得 $\dfrac{a}{bc}+\dfrac{b}{ac}+\dfrac{c}{ab}-\dfrac{1}{a}-\dfrac{1}{b}-\dfrac{1}{c}=\dfrac{1}{8}$.

2. （B）

【解析】形如 $\dfrac{1}{x}+x=a$ 的问题.

由 $\dfrac{1}{x}+x=-3$ 两边同时平方，即 $\left(\dfrac{1}{x}+x\right)^2=\dfrac{1}{x^2}+x^2+2$，可得 $\dfrac{1}{x^2}+x^2=\left(\dfrac{1}{x}+x\right)^2-2=7$.

由立方和公式，可得 $\dfrac{1}{x^3}+x^3=\left(\dfrac{1}{x}+x\right)\left(\dfrac{1}{x^2}-1+x^2\right)=-3\times(7-1)=-18$.

故 $x^5+\dfrac{1}{x^5}=\left(x^2+\dfrac{1}{x^2}\right)\left(x^3+\dfrac{1}{x^3}\right)-\left(x+\dfrac{1}{x}\right)=7\times(-18)+3=-123$.

3. （A）

【解析】因式分解问题，出现公共部分，使用换元法.

令 $x^2+x=t$，则 $(x^2+x+1)(x^2+x+2)-12=(t+1)(t+2)-12=t^2+3t-10=(t+5)(t-2)$.

结合选项可知，必有因式 $t+5$，即 x^2+x+5.

4. （C）

【解析】比较大小用比差法，出现公共部分使用换元法.

令 $t=a_2+\cdots+a_{1\,996}$，则 $M=(a_1+t)(t+a_{1\,997})$，$N=(a_1+t+a_{1\,997})t$，故

$$M-N=(a_1+t)(t+a_{1\,997})-(a_1+t+a_{1\,997})t=a_1a_{1\,997}>0\Rightarrow M>N.$$

5. （D）

【解析】多项式求值问题.

方法一：因为 $a^2+b^2+c^2-ac-bc-ab=\dfrac{1}{2}\left[(a-b)^2+(b-c)^2+(c-a)^2\right]$.

根据题干得 $a-b=-1$，$b-c=-1$，$c-a=2$，所以原式 $=\dfrac{1}{2}\left[(-1)^2+(-1)^2+2^2\right]=3$.

方法二：特殊值法.

令 $1\,999x=-2\,000$，则 $a=0$，$b=1$，$c=2$，直接代入所求多项式，可快速得到答案.

6. （A）

【解析】多项式求值.

将 $x=-1$ 代入可得 $ax^5+bx^3+cx-1=(-1)^5\times a+(-1)^3\times b+(-1)\times c-1=-(a+b+c)-1$.

又由 $a+b+c=-2$ 得，原式 $=-(-2)-1=2-1=1$.

7. （C）

【解析】因式分解问题.

由 x^3 的系数为1，常数项为 -12，可快速确定一次因式为 $x-6$.

8. （A）

【解析】分式求值问题.

由题干可得 $\dfrac{b-a}{ab}=2$，即 $b-a=2ab$，故 $\dfrac{-3a+4ab+3b}{2a-3ab-2b}=\dfrac{-3(a-b)+4ab}{2(a-b)-3ab}=-\dfrac{10}{7}$.

9. （C）

【解析】余式定理问题.

因为 $x^2+2x-3=(x+3)(x-1)$，故当 $x=-3$ 或1时，$4x^3+9x^2+mx+n=0$，即

$$\begin{cases} -27\times4+9\times9-3m+n=0, \\ 4+9+m+n=0 \end{cases} \Rightarrow \begin{cases} m=-10, \\ n=-3. \end{cases}$$

10. （B）

【解析】代数式求值问题.

先将原式化简，可得

$$(x^2-xy)\div\dfrac{x^2-2xy+y^2}{y}\cdot\dfrac{x^2-y^2}{x^2}$$

$$=x(x-y)\cdot\dfrac{y}{(x-y)^2}\cdot\dfrac{(x+y)(x-y)}{x^2}=\dfrac{y(x+y)}{x}.$$

将 $x=-2$，$y=\dfrac{1}{2}$ 代入，得原式 $=\dfrac{\frac{1}{2}\left(-2+\frac{1}{2}\right)}{-2}=\dfrac{3}{8}$.

11. （C）

【解析】形如 $\dfrac{1}{x}+x=a$ 的问题.

由题意得 $a\ne0$，则有 $a^2+4a+1=0\Rightarrow a+\dfrac{1}{a}=-4\Rightarrow a^2+\dfrac{1}{a^2}=\left(a+\dfrac{1}{a}\right)^2-2=14$.

题干第二个方程左边上下同除以 a^2，得

$$\dfrac{a^4+ma^2+1}{3a^3+ma^2+3a}=\dfrac{a^2+m+\frac{1}{a^2}}{3a+m+\frac{3}{a}}=\dfrac{14+m}{-12+m}=5\Rightarrow m=\dfrac{37}{2}.$$

12. （A）

【解析】因式分解问题.

方法一：由题意

$$f(x)=x^4+x^3-3x^2-3x-x-1$$

$$=x^3(x+1)-3x(x+1)-(x+1)$$

$$=(x^3-3x-1)(x+1).$$

同理 $g(x)=(x+1)^2(x-1)$. 故 $f(x)$ 与 $g(x)$ 的最大公因式为 $x+1$.

方法二：观察答案，将 $x=1$ 和 $x=-1$ 代入 $f(x)$ 和 $g(x)$ 不难得出 $f(-1)=g(-1)=0$，而 $f(1)\ne0$，$g(1)=0$，故 $x+1$ 是 $f(x)$ 和 $g(x)$ 的公因式，$x-1$ 仅是 $g(x)$ 的因式.

结合答案可知，$f(x)$ 和 $g(x)$ 的最大公因式是 $x+1$.

13. （D）

【解析】形如 $x+\dfrac{1}{x}=a$ 的问题.

由题意，$x^2-3x+1=0 \Rightarrow x+\dfrac{1}{x}=3$，两边平方得 $\left(x+\dfrac{1}{x}\right)^2=x^2+\dfrac{1}{x^2}+2=9$，故 $x^2+\dfrac{1}{x^2}=7$.

两边再次平方得 $x^4+\dfrac{1}{x^4}=47$.

14. （A）

【解析】因式定理问题.

根据因式定理，一个多项式 $f(x)$ 有一次因式 $ax-b$，则有 $f\left(\dfrac{b}{a}\right)=0$. 故本题由题意可得

$$\begin{cases} f(-1)=-1+p-q+6=0, \\ f(3)=27+9p+3q+6=0, \end{cases}$$

解得 $p=-4$，$q=1$. 故 $\dfrac{p}{q}=-4$.

15. （C）

【解析】齐次分式求值.

由 $\begin{cases} x+y+z=0, \\ 2x+5y+4z=0, \end{cases}$ 解得 $\begin{cases} y=2x, \\ z=-3x. \end{cases}$ 故有

$$\frac{x^2+2y^2+z^2}{6x^2+3y^2+2z^2}=\frac{x^2+2(2x)^2+(-3x)^2}{6x^2+3(2x)^2+2(-3x)^2}=\frac{18x^2}{36x^2}=\frac{1}{2}.$$

二、条件充分性判断

16. （B）

【解析】形如 $x+\dfrac{1}{x}=a$ 的问题.

条件(1)：由 $a+\dfrac{1}{a}$ 中分母不为 0，可知 $a\neq0$，故 $\dfrac{a}{a^2+5a+1}=\dfrac{1}{a+5+\dfrac{1}{a}}=\dfrac{1}{5-2}=\dfrac{1}{3}$，不充分.

条件(2)：同理，$a\neq0$，则 $\dfrac{a}{a^2+5a+1}=\dfrac{1}{a+5+\dfrac{1}{a}}=\dfrac{1}{5+2}=\dfrac{1}{7}$，故条件(2)充分.

17. （C）

【解析】余式定理问题.

条件(1)：设 $f(x)=a(x-2)(x+1)(x-4)+3$，a 的值不确定，故 $f(0)$ 未知，不充分.

条件(2)：显然不充分.

联立两个条件：将 $f(1)=-9$ 代入 $f(x)=a(x-2)(x+1)(x-4)+3$ 中，解得 $a=-2$，故 $f(0)=-13$，即两个条件联立起来充分.

18. （A）

【解析】整式的化简求值.

a，b，m，n 为非零实数，所以 $a^2+b^2\neq0$，方程 $(a^2+b^2)x^2-2(am+bn)x+(m^2+n^2)=0$ 有实

数根，故有 $\Delta=4(am+bn)^2-4(a^2+b^2)(m^2+n^2)\geqslant0$，整理得

$$(am+bn)^2-(a^2+b^2)(m^2+n^2)\geqslant0$$

$$\Rightarrow a^2m^2+2abmn+b^2n^2\geqslant a^2m^2+a^2n^2+b^2m^2+b^2n^2$$

$$\Rightarrow a^2n^2+b^2m^2-2abmn\leqslant0$$

$$\Rightarrow (an-bm)^2\leqslant0\Rightarrow an=bm.$$

综上所述，条件(1)充分，条件(2)不充分.

19. (C)

【解析】余式定理问题＋代数式的化简求值.

条件(1)和条件(2)单独显然不充分，联立之.

条件(1)：令 $x=-1$，代入多项式，得 $f(-1)=-1+a^2-a-1=-2$，解得 $a=0$ 或 1，又因为 $a\neq0$，则 $a=1$.

条件(2)：$x+\dfrac{1}{y}=y+\dfrac{1}{z}=z+\dfrac{1}{x}$，所以

$$x+\frac{1}{y}=y+\frac{1}{z}\Rightarrow x-y=\frac{y-z}{yz}；\quad x+\frac{1}{y}=z+\frac{1}{x}\Rightarrow x-z=\frac{z-x}{xy}；\quad y+\frac{1}{z}=z+\frac{1}{x}\Rightarrow y-z=\frac{z-x}{zx}.$$

将三式相乘，得到 $\dfrac{1}{x^2y^2z^2}=1$，则 $b=x^2y^2z^2=1$.

故 $a+b=2$，两条件联立起来充分.

20. (E)

【解析】分式化简求值.

条件(1)：令 $\dfrac{a+b-c}{c}=\dfrac{a-b+c}{b}=\dfrac{-a+b+c}{a}=k$，则 $a+b-c=ck$，$a-b+c=bk$，$-a+b+c=ak$.

三式相加，得 $(a+b+c)k=a+b+c$.

①若 $a+b+c=0$，则 $\dfrac{(a+b)(c+b)(a+c)}{abc}=\dfrac{(-c)\times(-a)\times(-b)}{abc}=\dfrac{-abc}{abc}=-1$；

②若 $a+b+c\neq0$，则 $k=1$，得 $a=b=c$，则 $\dfrac{(a+b)(c+b)(a+c)}{abc}=\dfrac{2a\cdot2b\cdot2c}{abc}=8$.

所以条件(1)不充分.

条件(2)：$a=2k$，$b=3k$，$c=4k$，则原式 $=\dfrac{5k}{2k}\cdot\dfrac{7k}{3k}\cdot\dfrac{6k}{4k}\neq8$，条件(2)也不充分.

因为 $abc\neq0$，故条件(2)中的 a，b，c 一定不能相等，与条件(1)的情况②矛盾，故两个条件联立也不充分.

21. (A)

【解析】多项式相等，对应项系数均相等.

条件(1)：因为 $a=-\dfrac{6}{5}$，$b=-\dfrac{13}{5}$，$c=\dfrac{6}{5}$. 所以

$$g(x)=-\frac{6}{5}(x-2)^2-\frac{13}{5}(x+1)+\frac{6}{5}(x^2-x+2)=x-5=f(x).$$

故条件(1)充分.

条件(2)：$a=-6$，$b=-13$，$c=6$，所以
$$g(x)=-6(x-2)^2-13(x+1)+6(x^2-x+2)=5x-25\neq f(x)=x-5.$$
条件(2)不充分.

22.（A）

【解析】分式的化简求值.

原式化简为
$$a\left(\frac{1}{b}+\frac{1}{c}\right)+b\left(\frac{1}{a}+\frac{1}{c}\right)+c\left(\frac{1}{b}+\frac{1}{a}\right)=\frac{a+c}{b}+\frac{b+c}{a}+\frac{a+b}{c}.$$

条件(1)：因 $a+b+c=0$，有 $a+b=-c$，$b+c=-a$，$c+a=-b$，代入上式，值为-3，可知条件(1)充分.

条件(2)：因 $a+b+c=1$，令 $a=1$，$b=1$，$c=-1$，代入上式，值不为-3，条件(2)不充分.

23.（B）

【解析】余式定理问题.

若能整除，则当 $x+y+z=0$ 时，$x^3+y^3+z^3+mxyz$ 应该也为 0.

当 $x+y+z=0$ 时，$x=-(y+z)$ 代入原式得
$$-(y+z)^3+y^3+z^3-myz(y+z)=-yz(y+z)(m+3).$$

条件(1)：将 $m=-2$ 代入上式，可得 $x^3+y^3+z^3+mxyz=-yz(y+z)$，当 y，z 不为 0 且 $y+z$ 不等于 0 时，$x^3+y^3+z^3+mxyz\neq0$，故条件(1)不充分.

条件(2)：$y+z=0$，则当 $x+y+z=0$ 时，$x=0$，此时 $x^3+y^3+z^3+mxyz=0$，故条件(2)充分.

24.（E）

【解析】分式化简求值＋绝对值的自比性问题.

条件(1)：举反例. 令 $a=b=c=d=0$，题干不成立，显然不充分.

条件(2)：$a=b=c=1$，$d=-1$，代入原式可知，不充分.

考虑联立两个条件，由条件(1)可得
$$\frac{b+c+d}{|a|}+\frac{|b|}{a+c+d}+\frac{a+b+d}{|c|}+\frac{|d|}{a+b+c}=-\frac{a}{|a|}-\frac{|b|}{b}-\frac{c}{|c|}-\frac{|d|}{d}.$$

由条件(2)可知，a，b，c，d 必然 3 负 1 正或者 1 负 3 正.

①若为 3 负 1 正，不妨设 $a>0$，则 $-\dfrac{a}{|a|}-\dfrac{|b|}{b}-\dfrac{c}{|c|}-\dfrac{|d|}{d}=-1+1+1+1=2$.

②若为 3 正 1 负，不妨设 $a<0$，则 $-\dfrac{a}{|a|}-\dfrac{|b|}{b}-\dfrac{c}{|c|}-\dfrac{|d|}{d}=1-1-1-1=-2$.

故联立两个条件仍不充分.

25.（B）

【解析】整式化简求值.

条件(1)：$a+c=2b$，则可令 $a=b=c=\dfrac{2}{3}$，显然条件(1)不充分.

条件(2)：由 $\dfrac{bc}{a}+b+c=0$ 可得 $bc+ab+ac=0$，而 $(a+b+c)^2=a^2+b^2+c^2+2ab+2bc+2ac$，故 $a^2+b^2+c^2=(a+b+c)^2=4$，故条件(2)充分.

第3章　《函数、方程和不等式》母题精讲

本章题型思维导图

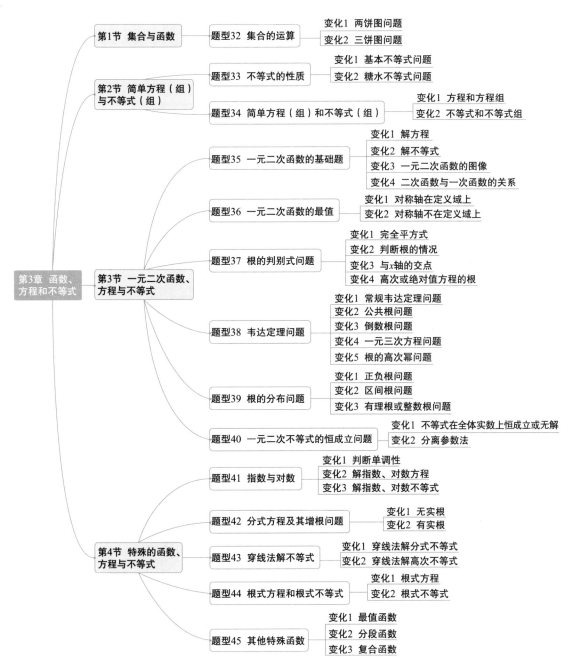

历年真题考点统计

题型名称	2013	2014	2015	2016	2017	2018	2019	2020	2021	2022	合计
集合的运算					15	6		2	1		4 道
不等式的性质			7，18	19							3 道
简单方程(组) 与不等式(组)				20							1 道
一元二次函数 的基础题	12	22		25	20				5，17	23	7 道
一元二次函数的最值					25	25			12		3 道
根的判别式问题	19	21					20				3 道
韦达定理问题	13		10	12							3 道
根的分布问题				25				23			2 道
一元二次不 等式的恒成立问题		17									1 道
指数与对数											0 道
分式方程及 其增根问题											0 道
穿线法解不等式											0 道
根式方程和 根式不等式											0 道
其他特殊函数					22	15，25					3 道

命题趋势及预测

2013—2022 年，合计考了 28 道，平均每年 2.8 道.

较有难度的题型：韦达定理问题、不等式的恒成立问题、最值函数、复合函数等.

考试频率较高的题型：集合应用题、不等式的性质、根的判别式、韦达定理、一元二次函数的最值、特殊函数.

第 ① 节 集合与函数

题型 32 集合的运算

【母题综述】

1. 集合的运算常考两饼图和三饼图的问题，须熟练掌握相关公式．
2. 集合问题也常利用韦恩图进行辅助理解．

【母题精讲】

母题 32 有一个班共 50 人，参加数学竞赛的有 22 人，参加物理竞赛的有 18 人，同时参加两科竞赛的有 13 人，不参加竞赛的有( )人．

(A)23   (B)24   (C)25   (D)26   (E)27

【解析】参加竞赛的人数为 22+18−13＝27(人)．

不参加竞赛的人数为 50−27＝23(人)．

【答案】(A)

【母题变化】

变化 1　两饼图问题

技巧总结

公式：$A \cup B = A + B - A \cap B$. 如图 3-1 所示：

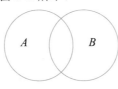

图 3-1

例 1　在一次颁奖典礼中，美国人和英国人共有 20 个人得奖，在得奖者中有 a 人不是美国人，有 b 人不是英国人，则该颁奖典礼获奖的总人数是 24 人．

(1)$a=16$，$b=12$.   (2)$a+b=28$.

【解析】英国人＋其他人＝a；美国人＋其他人＝b.

$a+b+20$＝美国人＋其他人＋英国人＋其他人＋美国人＋英国人＝$2 \times$(美国人＋英国人＋其

他人)＝$2 \times$总人数，总人数＝$\dfrac{a+b+20}{2}$.

故条件(1)和条件(2)均充分．

【答案】(D)

变化 2　三饼图问题

技巧总结

1. 基本公式（如图 3-2 所示）

（1）三集合的标准型公式：

$$A \cup B \cup C = A + B + C - A \cap B - A \cap C - B \cap C + A \cap B \cap C.$$

（2）三集合的非标准型公式：

$A \cup B \cup C = A + B + C -$ 只满足两个条件的 $-2 \times$ 满足三个条件的.

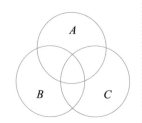

图 3-2

2. 分块法

对于复杂的三饼图问题，可以使用分块法，如图 3-3 所示，则有

（1）$\begin{cases} A \cup B \cup C = ① + ② + ③ + ④ + ⑤ + ⑥ + ⑦. \\ A \cup B = ① + ② + ④ + ⑤ + ⑥ + ⑦. \\ A \cup C = ① + ③ + ④ + ⑤ + ⑥ + ⑦. \\ B \cup C = ② + ③ + ④ + ⑤ + ⑥ + ⑦. \\ A \cap B = ④ + ⑦. \\ A \cap C = ⑤ + ⑦. \\ B \cap C = ⑥ + ⑦. \\ A \cap B \cap C = ⑦. \end{cases}$

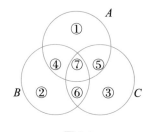

图 3-3

（2）若 A、B、C 是三个项目，则 $\begin{cases} \text{仅参加一项的为 } ① + ② + ③. \\ \text{仅参加两项的为 } ④ + ⑤ + ⑥. \\ \text{参加三项的为 } ⑦. \\ \text{至少参加两项的为 } ④ + ⑤ + ⑥ + ⑦. \end{cases}$

例 2　某学校举行运动会，对操场上的同学询问得知，参加短跑项目的有 24 人，参加铅球项目的有 27 人，参加跳远项目的有 19 人；同时参加短跑和铅球两个项目的有 8 人，同时参加短跑和跳远项目的有 7 人，同时参加铅球和跳远项目的有 6 人；三个项目都参加的有 3 人. 那么参加运动会的学生共有（　　）人.

(A)50　　　　　(B)51　　　　　(C)52　　　　　(D)53　　　　　(E)54

【解析】由公式 $A \cup B \cup C = A + B + C - A \cap B - A \cap C - B \cap C + A \cap B \cap C$，可得

$$\text{总人数 } K = 24 + 27 + 19 - 8 - 7 - 6 + 3 = 52 \text{（人）}.$$

【答案】(C)

例 3　某次学校组织的春游中，参加的学生中获得过院奖学金的有 130 人，得过校奖学金的学生有 100 人，得过国家奖学金的有 30 人. 又知只得过一种奖学金的学生有 120 人，三种都得过的有 20 人，那么，恰好得过两种奖学金的学生有（　　）人.

(A)30　　　　　(B)35　　　　　(C)40　　　　　(D)50　　　　　(E)100

【解析】设得过两种奖学金的有 x 人，则有

$$120 + 2x + 20 \times 3 = 130 + 100 + 30 \Rightarrow x = 40.$$

【答案】(C)

第 **2** 节 简单方程（组）与不等式（组）

题型 33 不等式的性质

【母题综述】

不等式的基本性质：

(1)若 $a>b$，$b>c$，则 $a>c$.

(2)若 $a>b$，则 $a+c>b+c$.

(3)若 $a>b$，$c>0$，则 $ac>bc$；若 $a>b$，$c<0$，则 $ac<bc$.

(4)若 $a>b$，$c>d$，则 $a+c>b+d$.

(5)若 $a>b>0$，$c>d>0$，则 $ac>bd$.

(6)若 $a>b>0$，则 $a^n>b^n(n\in \mathbf{Z}^+)$.

(7)若 $a>b>0$，则 $\sqrt[n]{a}>\sqrt[n]{b}$ $(n\in \mathbf{Z}^+)$.

(8)若 $a>b>0$，则 $0<\dfrac{1}{a}<\dfrac{1}{b}$；若 $a<b<0$，则 $0>\dfrac{1}{a}>\dfrac{1}{b}$.

【母题精讲】

母题33 $ab^2<cb^2$.

(1)实数 a，b，c 满足 $a+b+c=0$.　　　　(2)实数 a，b，c 满足 $a<b<c$.

【解析】 特殊值法.

条件(1)：令 $a=b=c=0$，显然 $ab^2=cb^2$，故条件(1)不充分.

条件(2)：令 $b=0$，显然 $ab^2=cb^2$，故条件(2)不充分.

令 $b=0$，显然联立也不充分.

【答案】(E)

【母题变化】

变化 1 　基本不等式问题

技巧总结

1. 首选特殊值法

使用特殊值法时，一般优先考虑 0，再考虑 −1，再考虑 1. 这是因为考生出错往往是忘掉 0 的存在，命题人喜欢在考生易错点上出题.

2. 对于条件充分性判断问题，优先找反例.

例4　$x<y$.

(1)实数 x，y 满足 $x^2<y$.

(2)实数 x，y 满足 $\sqrt{x}<y$.

【解析】条件(1)：举反例．令 $x=\dfrac{1}{2}$，$y=\dfrac{1}{2}$，满足 $x^2<y$，但不满足 $x<y$，故条件(1)不充分．

条件(2)：举反例．令 $x=4$，$y=3$，满足 $\sqrt{x}<y$，但不满足 $x<y$，故条件(2)不充分．

联立两个条件，由条件(2)可知，$x\geqslant0$，$y>0$.

当 $0\leqslant x\leqslant1$ 时，$x<\sqrt{x}$，又由 $\sqrt{x}<y$，故 $x<y$；当 $x>1$ 时，$x<x^2$，又由 $x^2<y$，故 $x<y$.

两个条件联立起来充分．

【答案】(C)

例5　已知 a，b 是实数，则 $a>b$.

(1)$a^2>b^2$.

(2)$2^a>2^b$.

【解析】条件(1)：举反例．$(-2)^2>(-1)^2$，但是 $-2<-1$，条件(1)不充分．

条件(2)：$y=2^x$ 是增函数，$2^a>2^b$，故 $a>b$，条件(2)充分．

【答案】(B)

变化 2　糖水不等式问题

技巧总结

若 $a>b>0$，$m>0$，则 $\dfrac{b}{a}<\dfrac{b+m}{a+m}$（记忆方法：往糖水里加糖，越加越甜）.

例6　若 $a>b>0$，$k>0$，则下列不等式中能够成立的是(　　).

(A)$-\dfrac{b}{a}<-\dfrac{b+k}{a+k}$　　　　(B)$\dfrac{a}{b}>\dfrac{a-k}{b-k}$　　　　(C)$-\dfrac{b}{a}>-\dfrac{b+k}{a+k}$

(D)$\dfrac{a}{b}<\dfrac{a-k}{b-k}$　　　　(E)以上选项均不正确

【解析】方法一：选项(A)：$-\dfrac{b}{a}<-\dfrac{b+k}{a+k}\Leftrightarrow\dfrac{b}{a}>\dfrac{b+k}{a+k}\Leftrightarrow ab+bk>ab+ak\Leftrightarrow bk>ak\Leftrightarrow b>a$，与题干矛盾，(A)项不成立；

选项(C)：$-\dfrac{b}{a}>-\dfrac{b+k}{a+k}\Leftrightarrow\dfrac{b}{a}<\dfrac{b+k}{a+k}\Leftrightarrow ab+bk<ab+ak\Leftrightarrow bk<ak\Leftrightarrow b<a$，成立；

选项(B)和(D)中，因为 $b-k$ 可能大于 0，也可能小于 0，故不等式左右大小不定．

方法二：根据糖水不等式，可得 $\dfrac{b}{a}<\dfrac{b+k}{a+k}\Rightarrow-\dfrac{b}{a}>-\dfrac{b+k}{a+k}$，选项(C)正确．

【快速得分法】特殊值法，一一验证即可．

【答案】(C)

题型 34 简单方程（组）和不等式（组）

[母题综述]

1. 解一元一次方程 $ax+b=0$，要注意 a 是否为 0.
2. 解一元一次不等式 $ax+b>0$，要注意 a 是否为 0 以及 a 的正负.
3. 解方程组可用方法：代入消元法、加减消元法.
4. 解不等式组的方法：先求出各不等式的解集，再求交集.
5. 掌握一元一次方程与二元一次方程组的解的情况.

[母题精讲]

母题 34 二元一次方程组 $\begin{cases} mx-2y=5, \\ 2x+y=3 \end{cases}$ 无解.

(1) $m=-4$.

(2) $m=4$.

【解析】方程组消 y，化简可得 $(m+4)x=11$.

若方程组无解，即 $m+4=0$，所以 $m=-4$.

故条件(1)充分，条件(2)不充分.

【答案】(A)

[母题变化]

变化 1   方程和方程组

技巧总结

1. 一元一次方程解的情况

若 $ax+b=0$，则

类型	方程解的情况	考查形式
$a=b=0$	方程有无数个解	常与恒成立问题结合考查
$a=0$, $b\neq0$	方程无解	常与分式方程的增根问题结合考查
$a\neq0$	方程有唯一解	—

2. 二元一次方程组解的情况

若 $\begin{cases} a_1x+b_1y+c_1=0, \\ a_2x+b_2y+c_2=0, \end{cases}$ 则

类型	方程解的情况	几何意义
$\dfrac{a_1}{a_2}=\dfrac{b_1}{b_2}=\dfrac{c_1}{c_2}$	方程组有无数个解	两条直线重合
$\dfrac{a_1}{a_2}=\dfrac{b_1}{b_2}\neq\dfrac{c_1}{c_2}$	方程组无解	两条直线平行
$\dfrac{a_1}{a_2}\neq\dfrac{b_1}{b_2}$	方程组有唯一解 其中，当 $c_1=c_2=0$ 时，满足恒等式 $x=y=0$	两条直线相交

例7 若 $xy=-6$，那么 $xy(x+y)$ 的值可以唯一确定．

(1) $x-y=5$.　　　　　　　　　(2) $xy^2=18$.

【解析】简单方程和不等式．

条件(1)：联立 $xy=-6$，$x-y=5$，解出 x,y 的值各两个．所以 $xy(x+y)$ 的值不能唯一确定．

条件(2)：联立 $xy=-6$，$xy^2=18$，解出 $y=-3$，$x=2$，所以 $xy(x+y)$ 的值能够唯一确定．

【答案】(B)

例8 下列命题中正确的是(　　)．

(A) 方程组 $\begin{cases}2x+y=2,\\4x+2y=6\end{cases}$ 有一组解

(B) $x=-1$，$y=2$ 是方程组 $\begin{cases}x-3y=-7,\\2x+y=0\end{cases}$ 唯一的一组解

(C) $x=1$，$y=0$ 是方程组 $\begin{cases}2x+3y=2,\\4x+6y=4\end{cases}$ 唯一的一组解

(D) $x=1$，$y=1$ 是方程组 $\begin{cases}3x-2y=1,\\\sqrt{2x}+\sqrt{3y}=\sqrt{6}\end{cases}$ 的一组解

(E) 以上选项均不正确

【解析】(A)项中第一个方程乘 2 与第二个方程矛盾，所以没有解，(A)项不正确．

观察(B)项可知，两条直线斜率不相等，故两条直线不平行，不重合，只能相交于一点，即方程组有唯一的一组解，且 $x=-1$，$y=2$ 代入方程组中，等式成立，故(B)项正确．

(C)项中第一个方程乘 2 就是第二个方程，有无穷多组解，故(C)项不正确．

(D)项中 $x=1$，$y=1$ 不满足第二个方程，故不是方程组的解，(D)项不正确．

【答案】(B)

变化 2　不等式和不等式组

技巧总结

在解不等式时，若要除以系数，须先讨论系数是否等于 0；若不等于 0，要注意系数的正负性，若为负，不等号需要变号．

解不等式组的方法：先解出每一个不等式，然后取交集．

例 9 如果关于 x 的不等式 $(2a-b)x+a-5b>0$ 的解集是 $x<\dfrac{10}{7}$,则关于 x 的不等式 $ax>b$ 的解集是( ).

(A)$x>\dfrac{3}{5}$ (B)$x<\dfrac{3}{5}$ (C)$x>-\dfrac{3}{5}$ (D)$x<-\dfrac{3}{5}$ (E)$x\in\mathbf{R}$

【解析】由不等式 $(2a-b)x+a-5b>0$ 的解集是 $x<\dfrac{10}{7}$,得 $\begin{cases}2a-b<0,\\ \dfrac{5b-a}{2a-b}=\dfrac{10}{7}\end{cases}\Rightarrow\begin{cases}a<0,\\ \dfrac{b}{a}=\dfrac{3}{5}.\end{cases}$

所以 $ax>b$ 的解集是 $x<\dfrac{3}{5}$.

【答案】(B)

例 10 若关于 x 的不等式组 $\begin{cases}5-2x\geqslant-1,\\ x-a>0\end{cases}$ 无解,则 a 的取值范围是( ).

(A)$a>3$ (B)$a<3$ (C)$a\geqslant3$ (D)$a\leqslant3$ (E)$a\geqslant-3$

【解析】由 $\begin{cases}5-2x\geqslant-1,\\ x-a>0,\end{cases}$ 解得 $\begin{cases}x\leqslant3,\\ x>a.\end{cases}$

因为不等式组无解,所以 a 的取值范围是 $a\geqslant3$.

【答案】(C)

例 11 已知关于 x 的不等式组 $\begin{cases}x-a\geqslant0,\\ 3-2x>-1\end{cases}$ 的整数解共有 5 个,则 a 的取值范围是( ).

(A)$a>3$ (B)$-4\leqslant a\leqslant-3$ (C)$-4<a\leqslant-3$
(D)$a\leqslant-3$ (E)$a\geqslant-3$

【解析】由 $\begin{cases}x-a\geqslant0,\\ 3-2x>-1,\end{cases}$ 解得 $\begin{cases}x\geqslant a,\\ x<2,\end{cases}$ 因为不等式组有解,故 $a\leqslant x<2$.

因为原不等式组的整数解共有 5 个,必为 -3,-2,-1,0,1. 故 a 的取值范围是 $-4<a\leqslant-3$.

【答案】(C)

第 ③ 节 一元二次函数、方程与不等式

题型 35 一元二次函数的基础题

[母题综述]

1. 掌握一元二次函数的三种表达式:一般式、顶点式、两根式.
2. 掌握一元二次函数的图像与性质.
3. 理解一元二次函数、方程、不等式之间的关系.

【母题精讲】

母题 35　已知二次函数 $y=ax^2+bx+1(a<0)$ 的图像过点 $(1,0)$ 和 $(x_1,0)$，且 $-2<x_1<-1$，下列四个判断中：① $a+b=-1$；② $a>b-1$；③ $b-a<0$；④ $-1<a<-\dfrac{1}{2}$，正确的是(　　).

(A)①②③　　　　(B)①②④　　　　(C)①③④　　　　(D)②③④　　　　(E)①②

【解析】函数大致图像如图 3-4 所示：

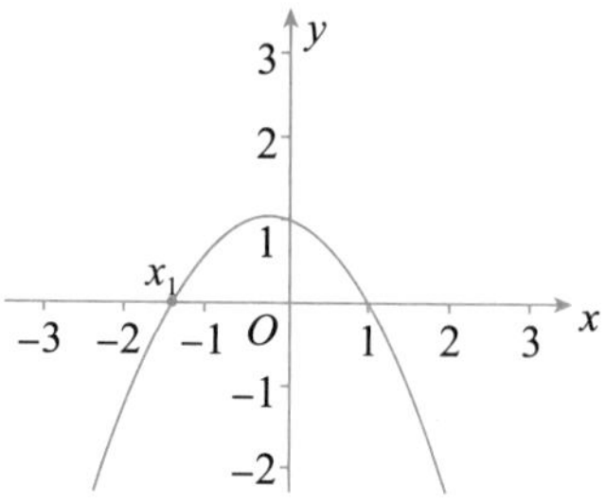

①将 $(1,0)$ 点代入函数，得 $a+b+1=0\Rightarrow a+b=-1$，故①正确；

②当 $x=-1$ 时，$y>0$，所以有 $a-b+1>0$，$a>b-1$，故②正确.

③因为函数图像过点 $(1,0)$ 和 $(x_1,0)$，故其对称轴为 $-\dfrac{b}{2a}=$ $\dfrac{x_1+1}{2}$，因为 $-2<x_1<-1$，故 $-\dfrac{1}{2}<\dfrac{x_1+1}{2}<0$，即 $-\dfrac{1}{2}<-\dfrac{b}{2a}<$ 0. 解得 $b>a$，$b-a>0$，故③错误.

④由韦达定理得 $x_1\cdot x_2=\dfrac{1}{a}$，$x_2=1$，所以 $x_1=\dfrac{1}{a}$，故有 $-2<$ $\dfrac{1}{a}<-1(a<0)$，解得 $-1<a<-\dfrac{1}{2}$，故④正确.

【答案】(B)

图 3-4

【母题变化】

变化 1　解方程

技巧总结

1. 一元二次方程 $ax^2+bx+c=0(a\neq0)$，其实是一元二次函数 $y=ax^2+bx+c(a\neq0)$ 的函数值为 0 时的情况；

一元二次函数 $y=ax^2+bx+c(a\neq0)$ 与 x 轴交点的横坐标，就是方程 $ax^2+bx+c=0(a\neq0)$ 的根.

2. 解一元二次方程的常用方法：十字相乘法、配方法、求根公式法.

例 12　关于 x 的方程 $a^2x^2-(3a^2-8a)x+2a^2-13a+15=0$ 至少有一个整数根.

(1) $a=3$.　　　　　　　　　　　　　　　　　　(2) $a=5$.

【解析】条件(1)：将 $a=3$ 代入原方程，可得

$$9x^2-3x-6=0,$$

解得 $x_1=1$ 或 $x_2=-\dfrac{2}{3}$，故条件(1)充分.

条件(2)：将 $a=5$ 代入原方程，可得

$$25x^2-35x=0,$$

解得 $x_1=0$ 或 $x_2=\dfrac{7}{5}$，故条件(2)充分.

【答案】(D)

例 13 方程 $x^2+\dfrac{1}{x^2}-3\left(x+\dfrac{1}{x}\right)+4=0$ 的实数解为(   ).

(A)$x=1$ (B)$x=2$ (C)$x=-1$ (D)$x=-2$ (E)$x=3$

【解析】令 $t=x+\dfrac{1}{x}$，显然由对勾函数，可知 $t\leqslant-2$ 或 $t\geqslant2$，且有 $x^2+\dfrac{1}{x^2}=t^2-2$.

故原式等价于 $t^2-3t+2=0$，即 $t=2$ 或 $t=1$(舍).

故 $x+\dfrac{1}{x}=2$，解得 $x=1$.

【答案】(A)

例 14 已知实数 a，b 满足 $\dfrac{1}{a-1}-\dfrac{1}{b-1}=\dfrac{-1}{a-b}$，则 $\dfrac{b-1}{a-1}=$(   ).

(A)±1 (B)$\dfrac{3\pm\sqrt{5}}{2}$ (C)$2\pm\sqrt{2}$ (D)$2\pm\sqrt{3}$ (E)$3\pm\sqrt{2}$

【解析】根据题意，$a-b=(a-1)-(b-1)$，将其乘到等式两边，可得

$$\left[(a-1)-(b-1)\right]\left(\dfrac{1}{a-1}-\dfrac{1}{b-1}\right)=-1\Rightarrow\dfrac{b-1}{a-1}+\dfrac{a-1}{b-1}-3=0,$$

令 $\dfrac{b-1}{a-1}=t$，则原式可化为 $t+\dfrac{1}{t}-3=0$. 两边乘以 t，可得 $t^2-3t+1=0$，利用一元二次方程的求

根公式，可得 $t=\dfrac{b-1}{a-1}=\dfrac{3\pm\sqrt{5}}{2}$.

【答案】(B)

变化 2 解不等式

> 技巧总结
>
> 1. 一元二次不等式 $ax^2+bx+c>0(a\neq0)$，其实是一元二次函数 $y=ax^2+bx+c(a\neq0)$ 的函数值大于 0 时的情况.
>
> 2. 一元二次不等式 $ax^2+bx+c<0(a\neq0)$，其实是一元二次函数 $y=ax^2+bx+c(a\neq0)$ 的函数值小于 0 时的情况.

例 15 $4x^2-4x<3$.

(1)$x\in\left(-\dfrac{1}{4},\dfrac{1}{2}\right)$.   (2) $x\in(-1,0)$.

【解析】$4x^2-4x<3\Rightarrow4x^2-4x-3<0\Rightarrow(2x+1)(2x-3)<0\Rightarrow-\dfrac{1}{2}<x<\dfrac{3}{2}$.

因此在这个范围内的 x 值可使结论成立，故条件(1)充分，条件(2)不充分.

【答案】(A)

例 16 已知 $-2x^2+5x+c\geqslant0$ 的解集为 $-\dfrac{1}{2}\leqslant x\leqslant3$，则 c 为(   ).

(A)$\dfrac{1}{3}$ (B)3 (C)$-\dfrac{1}{3}$ (D)-3 (E)不存在

【解析】方法一：将不等式问题转化为方程问题，可知，方程 $-2x^2+5x+c=0$ 的两根为 $-\dfrac{1}{2}$ 和 3，根据韦达定理，$x_1x_2=\dfrac{c}{-2}=\dfrac{3}{-2}$，解得 $c=3$.

方法二：将 $x=3$ 代入方程可使 $-2x^2+5x+c=0$，即 $-2\times3^2+5\times3+c=0$，解得 $c=3$.

【答案】(B)

例 17　不等式 $(x^4-4)-(x^2-2)\geqslant0$ 的解集是(　　).

(A)$x\geqslant\sqrt{2}$ 或 $x\leqslant-\sqrt{2}$　　　　(B)$-\sqrt{2}\leqslant x\leqslant\sqrt{2}$　　　　(C)$x<-\sqrt{3}$ 或 $x>\sqrt{3}$

(D)$-\sqrt{2}<x<\sqrt{2}$　　　　(E)空集

【解析】提公因式法．将原不等式化为 $(x^2-2)(x^2+1)\geqslant0$，因为 $x^2+1\geqslant0$ 恒成立，故只要 $x^2-2\geqslant0$ 即可，即 $x^2\geqslant2$，解得 $x\geqslant\sqrt{2}$ 或 $x\leqslant-\sqrt{2}$.

【答案】(A)

变化 3　一元二次函数的图像

技巧总结

1. 一元二次函数图像的性质

（1）一般式：$y=ax^2+bx+c(a\neq0)$.

图像的顶点坐标为 $\left(-\dfrac{b}{2a},\ \dfrac{4ac-b^2}{4a}\right)$，对称轴是直线 $x=-\dfrac{b}{2a}$.

（2）顶点式：$y=a(x-m)^2+n(a\neq0)$.

图像的顶点坐标为 $(m,\ n)$，对称轴是直线 $x=m$.

（3）两根式：$y=a(x-x_1)(x-x_2)(a\neq0)$.

图像的对称轴是直线 $x=\dfrac{x_1+x_2}{2}$.

2. 一元二次函数解析式中各个系数的特征

（1）开口方向，看 a：若 $a>0$，开口向上；若 $a<0$，开口向下.

（2）对称轴的正负，看 ab：若 ab 同号，对称轴为负；若 ab 异号，对称轴为正.

（3）图像与 y 轴的交点，看 c：c 是图像与 y 轴的交点的纵坐标.

例 18　函数 $y=ax+1$ 与 $y=ax^2+bx+1(a\neq0)$ 的图像可能是(　　).

(E)以上选项均不正确

【解析】考查 a：当 $a>0$ 时，直线过一、三象限，抛物线开口向上；当 $a<0$ 时，直线过二、四象限，抛物线开口向下，选项中只有(A)、(C)符合．由于两个函数同时过(0，1)点(令 $x=0$，得 $y=1$)，故选(C)．

【答案】(C)

例 19　$0<a+b+c<2$.

(1)二次函数 $y=ax^2+bx+c(a\neq 0)$ 的图像顶点在第一象限.

(2)二次函数 $y=ax^2+bx+c(a\neq 0)$ 的图像过点(0，1)和(−1，0).

【解析】显然两条件单独都不充分，联立两个条件．

二次函数 $y=ax^2+bx+c(a\neq 0)$ 的图像过点(0，1)和(−1，0)，则有

$$\begin{cases} c=1, \\ a-b+c=0 \end{cases} \Rightarrow \begin{cases} c=1, \\ a+1=b \end{cases} \Rightarrow a+b+c=2b.$$

因为二次函数 $y=ax^2+bx+c(a\neq 0)$ 的图像顶点在第一象限，则 $-\dfrac{b}{2a}>0$，已知 $a+1=b$，所以 $-\dfrac{b}{2(b-1)}>0$，即 $2b(b-1)<0$，解得 $0<b<1$，所以 $0<2b<2$，即 $0<a+b+c<2$.

故条件(1)和条件(2)联立起来充分．

【答案】(C)

变化 4　二次函数与一次函数的关系

技巧总结

二次函数 $y=ax^2+bx+c$ 与一次函数 $y=kx+m$ 有以下三种关系：

（1）有两个交点：联立 $\begin{cases} y=ax^2+bx+c, \\ y=kx+m, \end{cases}$ 令得到的新的一元二次方程 $\Delta>0$.

（2）有一个交点：

①二次函数与一次函数相切：联立 $\begin{cases} y=ax^2+bx+c, \\ y=kx+m, \end{cases}$ 令得到的新的一元二次方程 $\Delta=0$.

特别地，在二次函数顶点处相切时，$k=0$，此时一次函数为 $y=\dfrac{4ac-b^2}{4a}$.

②k 不存在，一次函数垂直于 x 轴.

（3）没有交点：联立 $\begin{cases} y=ax^2+bx+c, \\ y=kx+m, \end{cases}$ 令得到的新的一元二次方程 $\Delta<0$.

例 20　已知二次函数 $f(x)=x^2+ax+b$ 与一次函数 $f(x)=x+1$ 相切，则能确定 a，b.

(1)$a+b=1$.　　　　　　　　(2)$a-b=1$.

【解析】联立两个函数，得 $x^2+ax+b=x+1 \Rightarrow x^2+(a-1)x+b-1=0$.

已知两个函数相切，则必有 $\Delta=(a-1)^2-4(b-1)=0$，整理得 $a^2-2a-4b+5=0$.

条件(1)：因 $a+b=1$，则 $b=1-a$，将其代入 $a^2-2a-4b+5=0$ 中，得 $a^2-2a-4(1-a)+$

$5＝0$，即 $(a＋1)^2＝0$，解得 $a＝-1$，$b＝2$. 故条件(1)充分.

　　条件(2)：因 $a-b＝1$，则 $b＝a-1$，将其代入 $a^2-2a-4b+5＝0$ 中，得 $a^2-2a-4(a-1)+5＝0$，即 $(a-3)^2＝0$，解得 $a＝3$，$b＝2$. 故条件(2)充分.

　　【答案】(D)

题型36　一元二次函数的最值

【母题综述】

　　一元二次函数 $y＝ax^2＋bx＋c(a\neq0)$ 的最值问题，应该按以下步骤解题：

　　(1)先看定义域是否为全体实数.

　　(2)若定义域为全体实数，即 $x\in\mathbf{R}$，则

　　①若 $a>0$，函数图像开口向上，y 有最小值，$y_{\min}＝\dfrac{4ac-b^2}{4a}$，无最大值；

　　②若 $a<0$，函数图像开口向下，y 有最大值，$y_{\max}＝\dfrac{4ac-b^2}{4a}$，无最小值；

　　③若已知方程 $ax^2＋bx＋c＝0$ 的两根为 x_1，x_2，则 $y＝ax^2＋bx＋c(a\neq0)$ 的最值为 $f\left(\dfrac{x_1＋x_2}{2}\right)$.

　　(3)若 x 的定义域不是全体实数，则需要画图像，根据图像的最高点和最低点求解最大值和最小值.

【母题精讲】

　　母题36　已知函数 $f(x)＝x^2＋2ax＋1$ 在区间 $[-1,2]$ 上的最大值为4，则(　　).

　　(A)$a>-1$　　　　　　　　(B)$a\leqslant-\dfrac{1}{4}$　　　　　　　　(C)$a＝-1$ 或 $-\dfrac{1}{4}$

　　(D)$a\geqslant-\dfrac{1}{4}$　　　　　　　(E)$a<-1$

　　【解析】函数的对称轴为 $x＝-a$，顶点处取函数的最小值，最大值在区间的端点处取到.

　　①当 $-a<\dfrac{-1＋2}{2}$，即 $a>-\dfrac{1}{2}$ 时，$f(x)_{\max}＝f(2)＝4a+5＝4\Rightarrow a＝-\dfrac{1}{4}$.

　　②当 $-a>\dfrac{-1＋2}{2}$，即 $a<-\dfrac{1}{2}$ 时，$f(x)_{\max}＝f(-1)＝2-2a＝4\Rightarrow a＝-1$.

　　③当 $-a＝\dfrac{-1＋2}{2}$，即 $a＝-\dfrac{1}{2}$ 时，$f(x)＝x^2-x+1$，$f(x)_{\max}＝f(-1)＝f(2)＝3\neq4$，故舍去.

　　综上所述，$a＝-1$ 或 $-\dfrac{1}{4}$.

　　【答案】(C)

[母题变化]

变化 1 对称轴在定义域上

技巧总结

若二次函数的对称轴在定义域上，则当 $a>0$ 时，函数在对称轴处取得最小值；当 $a<0$ 时，函数在对称轴处取得最大值．

例21 已知二次方程 $x^2-2ax+10x+2a^2-4a-2=0$ 有实根，则其两根之积的最小值是（　　）．

(A)-4　　　　　(B)-3　　　　　(C)-2　　　　　(D)-1　　　　　(E)-6

【解析】方程有实根，则

$$\Delta=(-2a+10)^2-4(2a^2-4a-2)=4(-a^2-6a+27)\geqslant0,$$

即 $a^2+6a-27\leqslant0$，解得 $-9\leqslant a\leqslant3$．

根据韦达定理，可得 $x_1x_2=2a^2-4a-2$，画图像如图 3-5 所示．

可见，对称轴 $a=-\dfrac{-4}{2\times2}=1$ 在定义域内，最小值取在 $a=1$ 的

点上，故最小值为 $x_1x_2=2\times1^2-4\times1-2=-4$．

【答案】（A）

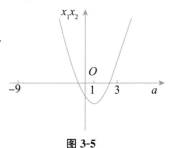

图 3-5

变化 2 对称轴不在定义域上

技巧总结

若二次函数的对称轴不在定义域上，则一般在定义域的端点处取得最值．

例22 $\alpha^2+\beta^2$ 的最小值是 $\dfrac{1}{2}$．

(1)α 与 β 是方程 $x^2-2ax+(a^2+2a+1)=0$ 的两个实根．

(2)$\alpha\beta=\dfrac{1}{4}$．

【解析】根的判别式、韦达定理．

条件(1)：$\Delta=4a^2-4(a^2+2a+1)=4(-2a-1)\geqslant0\Rightarrow a\leqslant-\dfrac{1}{2}$．

由韦达定理，知 $\alpha+\beta=2a$，$\alpha\beta=a^2+2a+1$，则 $\alpha^2+\beta^2=(\alpha+\beta)^2-2\alpha\beta=2(a^2-2a-1)$．

由图易知，$2(a^2-2a-1)$ 的对称轴为 $a=1$，又因为 $a\leqslant-\dfrac{1}{2}$，则在对称轴左侧单调递减，故

当 $a=-\dfrac{1}{2}$ 时，其最小值为 $\dfrac{1}{2}$，条件(1)充分．

条件(2)：$\alpha^2+\beta^2\geqslant2\alpha\beta=\dfrac{1}{2}$，故条件(2)充分．

【答案】（D）

题型 37 根的判别式问题

[母题综述]

根的判别式问题，考查的是对 Δ 的应用：

(1)方程 $ax^2+bx+c=0(a\neq0)$ 有两个不相等的实数根 $\Leftrightarrow$ 函数 $y=ax^2+bx+c(a\neq0)$ 与 x 轴有两个交点 $\Leftrightarrow\Delta>0$.

(2)方程 $ax^2+bx+c=0(a\neq0)$ 有两个相等的实数根 $\Leftrightarrow$ 函数 $y=ax^2+bx+c(a\neq0)$ 与 x 轴有一个交点 $\Leftrightarrow\Delta=0$.

(3)方程 $ax^2+bx+c=0(a\neq0)$ 没有实数根 $\Leftrightarrow$ 函数 $y=ax^2+bx+c(a\neq0)$ 与 x 轴没有交点 $\Leftrightarrow\Delta<0$.

[母题精讲]

母题 37 方程 $x^2-2(k+1)x+k^2+2=0$ 有两个实根.

(1) $k>\dfrac{1}{2}$.

(2) $k=\dfrac{1}{2}$.

【解析】方程有两个实根，说明 $\Delta\geqslant0$，即

$$\Delta=b^2-4ac=4(k+1)^2-4(k^2+2)=8k-4\geqslant0,$$

解得 $k\geqslant\dfrac{1}{2}$，所以条件(1)和条件(2)都充分.

【答案】(D)

[母题变化]

变化 1 完全平方式

技巧总结

已知二次三项式 ax^2+bx+c $(a\neq0)$ 是一个完全平方式，则 $\Delta=b^2-4ac=0$.

例 23 已知 $x^2-x+a-3$ 是一个完全平方式，则 $a=($ $)$.

(A) $\dfrac{13}{4}$ (B) $\dfrac{9}{4}$ (C) $\dfrac{5}{4}$ (D) $\dfrac{15}{4}$ (E) $\dfrac{11}{4}$

【解析】 $x^2-x+a-3$ 是一个完全平方式，故 $\Delta=(-1)^2-4(a-3)=0$，解得 $a=\dfrac{13}{4}$.

【答案】(A)

变化 2 　判断根的情况

技巧总结

已知方程 $ax^2+bx+c=0$ 的根的情况，可知

（1）若方程有两个不相等的实根，则 $\begin{cases} a\neq 0, \\ \Delta=b^2-4ac>0. \end{cases}$

（2）若方程有两个相等的实根，则 $\begin{cases} a\neq 0, \\ \Delta=b^2-4ac=0. \end{cases}$

（3）若方程没有实根，则 $\begin{cases} a\neq 0, \\ \Delta=b^2-4ac<0. \end{cases}$ 或 $\begin{cases} a=b=0, \\ c\neq 0. \end{cases}$

例 24 　a，b，c 是一个三角形的三边长，则方程 $x^2+2(a+b)x+c^2=0$ 的根的情况为（　　）.

(A)有两个不等实根　　　　　(B)有两个相等实根　　　　　(C)只有一个实根

(D)没有实根　　　　　(E)无法断定

【解析】 $\Delta=4(a+b)^2-4c^2=4[(a+b)^2-c^2]$，因为三角形两边之和大于第三边，故有 $a+b>c$，则 $\Delta=4[(a+b)^2-c^2]>0$，因此方程有两个不相等的实根.

【答案】(A)

变化 3 　与 x 轴的交点

技巧总结

已知函数 $y=ax^2+bx+c$ 与 x 轴交点的个数，可知

（1）若函数与 x 轴有 2 个交点，则 $\begin{cases} a\neq 0, \\ \Delta=b^2-4ac>0. \end{cases}$

（2）若函数与 x 轴有 1 个交点，即抛物线与 x 轴相切或图像是一条直线，则

$$\begin{cases} a\neq 0, \\ \Delta=b^2-4ac=0. \end{cases} 或 \begin{cases} a=0, \\ b\neq 0. \end{cases}$$

（3）若函数与 x 轴没有交点，则 $\begin{cases} a\neq 0, \\ \Delta=b^2-4ac<0. \end{cases}$ 或 $\begin{cases} a=b=0, \\ c\neq 0. \end{cases}$

【易错点】 此类题易忘掉一元二次函数（方程、不等式）的二次项系数不能为 0. 要使用 $\Delta=b^2-4ac$，必先看二次项系数是否为 0.

例 25 　一元二次方程 $x^2+2(m+1)x+(3m^2+4mn+4n^2+2)=0$ 与 x 轴有交点，则 m，n 的值为（　　）.

(A)$m=-1$，$n=\dfrac{1}{2}$　　　　　(B)$m=\dfrac{1}{2}$，$n=-1$　　　　　(C)$m=-\dfrac{1}{2}$，$n=1$

(D)$m=1$，$n=-\dfrac{1}{2}$　　　　　(E)$m=1$，$n=\dfrac{1}{2}$

【解析】方程有实根，故 $\Delta \geqslant 0$，即

$$4(m+1)^2 - 4(3m^2 + 4mn + 4n^2 + 2) \geqslant 0$$

$$\Rightarrow m^2 + 2m + 1 - 3m^2 - 4mn - 4n^2 - 2 \geqslant 0$$

$$\Rightarrow m^2 - 2m + 1 + m^2 + 4mn + 4n^2 \leqslant 0$$

$$\Rightarrow (m-1)^2 + (m+2n)^2 \leqslant 0.$$

由非负性可得，$m-1=0$，$m+2n=0$，解得 $m=1$，$n=-\dfrac{1}{2}$.

【答案】(D)

变化 4　高次或绝对值方程的根

技巧总结

考查方式：判断形如 $a|x|^2 + b|x| + c = 0\,(a \neq 0)$ 或者 $ax^4 + bx^2 + c = 0\,(a \neq 0)$ 的方程根的个数（相等的 x 根算作 1 个）.

解题思路：令 $t = |x|$ 或 $t = x^2$，则原式化为 $at^2 + bt + c = 0\,(a \neq 0)$，其中 $t \geqslant 0$，则有

（1）x 有 4 个不等实根 $\Leftrightarrow t$ 有 2 个不等正根；

（2）x 有 3 个不等实根 $\Leftrightarrow t$ 有 1 个根是 0，另外 1 个根是正数；

（3）x 有 2 个不等实根 $\Leftrightarrow t$ 有 2 个相等正根，或者有 1 个正根 1 个负根（负根应舍去）；

（4）x 有 1 个实根 $\Leftrightarrow t$ 的根为 0，或者 1 个根为 0，另外一个根为负（应舍去）；

（5）x 无实根 $\Leftrightarrow t$ 无实根，或者根为负值（应舍去）.

这样，就将根的判别问题，转化成了根的分布问题.

例 26　已知关于 x 的方程 $x^2 - 6x + (a-2)|x-3| + 9 - 2a = 0$ 有两个不等的实根，则系数 a 的取值范围是(　　).

(A)$a=2$ 或 $a>0$ 　　　　(B)$a<0$ 　　　　(C)$a>0$ 或 $a=-2$

(D)$a=-2$ 　　　　(E)$a=2$

【解析】换元法.

原方程等价于 $|x-3|^2 + (a-2)|x-3| - 2a = 0$，设 $t = |x-3|$，已知原方程有两个不等的实根，则 $t^2 + (a-2)t - 2a = 0$ 有两个相同正根或有一正、一负两实根（负根应舍去）.

方法一：当 $\Delta = (a-2)^2 + 8a = (a+2)^2 = 0$ 时，$a = -2$，此时在对称轴处取得实根，对称轴为 $t = -\dfrac{a-2}{2} = 2 > 0$，所以 t 有两个相等的正根；

当 $a \neq -2$ 时，$\Delta > 0$，只要 $t_1 t_2 = -2a < 0$，即 $a > 0$，y 有一正、一负两实根（负根应舍去）.

方法二：$t^2 + (a-2)t - 2a = (t-2)(t+a) = 0$，解得 $t_1 = 2$，$t_2 = -a$.

①若 t 有两个相等正根，则 $-a = 2$，$a = -2$；

②若 t 有一正根一负根，则 $-a < 0$，$a > 0$.

综上所述，$a = -2$ 或 $a > 0$.

【答案】(C)

题型 38 韦达定理问题

[母题综述]

1. 韦达定理的基本内容

若 x_1，x_2 为一元二次方程 $ax^2+bx+c=0$ 的根，则有

$$x_1+x_2=-\frac{b}{a}, \quad x_1x_2=\frac{c}{a}, \quad |x_1-x_2|=\frac{\sqrt{b^2-4ac}}{|a|}.$$

2. 任何时候使用韦达定理，都应该先考虑以下两个前提：

(1)方程 $ax^2+bx+c=0$ 的二次项系数 $a\neq0$.

(2)一元二次方程 $ax^2+bx+c=0$ 根的判别式 $\Delta=b^2-4ac\geqslant0$.

3. 韦达定理的常见命题方式

(1)常规韦达定理问题；　　　　(2)公共根问题；　　　　(3)倒数根问题；

(4)一元三次方程；　　　　(5)根的高次幂问题；　　　　(6)韦达定理综合题．

[母题精讲]

母题38 若 x_1，x_2 是方程 $x^2-3x+1=0$ 的两个根，求下列各式的值.

(1)$\frac{1}{x_1}+\frac{1}{x_2}$；　　　　(2)$\frac{1}{x_1^2}+\frac{1}{x_2^2}$；　　　　(3)$|x_1-x_2|$；

(4)$x_1^2+x_2^2$；　　　　(5)$x_1^2-x_2^2$(其中 $x_1>x_2$)；　　　　(6)$x_1^3+x_2^3$.

【解析】由韦达定理，得 $x_1+x_2=3$，$x_1x_2=1$.

(1)$\frac{1}{x_1}+\frac{1}{x_2}=\frac{x_1+x_2}{x_1x_2}=\frac{3}{1}=3$；

(2)$\frac{1}{x_1^2}+\frac{1}{x_2^2}=\frac{(x_1+x_2)^2-2x_1x_2}{(x_1x_2)^2}=\frac{3^2-2\times1}{1^2}=7$；

(3)$|x_1-x_2|=\sqrt{(x_1-x_2)^2}=\sqrt{(x_1+x_2)^2-4x_1x_2}=\sqrt{3^2-4}=\sqrt{5}$；

(4)$x_1^2+x_2^2=(x_1+x_2)^2-2x_1x_2=3^2-2=7$；

(5)$x_1^2-x_2^2=(x_1+x_2)(x_1-x_2)=3\times\sqrt{5}=3\sqrt{5}$(其中 $x_1>x_2$)；

(6)$x_1^3+x_2^3=(x_1+x_2)(x_1^2-x_1x_2+x_2^2)=(x_1+x_2)[(x_1+x_2)^2-3x_1x_2]=18$.

【答案】3；7；$\sqrt{5}$；7；$3\sqrt{5}$；18

[母题变化]

变化 1　常规韦达定理问题

例27 已知方程 $3x^2-5x+1=0$ 的两个根为 α 和 β，则 $\sqrt{\frac{\beta}{\alpha}}+\sqrt{\frac{\alpha}{\beta}}=$（　　　）.

(A)$-\frac{5\sqrt{3}}{3}$　　　　(B)$\frac{5\sqrt{3}}{3}$　　　　(C)$\frac{\sqrt{3}}{5}$　　　　(D)$-\frac{\sqrt{3}}{5}$　　　　(E)1

【解析】由韦达定理知 $\alpha+\beta=\dfrac{5}{3}$，$\alpha\beta=\dfrac{1}{3}$，故

$$\left(\sqrt{\dfrac{\beta}{\alpha}}+\sqrt{\dfrac{\alpha}{\beta}}\right)^2=\dfrac{\beta}{\alpha}+2+\dfrac{\alpha}{\beta}=\dfrac{\alpha^2+\beta^2}{\alpha\beta}+2=\dfrac{(\alpha+\beta)^2-2\alpha\beta}{\alpha\beta}+2=\dfrac{25}{3},$$

$$\sqrt{\dfrac{\beta}{\alpha}}+\sqrt{\dfrac{\alpha}{\beta}}=\sqrt{\dfrac{25}{3}}=\dfrac{5\sqrt{3}}{3}.$$

【快速得分法】$\sqrt{\dfrac{\beta}{\alpha}}+\sqrt{\dfrac{\alpha}{\beta}}$ 一定为正值，且一定大于 2，故选(B).

【答案】(B)

例 28 若方程 $x^2+px+q=0$ 的一个根是另一个根的 2 倍，则 p 和 q 应满足(　　).

(A)$p^2=4q$　　　　　　(B)$2p^2=9q$　　　　　　(C)$4p=9q^2$

(D)$2p=3q^2$　　　　　　(E)以上选项均不正确

【解析】设两个根为 $x_1=a$ 和 $x_2=2a$，根据韦达定理，有

$$x_1+x_2=-p=3a,\quad x_1x_2=q=2a^2,$$

整理得 $2p^2=9q$.

【快速得分法】~~特殊值法~~.

设两个根分别为 1 和 2，则 $p=-3$，$q=2$，显然选项(B)正确.

【答案】(B)

变化 2　公共根问题

技巧总结

1. 公共根问题的常见做题方法：

方法一：将公共根分别代入两个方程.

方法二：对两个方程分别使用韦达定理.

2. 此类问题要注意，对所求的结果要进行验证，回代一下，看是否符合题干条件和隐含条件.

例 29 已知 a、b 是方程 $x^2-4x+m=0$ 的两个根，b、c 是方程 $x^2-8x+5m=0$ 的两个根，则 $m=($　　$)$.

(A)0　　　　(B)3　　　　(C)0 或 3　　　　(D)-3　　　　(E)0 或 -3

【解析】b 是两个方程的根，代入可得

$$\begin{cases}b^2-4b+m=0,\\ b^2-8b+5m=0,\end{cases}$$

解得 $b=m$，代入，得 $m^2-3m=0$，则 $m=0$ 或 $m=3$，代入两个方程的根的判别式中，Δ 均大于 0，可知 m 的两个取值都成立.

【答案】(C)

例 30 $3x^2+bx+c=0(c\neq0)$ 的两个根为 α、β，如果又以 $\alpha+\beta$、$\alpha\beta$ 为根的一元二次方程是

$3x^2 - bx + c = 0$，则 b 和 c 分别为(　　).

(A)2，6　　　　(B)3，4　　　　(C)-2，-6　　　(D)-3，-6　　　(E)3，6

【解析】根据韦达定理，可知

$$\begin{cases} \alpha + \beta = -\dfrac{b}{3}, \\ \alpha\beta = \dfrac{c}{3} \end{cases} \quad \text{且} \quad \begin{cases} (\alpha+\beta) + \alpha\beta = \dfrac{b}{3}, \\ (\alpha+\beta)\alpha\beta = \dfrac{c}{3}, \end{cases}$$

解得 $b = -3$，$c = -6$.

【答案】(D)

变化3　倒数根问题

> **技巧总结**
>
> 若方程 $ax^2 + bx + c = 0$ 有两根 α，β（其中 $a \neq 0$，$c \neq 0$），则有
>
> (1) 方程 $ax^2 - bx + c = 0$ 的两根为 $-\alpha$，$-\beta$;
>
> (2) 方程 $cx^2 + bx + a = 0$ 的两根为 $\dfrac{1}{\alpha}$，$\dfrac{1}{\beta}$;
>
> (3) 方程 $cx^2 - bx + a = 0$ 的两根为 $-\dfrac{1}{\alpha}$，$-\dfrac{1}{\beta}$.
>
> 口诀："b 变号，根变号，ac 互换，根为倒".

例31 若 a，b 分别满足 $19a^2 + 99a + 1 = 0$，$b^2 + 99b + 19 = 0$，$ab \neq 1$，则 $\dfrac{ab + 4a + 1}{b} = ($ 　　$)$.

(A)1　　　　　(B)-1　　　　(C)5　　　　　(D)-5　　　　(E)$-\dfrac{5}{19}$

【解析】将第一个方程进行简单变形，可知两个方程的根互为倒数.

设 $19a^2 + 99a + 1 = 0$ 的两个根为 a_1，a_2，必有 $b^2 + 99b + 19 = 0$ 的两个根为 $\dfrac{1}{a_1}$，$\dfrac{1}{a_2}$.

a，b 分别是两个方程的根，$ab \neq 1$，则不妨设 $a = a_1$，则必有 $b = \dfrac{1}{a_2}$，故

$$\frac{ab + 4a + 1}{b} = \frac{a_1 \cdot \dfrac{1}{a_2} + 4a_1 + 1}{\dfrac{1}{a_2}} = a_1 + a_2 + 4a_1 a_2.$$

由韦达定理得 $a_1 + a_2 = -\dfrac{99}{19}$，$a_1 a_2 = \dfrac{1}{19}$，代入可知 $\dfrac{ab + 4a + 1}{b} = -5$.

【答案】(D)

变化4　一元三次方程问题

> **技巧总结**
>
> 针对一元三次方程的韦达定理，有以下两种做法:

（1）一元三次方程若已知一个根，求另外两个根，则可以通过因式分解将三次方程转化为二次方程求解.

（2）直接用一元三次方程的韦达定理的公式.

若 x_1，x_2，x_3 为一元三次方程 $ax^3+bx^2+cx+d=0$ $(a\neq0)$ 的根，则有

$$x_1+x_2+x_3=-\frac{b}{a}，x_1x_2x_3=-\frac{d}{a}，x_1x_2+x_2x_3+x_1x_3=\frac{c}{a}.$$

例 32　方程 $x^3+2x^2-5x-6=0$ 的根为 $x_1=-1$，x_2，x_3，则 $\dfrac{1}{x_2}+\dfrac{1}{x_3}=($ 　　).

(A)$\dfrac{1}{6}$　　　　(B)$\dfrac{1}{5}$　　　　(C)$\dfrac{1}{4}$　　　　(D)$\dfrac{1}{3}$　　　　(E)1

【解析】方法一：将原式分解因式

$$
\begin{aligned}
&x^3+2x^2-5x-6\\
=&x^3+x^2+x^2-5x-6\\
=&x^2(x+1)+(x+1)(x-6)\\
=&(x+1)(x^2+x-6)=0,
\end{aligned}
$$

故 x_2，x_3 是方程 $x^2+x-6=0$ 的两个根，根据韦达定理得 $\dfrac{1}{x_2}+\dfrac{1}{x_3}=\dfrac{x_2+x_3}{x_2x_3}=\dfrac{-1}{-6}=\dfrac{1}{6}$.

方法二：三次方程的韦达定理.

$x_1+x_2+x_3=(-1)+x_2+x_3=-\dfrac{b}{a}=-2$，故 $x_2+x_3=-1$；

$x_1x_2x_3=-x_2x_3=-\dfrac{d}{a}=6$，故 $x_2x_3=-6$. 故有 $\dfrac{1}{x_2}+\dfrac{1}{x_3}=\dfrac{x_2+x_3}{x_2x_3}=\dfrac{-1}{-6}=\dfrac{1}{6}$.

【答案】(A)

例 33　若三次方程 $ax^3+bx^2+cx+d=0$ 的三个不同实根 x_1，x_2，x_3 满足：$x_1+x_2+x_3=0$，$x_1x_2x_3=0$，则下列关系式中恒成立的是(　　).

(A)$ac=0$　　　　(B)$ac<0$　　　　(C)$ac>0$　　　　(D)$a+c<0$　　　　(E)$a+c>0$

【解析】方法一：因为 $x_1x_2x_3=0$，所以必有一根为 0，不妨设 $x_3=0$，代入方程可得 $d=0$.

原方程化为 $ax^3+bx^2+cx=0$，即 $x=0$ 或 $ax^2+bx+c=0$.

又因为 $x_1+x_2+x_3=0$，说明 $x_1+x_2=0$，由题干知 x_1，x_2，x_3 为方程的不同实根，所以 x_1，x_2 互为相反数，且 x_1，x_2 为方程 $ax^2+bx+c=0$ 的两个根，由韦达定理可得

$$x_1x_2=\frac{c}{a}<0\Rightarrow ac<0.$$

方法二：三次方程的韦达定理.

$x_1+x_2+x_3=-\dfrac{b}{a}=0$，所以 $b=0$；$x_1x_2x_3=-\dfrac{d}{a}=0$，所以 $d=0$，故原方程可化为 $ax^3+cx=0$，即 $x=0$ 或 $ax^2+c=0$.

不妨设 $x_1=0$，则 $ax^2+c=0$ 的两根为 x_2，x_3 且均不为 0，故 $x^2=\dfrac{-c}{a}>0$，得 $ac<0$.

【快速得分法】特殊值法.

令 $x_1=1$, $x_2=-1$, $x_3=0$, 则有 $ax^3+bx^2+cx+d=x(x+1)(x-1)=x^3-x=0$.

所以 $a=1$, $c=-1$, $ac<0$.

【答案】(B)

变化 5　根的高次幂问题

> **技巧总结**
>
> 根的高次幂问题一般使用迭代降次法.

例 34 已知 α 与 β 是方程 $x^2-x-1=0$ 的两个根, 则 $\alpha^4+3\beta=($ 　　$)$.

(A)1　　　　　(B)2　　　　　(C)5　　　　　(D)$5\sqrt{2}$　　　　　(E)$6\sqrt{2}$

【解析】由韦达定理, 得 $\alpha+\beta=1$, 将根代入方程.

α 是方程的根, 代入方程得 $\alpha^2-\alpha-1=0$, $\alpha^2=\alpha+1$.

故 $\alpha^4=(\alpha^2)^2=(\alpha+1)^2=\alpha^2+2\alpha+1=(\alpha+1)+2\alpha+1=3\alpha+2$.

又因为 $\alpha+\beta=1$, 故 $\alpha^4+3\beta=3(\alpha+\beta)+2=5$.

【答案】(C)

题型39　根的分布问题

[母题综述]

> 一元二次方程 $ax^2+bx+c=0(a\neq0)$ 的根的分布问题分为四种类型:
>
> ①正负根; ②区间根; ③有理根; ④整数根.
>
> 根据以上四种类型的已知条件, 可以求出一元二次方程中参数的取值范围.

[母题精讲]

母题39 方程 $2ax^2-2x-3a+5=0$ 的一个根大于1, 另一个根小于1.

(1)$a>3$.　　　　　　　　　　(2)$a<0$.

【解析】a 的符号不定, 要分情况讨论:

当 $a>0$ 时, 图像开口向上, 只需 $f(1)<0$ 即可, 即 $2a-2-3a+5<0$, 解得 $a>3$;

当 $a<0$ 时, 图像开口向下, 只需 $f(1)>0$ 即可, 即 $2a-2-3a+5>0$, 解得 $a<3$, 所以 $a<0$.

故条件(1)和条件(2)单独都充分.

【快速得分法】我们可以观察, 不论 a 是正还是负, $f(1)$ 都与其异号, 因此直接用 $af(1)<0$ 即可, $a(2a-2-3a+5)<0$, 整理可得 $a(a-3)>0$, 解得 $a>3$ 或 $a<0$.

【答案】(D)

〔母题变化〕●

变化 ❶　正负根问题

> **技巧总结**
>
> 正负根问题有以下几种情况：
>
> （1）方程有两个不等正根 $\Leftrightarrow$ $\begin{cases} \Delta>0, \\ x_1+x_2>0, \\ x_1x_2>0. \end{cases}$
>
> （2）方程有两个不等负根 $\Leftrightarrow$ $\begin{cases} \Delta>0, \\ x_1+x_2<0, \\ x_1x_2>0. \end{cases}$
>
> （3）方程有一正根一负根 $\Leftrightarrow x_1x_2<0 \Leftrightarrow ac<0$（此时必有 $\Delta>0$）.
>
> （4）方程有一正根一负根且正根的绝对值大 $\Leftrightarrow \begin{cases} x_1x_2<0, \\ x_1+x_2>0, \end{cases}$　即 $\begin{cases} ac<0, \\ ab<0. \end{cases}$
>
> （5）方程有一正根一负根且负根的绝对值大 $\Leftrightarrow \begin{cases} x_1x_2<0, \\ x_1+x_2<0, \end{cases}$　即 $\begin{cases} ac<0, \\ ab>0. \end{cases}$

例 35　方程 $4x^2+(a-2)x+a-5=0$ 有两个不等的负实根.

（1）$a<6$.　　　　　（2）$a>5$.

【解析】有两个不相等的负根，则

$$\begin{cases} \Delta=(a-2)^2-16(a-5)>0, \\ x_1+x_2=\dfrac{2-a}{4}<0, \\ x_1x_2=\dfrac{a-5}{4}>0 \end{cases} \Rightarrow 5<a<6 \text{ 或 } a>14.$$

所以条件（1）和条件（2）单独都不充分，联立起来充分.

【答案】（C）

变化 ❷　区间根问题

> **技巧总结**
>
> 区间根问题，常使用"两点式"解题法，即看顶点（横坐标相当于看对称轴，纵坐标相当于看 Δ）、看端点（根所分布区间的端点）.
>
> 为了讨论方便，我们只讨论 $a>0$ 的情况，考试时，如果 a 的符号不定，则需要先讨论开口方向.
>
> （1）若 $a>0$，方程的一根大于 1，另外一根小于 1，则有
>
> $$f(1)<0 \text{（看端点）}.$$
>
> （2）若 $a>0$，方程的根 x_1 位于区间（1，2）上，x_2 位于区间（3，4），$x_1<x_2$，则有

$$\begin{cases} f(1)>0, \\ f(2)<0, \\ f(3)<0, \\ f(4)>0. \end{cases} \quad （看端点）$$

（3）若 $a>0$，方程的根 x_1 和 x_2 均位于区间（1，2）上，则有

$$\begin{cases} f(1)>0, \\ f(2)>0, \\ 1<-\dfrac{b}{2a}<2, \quad （看端点、看顶点） \\ \Delta \geqslant 0. \end{cases}$$

（4）若 $a>0$，方程的根 $x_2>x_1>1$，则有

$$\begin{cases} f(1)>0, \\ -\dfrac{b}{2a}>1, \quad （看端点、看顶点） \\ \Delta>0. \end{cases}$$

例 36　若关于 x 的二次方程 $mx^2-(m-1)x+m-5=0$ 有两个实根 α、β，且满足 $-1<\alpha<0$ 和 $0<\beta<1$，则 m 的取值范围是（　　）.

(A)$3<m<4$　　　　　　　(B)$4<m<5$　　　　　　　(C)$5<m<6$

(D)$m>6$ 或 $m<5$　　　　(E)$m>5$ 或 $m<4$

【解析】根据题意可知，$m\neq0$，将方程两边同时除以 m，方程可化为 $x^2-\dfrac{m-1}{m}x+\dfrac{m-5}{m}=0$，显然 $y=x^2-\dfrac{m-1}{m}x+\dfrac{m-5}{m}$ 的图像开口向上，α、β 仍是方程的根，如图 3-6 所示.

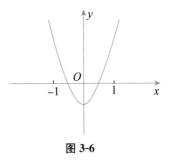

图 3-6

由图可知 $\begin{cases} f(-1)>0, \\ f(0)<0, \\ f(1)>0, \end{cases}$ 即 $\begin{cases} \dfrac{3m-6}{m}>0, \\ \dfrac{m-5}{m}<0, \quad 解得 4<m<5. \\ \dfrac{m-4}{m}>0, \end{cases}$

【答案】(B)

例 37　关于 x 的方程 $x^2+(a-1)x+1=0$ 有两个相异实根，且两根均在区间 $[0,2]$ 上，则实数 a 的取值范围（　　）.

(A)$-1\leqslant a<1$　　　　(B)$-\dfrac{3}{2}\leqslant a<-1$　　　　(C)$-\dfrac{3}{2}\leqslant a<1$

(D)$-\dfrac{3}{2}\leqslant a<0$　　　　(E)$0\leqslant a<1$

【解析】根据题意知

$$\begin{cases} \Delta=(a-1)^2-4>0, \\ 0<-\dfrac{a-1}{2}<2, \\ f(0)\geqslant 0, \\ f(2)\geqslant 0 \end{cases} \Rightarrow -\dfrac{3}{2}\leqslant a<-1.$$

【快速得分法】选项排除法.

首先令 $a=0$，原式为 $x^2-x+1=0$，无实根，因此排除选项(A)、(C)、(E)；观察(B)、(D)选项，令 $a=-1$，原式为 $x^2-2x+1=0$，有两个相等的实根，不满足题意，只能选(B).

【答案】(B)

变化 3　有理根或整数根问题

技巧总结

1. 有理根

若一元二次方程 $ax^2+bx+c=0(a\neq 0)$ 的系数 a，b，c 均为有理数，方程的根为有理数，则 $\Delta=k^2$（k 为有理数）.

2. 整数根

若一元二次方程 $ax^2+bx+c=0(a\neq 0)$ 的系数 a，b，c 均为整数，方程的根为整数，则

$$\begin{cases} \Delta \text{ 为完全平方数,} \\ x_1+x_2=-\dfrac{b}{a}\in \mathbf{Z}, \\ x_1 x_2=\dfrac{c}{a}\in \mathbf{Z}, \end{cases} \text{即 } a \text{ 是 } b\text{，}c \text{ 的公约数.}$$

例38　已知关于 x 的方程 $x^2-(n+1)x+2n-1=0$ 的两根为整数，则整数 n 是（　　）.

(A)1 或 3　　　(B)1 或 5　　　(C)3 或 5　　　(D)1 或 2　　　(E)2 或 5

【解析】两根为整数，可知

$$\begin{cases} \Delta=(n+1)^2-4(2n-1) \text{ 为完全平方数,} & \text{①} \\ x_1+x_2=n+1 \text{ 为整数,} & \text{②} \\ x_1\cdot x_2=2n-1 \text{ 为整数.} & \text{③} \end{cases}$$

当 n 是整数时，式②、式③显然满足，故只需要再满足式①即可.

方法一：设 $\Delta=(n+1)^2-4(2n-1)=k^2$（$k$ 为非负整数），整理得 $(n-3)^2-k^2=4$，分解因式，即

$$(n-3+k)(n-3-k)=4=4\times 1=(-1)\times(-4)=2\times 2=(-2)\times(-2),$$

故有以下几种情况：

$$\begin{cases} n-3+k=4, \\ n-3-k=1, \end{cases} \text{或} \begin{cases} n-3+k=-1, \\ n-3-k=-4, \end{cases} \text{或} \begin{cases} n-3+k=2, \\ n-3-k=2, \end{cases} \text{或} \begin{cases} n-3+k=-2, \\ n-3-k=-2, \end{cases}$$

解得满足 k 为非负整数的解为 $n=1$ 或 5.

方法二：$\Delta=(n+1)^2-4(2n-1)=n^2-6n+5=(n-1)(n-5)=k^2$.

只可能是 $n-1=0$ 或者 $n-5=0$，得 $n=1$ 或 5.

【快速得分法】选项代入法，将各选项的值代入式①，易知选(B).

【答案】(B)

题型 40 一元二次不等式的恒成立问题

【母题综述】

1. 恒成立问题的基本思路：

(1)若 $a>b$ 恒成立，则 $a>b_{max}$；

(2)若 $a>b$ 有解，则 $a>b_{min}$；

(3)若 $a<b$ 恒成立，则 $a<b_{min}$；

(4)若 $a<b$ 有解，则 $a<b_{max}$.

2. 关于"无解"的题目，先转化为恒成立问题，再按照恒成立问题的方法求解.

【母题精讲】

母题 40 不等式 $(k+3)x^2-2(k+3)x+k-1<0$，对 x 的任意数值都成立.

(1)$k=0$.   (2)$k=-3$.

【解析】属于恒成立问题，首先考虑二次项系数是否为 0.

①当二次项系数 $k+3=0$，即 $k=-3$ 时，代入原式得 $-4<0$，恒成立.

②当二次项系数不等于 0 时，有

$$\begin{cases} k+3<0, \\ \Delta=4(k+3)^2-4(k+3)(k-1)<0 \end{cases} \Rightarrow k<-3.$$

综上，两种情况取并集，可知 $k\leqslant-3$. 故条件(1)不充分，条件(2)充分.

【答案】(B)

【母题变化】

变化 1 不等式在全体实数上恒成立或无解

技巧总结

1. 恒成立问题

一元二次不等式 $ax^2+bx+c>0(a\neq0)$ 恒成立，则 $\begin{cases} a>0, \\ \Delta=b^2-4ac<0. \end{cases}$

一元二次不等式 $ax^2+bx+c<0(a\neq0)$ 恒成立，则 $\begin{cases} a<0, \\ \Delta=b^2-4ac<0. \end{cases}$

2. 无解问题：先转化成恒成立问题

一元二次不等式 $ax^2+bx+c>0(a\neq0)$ 无解 $\Rightarrow$ 一元二次不等式 $ax^2+bx+c\leq0(a\neq0)$ 恒成立，则 $\begin{cases}a<0,\\\Delta=b^2-4ac\leq0.\end{cases}$

一元二次不等式 $ax^2+bx+c<0(a\neq0)$ 无解 $\Rightarrow$ 一元二次不等式 $ax^2+bx+c\geq0(a\neq0)$ 恒成立，则 $\begin{cases}a>0,\\\Delta=b^2-4ac\leq0.\end{cases}$

3. 图像

函数 $y=ax^2+bx+c(a\neq0)$ 的图像始终位于 x 轴上方，则 $\begin{cases}a>0,\\\Delta=b^2-4ac<0.\end{cases}$

函数 $y=ax^2+bx+c(a\neq0)$ 的图像始终位于 x 轴下方，则 $\begin{cases}a<0,\\\Delta=b^2-4ac<0.\end{cases}$

例 39 $x\in\mathbf{R}$，不等式 $\dfrac{3x^2+2x+2}{x^2+x+1}>k$ 恒成立，则实数 k 的取值范围为（　　）.

(A)$1<k<2$ 　　　(B)$k<2$ 　　　(C)$k>2$ 　　　(D)$k<2$ 或 $k>2$ 　　　(E)$0<k<2$

【解析】因为 $x^2+x+1=\left(x+\dfrac{1}{2}\right)^2+\dfrac{3}{4}>0$，故可将原不等式两边同时乘以 x^2+x+1，得

$$3x^2+2x+2>k(x^2+x+1),$$

整理得 $(3-k)x^2+(2-k)x+(2-k)>0$，此式恒成立，需要满足条件

$$\begin{cases}3-k>0,\\\Delta=(2-k)^2-4(3-k)(2-k)<0,\end{cases}$$

解得 $k<2$.

【快速得分法】原式可化为 $2+\dfrac{x^2}{x^2+x+1}>k$，显然分式 $\dfrac{x^2}{x^2+x+1}$ 的分子非负、分母恒为正，因此 $\dfrac{x^2}{x^2+x+1}\geq0$，故 $2+\dfrac{x^2}{x^2+x+1}\geq2$，满足题干，那么 k 应该小于左边的最小值，即 $k<2$.

【答案】(B)

变化 2　分离参数法

技巧总结

1. 什么是参数呢？让我们用一个例子来简单理解.

【例】$y=x^2+bx+3$，我们一般把 x 称为自变量，把字母 b 称为参数.

2. 分离参数法求解不等式的恒成立问题，常有以下情形：

（1）自变量有范围时求参数的范围

一元二次不等式 $ax^2+bx+c>0$ 或 $ax^2+bx+c<0(a\neq0)$，在 x 属于某一区间时恒成立，求某个参数的取值范围.

方法：根据图像分类讨论法、分离参数法．

（2）参数有范围时求自变量的范围

一元二次不等式 $ax^2+bx+c>0$ 或 $ax^2+bx+c<0(a\neq0)$，在某个参数属于某区间时恒成立，求 x 的取值范围．

方法：分离参数法．

3.【易错点】在使用分离参数法时，要特别注意

（1）解集的区间是开区间还是闭区间；

（2）在乘除法中，要记得讨论参数和自变量的正负性．

例 40　若不等式 $x^2+ax+1\geq0$ 对任何实数 $x\in\left(0,\dfrac{1}{2}\right)$ 都成立，则实数 a 的取值范围为(　　).

(A)$(-\infty,-1)$　　　　　(B)$\left(-\dfrac{5}{2},+\infty\right)$　　　　　(C)$\left[-\dfrac{5}{2},+\infty\right)$

(D)$(-1,+\infty)$　　　　　(E)$\left[-1,+\infty\right)$

【解析】方法一：图像讨论法．

函数 $y=x^2+ax+1$ 的图像的对称轴为 $x=-\dfrac{a}{2}$，图像恒过$(0,1)$点．

当 $x\in\left(0,\dfrac{1}{2}\right)$ 时，$x^2+ax+1\geq0$ 成立，画图像如图 3-7 所示，可知有以下三种情况：

①当对称轴位于 y 轴左侧时，$\begin{cases}-\dfrac{a}{2}<0,\\ f(0)\geq0\end{cases}\Rightarrow a>0$；

②当对称轴位于 $\left[0,\dfrac{1}{2}\right]$ 时，$\begin{cases}0\leq-\dfrac{a}{2}\leq\dfrac{1}{2},\\ \Delta=a^2-4\leq0\end{cases}\Rightarrow-1\leq a\leq0$；

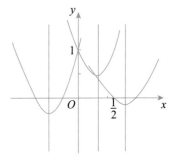

图 3-7

③当对称轴位于 $\left(\dfrac{1}{2},+\infty\right)$ 时，$\begin{cases}-\dfrac{a}{2}>\dfrac{1}{2},\\ f\left(\dfrac{1}{2}\right)\geq0\end{cases}\Rightarrow-\dfrac{5}{2}\leq a<-1.$

三种情况取并集，故 a 的取值范围为 $\left[-\dfrac{5}{2},+\infty\right)$.

方法二：已知自变量范围求参数范围用分离参数法．

$x^2+ax+1\geq0$，因为 $x\in\left(0,\dfrac{1}{2}\right)$，不等式两边同除以 x，不等式不变号，可得 $-a\leq x+\dfrac{1}{x}$，

根据对勾函数知 $x+\dfrac{1}{x}$ 在 $x\in\left(0,\dfrac{1}{2}\right)$ 上递减，它的最小值接近 $\dfrac{5}{2}$ 但取不到 $\dfrac{5}{2}$.

故有 $-a\leq\dfrac{5}{2}$，$a\geq-\dfrac{5}{2}$.

【快速得分法】当 $\Delta\leq0$，即 $a\in[-2,2]$ 时，$x^2+ax+1\geq0$ 一定成立，可排除选项（A）、(D)、(E).再验证 $a=-\dfrac{5}{2}$，可知选(C).

【答案】(C)

例 41　已知 $t\in(2,3)$，则一元二次不等式 $x^2-tx+1<0$ 在 x 取（　　）时成立.

(A)1　　　　　(B)(0, 2)　　　(C)$[0, 2)$　　　(D)(0, 2]　　　(E)2

【解析】已知参数范围求自变量的范围.

$$x^2-tx+1<0,\text{等价于}x^2+1<tx. \qquad ①$$

式①左侧恒大于 0，右侧 $t>0$，故必有 $x>0$；

在式①左右同除以 x，得 $x+\dfrac{1}{x}<t$，又因为 $t\in(2,3)$，则必有 $x+\dfrac{1}{x}\leqslant 2$.

整理得 $x^2-2x+1\leqslant 0$，即 $(x-1)^2\leqslant 0$，故 $x=1$.

【答案】(A)

例 42　若 $y^2-2\left(\sqrt{x}+\dfrac{1}{\sqrt{x}}\right)y+3<0$ 对一切正实数 x 恒成立，则 y 的取值范围是（　　）.

(A)$1<y<3$　　(B)$2<y<4$　　(C)$1<y<4$　　(D)$3<y<5$　　(E)$2<y<5$

【解析】令 $t=\sqrt{x}+\dfrac{1}{\sqrt{x}}$，由均值不等式可知 $t\geqslant 2$，得 $y^2-2ty+3<0$，即 $y^2+3<2ty$，由此可知 $y>0$，原式可化为 $\dfrac{y^2+3}{2y}<t$，则 $\dfrac{y^2+3}{2y}$ 小于 t 的最小值，故有 $\dfrac{y^2+3}{2y}<2$，解得 $1<y<3$.

【答案】(A)

第 ❹ 节　特殊的函数、方程与不等式

题型 41　指数与对数

[母题综述]

1. 熟练掌握指数与对数的运算公式、指数函数与对数函数的图像和性质.

2. 指数函数和对数函数互为反函数，图像关于 $y=x$ 对称.

3. 指数和对数常与方程、不等式结合考查.

[母题精讲]

母题 41　$a>b$.

(1)a，b 为实数，且 $a^2>b^2$.

(2)a，b 为实数，且 $\left(\dfrac{1}{2}\right)^a<\left(\dfrac{1}{2}\right)^b$.

【解析】条件(1)：举反例. 令 $a=-2$，$b=1$，显然条件(1)不充分.

条件(2)：函数 $y=\left(\dfrac{1}{2}\right)^x$ 为减函数，若 $\left(\dfrac{1}{2}\right)^a<\left(\dfrac{1}{2}\right)^b$，则 $a>b$，故条件(2)充分.

【答案】(B)

〖母题变化〗

变化 1　判断单调性

技巧总结

1. 指数函数与对数函数的单调性

（1）形如 $y=a^x$（$a>0$ 且 $a\neq 1$）（$x\in\mathbf{R}$）的函数叫作指数函数．其定义域为全体实数，值域为 $(0,+\infty)$，图像恒过点 $(0,1)$．

当 $a>1$ 时，是增函数；当 $0<a<1$ 时，是减函数．

（2）形如 $y=\log_a x$（$a>0$ 且 $a\neq 1$）的函数叫作对数函数．其定义域为 $(0,+\infty)$，值域为全体实数，图像恒过点 $(1,0)$．

当 $a>1$ 时，是增函数；当 $0<a<1$ 时，是减函数．

2. 指数的大小比较

（1）同底：比较 a^x 与 a^y 的大小

当 $a>1$ 时，若 $x>y$，则 $a^x>a^y$；若 $x<y$，则 $a^x<a^y$．

当 $0<a<1$ 时，若 $x>y$，则 $a^x<a^y$；若 $x<y$，则 $a^x>a^y$．

（2）同幂：比较 a^x 与 b^x 的大小

当 $x>0$ 时，若 $a>b$，则 $a^x>b^x$；若 $a<b$，则 $a^x<b^x$．

当 $x<0$ 时，若 $a>b$，则 $a^x<b^x$；若 $a<b$，则 $a^x>b^x$．

3. 对数的大小比较

同底：比较 $\log_a x$ 与 $\log_a y$ 的大小

当 $a>1$ 时，若 $x>y$，则 $\log_a x>\log_a y$；若 $x<y$，则 $\log_a x<\log_a y$．

当 $0<a<1$ 时，若 $x>y$，则 $\log_a x<\log_a y$；若 $x<y$，则 $\log_a x>\log_a y$．

例 43　已知 a，b 是实数，则 $\lg a>\lg b$．

（1）$a>b$．　　　　　　　　　　　　　　　　　　（2）$\log_{\frac{1}{2}}a<\log_{\frac{1}{2}}b$．

【解析】条件（1）：令 $a=-1$，$b=-2$，不满足对数的定义域，所以条件（1）不充分．

条件（2）：函数 $y=\log_{\frac{1}{2}}x$ 是减函数，$\log_{\frac{1}{2}}a<\log_{\frac{1}{2}}b$，所以 $a>b>0$．

$y=\lg x$ 是增函数，$a>b>0$，所以 $\lg a>\lg b$，故条件（2）充分．

【答案】（B）

例 44　$a=0.7^{0.3}$，$b=0.3^{0.7}$，则 a，b 的大小关系是（　　　）．

　　（A）$a>b$　　　　（B）$a<b$　　　　（C）$a=b$　　　　（D）$a\geqslant b$　　　　（E）$a\leqslant b$

【解析】观察 a，b，发现它们的指数和底数互换，因此找一个中间数 $c=0.7^{0.7}$．以 0.7 为底的指数函数是减函数，所以 $a>c$；对于指数相同且为正数的指数函数，底数越大，函数值越大，所以 $c>b$，根据不等式的传递性有 $a>b$．

【答案】（A）

变化 **2** 解指数、对数方程

技巧总结

1. 指数方程

常规解法：先化同底，再换元，转化成常见的方程（如一元二次方程）求解．换元时注意定义域．

特殊解法：等式两边取对数法、图像法．

2. 对数方程

常规解法：先化同底，再换元，转化成常见的方程（如一元二次方程）求解，换元时注意定义域．最后验根．

【易错点】遇到任何对数问题，必须考虑定义域（换元前与换元后的定义域）．

例45 方程 $(\sqrt{2}+1)^x+(\sqrt{2}-1)^x=6$ 的所有实根之积为( ).

(A)2　　　　(B)4　　　　(C)-2　　　　(D)-4　　　　(E)± 4

【解析】令 $t=(\sqrt{2}+1)^x \Rightarrow t+\dfrac{1}{t}=6$，$t^2-6t+1=0$，解得 $t=\dfrac{6\pm 4\sqrt{2}}{2}=3\pm 2\sqrt{2}$．所以

$$t_1=3+2\sqrt{2}=(\sqrt{2}+1)^2 \Rightarrow x=2,$$
$$t_2=3-2\sqrt{2}=(\sqrt{2}+1)^{-2} \Rightarrow x=-2.$$

故两根之积为 -4．

【答案】(D)

例46 方程 $\log_x 25-3\log_{25}x+\log_{\sqrt{x}}5-1=0$ 的所有实根之积( ).

(A)$\dfrac{1}{25}$　　　　　　　　(B)$\sqrt[3]{5}$　　　　　　　　(C)$\dfrac{\sqrt[3]{5}}{5}$

(D)$\dfrac{1}{\sqrt[3]{5}}$　　　　　　　　(E)$5\sqrt[3]{5}$

【解析】将原方程化同底，得

$$\log_x 25-3\log_{25}x+\log_{\sqrt{x}}\sqrt{25}-1=0,$$
$$\log_x 25-3\log_{25}x+\log_x 25-1=0,$$
$$2\log_x 25-3\log_{25}x-1=0,$$
$$2\frac{1}{\log_{25}x}-3\log_{25}x-1=0,$$

令 $t=\log_{25}x$，得 $\dfrac{2}{t}-3t-1=0$，解得 $t_1=-1$，$t_2=\dfrac{2}{3}$．

由 $\log_{25}x=-1$ 得，$x_1=\dfrac{1}{25}$，由 $\log_{25}x=\dfrac{2}{3}$，得 $x_2=25^{\frac{2}{3}}=5\sqrt[3]{5}$．

验根可知两个根均有意义，故两根之积为 $\dfrac{\sqrt[3]{5}}{5}$．

【答案】(C)

变化 3　解指数、对数不等式

技巧总结

1. 指数不等式

四步解题法：先化同底、判断指数函数的单调性、构造新不等式、解不等式.

2. 对数不等式

五步解题法：先化同底、判断单调性、构造新不等式、解不等式、与定义域求交集.

【易错点】遇到任何对数问题，必须考虑定义域.

例 47　关于 x 的不等式 $3^{x+1}+18\times3^{-x}>29$ 的解集为（　　）.

(A)$x>2$ 或 $x<\log_3\dfrac{2}{3}$ 　　　　(B)$x>2$ 　　　　(C)$x<\log_3\dfrac{2}{3}$

(D)$\log_3\dfrac{2}{3}<x<2$ 　　　　(E)$x>\log_3\dfrac{2}{3}$

【解析】不等式两边同乘以 3^x，得 $3\times3^{2x}-29\times3^x+18>0$.

令 $3^x=t$，即 $3t^2-29t+18>0$，因式分解得 $(t-9)(3t-2)>0$，解得 $t>9$ 或 $t<\dfrac{2}{3}$.

故有 $x>2$ 或 $x<\log_3\dfrac{2}{3}$.

【答案】(A)

例 48　若 $\log_a(x^2+2x+5)>\log_a3$，则 a 的取值范围是（　　）.

(A)$(1,+\infty)$ 　　(B)$(0,1)$ 　　(C)$(0,+\infty)$ 　　(D)$(-\infty,0)$ 　　(E)$\left(0,\dfrac{1}{2}\right)$

【解析】底数 a 要满足 $a>0$，$a\neq1$，先排除选项(C)、(D).

因为 $x^2+2x+5=(x+1)^2+4>3$ 恒成立，故 $y=\log_ax$ 为增函数，因此 $a>1$，所以应该选(A).

【答案】(A)

例 49　$|\log_ax|>1$.

(1)$x\in[2,4]$，$\dfrac{1}{2}<a<1$. 　　　　(2)$x\in[4,6]$，$1<a<2$.

【解析】$|\log_ax|>1$，等价于 $\log_ax>1$ 或 $\log_ax<-1$.

条件(1)：$\dfrac{1}{2}<a<1$，故 $1<\dfrac{1}{a}<2$. 因为 $x\in[2,4]$，所以 $x>\dfrac{1}{a}$.

因为 $y=\log_ax$ 是减函数，所以 $\log_ax<\log_a\dfrac{1}{a}=-1$，条件(1)充分.

条件(2)：因为 $1<a<2$，且 $x\in[4,6]$，所以 $x>a$，又因为 $y=\log_ax$ 是增函数.

故 $\log_ax>\log_aa=1$，条件(2)也充分.

【答案】(D)

题型42　分式方程及其增根问题

[母题综述]

> 解分式方程采用以下步骤：
>
> (1)移项，通分，将原分式方程转化为标准形式：$\dfrac{f(x)}{g(x)}=0$；
>
> (2)去分母，使 $f(x)=0$，解出 $x=x_0$；
>
> (3)验根：将 $x=x_0$ 代入 $g(x)$，若 $g(x_0)=0$，则 $x=x_0$ 为增根，舍去；若 $g(x_0)\neq0$，则 $x=x_0$ 为有效根．

[母题精讲]

母题42　关于 x 的方程 $\dfrac{1}{x-2}+3=\dfrac{1-x}{2-x}$ 与 $\dfrac{x+1}{x-|a|}=2-\dfrac{3}{|a|-x}$ 有相同的增根．

(1)$a=2$.　　　　　　　　　　(2)$a=-2$.

【解析】对于分式方程来说，令分子分母同时为零的根叫增根，可知 $x=2$ 是 $\dfrac{1}{x-2}+3=\dfrac{1-x}{2-x}$ 的增根．

条件(1)：$\dfrac{x+1}{x-|a|}=2-\dfrac{3}{|a|-x}$ 可化为 $\dfrac{x+1}{x-2}=2-\dfrac{3}{2-x}$，通分得 $\dfrac{x+1}{x-2}=\dfrac{2x-1}{x-2}$，得 $x=2$ 是此方程的增根，条件(1)充分．

条件(2)：将 $a=-2$ 代入方程得 $\dfrac{x+1}{x-2}=2-\dfrac{3}{2-x}$，同理可得，条件(2)也充分．

【答案】(D)

[母题变化]

变化 1　无实根

> **技巧总结**
>
> 分式方程 $\dfrac{f(x)}{g(x)}=0$ 无实根问题，常与一次方程相结合考查，有两种无根的情况：
>
> (1) $f(x)=0$ 无实根；
>
> (2) $f(x)=0$ 有实根但均为增根．

例50　已知关于 x 的方程 $\dfrac{1}{x^2-x}+\dfrac{k-5}{x^2+x}=\dfrac{k-1}{x^2-1}$ 无解，那么 $k=($　　　$)$.

(A)3 或 6　　　　(B)6 或 9　　　　(C)3 或 9　　　　(D)3、6 或 9　　　　(E)1 或 3

【解析】通分，得 $\dfrac{x+1+(k-5)(x-1)-x(k-1)}{x(x+1)(x-1)}=0$，去分母，得

$$(x+1)+(k-5)(x-1)-x(k-1)=0 \Rightarrow x=\dfrac{6-k}{3}.$$

原方程的增根可能是 0，1，−1，故有

当 $x=0$ 时，$\dfrac{6-k}{3}=0 \Rightarrow k=6$；

当 $x=1$ 时，$\dfrac{6-k}{3}=1 \Rightarrow k=3$；

当 $x=-1$ 时，$\dfrac{6-k}{3}=-1 \Rightarrow k=9$.

所以当 $k=3$，6，9 时方程无解.

【答案】(D)

变化2 有实根

技巧总结

分式方程 $\dfrac{f(x)}{g(x)}=0$ 有实根，则 $f(x)=0$ 有根，且至少有一个根不是增根.

例51 $k=0$.

(1) $\dfrac{2k}{x-1}-\dfrac{x}{x^2-x}=\dfrac{kx+1}{x}$ 只有一个实数根(注：相等的根算作一个).

(2) k 是整数.

【解析】条件(1)：将原方程通分，得

$$\dfrac{2kx}{x(x-1)}-\dfrac{x}{x(x-1)}=\dfrac{(kx+1)(x-1)}{x(x-1)} \Rightarrow \dfrac{2kx-x}{x(x-1)}=\dfrac{kx^2-kx+x-1}{x(x-1)},$$

去分母，得

$$kx^2-(3k-2)x-1=0. \qquad\qquad ①$$

当 $k=0$ 时，式①可化为 $2x-1=0$，得 $x=\dfrac{1}{2}$，不是增根，分式方程有 1 个实根，成立；

当 $k\ne 0$ 时，式①为一元二次方程，$\Delta=(3k-2)^2+4k=9k^2-8k+4>0$，故式①有两个不等的实根，又由分式只有一个实根，式①的两个实根中，有一个是分式的增根 0 或 1.

令 $x=0$，式①可化为 $-1=0$，不成立，故增根必为 1；

令 $x=1$，式①可化为 $k-(3k-2)-1=0$，得 $k=\dfrac{1}{2}$.

综上所述，$k=0$ 或 $\dfrac{1}{2}$，条件(1)不充分.

条件(2)：显然不充分.

联立两个条件，得 $k=0$，故联立充分.

【答案】(C)

题型 43 穿线法解不等式

【母题综述】

1. "穿线法"是用来解分式不等式和高次不等式的方法.

2. 分式不等式

(1) 定义：形如 $\dfrac{f(x)}{g(x)}>a$，$\dfrac{f(x)}{g(x)}\geqslant a$，$\dfrac{f(x)}{g(x)}<a$，$\dfrac{f(x)}{g(x)}\leqslant a$ 的不等式称为分式不等式，其中 a 可以等于 0，也可以不等于 0.

(2) 分式不等式的解法如下：

① 移项：将 $\dfrac{f(x)}{g(x)}>a$ 化为 $\dfrac{f(x)}{g(x)}-a>0$；

② 通分：将 $\dfrac{f(x)}{g(x)}-a>0$ 化为 $\dfrac{f(x)-a\cdot g(x)}{g(x)}>0$；

③ 将分子分母因式分解，化简；

④ 用穿线法求出解集 (尤其注意分母 $\neq 0$).

3. 穿线法解不等式的步骤：

(1) 移项，使等式一侧为 0；

(2) 因式分解，并使每个因式的最高次项均为正数；

(3) 令每个因式等于零，得到零点，并标注在数轴上；

(4) 如果有恒大于 0 的项，对不等式没有影响，直接删掉；

(5) 穿线：从数轴的右上方开始穿线，依次去穿每个点，遇到奇次零点则穿过，遇到偶次零点则穿而不过；

(6) 凡是位于数轴上方的曲线所代表的区间，就是令不等式大于 0 的区间；数轴下方的，则是令不等式小于 0 的区间；数轴上的点，是令不等式等于 0 的区间，但是要注意这些零点是否能够取到.

【母题精讲】

母题 43 求不等式 $\dfrac{(x+1)(x+2)^2}{(x^2+x+1)(1-x)(x-3)^3}\geqslant 0$ 的解集.

【解析】分步骤如下：

① 将每个因式的最高次项化为正数：

$$\frac{(x+1)(x+2)^2}{(x^2+x+1)(x-1)(x-3)^3}\leqslant 0;$$

② 恒大于零的项 x^2+x+1 对不等式的解没有影响，可以删去，得

$$\frac{(x+1)(x+2)^2}{(x-1)(x-3)^3}\leqslant 0;$$

③令每个因式等于 0，得到四个零点为 -2，-1，1，3，画在数轴上，如图 3-8 所示：

图 3-8

④穿线，从右上方去穿每个零点，奇过偶不过，如图 3-9 所示：

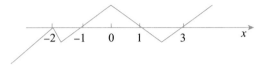

图 3-9

⑤观察零点是否能取到，可知 -2，-1 可以取；1，3 使分式的分母为 0，不能取；小于 0 的区间为数轴下方的部分，所以解集为 $(-\infty，-1]\cup(1，3)$.

【答案】$(-\infty，-1]\cup(1，3)$.

〖母题变化〗

变化 1　穿线法解分式不等式

例 52　设 $0<x<1$，则不等式 $\dfrac{3x^2-2}{x^2-1}>1$ 的解是(　　).

(A)$0<x<\dfrac{1}{\sqrt{2}}$　　　　　(B)$\dfrac{1}{\sqrt{2}}<x<1$　　　　　(C)$0<x<\sqrt{\dfrac{2}{3}}$

(D)$\sqrt{\dfrac{2}{3}}<x<1$　　　　　(E)$0<x<\dfrac{1}{2}$

【解析】方法一：$\dfrac{3x^2-2}{x^2-1}>1$，因为 $0<x<1$，所以 $x^2-1<0$.

不等式可化为 $3x^2-2<x^2-1$，即 $2x^2<1$，解得 $-\dfrac{1}{\sqrt{2}}<x<\dfrac{1}{\sqrt{2}}$.

又因为 $0<x<1$，所以 $0<x<\dfrac{1}{\sqrt{2}}$.

方法二：$\dfrac{3x^2-2}{x^2-1}>1\Leftrightarrow\dfrac{3x^2-2}{x^2-1}-1>0$，即 $\dfrac{(\sqrt{2}x+1)(\sqrt{2}x-1)}{(x+1)(x-1)}>0$，由穿线法解得不等式的解

集为 $(-\infty，-1)\cup\left(-\dfrac{1}{\sqrt{2}}，\dfrac{1}{\sqrt{2}}\right)\cup(1，+\infty)$，又因为 $0<x<1$，所以解集为 $0<x<\dfrac{1}{\sqrt{2}}$.

【答案】(A)

变化 2　穿线法解高次不等式

例 53　$(2x^2+x+3)(-x^2+2x+3)<0$.

(1)$x\in[-3，-2]$.　　　　　　　　　　　　(2)$x\in(4，5)$.

【解析】令 $y=2x^2+x+3$，$\Delta=1-4\times2\times3<0$，故 $y=2x^2+x+3$ 恒大于 0.

原不等式等价于 $-x^2+2x+3<0$，解得 $x>3$ 或 $x<-1$.

小集合可以推大集合，故条件(1)和条件(2)单独都充分.

【答案】(D)

例 54　$(x^2-2x-8)(2-x)(2x-2x^2-6)>0.$

(1)$x\in(-3,-2).$　　　　(2)$x\in[2,3].$

【解析】将每个因式的最高次项系数化为正数，原式等价于$(x^2-2x-8)(x-2)(2x^2-2x+6)>0.$
由于$2x^2-2x+6>0$恒成立，可删去，再进行因式分解，则有
$$(x+2)(x-2)(x-4)>0.$$
根据穿线法可得$-2<x<2$ 或 $x>4.$

所以条件(1)和条件(2)单独不充分，联立起来也不充分.

【答案】(E)

题型44　根式方程和根式不等式

[母题综述]

方程或不等式中含有根号，称为根式方程、根式不等式.

在解根式方程或根式不等式时，一般方法要先去根号，可用平方法、配方法、换元法等.

注意平方后，未知数的范围可能会扩大，因此要注意隐含定义域问题，或者解出根后注意验根.

[母题精讲]

母题44　$\sqrt{1-x^2}<x+1.$

(1)$x\in[-1,0].$　　　　(2)$x\in\left(0,\dfrac{1}{2}\right].$

【解析】方法一：原不等式等价于
$$\begin{cases}1-x^2\geqslant0,\\x+1>0,\\1-x^2<(x+1)^2\end{cases}\Rightarrow0<x\leqslant1.$$

显然条件(1)不充分，条件(2)充分.

方法二：数形结合法.

将不等式$\sqrt{1-x^2}<x+1$转化为两个函数 $y=\sqrt{1-x^2}$ 和 $y=x+1$ 之间的大小关系.

$y=\sqrt{1-x^2}$，即 $y^2=1-x^2\Rightarrow x^2+y^2=1(y\geqslant0)$，函数图像为以原点为圆心、以1为半径的上半圆；$y=x+1$是条直线，将两个函数图像画在同一个直角坐标系中，如图3-10所示.

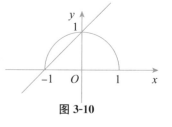

图3-10

求$\sqrt{1-x^2}<x+1$，即求半圆图像在直线下方的部分，观察图像可得 $x\in(0,1].$

因此条件(1)不充分，条件(2)充分.

【答案】(B)

[母题变化]

变化 1   根式方程

技巧总结

根式方程的隐含定义域：

$$\sqrt{f(x)}=g(x)\Leftrightarrow\begin{cases}f(x)=g^2(x),\\f(x)\geqslant 0,\\g(x)\geqslant 0.\end{cases}$$

例 55   方程 $3x^2+15x+2\sqrt{x^2+5x+1}=2$ 的根为(   ).

(A)0 或 5   (B)1 或 5   (C)0 或 1   (D)0 或 -1 (E)0 或 -5

【解析】原方程可化为 $3(x^2+5x+1)+2\sqrt{x^2+5x+1}-5=0$.

令 $\sqrt{x^2+5x+1}=t(t\geqslant 0)$，整理，得

$$3t^2+2t-5=0\Rightarrow(3t+5)(t-1)=0\Rightarrow t_1=-\frac{5}{3}(\text{舍去}),\ t_2=1.$$

故有 $\sqrt{x^2+5x+1}=1\Leftrightarrow x^2+5x+1=1\Leftrightarrow x(x+5)=0$，所以 $x_1=-5$，$x_2=0$.

【答案】(E)

例 56   以下无理方程有实数根的是(   ).

(A)$\sqrt{x+6}=-x$ (B)$\sqrt{2x-1}+1=0$ (C)$\sqrt{x-3}+\sqrt{2-x}=5$

(D)$\sqrt{x-3}-\sqrt{x-2}=1$ (E)以上方程均无实根

【解析】(A)项：$\sqrt{x+6}=-x\Rightarrow x+6=x^2\Rightarrow x^2-x-6=0\Rightarrow(x+2)(x-3)=0$，所以 $x=-2$ 或 3，验根知 $x=3$ 不成立，故原方程有实根 $x=-2$.

(B)项：$\sqrt{2x-1}+1=0\Rightarrow\sqrt{2x-1}=-1$，因为 $\sqrt{2x-1}\geqslant 0$，不可能等于 -1，故方程无实根.

(C)项：定义域为 $\begin{cases}x-3\geqslant 0,\\2-x\geqslant 0\end{cases}\Rightarrow\begin{cases}x\geqslant 3,\\x\leqslant 2\end{cases}\Rightarrow\varnothing$，故原方程无实根.

(D)项：对于 $x\in\mathbf{R}$，有 $x-3<x-2$，故在满足定义域的范围内 $\sqrt{x-3}<\sqrt{x-2}$ 恒成立，所以 $\sqrt{x-3}-\sqrt{x-2}<0\neq 1$，故方程无实根.

【答案】(A)

变化 2   根式不等式

技巧总结

根式不等式的常见模型：

$$(1)\ \sqrt{f(x)}\geqslant g(x)\Leftrightarrow\begin{cases}f(x)\geqslant 0,\\g(x)\geqslant 0,\\f(x)\geqslant g^2(x)\end{cases}\quad \text{或}\quad\begin{cases}f(x)\geqslant 0,\\g(x)<0.\end{cases}$$

$$(2)\ \sqrt{f(x)} \leqslant g(x) \Leftrightarrow \begin{cases} f(x) \geqslant 0, \\ g(x) \geqslant 0, \\ f(x) \leqslant g^2(x). \end{cases}$$

$$(3)\ \sqrt{f(x)} > \sqrt{g(x)} \Leftrightarrow \begin{cases} f(x) \geqslant 0, \\ g(x) \geqslant 0, \\ f(x) > g(x). \end{cases}$$

例 57　不等式 $\left| \sqrt{x-2} - 3 \right| < 1$ 的解集为（　　）.

(A) $6 < x < 18$　　　　　　(B) $-6 < x < 18$　　　　　　(C) $1 \leqslant x \leqslant 7$

(D) $-2 \leqslant x \leqslant 3$　　　　　　(E) $8 < x < 18$

【解析】原不等式等价于 $-1 < \sqrt{x-2} - 3 < 1 \Rightarrow 2 < \sqrt{x-2} < 4$，故有

$$\begin{cases} 4 < x-2 < 16, \\ x-2 \geqslant 0 \end{cases} \Rightarrow 6 < x < 18.$$

【快速得分法】由 $x-2 \geqslant 0$ 得 $x \geqslant 2$，排除 (B)、(C)、(D) 项；

令 $x = 7$，$\left| \sqrt{7-2} - 3 \right| \approx 0.76 < 1$，满足不等式，排除 (E) 项，故选 (A) 项.

【答案】(A)

题型 45　其他特殊函数

【母题综述】

1. 考试涉及的其他特殊函数：最值函数、分段函数、复合函数、绝对值函数、反比例函数等.

2. 熟练掌握常见函数的图像：$y = kx + b$、$y = ax^2 + bx + c(a \neq 0)$、$y = x^3$、$y = \dfrac{a}{x}(a \neq 0)$、$y = a^x(a > 0$ 且 $a \neq 1)$、$y = \log_a x(a > 0$ 且 $a \neq 1)$、$y = \sqrt{x}$、$y = |x|$ 等，能画出图像的题目用图像法更为简便.

【母题精讲】

母题 45　已知 $f(x) = \begin{cases} x-5, & x \geqslant 6, \\ f(x+2), & x < 6, \end{cases}$ 则 $f(3) = （　　）$.

(A) 2　　　　(B) 3　　　　(C) 4　　　　(D) 5　　　　(E) 6

【解析】当 $x = 3$ 时，因为 $3 < 6$，故 $f(3) = f(3+2) = f(5)$；

因为 $5 < 6$，故 $f(5) = f(5+2) = f(7)$；

因为 $7 > 6$，故 $f(7) = 7 - 5 = 2$. 因此 $f(3) = 2$.

【答案】(A)

〔母题变化〕

变化 1　最值函数

技巧总结

1. 最值函数分为最大值函数和最小值函数：

（1）最大值函数：$\max\{x, y, z\}$，表示 x，y，z 中最大的数.

（2）最小值函数：$\min\{x, y, z\}$，表示 x，y，z 中最小的数.

2. 遇到最值函数题目，如果函数表达式较为简单，可以画出图像的话，一般采用图像法：

（1）对于最大值函数图像，先分别画出各个函数的图像，然后取图像位于上方的部分；

（2）对于最小值函数图像，先分别画出各个函数的图像，然后取图像位于下方的部分.

例 58　已知 m，n 为正数，则函数 $y = \max\left\{\dfrac{1}{m}, \dfrac{m^2+n^2}{n}\right\}$ 的最小值为（　　）.

(A)0　　　　　　(B)1　　　　　　(C)$\sqrt{2}$　　　　　　(D)2　　　　　　(E)4

【解析】由题意，知 $y \geqslant \dfrac{1}{m}$，$y \geqslant \dfrac{m^2+n^2}{n}$，两式相乘得，$y^2 \geqslant \dfrac{m^2+n^2}{mn} \geqslant \dfrac{2mn}{mn} = 2$，故 y 的最小值为 $\sqrt{2}$.

【答案】(C)

例 59　函数 $y = \min\{x^2+1，3-x，x+3\}$ 的最大值为（　　）.

(A)0　　　　　　(B)1　　　　　　(C)2　　　　　　(D)3　　　　　　(E)4

【解析】画出函数图像，如图 3-11 所示.

因为此函数为最小值函数，故函数只能取图像上最下侧部分，如图 3-12 所示：

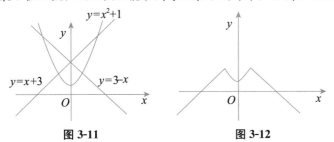

图 3-11　　　　　　　　　　图 3-12

故当函数 $y = 3-x$ 和 $y = x+3$ 分别与 $y = x^2+1$ 相交，即 $x = \pm 1$ 时，y 有最大值为 2.

【答案】(C)

变化 2　分段函数

技巧总结

定义：在自变量的不同取值范围内，有不同的对应法则，需要用不同的解析式来表示的函数叫作分段表示的函数，简称分段函数.

求分段函数的函数值 $f(x_0)$ 时，应该首先判断 x_0 所属的取值范围，然后再把 x_0 代入到相应的解析式中进行计算.

例 60 函数 $f(x)=\begin{cases} 2x+2, & x\in[-1, 0], \\ -\dfrac{1}{2}x, & x\in(0, 2), \\ 3, & x\in[2, +\infty) \end{cases}$ 的值域为( ).

(A)全体实数　　　　　　　　(B)$(-1, 2]\cup\{3\}$　　　　　　　(C)$(-1, 3)$
(D)$(-1, +\infty)$　　　　　　(E)$[-1, 3]$

【解析】由题意画图，如图 3-13 所示，利用"数形结合"易知 $f(x)$ 的定义域为 $[-1, +\infty)$，值域为 $(-1, 2]\cup\{3\}$.

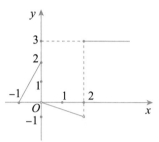

图 3-13

【答案】(B)

例 61 求函数 $f(x)=\begin{cases} 4x+3, & x\leqslant0, \\ x+3, & 0<x\leqslant1, \\ -x+5, & x>1 \end{cases}$ 的最大值为( ).

(A)2　　　　　(B)3　　　　　(C)4　　　　　(D)5　　　　　(E)6

【解析】当 $x\leqslant0$ 时，$f_{max}(x)=f(0)=3$；

当 $0<x\leqslant1$ 时，$f_{max}(x)=f(1)=4$；

当 $x>1$ 时，$-x+5<-1+5=4$.

综上可知，$f_{max}(x)=4$.

【答案】(C)

例 62 已知 $g(x)=\begin{cases} 1, & x>0, \\ -1, & x<0, \end{cases}$ $f(x)=|x-1|-g(x)|x+1|+|x-2|+|x+2|$，则 $f(x)$ 是与 x 无关的常数.

(1)$-1<x<0$.　　　　　　　　　　　　　(2)$1<x<2$.

【解析】条件(1)：$-1<x<0$，所以 $g(x)=-1$，则
$$f(x)=|x-1|-g(x)|x+1|+|x-2|+|x+2|$$
$$=-(x-1)+x+1-(x-2)+x+2=6,$$
是与 x 无关的常数，条件(1)充分.

条件(2)：$1<x<2$，所以 $g(x)=1$，则
$$f(x)=|x-1|-g(x)|x+1|+|x-2|+|x+2|$$
$$=x-1-(x+1)-(x-2)+x+2=2,$$
是与 x 无关的常数，条件(2)充分.

【答案】(D)

变化 3 复合函数

技巧总结

1. 定义

如果 y 是 u 的函数，u 又是 x 的函数，即 $y=f(u)$，$u=g(x)$，那么 y 关于 x 的函数 $y=f[g(x)]$ 叫作函数 $y=f(u)$（外函数）和 $u=g(x)$（内函数）的复合函数，其中 u 是中间变量，自变量为 x，函数值为 y.

【例】函数 $y=2^{x^2+1}$ 是由 $y=2^u$ 和 $u=x^2+1$ 复合而成.

说明：（1）复合函数的定义域，就是复合函数 $y=f[g(x)]$ 中 x 的取值范围.

（2）$y=f(u)$ 的定义域为 $g(x)$ 的值域.

2. 已知 $f(x)$ 的定义域为 (a,b)，求 $f[g(x)]$ 的定义域.

$f(x)$ 的定义域即为中间变量 u 的取值范围，即 $u=g(x)\in(a,b)$. 通过解不等式 $a<g(x)<b$ 求得 x 的范围，即为 $f[g(x)]$ 的定义域.

3. 已知 $f[g(x)]$ 的定义域为 (a,b)，求 $f(x)$ 的定义域.

$f[g(x)]$ 的定义域实际上是直接变量 x 的取值范围，即 $x\in(a,b)$. 先利用 $a<x<b$ 求得 $g(x)$ 的值域，则 $g(x)$ 的值域即是 $f(x)$ 的定义域.

4. 复合函数的单调性

若 $u=g(x)$	$y=f(x)$	则 $y=f[g(x)]$
增函数	增函数	增函数
减函数	减函数	增函数
增函数	减函数	减函数
减函数	增函数	减函数

口诀："同增异减".

例 63　已知函数 $f(x)=\dfrac{1}{2-x}$，则函数 $f[f(x)]$ 的表达式为(　　).

(A)$\dfrac{2-x}{3-2x}$　　　　(B)$1-2x$　　　　(C)$2x-1$　　　　(D)$\dfrac{2-x}{2x-3}$　　　　(E)$\dfrac{3-2x}{2-x}$

【解析】因为 $f(x)=\dfrac{1}{2-x}$，故 $f[f(x)]=f\left(\dfrac{1}{2-x}\right)=\dfrac{1}{2-\dfrac{1}{2-x}}=\dfrac{2-x}{3-2x}$.

【答案】(A)

例 64　已知函数 $f(x)=\begin{cases}|x-1|-2, & |x|\leqslant 1, \\ \dfrac{1}{1+x^2}, & |x|>1,\end{cases}$ 则 $f\left[f\left(\dfrac{1}{2}\right)\right]=(\quad)$.

(A)$\dfrac{1}{4}$　　　　(B)$\dfrac{2}{13}$　　　　(C)$\dfrac{4}{13}$　　　　(D)$\dfrac{4}{9}$　　　　(E)$\dfrac{4}{5}$

【解析】因为 $f\left(\dfrac{1}{2}\right)=\left|\dfrac{1}{2}-1\right|-2=-\dfrac{3}{2}$，所以 $f\left[f\left(\dfrac{1}{2}\right)\right]=f\left(-\dfrac{3}{2}\right)=\dfrac{1}{1+\left(-\dfrac{3}{2}\right)^2}=\dfrac{4}{13}$.

【答案】(C)

例 65 已知 $f(x+3)=x^2+2x+1$，则函数 $f(x-3)$ 的解析式为（　　）.

(A)$(x-2)^2$　　　(B)$(x-5)^2$　　　(C)$(x+3)^2$　　　(D)$(x-3)^2$　　　(E)x^2-2x-1

【解析】换元法.

设 $t=x+3$，则 $x=t-3$，有 $f(t)=f(t-3+3)=(t-3)^2+2(t-3)+1=(t-2)^2$.

故 $f(x)=(x-2)^2$. 所以，$f(x-3)=[(x-3)-2]^2=(x-5)^2$.

【答案】(B)

例 66 若函数 $f(x)$ 的定义域是 $[0,1]$，则 $f(1-2x)$ 的定义域为（　　）.

(A)全体实数　　　(B)$\left[0,\dfrac{1}{2}\right]$　　　(C)$[0,1]$　　　(D)$(-1,1)$　　　(E)$[1,3]$

【解析】$f(1-2x)$ 是函数 $u(x)=1-2x$ 与函数 $y=f(u)$ 复合而成的函数，其中，$y=f(u)$ 的定义域为 $u(x)$ 的值域.

因为函数 $f(u)$ 的定义域是 $[0,1]$，故函数 $u(x)=1-2x$ 的值域为 $[0,1]$，即 $0\leqslant1-2x\leqslant1$，解得 $0\leqslant x\leqslant\dfrac{1}{2}$.

故函数 $f(1-2x)$ 的定义域为 $\left[0,\dfrac{1}{2}\right]$.

【答案】(B)

例 67 函数 $f(x)=\log_{\frac{1}{2}}(x^2-2x-3)$ 的单调递减区间是（　　）.

(A)全体实数　　　　　　(B)$(-\infty,-1)\bigcup(3,+\infty)$　　　　　　(C)$(-\infty,-1)$

(D)$(3,+\infty)$　　　　　　(E)$(-1,3)$

【解析】复合函数单调性判断：同增异减.

因为 $y=\log_{\frac{1}{2}}u$ 是个减函数，要想整个函数取单调递减区间，根据复合函数"同增异减"的法则，$u=x^2-2x-3$ 应取其单调递增区间，故取它的对称轴右侧的部分：$x\geqslant-\dfrac{b}{2a}=-\dfrac{-2}{2\times1}=1$；

又由于 $u=x^2-2x-3$ 的值域要满足 $y=\log_{\frac{1}{2}}u$ 的定义域，故 $u=x^2-2x-3>0$，解得 $x<-1$ 或 $x>3$.

综上所述，单调递减区间是 $(3,+\infty)$.

【答案】(D)

本章模考题 ▸ 函数、方程和不等式

（共 25 小题，每小题 3 分，限时 60 分钟）

一、问题求解：第 1～15 小题，每小题 3 分，共 45 分，下列每题给出的(A)、(B)、(C)、(D)、(E)五个选项中，只有一项是最符合试题要求的.

1. 若方程 $x^2-3x-2=0$ 的两根为 a，b，则 $a^2+3b^2-6b=$（   ）.

   (A)3   (B)9   (C)13   (D)15   (E)17

2. 关于 x 的方程 $a^2x^2-(3a^2-8a)x+2a^2-13a+15=0(a\in\mathbf{Z})$ 恰好有两个整数根，那么 $y=|x-a|+|x+a|+|x-2|$ 的最值情况是（   ）.

   (A)有最小值 3   (B)有最大值 4   (C)有最小值 5

   (D)有最大值 6   (E)最小值随 a 的变化而变化

3. 设 $a>0$，$c>b>0$，则（   ）.

   (A)$\dfrac{a+b}{2a+b}>\dfrac{a+c}{2a+c}$ (B)$\dfrac{a+b}{2a+b}=\dfrac{a+c}{2a+c}$ (C)$\dfrac{a+b}{2a+b}<\dfrac{a+c}{2a+c}$

   (D)$\dfrac{a+b}{2a+b}\geqslant\dfrac{a+c}{2a+c}$ (E)$\dfrac{a+b}{2a+b}\leqslant\dfrac{a+c}{2a+c}$

4. $\dfrac{10x+2}{x^2+3x+2}\geqslant x+1$ 的解集中包含（   ）个非负整数.

   (A)1   (B)2   (C)3   (D)0   (E)无数个

5. 若关于 x 的一元二次方程 $(m-2)^2x^2+(2m+1)x+1=0$ 有两个不相等的实根，则 m 的取值范围是（   ）.

   (A)$m<\dfrac{3}{4}$ (B)$m\leqslant\dfrac{3}{4}$ (C)$m>\dfrac{3}{4}$ 且 $m\neq2$

   (D)$m\geqslant\dfrac{3}{4}$ 且 $m\neq2$ (E)$m>\dfrac{3}{4}$

6. 已知方程 $(m-1)x^2+3x-1=0$ 的两根都是正数，则 m 的取值范围是（   ）.

   (A)$-\dfrac{5}{4}<m<1$ (B)$-\dfrac{5}{4}\leqslant m<1$ (C)$-\dfrac{5}{4}<m\leqslant1$

   (D)$m\leqslant-\dfrac{5}{4}$ 或 $m>1$ (E)以上选项均不正确

7. 如果 a，b 是不同的质数，且 $a^2-13a+m=0$，$b^2-13b+m=0$，那么 $\dfrac{b}{a}+\dfrac{a}{b}$ 的值为（   ）.

   (A)$\dfrac{123}{22}$ (B)$\dfrac{125}{22}$或 2   (C)$\dfrac{125}{22}$ (D)$\dfrac{123}{22}$或 2   (E)2

8. 若关于 x 的方程 $4^x+a\cdot2^x+a+1=0$ 有实数解，求实数 a 的取值范围为（   ）.

   (A)$(-\infty,\ 2-2\sqrt{2}\ ]$ (B)$(-\infty,\ 2-\sqrt{2})$ (C)$[\,2-\sqrt{2}\ ,\ +\infty)$

   (D)$(2-\sqrt{2}\ ,\ +\infty)$ (E)以上选项均不正确

9. 若方程 $(x-1)(x^2-2x+m)=0$ 的三个根是一个三角形的三边长，则实数 m 的取值范围是(　　).

(A)$0 \leqslant m \leqslant 1$　　　　　　(B)$m \geqslant \dfrac{3}{4}$　　　　　　(C)$\dfrac{3}{4} < m \leqslant 1$

(D)$\dfrac{3}{4} < m < 1$　　　　　(E)$m > 1$

10. 已知三个不等式：(1)$x^2-4x+3<0$，(2)$x^2-6x+8<0$，(3)$2x^2-9x+m<0$，要使同时满足 (1)和(2)的所有 x 满足(3)，则实数 m 的取值范围是(　　).

(A)$m > 9$　　　(B)$m < 9$　　　(C)$m \leqslant 9$　　　(D)$m \geqslant 9$　　　(E)$m = 9$

11. 已知 b^2-4ac 是一元二次方程 $ax^2+bx+c=0(a \neq 0)$ 的一个实数根，则 ab 的取值范围是(　　).

(A)$ab \geqslant \dfrac{1}{8}$　　(B)$ab \leqslant \dfrac{1}{8}$　　(C)$ab \geqslant \dfrac{1}{4}$　　(D)$ab \leqslant \dfrac{1}{4}$　　(E)$ab \leqslant -\dfrac{1}{4}$

12. 设 x_1，x_2 是关于 x 的一元二次方程 $x^2+ax+a=2$ 的两个实数根，则 $(x_1-2x_2)(x_2-2x_1)$ 的最大值为(　　).

(A)$\dfrac{63}{8}$　　(B)$-\dfrac{63}{8}$　　(C)$\dfrac{215}{8}$　　(D)$-\dfrac{215}{8}$　　(E)$\dfrac{37}{8}$

13. x_1，x_2 是方程 $6x^2-7x+a=0$ 的两个实数根，若 $\dfrac{x_1}{x_2^2}$，$\dfrac{x_2}{x_1^2}$ 的几何平均值是 $\sqrt{3}$，则 a 的值是(　　).

(A)-1　　(B)0　　(C)1　　(D)2　　(E)3

14. 设正实数 x，y，z 满足 $x^2-3xy+4y^2-z=0$，则当 $\dfrac{z}{xy}$ 取得最小值时，$x+2y-z$ 的最大值为 (　　).

(A)0　　　(B)$\dfrac{9}{8}$　　　(C)2　　　(D)$\dfrac{9}{4}$　　　(E)$\dfrac{9}{2}$

15. 图 3-14 是指数函数(1)$y=a^x$，(2)$y=b^x$，(3)$y=c^x$，(4)$y=d^x$ 的图像，则 a、b、c、d 与1的大小关系是(　　).

(A)$a<b<1<c<d$

(B)$b<a<1<d<c$

(C)$1<a<b<c<d$

(D)$a<b<1<d<c$

(E)以上选项均不正确

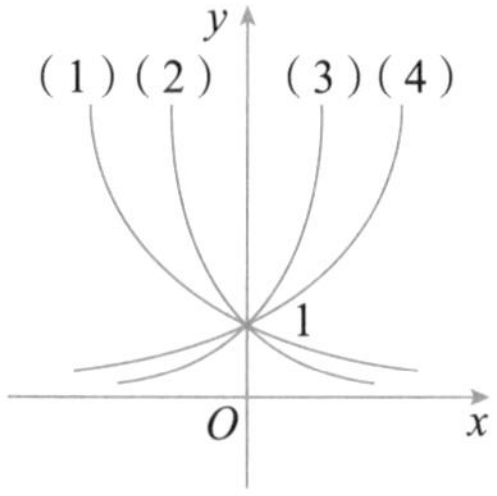

图 3-14

二、条件充分性判断：第 16~25 小题，每小题 3 分，共 30 分. 要求判断每题给出的条件(1)和条件(2)能否充分支持题干所陈述的结论. (A)、(B)、(C)、(D)、(E)五个选项为判断结果，请选择一项符合试题要求的判断.

(A)条件(1)充分，但条件(2)不充分.

(B)条件(2)充分，但条件(1)不充分.

(C)条件(1)和条件(2)单独都不充分，但条件(1)和条件(2)联合起来充分.

(D)条件(1)充分，条件(2)也充分.

(E)条件(1)和条件(2)单独都不充分，条件(1)和条件(2)联合起来也不充分.

16. $C=\{x \mid 2 < x \leqslant 3\}$.

    (1)已知集合 $A=\{x \mid x^2-5x+6 \leqslant 0\}$，$B=\{x \mid |2x-1| > 3\}$，则集合 $A \cap B = C$.

    (2)不等式 $ax^2-x+6>0$ 的解集是 $\{x \mid -3 < x < 2\}$，则不等式 $6x^2-x+a>0$ 的解集为 C.

17. 关于 x 的方程 $(m^2-4)x^2+2(m+1)x+1=0$ 有实根.

    (1)$m=\pm 2$.

    (2)$m \geqslant -\dfrac{5}{2}$.

18. 若不等式 $ax^2+bx+c<0$ 的解为 $-2 < x < 3$，则 $cx^2+bx+a<0$.

    (1)$x < -\dfrac{1}{2}$ 或 $x > \dfrac{1}{3}$.

    (2)$-\dfrac{1}{2} < x < -\dfrac{1}{3}$.

19. 实数 k 的取值范围是 $(-\infty, 2) \cup (5, +\infty)$.

    (1)关于 x 的方程 $kx+2=5x+k$ 的根是非负实数.

    (2)抛物线 $y=x^2-2kx+(7k-10)$ 位于 x 轴上方.

20. 方程 $ax^2+bx+c=0$ 没有整数解.

    (1)若 a，b，c 为偶数.

    (2)若 a，b，c 为奇数.

21. $kx^2-(k-8)x+1$ 对一切实数 x 均为正值(其中 $k \in \mathbf{R}$ 且 $k \neq 0$).

    (1)$k=5$.

    (2)$4 < k < 8$.

22. z 的最大值是 $\dfrac{13}{3}$.

    (1)实数 x、y、z 满足 $x+y+z=5$.

    (2)实数 x、y、z 满足 $xy+yz+zx=3$.

23. 方程 $ax^2+bx+c=0$ 有两个不同的实根.

    (1)$a > b > c$.

    (2)方程 $ax^2+bx+c=0$ 的一个根为 1.

24. 方程 $2x^2-ax-x+a+3=0$ 的两实根为 x_1，x_2，则 $|x_1-x_2|=1$.

    (1)$a=-3$.

    (2)$a=9$.

25. $a=3$.

    (1)关于 x 的方程 $x^2-(2a+4)x+a^2-10$ 的两根之差的绝对值为 $2\sqrt{2}$.

    (2)关于 x 的一元二次方程 $ax^2-6x+3=0$ 有两个相等的实根.

本章模考题 ▶ 参考答案

一、问题求解

1.（E）

【解析】韦达定理问题.

由韦达定理可得 $a+b=3$，$ab=-2$，将 b 代入方程得 $b^2-3b=2$，故有

$$
\begin{aligned}
a^2+3b^2-6b &= a^2+b^2+2b^2-6b \\
&= a^2+b^2+2(b^2-3b) \\
&= a^2+b^2+4 \\
&= (a+b)^2-2ab+4 \\
&= 9+4+4 \\
&= 17.
\end{aligned}
$$

2.（A）

【解析】整数根问题.

$a^2x^2-(3a^2-8a)x+2a^2-13a+15=a^2x^2-(3a^2-8a)x+(2a-3)(a-5)$.

利用十字相乘法，如图 3-15 所示，得

$$[ax-(2a-3)][ax-(a-5)]=0,$$

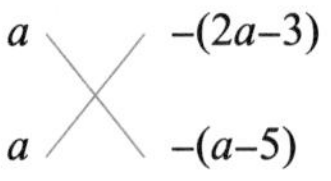

解得 $x_1=\dfrac{2a-3}{a}=2-\dfrac{3}{a}$，$x_2=\dfrac{a-5}{a}=1-\dfrac{5}{a}$.

图 3-15

因为 $a\in\mathbf{Z}$，方程恰有两个整数根，即 x_1，x_2 皆为整数，故 a 能整除 3 和 5，穷举可知 $a=1$ 或 -1.

①当 $a=1$ 时，$y=|x-1|+|x+1|+|x-2|$，由奇数个线性和公式，可知最小值为 3；

②当 $a=-1$ 时，$y=|x+1|+|x-1|+|x-2|$，与式①相同，有最小值 3.

综上所述，$y=|x-a|+|x+a|+|x-2|$ 有最小值 3.

3.（C）

【解析】判断大小问题.

方法一：使用比差法.

$$
\begin{aligned}
&\frac{a+c}{2a+c}-\frac{a+b}{2a+b} \\
&=\frac{(a+c)(2a+b)-(2a+c)(a+b)}{(2a+c)(2a+b)} \\
&=\frac{2a^2+2ac+ab+bc-2a^2-2ab-ac-bc}{(2a+c)(2a+b)} \\
&=\frac{ac-ab}{(2a+c)(2a+b)}>0,
\end{aligned}
$$

故 $\dfrac{a+b}{2a+b}<\dfrac{a+c}{2a+c}$.

方法二：合比定理.

已知 $a+c>a+b$，则 $\dfrac{a}{a+c}<\dfrac{a}{a+b}$，由合比定理，分式上下均加1，可得

$$\frac{2a+c}{a+c}<\frac{2a+b}{a+b}\Rightarrow\frac{a+b}{2a+b}<\frac{a+c}{2a+c}.$$

方法三：糖水不等式法.

因为 $2a+b>a+b$，$c-b>0$，根据糖水不等式可知 $\dfrac{a+b}{2a+b}<\dfrac{a+b+c-b}{2a+b+c-b}<\dfrac{a+c}{2a+c}.$

4. (B)

【解析】穿线法解分式不等式.

$$\frac{10x+2}{x^2+3x+2}\geqslant x+1\Leftrightarrow\frac{x^3+4x^2-5x}{x^2+3x+2}\leqslant0\Rightarrow\frac{x(x+5)(x-1)}{(x+1)(x+2)}\leqslant0$$

等价于

$$x(x+1)(x+2)(x+5)\leqslant0 \text{ 且 } x\neq-1\text{、}-2.$$

由穿线法(如图 3-16 所示)可得，原不等式的解集为 $x\leqslant-5$ 或 $-2<x<-1$ 或 $0\leqslant x\leqslant1.$

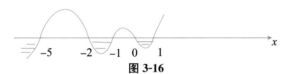

图 3-16

所以非负整数有 0 和 1，共 2 个.

5. (C)

【解析】根的判别式问题.

由一元二次方程的定义可知，$m\neq2.$

由原方程有两个不相等的实根，可得

$$\Delta=(2m+1)^2-4(m-2)^2=20m-15>0,$$

即 $m>\dfrac{3}{4}$. 故 $m>\dfrac{3}{4}$ 且 $m\neq2.$

6. (B)

【解析】根的分布问题.

设两根为 x_1、x_2，若两根均为正数，则必须满足

$$\begin{cases}m-1\neq0,\\\Delta=9+4(m-1)\geqslant0,\\x_1+x_2=-\dfrac{3}{m-1}>0,\\x_1x_2=\dfrac{-1}{m-1}>0\end{cases}\Rightarrow\begin{cases}m\neq1,\\m\geqslant-\dfrac{5}{4},\\m<1,\\m<1\end{cases}\Rightarrow-\frac{5}{4}\leqslant m<1.$$

7. (C)

【解析】韦达定理问题.

显然 a，b 均可视作方程 $x^2-13x+m=0$ 的根.

则有 $a+b=13$，又因为 a，b 均为质数，由穷举法可知

$$\begin{cases} a=2, \\ b=11. \end{cases} 或 \begin{cases} a=11, \\ b=2. \end{cases}$$

故 $\dfrac{b}{a}+\dfrac{a}{b}=\dfrac{125}{22}$.

8.（A）

【解析】根的分布问题.

方法一：设 $t=2^x$，因为 $2^x>0$，所以 $t>0$，原式转换为方程

$$t^2+a\cdot t+a+1=0.$$

由题意可知，上式在 $(0,+\infty)$ 上有解，共有两种情况：

①有两个正根；②只有一个正根.

由二次函数的图像，如图 3-17 所示，得方程 $t^2+at+a+1=0$
在 $(0,+\infty)$ 上有实数解的充要条件为

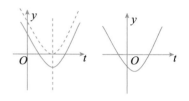

图 3-17

$$\begin{cases} \Delta=a^2-4(a+1)\geqslant 0, \\ -\dfrac{a}{2}>0, \\ f(0)=a+1>0 \end{cases} 或 \begin{cases} \Delta=a^2-4(a+1)>0, \\ f(0)=a+1\leqslant 0, \end{cases}$$

解得 $-1<a\leqslant 2-2\sqrt{2}$ 或 $a\leqslant -1$.

综上，a 的取值范围是 $(-\infty,\ 2-2\sqrt{2}]$.

方法二：分离参数法. 设 $t=2^x(t>0)$，原方程转化为 $t^2+at+a+1=0$，可得 $a=-\dfrac{1+t^2}{1+t}(t>0)$，

函数 $f(t)=-\dfrac{1+t^2}{1+t}(t>0)$ 的值域就是 a 的取值范围.

$$\begin{aligned} f(t)&=-\frac{1+t^2}{1+t}=-\frac{(t^2-1)+2}{1+t} \\ &=-\frac{(t+1)(t-1)}{1+t}-\frac{2}{1+t} \\ &=-(t-1)-\frac{2}{1+t} \\ &=-\left[(t+1)+\frac{2}{1+t}\right]+2, \end{aligned}$$

由对勾函数可知 $(t+1)+\dfrac{2}{t+1}$ 的取值范围为 $(-\infty,\ -2\sqrt{2}]\cup[2\sqrt{2},\ +\infty)$，又因为 $t>0$，故由

均值不等式有 $(t+1)+\dfrac{2}{t+1}\geqslant 2\sqrt{2}$，$f(t)=-\left[(t+1)+\dfrac{2}{1+t}\right]+2\leqslant -2\sqrt{2}+2$，所以 a 的取值范

围是 $(-\infty,\ 2-2\sqrt{2}]$.

方法三：令 $t=2^x(t>0)$，则原式 $=t^2+at+a+1=0$.

分离参数可得，$a=-\dfrac{1+t^2}{1+t}$，因为 $t>0$，所以 $\begin{cases} 1+t^2>0, \\ 1+t>0, \end{cases}$ 即 $a=-\dfrac{1+t^2}{1+t}<0$.

因为方程有实数根，故 $\Delta=a^2-4(a+1)\geqslant 0$，解得 $\begin{cases} a\geqslant 2+2\sqrt{2}（舍）, \\ a\leqslant 2-2\sqrt{2}. \end{cases}$

综上所述，$a \leqslant 2 - 2\sqrt{2}$.

9. （C）

【解析】根的分布问题.

令 $x_1 = 1$，x_2、x_3 分别为 $x^2 - 2x + m = 0$ 的两个正根，由根的分布可知 $\begin{cases} \Delta = 4 - 4m \geqslant 0, \\ x_2 + x_3 > 0, \\ x_2 x_3 > 0. \end{cases}$

又由三角形的两边之差小于第三边，两边之和大于第三边，可知 $\begin{cases} x_2 + x_3 > 1, \\ |x_2 - x_3| < 1. \end{cases}$

最后由韦达定理，解上述两个不等式组，可得 $\dfrac{3}{4} < m \leqslant 1$.

10. （C）

【解析】一元二次不等式.

由 $x^2 - 4x + 3 < 0$ 得 $1 < x < 3$；由 $x^2 - 6x + 8 < 0$ 得 $2 < x < 4$，二者求交集，可得 $2 < x < 3$.

令 $y = 2x^2 - 9x + m$，若满足（1）和（2）的所有 x 满足（3），显然只需要满足，当 $x = 2$ 和 $x = 3$ 时，$y \leqslant 0$ 即可.

解得 $m \leqslant 9$.

11. （B）

【解析】一元二次函数的基础题.

因为方程有实数解，故 $b^2 - 4ac \geqslant 0$. 由一元二次函数的求根公式，可知

$$\frac{-b + \sqrt{b^2 - 4ac}}{2a} = b^2 - 4ac \ \text{或} \ \frac{-b - \sqrt{b^2 - 4ac}}{2a} = b^2 - 4ac.$$

设 $t = \sqrt{b^2 - 4ac}$，则 $\dfrac{-b + t}{2a} = t^2$ 或 $\dfrac{-b - t}{2a} = t^2$，化简，得 $2at^2 - t + b = 0$ 或 $2at^2 + t + b = 0$.

因为关于 t 的一元二次方程有实数解，故 $\Delta = 1 - 4 \times 2ab \geqslant 0$，解得 $ab \leqslant \dfrac{1}{8}$.

12. （B）

【解析】一元二次函数的最值 + 韦达定理.

原方程有两个实根，则 $\Delta = a^2 - 4(a - 2) = a^2 - 4a + 8 = (a - 2)^2 + 4 > 0$，故 a 可取任意实数.

由韦达定理得 $x_1 + x_2 = -a$，$x_1 x_2 = a - 2$，故

$$(x_1 - 2x_2)(x_2 - 2x_1) = -2(x_1 + x_2)^2 + 9x_1 x_2 = -2a^2 + 9a - 18 = -2\left(a - \frac{9}{4}\right)^2 - \frac{63}{8}.$$

当 $a = \dfrac{9}{4}$ 时，上式有最大值 $-\dfrac{63}{8}$.

13. （D）

【解析】韦达定理问题.

由题意知，$\dfrac{x_1}{x_2^2}$，$\dfrac{x_2}{x_1^2}$ 的几何平均值为 $\sqrt{\dfrac{x_1}{x_2^2} \cdot \dfrac{x_2}{x_1^2}} = \dfrac{1}{\sqrt{x_1 x_2}} = \sqrt{3}$.

由韦达定理，可得 $x_1 x_2 = \dfrac{a}{6}$. 故有 $x_1 x_2 = \dfrac{1}{3} = \dfrac{a}{6}$，所以 $a = 2$.

14. (C)

【解析】均值不等式＋一元二次函数求最值.

由 $x^2-3xy+4y^2-z=0$ 可得 $z=x^2-3xy+4y^2$，又因为 x，y，z 为正实数，利用均值不等式，可得

$$\frac{z}{xy}=\frac{x}{y}+\frac{4y}{x}-3\geqslant 2\sqrt{\frac{x}{y}\cdot\frac{4y}{x}}-3=1,$$

当 $\frac{x}{y}=\frac{4y}{x}$ 时，即 $x=2y$ 时，上式取"＝"，$\frac{z}{xy}$ 取最小，故

$$x+2y-z=2y+2y-(x^2-3xy+4y^2)=4y-2y^2=-2(y-1)^2+2\leqslant 2.$$

因此 $x+2y-z$ 的最大值为 2.

15. (B)

【解析】指数函数的图像.

可先分两类，观察图像可知，(3)、(4)的底数一定大于 1，(1)、(2)的底数一定小于 1，然后再从(3)、(4)中比较 c、d 的大小，从(1)、(2)中比较 a、b 的大小.

当指数函数底数大于 1 时，图像上升，且当底数越大，图像向上越靠近于 y 轴；当底数大于 0 小于 1 时，图像下降，底数越小，图像向下越靠近于 x 轴. 故得 $b<a<1<d<c$.

【快速得分法】画 $x=1$ 的直线与图像相交，由从下至上交点出现的顺序可知，$b<a<1<d<c$.

二、条件充分性判断

16. (A)

【解析】一元二次不等式.

条件(1)：已知集合 $A=\{x\mid x^2-5x+6\leqslant 0\}\Rightarrow\{x\mid 2\leqslant x\leqslant 3\}$，集合 $B=\{x\mid |2x-1|>3\}\Rightarrow\{x\mid x<-1\text{ 或 }x>2\}$.

故集合 $A\bigcap B=\{x\mid 2<x\leqslant 3\}=C$，条件(1)充分.

条件(2)：可知 $x=2$，$x=-3$ 是方程 $ax^2-x+6=0$ 的两根；

由韦达定理可得 $2\times(-3)=\dfrac{6}{a}$，则 $a=-1$；

因此不等式 $6x^2-x+a>0$ 等价于 $6x^2-x-1>0$，解得 $x>\dfrac{1}{2}$ 或 $x<-\dfrac{1}{3}$，条件(2)不充分.

17. (D)

【解析】根的判断问题.

条件(1)：$m=\pm 2$ 时，原方程为一元一次方程 $2(m+1)x+1=0$，其系数不为 0，必有实根，故条件(1)充分.

条件(2)：应分两种情形讨论.

①当 $m^2-4=0$ 即 $m=\pm 2$ 时，与条件(1)等价，充分.

②当 $m^2-4\neq 0$ 即 $m\neq\pm 2$ 时，方程为一元二次方程，有根的条件是

$$\Delta=[2(m+1)]^2-4(m^2-4)=8m+20\geqslant 0,$$

解得 $m\geqslant-\dfrac{5}{2}$，即当 $m\geqslant-\dfrac{5}{2}$ 且 $m\neq\pm 2$ 时，方程有实根.

综上所述，当 $m\geqslant-\dfrac{5}{2}$ 时，方程有实根，故条件(2)充分.

18. (A)

【解析】一元二次不等式.

由题意得知，解为 $-2 < x < 3$ 的不等式可以是 $(x+2)(x-3) < 0$，即 $x^2 - x - 6 < 0$.

特殊值法，可令 $a=1$，$b=-1$，$c=-6$，代入 $cx^2 + bx + a < 0$，解得 $x < -\dfrac{1}{2}$ 或 $x > \dfrac{1}{3}$.

故条件(1)充分，条件(2)不充分.

19. (E)

【解析】一元二次函数的基本问题.

条件(1)：$kx+2 = 5x+k \Rightarrow (k-5)x = k-2$. 若方程有根，则 $k \neq 5$，故 $x = \dfrac{k-2}{k-5}$.

由 $x \geqslant 0 \Rightarrow (k-2)(k-5) \geqslant 0$ 且 $k \neq 5$，得 $k > 5$ 或 $k \leqslant 2$，条件(1)不充分.

条件(2)：由抛物线位于 x 轴上方，得 $\Delta = 4k^2 - 4(7k-10) < 0 \Rightarrow 2 < k < 5$，故条件(2)不充分.
两个条件联立也不充分.

20. (B)

【解析】整数根问题.

条件(1)：举反例. 令 $a=0$，$b=2$，$c=4$ 时，原方程有整数解，条件(1)不充分.

条件(2)：假设方程存在一个整数解 x_0，可分类讨论：

①若 x_0 为偶数，显然 $ax_0^2 + bx_0$ 也为偶数，则 c 必须为偶数，等式才可成立，与 c 为奇数矛盾.

②若 x_0 为奇数，则 $ax_0^2 + c$ 为偶数，若题干成立，则 bx_0 为偶数，因为 b 为奇数，故 x_0 为偶数，矛盾.

因此方程无整数解，条件(2)充分.

21. (D)

【解析】恒成立问题.

由题意可知，当 $k \neq 0$ 时，$kx^2 - (k-8)x + 1 > 0$ 恒成立，需要满足

$$\begin{cases} k > 0, \\ \Delta = (k-8)^2 - 4k < 0. \end{cases} \Rightarrow \begin{cases} k > 0, \\ 4 < k < 16. \end{cases}$$

解得 $4 < k < 16$. 故条件(1)和条件(2)都充分.

22. (C)

【解析】最值问题.

条件(1)：令 $x=-5$，$y=-5$，$z=15$，显然不充分.

条件(2)：令 $x=0$，$y=\dfrac{1}{2}$，$z=6$，显然不充分.

联立两个条件：由 $x+y+z=5$，可得 $x=5-z-y$. 将其代入 $xy+yz+zx=3$ 中，可得

$$(5-z-y)y + zy + z(5-z-y) = 3,$$

即 $y^2 + (z-5)y + (z^2 - 5z + 3) = 0$.

将 y 当作未知数，可知该方程为一元二次方程，方程有解等价于判别式 $\Delta \geqslant 0$，即

$$\Delta = (z-5)^2 - 4 \times 1 \times (z^2 - 5z + 3) = -3z^2 + 10z + 13 = (z+1)(-3z+13) \geqslant 0.$$

解得$-1\leqslant z\leqslant\dfrac{13}{3}$，故 z 的最大值为$\dfrac{13}{3}$.

23. (C)

【解析】根的判别式问题.

条件(1)：明显不充分.

条件(2)：将 $x=1$ 代入方程可得 $a+b+c=0$，也无法推出题干结论.

两个条件联立，$a+b+c=0$ 且 $a>b>c$，则有 $a>0$，$c<0$，故 $\Delta=b^2-4ac>0$，方程 $ax^2+bx+c=0$ 一定有两个不同的实根，联立充分.

24. (D)

【解析】韦达定理问题.

由韦达定理得 $x_1+x_2=\dfrac{a+1}{2}$，$x_1x_2=\dfrac{a+3}{2}$，可得

$$|x_1-x_2|=\sqrt{(x_1-x_2)^2}=\sqrt{(x_1+x_2)^2-4x_1x_2}=\sqrt{\left(\dfrac{a+1}{2}\right)^2-4\left(\dfrac{a+3}{2}\right)},$$

将 $a=-3$，$a=9$ 分别代入，可得 $|x_1-x_2|=1$，两个条件都充分.

25. (B)

【解析】根的判别式问题.

条件(1)：由韦达定理，得 $|x_1-x_2|=\dfrac{\sqrt{\Delta}}{|a|}=\sqrt{(2a+4)^2-4(a^2-10)}=\sqrt{16a+56}=2\sqrt{2}$，解得 $a=-3$，条件(1)不充分.

条件(2)：方程 $ax^2-6x+3=0$ 有两个相等的实根，即 $\Delta=(-6)^2-12a=0$，解得 $a=3$，条件(2)充分.

第4章 《数列》母题精讲

本章题型思维导图

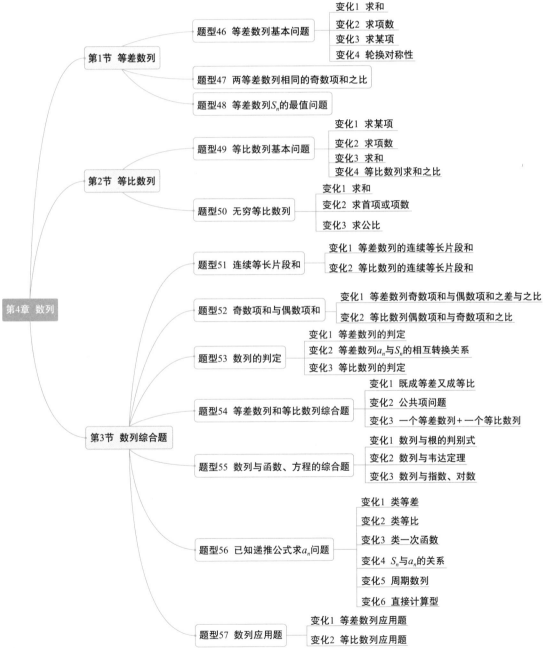

- 第1节 等差数列
  - 题型46 等差数列基本问题
    - 变化1 求和
    - 变化2 求项数
    - 变化3 求某项
    - 变化4 轮换对称性
  - 题型47 两等差数列相同的奇数项和之比
  - 题型48 等差数列S_n的最值问题

- 第2节 等比数列
  - 题型49 等比数列基本问题
    - 变化1 求某项
    - 变化2 求项数
    - 变化3 求和
    - 变化4 等比数列求和之比
  - 题型50 无穷等比数列
    - 变化1 求和
    - 变化2 求首项或项数
    - 变化3 求公比

- 第3节 数列综合题
  - 题型51 连续等长片段和
    - 变化1 等差数列的连续等长片段和
    - 变化2 等比数列的连续等长片段和
  - 题型52 奇数项和与偶数项和
    - 变化1 等差数列奇数项和与偶数项和之差与之比
    - 变化2 等比数列偶数项和与奇数项和之比
  - 题型53 数列的判定
    - 变化1 等差数列的判定
    - 变化2 等差数列a_n与S_n的相互转换关系
    - 变化3 等比数列的判定
  - 题型54 等差数列和等比数列综合题
    - 变化1 既成等差又成等比
    - 变化2 公共项问题
    - 变化3 一个等差数列＋一个等比数列
  - 题型55 数列与函数、方程的综合题
    - 变化1 数列与根的判别式
    - 变化2 数列与韦达定理
    - 变化3 数列与指数、对数
  - 题型56 已知递推公式求a_n问题
    - 变化1 类等差
    - 变化2 类等比
    - 变化3 类一次函数
    - 变化4 S_n与a_n的关系
    - 变化5 周期数列
    - 变化6 直接计算型
  - 题型57 数列应用题
    - 变化1 等差数列应用题
    - 变化2 等比数列应用题

第4章 数列

历年真题考点统计

题型名称	2013	2014	2015	2016	2017	2018	2019	2020	2021	2022	合计
等差数列基本问题	13	7	23		7，25	17			2		7 道
两等差数列相同的奇数项和之比											0 道
等差数列 S_n 的最值问题			20					5			2 道
等比数列基本问题					25	19	16		19，21，23		6 道
无穷等比数列						7					1 道
连续等长片段和											0 道
奇数项和与偶数项和											0 道
数列的判定							25		24	24	3 道
等差数列和等比数列综合题		18							25		2 道
数列与函数、方程的综合题		21									1 道
已知递推公式求 a_n 问题	25			24			15	11			4 道
数列应用题											0 道

命题趋势及预测

2013—2022 年，合计考了 25 道，平均每年 2.5 道.

较有难度的题型：已知递推公式求问题、数列的综合题.

考试频率较高的题型：等差数列基本问题、数列的判定、已知递推公式求问题、数列应用题.

第❶节 等差数列

题型46 等差数列基本问题

[母题综述]

等差数列的基本公式如下：

(1)定义：$a_{n+1} - a_n = d$.

(2)通项公式：$a_n = a_1 + (n-1)d = a_m + (n-m)d$.

(3)前 n 项和：$S_n = \dfrac{n(a_1 + a_n)}{2} = na_1 + \dfrac{n(n-1)}{2}d = \dfrac{d}{2}n^2 + \left(a_1 - \dfrac{d}{2}\right)n$.

(4)中项公式：$2a_{n+1} = a_n + a_{n+2}$.

(5)下标和定理：若 $m+n = p+q$，则 $a_m + a_n = a_p + a_q$. 此式可扩展到 n 项，满足等式左右两侧项数相等、下标和相等即可.

【例】$a_1 + a_5 = 2a_3$，$a_1 + a_{10} + a_{13} = 3a_8$.

[母题精讲]

母题46 $\{a_n\}$ 是等差数列，$a_1 + a_2 + a_3 = 25$，$a_{n-2} + a_{n-1} + a_n = 62$，$S_n = 377$，则 $n = ($ $)$.

(A)20　　　　(B)24　　　　(C)25　　　　(D)26　　　　(E)27

【解析】将题干中的两个式子相加，$a_1 + a_2 + a_3 + a_{n-2} + a_{n-1} + a_n = 25 + 62 = 87$，又因为 $a_1 + a_n = a_2 + a_{n-1} = a_3 + a_{n-2}$，故 $a_1 + a_n = \dfrac{87}{3} = 29$.

由等差数列的求和公式可得 $S_n = \dfrac{n(a_1 + a_n)}{2} = \dfrac{29n}{2} = 377$，故 $n = 26$.

【答案】(D)

[母题变化]

变化1 求和

技巧总结

等差数列求和公式总结：

(1) $S_n = \dfrac{n(a_1 + a_n)}{2} = na_1 + \dfrac{n(n-1)}{2}d = \dfrac{d}{2}n^2 + \left(a_1 - \dfrac{d}{2}\right)n$.

(2) $S_{2n} = n(a_n + a_{n+1})$.

【例】$S_{10} = 5(a_5 + a_6)$，$S_{14} = 7(a_7 + a_8)$.

（3）$S_{2n-1}=(2n-1)a_n$.

【例】$S_{13}=13a_7$，$S_{99}=99a_{50}$.

例 1　等差数列 $\{a_n\}$ 中，$a_1+a_7=42$，$a_{10}-a_3=21$，则该数列前 10 项和 $S_{10}=($　　　)．

(A) 255　　　(B) 257　　　(C) 259　　　(D) 260　　　(E) 272

【解析】根据题意，得

$$\begin{cases} a_1+a_7=a_1+a_1+6d=42, \\ a_{10}-a_3=a_1+9d-(a_1+2d)=21 \end{cases} \Rightarrow \begin{cases} a_1=12, \\ d=3. \end{cases}$$

故 $S_{10}=na_1+\dfrac{n(n-1)}{2}d=120+45\times3=255$．

【答案】(A)

例 2　已知等差数列 $\{a_n\}$ 中，$a_1+a_4+a_{10}=60$，那么 $S_9=($　　　)．

(A) 120　　　(B) 150　　　(C) 180　　　(D) 240　　　(E) 360

【解析】利用下标和定理，得 $a_1+a_4+a_{10}=3a_5=60$，解得 $a_5=20$. 故有

$$S_9=\dfrac{(a_1+a_9)\times9}{2}=9a_5=180.$$

【答案】(C)

变化 2　求项数

例 3　等差数列 $\{a_n\}$ 中，已知 $a_1=\dfrac{1}{3}$，$a_2+a_5=4$，$a_n=\dfrac{61}{3}$，则 n 为($　　　)．

(A) 28　　　(B) 29　　　(C) 30　　　(D) 31　　　(E) 32

【解析】因为 $a_2+a_5=a_1+d+a_1+4d=2\times\dfrac{1}{3}+5d=4$，解得 $d=\dfrac{2}{3}$．

又因为 $a_n=a_1+(n-1)d=\dfrac{61}{3}$，即 $\dfrac{1}{3}+(n-1)\dfrac{2}{3}=\dfrac{61}{3}$，解得 $n=31$．

【答案】(D)

例 4　等差数列前 n 项和为 210，其中前 4 项和为 40，后 4 项的和为 80，则 n 的值为($　　　)．

(A) 10　　　(B) 12　　　(C) 14　　　(D) 16　　　(E) 18

【解析】应用下标和定理 $a_1+a_2+a_3+a_4+a_{n-3}+a_{n-2}+a_{n-1}+a_n=4(a_1+a_n)=120$，故 $a_1+a_n=30$．

故有 $S_n=\dfrac{n(a_1+a_n)}{2}=\dfrac{30n}{2}=210$，解得 $n=14$．

【答案】(C)

变化 3　求某项

例 5　已知等差数列 $\{a_n\}$ 中 $a_m+a_{m+10}=a$，$a_{m+50}+a_{m+60}=b(a\neq b)$，$m$ 为常数，且 $m\in\mathbf{N}^+$，则 $a_{m+100}+a_{m+110}=($　　　)．

(A) 1　　　(B) $\dfrac{b-a}{2}$　　　(C) $\dfrac{5b-3a}{2}$　　　(D) $3b-2a$　　　(E) $2b-a$

【解析】由等差数列的中项公式可得

$$(a_m+a_{m+10})+(a_{m+100}+a_{m+110})=2(a_{m+50}+a_{m+60}),$$
$$a+(a_{m+100}+a_{m+110})=2b.$$

故 $a_{m+100}+a_{m+110}=2b-a$.

【答案】(E)

变化4 轮换对称性

技巧总结

（1）若 $a_m=n$，$a_n=m$，则 $a_{m+n}=0$，此时 S_{m+n} 为最值.

（2）若 $S_m=n$，$S_n=m(m\neq n)$，则 $S_{m+n}=-(m+n)$.

（3）若 $S_m=S_n$，则 $S_{m+n}=0$，$S_{\frac{m+n}{2}}$ 为最值 $(m+n=2k,k\in\mathbf{Z}^+)$.

例6 在等差数列 $\{a_n\}$ 中，$a_2=6$，$a_6=2$，则 $a_8=$（   ）.

(A)0　　　(B)-2　　　(C)-6　　　(D)2　　　(E)4

【解析】根据轮换对称性公式：若 $a_m=n$，$a_n=m$，则 $a_{m+n}=0$，可知 $a_8=0$.

【答案】(A)

例7 已知等差数列 $\{a_n\}$ 中，$S_{10}=100$，$S_{100}=10$，则 $S_{110}=$（   ）.

(A)110　　　(B)-110　　　(C)220　　　(D)-220　　　(E)0

【解析】$S_{100}-S_{10}=a_{11}+a_{12}+a_{13}+\cdots+a_{100}=45(a_{11}+a_{100})=-90$，得 $a_{11}+a_{100}=-2$，故

$$S_{110}=\frac{110(a_1+a_{110})}{2}=\frac{110(a_{11}+a_{100})}{2}=-110.$$

【快速得分法】直接利用等差数列的轮换对称性结论，可知 $S_{110}=-(100+10)=-110$.

【答案】(B)

例8 已知等差数列 $\{a_n\}$ 中，$a_1>0$，$S_{11}=S_{17}$，则数列前 n 项之和中最大值的项数是 $n=$（   ）.

(A)28　　　(B)17　　　(C)14　　　(D)11　　　(E)7

【解析】根据轮换对称性公式，若 $S_m=S_n$，则 $S_{m+n}=0$，$S_{\frac{m+n}{2}}$ 为最值，根据题意 $S_{11}=S_{17}$ 可知，$S_{28}=0$.

因为首项 $a_1>0$，所以 $S_{\frac{28}{2}}=S_{14}$ 取最大值.

【答案】(C)

题型47 两等差数列相同的奇数项和之比

[母题综述]

等差数列 $\{a_n\}$ 和 $\{b_n\}$ 的前 $2k-1$ 项和分别为 S_{2k-1} 和 T_{2k-1} 表示，则

$$\frac{a_k}{b_k}=\frac{S_{2k-1}}{T_{2k-1}}.$$

〖母题精讲〗

母题 47 已知等差数列 $\{a_n\}$ 和 $\{b_n\}$ 的前 $2k-1$ 项和分别为 S_{2k-1} 和 T_{2k-1}，则 $\dfrac{S_{2k-1}}{T_{2k-1}}=($ $)$.

(A)$\dfrac{a_k}{b_k}$ (B)$\dfrac{a_{k+1}}{b_{k+1}}$ (C)$\dfrac{a_{k-1}}{b_{k-1}}$ (D)$\dfrac{k+1}{k}$ (E)1

【解析】$\dfrac{S_{2k-1}}{T_{2k-1}}=\dfrac{\dfrac{(2k-1)(a_1+a_{2k-1})}{2}}{\dfrac{(2k-1)(b_1+b_{2k-1})}{2}}=\dfrac{a_1+a_{2k-1}}{b_1+b_{2k-1}}=\dfrac{2a_k}{2b_k}=\dfrac{a_k}{b_k}$.

【答案】(A)

〖典型例题〗

例9 $\{a_n\}$ 的前 n 项和 S_n 与 $\{b_n\}$ 的前 n 项和 T_n 满足 $S_{19}:T_{19}=3:2$.

(1)$\{a_n\}$ 和 $\{b_n\}$ 是等差数列.

(2)$a_{10}:b_{10}=3:2$.

【解析】两个条件单独显然不充分，故联立两个条件.

根据定理，等差数列 $\{a_n\}$ 的前 n 项和 S_n 与等差数列 $\{b_n\}$ 的前 n 项和 T_n 满足 $\dfrac{a_n}{b_n}=\dfrac{S_{2n-1}}{T_{2n-1}}$，故

$\dfrac{S_{19}}{T_{19}}=\dfrac{a_{10}}{b_{10}}=\dfrac{3}{2}$. 所以，两个条件联立起来充分.

【答案】(C)

例10 等差数列 $\{a_n\}$ 和 $\{b_n\}$ 的前 n 项和分别为 S_n 和 T_n，且 $\dfrac{S_n}{T_n}=\dfrac{3n+1}{2n+15}$ $(n\in\mathbf{Z}^+)$，则 $\dfrac{a_5}{b_5}$ 的值为（ ）.

(A)$\dfrac{34}{37}$ (B)$\dfrac{31}{35}$ (C)$\dfrac{28}{33}$ (D)$\dfrac{28}{31}$ (E)1

【解析】根据定理，有 $\dfrac{a_5}{b_5}=\dfrac{S_9}{T_9}=\dfrac{3\times9+1}{2\times9+15}=\dfrac{28}{33}$.

【答案】(C)

题型 48 等差数列 S_n 的最值问题

〖母题综述〗

1. 等差数列前 n 项和 S_n 有最值的条件

(1)若 $a_1<0$，$d>0$ 时，S_n 有最小值.

(2)若 $a_1>0$，$d<0$ 时，S_n 有最大值.

2. 求解等差数列 S_n 的方法

(1)一元二次函数法

等差数列的前 n 项和可以整理成一元二次函数的形式：$S_n = \dfrac{d}{2}n^2 + \left(a_1 - \dfrac{d}{2}\right)n$，对称轴

为 $n = -\dfrac{a_1 - \dfrac{d}{2}}{2 \times \dfrac{d}{2}} = \dfrac{1}{2} - \dfrac{a_1}{d}$，最值取在最靠近对称轴的整数处.

特别地，若 $S_m = S_n$，即 $S_{m+n} = 0$ 时，对称轴为 $\dfrac{m+n}{2}$.

(2)$a_n = 0$ 法

最值一定在"变号"时取得，可令 $a_n = 0$，则有

①若解得 n 为整数，则 $S_n = S_{n-1}$ 均为最值. 例如，若解得 $n=6$，则 $S_6 = S_5$ 为其最值.

②若解得 n 为非整数，则当 n 取其整数部分 $m(m = [n])$ 时，S_m 取到最值. 例如，若解得 $n = 6.9$，则 S_6 为其最值.

【母题精讲】

母题 48 一个等差数列的首项为 21，公差为 -3，则前 n 项和 S_n 的最大值为(   ).

(A)70　　　　(B)75　　　　(C)80　　　　(D)84　　　　(E)90

【解析】方法一：一元二次函数法.

$$S_n = \frac{d}{2}n^2 + \left(a_1 - \frac{d}{2}\right)n = -\frac{3}{2}n^2 + \left(21 + \frac{3}{2}\right)n.$$

S_n 近似于开口向下的抛物线，其对称轴为 $n = \dfrac{1}{2} - \dfrac{a_1}{d} = 7.5$，离对称轴最近的整数有两个，是 7 和 8，所以 S_n 的最大值为

$$S_7 = S_8 = -\frac{3}{2} \times 7^2 + \left(21 + \frac{3}{2}\right) \times 7 = 84.$$

方法二：$a_n = 0$ 法.

令 $a_n = 0$，即 $a_n = a_1 + (n-1)d = -3n + 24 = 0$，解得 $n = 8$，故 $S_7 = S_8$ 均为 S_n 的最大值，所以 S_n 最大值为

$$S_7 = S_8 = -\frac{3}{2} \times 7^2 + \left(21 + \frac{3}{2}\right) \times 7 = 84.$$

【答案】(D)

【典型例题】

例 11 等差数列 $\{a_n\}$ 的前 n 项和是 S_n，若 $a_1 = -11$，$a_4 + a_6 = -6$，当 S_n 取最小值时，$n =$(   ).

(A)6　　　　(B)7　　　　(C)8　　　　(D)9　　　　(E)10

【解析】方法一：因为 $a_4+a_6=2a_1+8d=2\times(-11)+8d=-6$，解得 $d=2$，故 $S_n=-11n+$

$\dfrac{n(n-1)}{2}\times 2=n^2-12n=(n-6)^2-36$，故 S_6 为最小值.

方法二：因为 $a_4+a_6=2a_1+8d=2\times(-11)+8d=-6$，解得 $d=2$，令 $a_n=-11+2(n-1)=0$，解得 $n=6.5$，则当 $n=6$ 时，S_n 取得最小值.

【答案】(A)

例 12　一个等差数列中，首项为 13，$S_3=S_{11}$，则前 n 项和 S_n 的最大值为(　　).

(A)42　　　　　(B)49　　　　　(C)50　　　　　(D)133　　　　　(E)149

【解析】等差数列的前 n 项和为 $S_n=\dfrac{d}{2}n^2+\left(a_1-\dfrac{d}{2}\right)n$，根据轮换对称性，由 $S_3=S_{11}$，得 $S_{14}=0$，$n=7$ 是抛物线的对称轴. 故对称轴为

$$-\frac{b}{2a}=-\frac{a_1-\dfrac{d}{2}}{2\times\dfrac{d}{2}}=\frac{1}{2}-\frac{a_1}{d}=\frac{1}{2}-\frac{13}{d}=7,$$

解得 $d=-2$. 因此抛物线开口向下，S_n 有最大值，为 $S_7=\dfrac{d}{2}\times 7^2+\left(a_1-\dfrac{d}{2}\right)\times 7=-49+14\times 7=49$.

【注意】由 $S_3=S_{11}$，得 $S_{14}=0$，故当 $n=7$ 时，S_n 取得最大值，但这并不代表 $a_7=0$，例如若 $a_{7.5}=0$ 也能得到 S_7 是最大值.

【答案】(B)

第 **2** 节　等比数列

题型 **49**　等比数列基本问题

[母题综述]

等比数列的基本公式如下：

(1)定义：$\dfrac{a_{n+1}}{a_n}=q\,(q\neq 0)$.

(2)等比数列通项公式：$a_n=a_1 q^{n-1}\,(q\neq 0)$.

(3)等比数列前 n 项和：$S_n=\begin{cases}\dfrac{a_1(1-q^n)}{1-q}, & q\neq 1,\\ na_1, & q=1.\end{cases}$

(4)中项公式：$a_{n+1}^2=a_n a_{n+2}$(各项均不为 0).

(5)下标和定理：若 $m+n=p+q$，则 $a_m a_n=a_p a_q$(各项均不为 0). 此式可扩展到 n 项，满足等式左右两侧项数相等、下标和相等即可.

[母题精讲]

母题 49 等比数列 $\{a_n\}$ 各项均为正数，若 $a_1=1$，$a_{n+2}+2a_{n+1}=8a_n$，则 $S_6=($).

(A)1 365　　　(B)63　　　(C)$\dfrac{63}{32}$　　　(D)126　　　(E)$\dfrac{1\ 365}{1\ 024}$

【解析】 万能方法.

设数列的公比为 q，已知等比数列 $\{a_n\}$ 各项均为正数，故 $q>0$.

由等比数列通项公式 $a_{n+1}=a_1\cdot q^n=a_n\cdot q$，可得

$$a_{n+2}+2a_{n+1}=8a_n \Rightarrow a_nq^2+2a_nq=8a_n \Rightarrow q^2+2q=8 \Rightarrow q=2 \text{ 或 } q=-4(\text{舍}).$$

已知等比数列前 n 项和公式为 $S_n=\dfrac{a_1(1-q^n)}{1-q}$，故 $S_6=\dfrac{a_1(1-q^6)}{(1-q)}=63$.

【答案】 (B)

[母题变化]

变化 1　求某项

例 13 已知等比数列 $\{a_n\}$ 的公比为正数，且 $a_3\cdot a_9=2a_5^2$，$a_2=1$，则 $a_1=($).

(A)$\dfrac{1}{2}$　　　(B)$\dfrac{\sqrt{2}}{2}$　　　(C)$\sqrt{2}$　　　(D)2　　　(E)1

【解析】 由 $\{a_n\}$ 为等比数列，可得 $a_3\cdot a_9=a_6^2=2a_5^2 \Rightarrow a_6=\sqrt{2}a_5 \Rightarrow q=\sqrt{2}$.

又因为 $a_2=a_1q=a_1\times\sqrt{2}=1$，故 $a_1=\dfrac{\sqrt{2}}{2}$.

【答案】 (B)

例 14 在等比数列 $\{a_n\}$ 中，a_2+a_8 的值能确定.

(1)$a_1a_2a_3+a_7a_8a_9+3a_1a_9(a_2+a_8)=27$.

(2)$a_3a_7=2$.

【解析】 条件(1)：化简可得

$$a_1a_2a_3+a_7a_8a_9+3a_1a_9(a_2+a_8)$$
$$=a_2^3+a_8^3+3a_2a_8(a_2+a_8)$$
$$=a_2^3+a_8^3+3a_2^2a_8+3a_2a_8^2$$
$$=(a_2+a_8)^3=27.$$

故 $a_2+a_8=3$，条件(1)充分.

条件(2)：$a_2a_8=a_3a_7=2$，但 a_2+a_8 的值无法确定，不充分.

【答案】 (A)

变化 2　求项数

例 15 正项等比数列 $\{a_n\}$ 中，$a_1a_3=36$，$a_2+a_4=30$，$S_n>200$，则 n 的最小值是( ).

(A)4　　　(B)5　　　(C)6　　　(D)7　　　(E)8

【解析】由 $a_1 a_3 = a_2^2 = 36$，数列的各项均为正，故 $a_2 = 6$；

又由 $a_2 + a_4 = 30$，得 $a_4 = 24$. 因为 $a_4 = a_2 q^2 = 6q^2 = 24$，故 $q = \pm 2$，数列的各项均为正，故 $q = 2$，易知 $a_1 = 3$.

所以，$S_n = \dfrac{a_1(1-q^n)}{1-q} = \dfrac{3(1-2^n)}{1-2} = 3 \cdot 2^n - 3 > 200$，即 $2^n > \dfrac{203}{3} \approx 67.7$，因为 $2^6 = 64$，$2^7 = 128$，故 n 的最小值是 7.

【答案】(D)

变化3 求和

例16 已知等比数列 $\{a_n\}$ 中，$a_1 = 1$，$a_1 \cdot a_4 \cdot a_7 = 512$，那么 $S_9 = ($ $)$.

(A)127   (B)128   (C)511   (D)512   (E)1 023

【解析】由下标和定理，可知 $a_1 \cdot a_4 \cdot a_7 = a_4^3 = 512$，解得 $a_4 = 8$.

又由 $a_4 = a_1 q^3 = 8$，解得 $q = 2$，因此

$$S_9 = \frac{1 \times (1-2^9)}{1-2} = 511.$$

【答案】(C)

变化4 等比数列求和之比

技巧总结

等比数列求和之比：当 $q \neq 1$ 时，$\dfrac{S_n}{S_m} = \dfrac{1-q^n}{1-q^m}$.

例17 已知 $\{a_n\}$ 是首项为 1 的等比数列，S_n 是 $\{a_n\}$ 的前 n 项和，且 $9S_3 = S_6$，则数列 $\left\{\dfrac{1}{a_n}\right\}$ 的前 5 项和为(   ).

(A)$\dfrac{15}{8}$ 或 5   (B)$\dfrac{31}{16}$ 或 5   (C)$\dfrac{31}{16}$

(D)$\dfrac{15}{8}$ (E)5

【解析】若公比 $q = 1$，$S_6 = 2S_3$，与题干矛盾，故 $q \neq 1$.

由等比数列求和之比，可得 $\dfrac{S_6}{S_3} = \dfrac{1-q^6}{1-q^3} = 1 + q^3 = 9$，解得 $q = 2$.

故 $\left\{\dfrac{1}{a_n}\right\}$ 的首项是 1、公比是 $\dfrac{1}{2}$，前 5 项之和为 $S_5 = \dfrac{1-q^5}{1-q} = 2\left(1 - \dfrac{1}{2^5}\right) = \dfrac{31}{16}$.

也可以将前 5 项直接相加，得 $1 + \dfrac{1}{2} + \dfrac{1}{4} + \dfrac{1}{8} + \dfrac{1}{16} = \dfrac{31}{16}$.

【答案】(C)

题型 50 无穷等比数列

【母题综述】

> 1. 无穷递缩等比数列所有项的和
>
> 当 $n \to +\infty$，且 $|q|<1$，$q \neq 0$ 时，$S = \lim\limits_{n \to +\infty} \dfrac{a_1(1-q^n)}{1-q} = \dfrac{a_1}{1-q}$.
>
> 2. 有时候虽然 n 并没有趋近于正无穷，但只要 n 足够大，也可以用这个公式进行估算.

【母题精讲】

母题 50 无穷等比数列 $\{a_n\}$ 中，$\lim\limits_{n \to +\infty}(a_1+a_2+a_3+\cdots+a_n)=\dfrac{1}{2}$，则 a_1 的范围为( ).

(A)$0<a_1<1$ 且 $a_1 \neq \dfrac{1}{2}$ (B)$0<a_1<1$ (C)$a_1 \neq \dfrac{1}{2}$

(D)$a_1>1$ (E)$a_1>\dfrac{1}{2}$

【解析】由题意可得，$\lim\limits_{n \to +\infty}(a_1+a_2+a_3+\cdots+a_n)=\dfrac{a_1}{1-q}=\dfrac{1}{2} \Rightarrow q=1-2a_1$，若无穷等比数列的前 n 项和有极限，则公比满足 $|q|<1$ 且 $q \neq 0$，故 $|1-2a_1|<1$ 且 $1-2a_1 \neq 0$，解得 $0<a_1<1$ 且 $a_1 \neq \dfrac{1}{2}$.

【答案】(A)

【母题变化】

变化 1 求和

例 18 已知无穷等比数列 $a_n=\left(-\dfrac{1}{3}\right)^{n+1}$，则数列 $\{a_{2n-1}\}$ 各项的和为( ).

(A)$\dfrac{1}{2}$ (B)$\dfrac{1}{3}$ (C)$\dfrac{1}{4}$ (D)$\dfrac{1}{8}$ (E)$-\dfrac{1}{9}$

【解析】数列 $\{a_{2n-1}\}$ 是以 $\dfrac{1}{9}$ 为首项、$\dfrac{1}{9}$ 为公比的无穷等比数列，故由无穷递缩等比数列所有项和公式得

$$S=\dfrac{a_1}{1-q}=\dfrac{\dfrac{1}{9}}{1-\dfrac{1}{9}}=\dfrac{1}{8}.$$

【答案】(D)

变化 2 求首项或项数

例 19 一个无穷等比数列所有奇数项之和为 45，所有偶数项之和为 -30，则其首项等于( ).
(A)24   (B)25   (C)26   (D)27   (E)28

【解析】设此数列的首项为 a_1、公比为 q.

由奇数项组成首项为 a_1、公比为 q^2 的等比数列，其和为 $S = \dfrac{a_1}{1-q^2} = 45$；

由偶数项组成首项为 a_1q、公比为 q^2 的等比数列，其和为 $S = \dfrac{a_1q}{1-q^2} = -30$.

两式相除，得 $q = -\dfrac{2}{3}$，$a_1 = 25$.

【答案】(B)

变化 **3** 　求公比

例 20 　已知首项为 1 的无穷递缩等比数列的所有项之和为 5，q 为公比，则 $q = ($　　$)$.

(A) $\dfrac{2}{3}$ 　　　　　　　(B) $-\dfrac{2}{3}$ 　　　　　　　(C) $\dfrac{4}{5}$

(D) $-\dfrac{4}{5}$ 　　　　　　　(E) $\dfrac{1}{2}$

【解析】根据题意，由无穷递缩等比数列所有项和公式，有 $S = \dfrac{a_1}{1-q} = \dfrac{1}{1-q} = 5$，解得 $q = \dfrac{4}{5}$.

【答案】(C)

第 **3** 节　数列综合题

题型 51　连续等长片段和

[母题综述]

1. 等差数列或者等比数列中，S_m，$S_{2m} - S_m$，$S_{3m} - S_{2m}$ 叫作"连续等长（长度为 m）片段和".

2. 等差数列的连续等长片段和

等差数列 $\{a_n\}$ 中，S_m，$S_{2m} - S_m$，$S_{3m} - S_{2m}$ 仍然成等差数列，新公差为 m^2d.

3. 等比数列的连续等长片段和

等比数列 $\{a_n\}$ 中，S_m，$S_{2m} - S_m$，$S_{3m} - S_{2m}$ 仍然成等比数列，新公比为 q^m.

4. 注意

(1) S_m，S_{2m}，S_{3m} 不是等长片段，S_m 是前 m 项和，S_{2m} 是前 $2m$ 项和，S_{3m} 是前 $3m$ 项和，项数不相同.

(2) 此类题也可以令 $m = 1$，即可简化成前三项的关系.

〖母题精讲〗

母题51 若在等差数列中前 5 项和为 20，紧接在后面的 5 项和为 40，则继续紧接在后面的 5 项和为(   ).

(A)40 　　　(B)45 　　　(C)50 　　　(D)55 　　　(E)60

【解析】 S_5，$S_{10}-S_5$，$S_{15}-S_{10}$ 成等差数列，公差为 $d=40-20=20$.

所以，继续紧接在后面的 5 项和为 $S_{15}-S_{10}=40+20=60$.

【答案】(E)

〖母题变化〗

变化 1 　**等差数列的连续等长片段和**

技巧总结

等差数列 $\{a_n\}$ 中，S_m，$S_{2m}-S_m$，$S_{3m}-S_{2m}$ 仍然成等差数列，新公差为 m^2d.

证明：

$$S_m=a_1+a_2+\cdots+a_m, \quad ①$$
$$S_{2m}-S_m=a_{m+1}+a_{m+2}+\cdots+a_{2m}, \quad ②$$
$$S_{3m}-S_{2m}=a_{2m+1}+a_{2m+2}+\cdots+a_{3m}, \quad ③$$
$$式②-式①=(a_{m+1}-a_1)+(a_{m+2}-a_2)+\cdots+(a_{2m}-a_m)=\underbrace{md+md+\cdots+md}_{m个md}=m^2d.$$

同理可得

$$式③-式②=(a_{2m+1}-a_{m+1})+(a_{2m+2}-a_{m+2})+\cdots+(a_{3m}-a_{2m})=\underbrace{md+md+\cdots+md}_{m个md}=m^2d.$$

例21 等差数列 $\{a_n\}$ 的前 m 项和为 30，前 $2m$ 项和为 100，则它的前 $3m$ 项和为(   ).

(A)130 　　　(B)170 　　　(C)210 　　　(D)260 　　　(E)320

【解析】 方法一：等差数列的连续等长片段和仍成等差数列，所以由等差数列中项公式得

$$2(S_{2m}-S_m)=S_{3m}-S_{2m}+S_m \Rightarrow 2(100-30)=S_{3m}-100+30 \Rightarrow S_{3m}=210.$$

方法二：万能方法.

由题意得方程组

$$\begin{cases} ma_1+\dfrac{m(m-1)}{2}d=30, \\ 2ma_1+\dfrac{2m(2m-1)}{2}d=100 \end{cases} \Rightarrow \begin{cases} d=\dfrac{40}{m^2}, \\ a_1=\dfrac{10(m+2)}{m^2}. \end{cases}$$

所以，$S_{3m}=3ma_1+\dfrac{3m(3m-1)}{2}d=3m\cdot\dfrac{10(m+2)}{m^2}+\dfrac{3m(3m-1)}{2}\cdot\dfrac{40}{m^2}=210.$

方法三：特殊值法.

令 $m=1$，可得 $a_1=30$，$a_1+a_2=100$，故 $a_2=70$，$d=40$.

故 $a_3=110$，所以，$S_3=a_1+a_2+a_3=30+70+110=210$.

【答案】(C)

变化 2　等比数列的连续等长片段和

技巧总结

等比数列 $\{a_n\}$ 中，S_m，$S_{2m}-S_m$，$S_{3m}-S_{2m}$ 仍然成等比数列，新公比为 q^m．

证明：

$$S_m=a_1+a_2+\cdots+a_m，①$$

$$S_{2m}-S_m=a_{m+1}+a_{m+2}+\cdots+a_{2m}，②$$

$$S_{3m}-S_{2m}=a_{2m+1}+a_{2m+2}+\cdots+a_{3m}，③$$

$$式②=a_1q^m+a_2q^m+\cdots+a_mq^m=(a_1+a_2+\cdots+a_m)q^m=①\times q^m，故\frac{②}{①}=q^m．$$

同理可得

$$式③=a_{m+1}q^m+a_{m+2}q^m+\cdots+a_{2m}q^m=(a_{m+1}+a_{m+2}+\cdots+a_{2m})q^m=②\times q^m，故\frac{③}{②}=q^m．$$

例 22　已知等比数列的公比为 2，且前 4 项之和等于 1，那么其前 8 项之和等于(　　)．

(A)15　　　　(B)17　　　　(C)19　　　　(D)21　　　　(E)23

【解析】*方法一*：由题意得 $S_4=\dfrac{a_1(1-2^4)}{1-2}=15a_1=1$，解得 $a_1=\dfrac{1}{15}$，则

$$S_8=\frac{a_1(1-2^8)}{1-2}=\frac{1}{15}\times 255=17．$$

方法二：等比数列的连续等长片段和仍成等比数列，新公比为 q^m，由 $S_4=1$，可得 $\dfrac{S_8-S_4}{S_4}=q^4=2^4=16$，解得 $S_8=17$．

【答案】(B)

例 23　设等比数列 $\{a_n\}$ 的前 n 项和为 S_n，若 $\dfrac{S_6}{S_3}=\dfrac{1}{2}$，则 $\dfrac{S_9}{S_3}=(\quad)$．

(A)$\dfrac{1}{2}$　　　(B)$\dfrac{2}{3}$　　　(C)$\dfrac{3}{4}$　　　(D)$\dfrac{1}{3}$　　　(E)1

【解析】*方法一*：等比数列的连续等长片段和仍成等比数列，即 S_3，S_6-S_3，S_9-S_6 成等比数列，可知 $(S_9-S_6)S_3=(S_6-S_3)^2$，又因为 $\dfrac{S_6}{S_3}=\dfrac{1}{2}$，得 $S_6=\dfrac{1}{2}S_3$，代入上式，可得 $\dfrac{S_9}{S_3}=\dfrac{3}{4}$．

方法二：利用等比数列求和之比．

若公比 $q=1$，则 $S_6=3S_3$，与题干不符，故公比 $q\neq 1$，因此

$$\frac{S_6}{S_3}=\frac{1-q^6}{1-q^3}=1+q^3=\frac{1}{2}\Rightarrow q^3=-\frac{1}{2}．$$

又因为 $\dfrac{S_9}{S_3}=\dfrac{1-q^9}{1-q^3}=\dfrac{(1-q^3)(1+q^3+q^6)}{1-q^3}=1+q^3+q^6$，代入 $q^3=-\dfrac{1}{2}$，可得

$$\frac{S_9}{S_3}=1-\frac{1}{2}+\frac{1}{4}=\frac{3}{4}．$$

【答案】(C)

题型 52　奇数项和与偶数项和

[母题综述]

1. 等差数列奇数项和与偶数项和

(1)共有偶数项：若等差数列一共有 $2n$ 项，则 $S_{偶}-S_{奇}=nd$，$\dfrac{S_{偶}}{S_{奇}}=\dfrac{a_{n+1}}{a_n}$，所有项之和 $S_{2n}=n(a_n+a_{n+1})$.

(2)共有奇数项：若等差数列一共有 $2n-1$ 项，则 $S_{奇}-S_{偶}=a_n=a_{中间项}$，$\dfrac{S_{奇}}{S_{偶}}=\dfrac{n}{n-1}$，所有项之和 $S_{2n-1}=(2n-1)a_n$.

2. 等比数列奇数项和与偶数项和

(1)共有偶数项：若等比数列一共有 $2n$ 项，则 $\dfrac{S_{偶}}{S_{奇}}=q$.

(2)共有奇数项：若等比数列一共有 $2n-1$ 项，则 $S_{奇}$ 与 $S_{偶}$ 之间的关系无规律.

[母题精讲]

母题52　$\{a_n\}$ 为等差数列，共有 $2n-1$ 项，且 $a_n\neq0$，其奇数项之和 $S_{奇}$ 与偶数项之和 $S_{偶}$ 之比为(　　).

(A) $\dfrac{S_{奇}}{S_{偶}}=\dfrac{n+1}{n}$　　(B) $\dfrac{S_{奇}}{S_{偶}}=\dfrac{n}{n-1}$　　(C) $\dfrac{S_{奇}}{S_{偶}}=1$　　(D) $\dfrac{S_{奇}}{S_{偶}}=n$　　(E) $\dfrac{S_{奇}}{S_{偶}}=n+1$

【解析】$\dfrac{S_{奇}}{S_{偶}}=\dfrac{n}{n-1}$. 证明过程见变化 1.

【答案】(B)

[母题变化]

变化 1　**等差数列奇数项和与偶数项和之差与之比**

技巧总结

等差数列奇数项和、偶数项和之差与之比的证明：

(1)若等差数列有 $2n$ 项，则

$$S_{奇}=a_1+a_3+\cdots+a_{2n-1}=\frac{(a_1+a_{2n-1})\cdot n}{2}=\frac{2a_n\cdot n}{2}=na_n,$$

$$S_{偶}=a_2+a_4+\cdots+a_{2n}=\frac{(a_2+a_{2n})\cdot n}{2}=\frac{2a_{n+1}\cdot n}{2}=na_{n+1},$$

故 $S_{偶}-S_{奇}=nd$，$\dfrac{S_{奇}}{S_{偶}}=\dfrac{a_n}{a_{n+1}}$，$S_{2n}=S_{奇}+S_{偶}=n(a_n+a_{n+1})$.

（2）若等差数列有 $2n-1$ 项，则

$$S_奇 = a_1 + a_3 + \cdots + a_{2n-1} = \frac{(a_1 + a_{2n-1}) \cdot n}{2} = \frac{2a_n \cdot n}{2} = na_n \text{（同上）},$$

$$S_偶 = a_2 + a_4 + \cdots + a_{2n-2} = \frac{(a_2 + a_{2n-2}) \cdot (n-1)}{2} = \frac{2a_n \cdot (n-1)}{2} = (n-1)a_n,$$

故 $S_奇 - S_偶 = a_n$，$\dfrac{S_奇}{S_偶} = \dfrac{n}{n-1}$，$S_{2n-1} = S_奇 + S_偶 = (2n-1)a_n$.

例 24 已知某等差数列共有 20 项，其奇数项之和为 30，偶数项之和为 40，则其公差为（   ）.

(A)5　　　　　(B)4　　　　　(C)3　　　　　(D)2　　　　　(E)1

【解析】等差数列共有偶数项，则 $S_偶 - S_奇 = 10d = 40 - 30$，解得 $d = 1$.

【答案】(E)

例 25 在等差数列 $\{a_n\}$ 中，已知公差 $d = \dfrac{1}{2}$，且 $a_1 + a_3 + \cdots + a_{99} = 60$，则 $a_1 + a_2 + \cdots + a_{100} = ($ $)$.

(A)120　　　　(B)85　　　　(C)145　　　　(D)−145　　　　(E)−85

【解析】
$$S_偶 - S_奇 = a_2 + a_4 + \cdots + a_{100} - (a_1 + a_3 + \cdots + a_{99})$$
$$= (a_2 - a_1) + (a_4 - a_3) + \cdots + (a_{100} - a_{99})$$
$$= 50d = 25,$$

故 $S_偶 = S_奇 + 50d = 60 + 25 = 85$，即 $a_1 + a_2 + a_3 + \cdots + a_{100} = 60 + 85 = 145$.

【快速得分法】若等差数列有 $2n$ 项，则 $S_偶 - S_奇 = nd$. 故本题中，有 $S_偶 - S_奇 = 50d = 25$.

【答案】(C)

例 26 等差数列 $\{a_n\}$ 一共有奇数项，且此数列中奇数项之和为 77，偶数项之和为 66，$a_1 = 1$，则其项数为（   ）.

(A)11　　　　(B)13　　　　(C)17　　　　(D)19　　　　(E)21

【解析】若等差数列有奇数项，可得

$$\frac{S_奇}{S_偶} = \frac{n}{n-1} = \frac{77}{66} = \frac{7}{6},$$

解得 $n = 7$，故总项数＝奇数项项数＋偶数项项数＝7+6=13.

【答案】(B)

变化 2　等比数列偶数项和与奇数项和之比

技巧总结

等比数列奇数项和、偶数项和之比的证明：

若等比数列有 $2n$ 项，则

$$S_奇 = a_1 + a_3 + \cdots + a_{2n-1},$$

$$S_偶 = a_2 + a_4 + \cdots + a_{2n} = a_1 \cdot q + a_3 \cdot q + \cdots + a_{2n-1} \cdot q = (a_1 + a_3 + \cdots + a_{2n-1}) \cdot q.$$

故 $\dfrac{S_偶}{S_奇} = q$.

例27　在等比数列 $\{a_n\}$ 中，公比 $q=2$，$a_1+a_3+a_5+\cdots+a_{99}=10$，则 $S_{100}=($　　$)$．

(A)20　　　　　　(B)25　　　　　　(C)30　　　　　　(D)35　　　　　　(E)40

【解析】由等比数列有 $2n$ 项，可得 $\dfrac{S_{偶}}{S_{奇}}=q$，故

$$a_2+a_4+a_6+\cdots+a_{100}=2(a_1+a_3+a_5+\cdots+a_{99})=20.$$

所以 $S_{100}=10+20=30$．

【答案】(C)

题型53　数列的判定

[母题综述]

已知一个数列，判断其是否为等差数列(或等比数列)，此类题型称为数列的判定题型．
熟练掌握等差数列与等比数列的判定方法(见变化1和变化3)．

[母题精讲]

母题53　一个等比数列前 n 项和 $S_n=ab^n+c$，$a\neq0$，$b\neq0$ 且 $b\neq1$，a,b,c 为常数，那么 a，b，c 必须满足($\quad$)．

(A)$a+b=0$　　　(B)$c+b=0$　　　(C)$a+c=0$　　　(D)$a+b+c=0$　　　(E)$b-c=0$

【解析】等比数列前 n 项和公式为 $S_n=\dfrac{a_1(1-q^n)}{1-q}=\dfrac{a_1}{1-q}-\dfrac{a_1q^n}{1-q}=ab^n+c$．

故 $a=-\dfrac{a_1}{1-q}$，$b=q$，$c=\dfrac{a_1}{1-q}$，因此 $a+c=0$．

【快速得分法】由等比数列 S_n 的特征：形如 $S_n=k\cdot q^n-k$，可知 $a+c=0$．

【答案】(C)

[母题变化]

变化 1　等差数列的判定

技巧总结

方法		等差数列
特殊值法	令 $n=1,2,3$	前3项成等差
特征判断法	a_n 的特征	形如一个一元一次函数：$a_n=An+B$（A,B 为常数）
	S_n 的特征	形如一个没有常数项的一元二次函数：$S_n=Cn^2+Dn$（C,D 为常数）
递推法	定义法	$a_{n+1}-a_n=d$
	中项公式法	$2a_{n+1}=a_n+a_{n+2}$

例28 下列通项公式表示的数列为等差数列的是(   ).

(A)$a_n=\dfrac{n}{n-1}$ (B)$a_n=n^2-1$ (C)$a_n=5n+(-1)^n$

(D)$a_n=3n-1$ (E)$a_n=\sqrt{n}-\sqrt[3]{n}$

【解析】方法一：根据特征判断法，等差数列的通项公式形如 $a_n=An+B$，故选(D)项.

方法二：令 $n=1$，2，3，求出 a_1，a_2，a_3，验证即可.

【答案】(D)

例29 数列 $\{a_n\}$ 是等差数列.

(1)点 $P_n(n,\ a_n)$ 都在直线 $y=2x+1$ 上.

(2)点 $Q_n(n,\ S_n)$ 都在抛物线 $y=x^2+1$ 上.

【解析】特征判断法.

条件(1)：点 $P_n(n,\ a_n)$ 都在直线 $y=2x+1$ 上，即 $a_n=2n+1$，满足等差数列的通项公式的特征，所以 $\{a_n\}$ 是等差数列，条件(1)充分.

条件(2)：点 $Q_n(n,\ S_n)$ 都在抛物线 $y=x^2+1$ 上，此抛物线的方程有常数项，而等差数列的前 n 项和公式为没有常数项的一元二次函数，所以此数列不是等差数列，条件(2)不充分.

【答案】(A)

变化 2　等差数列 a_n 与 S_n 的相互转换关系

技巧总结

若已知 a_n 与 S_n 的表达式，则有

（1）$a_n=a_1+(n-1)d=dn+a_1-d=An+B$，于是 $d=A$，$a_1=A+B$.

（2）$S_n=\dfrac{d}{2}n^2+\left(a_1-\dfrac{d}{2}\right)n=Cn^2+Dn$，于是 $d=2C$，$a_1=C+D$.

记忆口诀：d 为最高次项系数和次数的乘积，a_1 为各项系数之和.

当我们知道 a_n 的表达式，可以利用 a_1 与 d 的关系得出 S_n 的表达式，反之亦然.

例30 等差数列 $\{a_n\}$ 中，若 $S_n=3n^2+2n$，则 $a_5=(   )$.

(A)11 (B)15 (C)27 (D)29 (E)85

【解析】根据 S_n 的表达式可知，$d=6$，$a_1=5$，再利用 a_n 与 S_n 的关系，可知

$$a_n=6n-1\Rightarrow a_5=29.$$

【答案】(D)

例31 数列 $\{a_n\}$ 前 n 项和 $S_n=n^2+2n$，则使 $100<a_n<200$ 的所有项之和为(   ).

(A)7 000 (B)7 500 (C)8 000 (D)8 500 (E)9 000

【解析】方法一：根据数列前 n 项和的特点可知此数列为等差数列，则 $a_1=S_1=3$，$d=2$.

所以 $a_n=a_1+(n-1)d=3+(n-1)2=2n+1$，即 $100<2n+1<200\Rightarrow49.5<n<99.5$.

因此本题即为求 $a_{50}+a_{51}+\cdots+a_{99}$ 的和.

已知 $a_{50}=2\times50+1=101$，$a_{99}=2\times99+1=199$，故

$$S=\frac{50(a_{50}+a_{99})}{2}=\frac{50(101+199)}{2}=7\ 500.$$

方法二：根据等差数列求和公式特点，可知 $a_1=C+D=3$，$d=2C=2$.

故 $a_n=2n+1$，因此 $100<2n+1<200\Rightarrow49.5<n<99.5$.

因此本题即为求 $a_{50}+a_{51}+\cdots+a_{99}$ 的和，可得

$$S_{99}-S_{49}=99^2+2\times99-49^2-2\times49=7\ 500.$$

【答案】(B)

变化 3　等 比 数 列 的 判 定

技巧总结

方法		等比数列
特殊值法	令 $n=1，2，3$	前 3 项成等比
特征判断法	a_n 的特征	形如 $a_n=Aq^n$（$A，q$ 均是不为 0 的常数，$n\in\mathbf{N}^+$）
	S_n 的特征	$S_n=\dfrac{a_1}{q-1}q^n-\dfrac{a_1}{q-1}=kq^n-k$ $\left(k=\dfrac{a_1}{q-1}\text{ 是不为零的常数，且 }q\neq0，q\neq1\right)$
递推法	定义法	$\dfrac{a_{n+1}}{a_n}=q$（q 是不为 0 的常数）
	中项公式法	$a_{n+1}^2=a_n\cdot a_{n+2}$（$a_n\cdot a_{n+1}\cdot a_{n+2}\neq0$）

例 32　若 $\{a_n\}$ 是等比数列，下面四个命题：①数列 $\{a_n^2\}$ 也是等比数列；②数列 $\{a_{2n}\}$ 也是等比数列；③数列 $\left\{\dfrac{1}{a_n}\right\}$ 也是等比数列；④数列 $\{|a_n|\}$ 也是等比数列，正确命题有(　　)个.

(A)1　　　　　(B)2　　　　　(C)3　　　　　(D)4　　　　　(E)0

【解析】因为等比数列的通项公式为 $a_n=a_1q^{n-1}$.

①$\left.\begin{array}{l}a_n^2=a_1^2q^{2n-2}\\ \text{令 }a_n^2=b_n，a_1^2=b_1\end{array}\right\}\Rightarrow b_n=b_1(q^2)^{n-1}$ 成立；

②$\left.\begin{array}{l}a_{2n}=a_1q^{2n-1}\\ \text{令 }a_{2n}=b_n，a_1q=b_1\end{array}\right\}\Rightarrow b_n=b_1(q^2)^{n-1}$ 成立；

③$\left.\begin{array}{l}\dfrac{1}{a_n}=\dfrac{1}{a_1q^{n-1}}\\ \text{令 }\dfrac{1}{a_n}=b_n，\dfrac{1}{a_1}=b_1\end{array}\right\}\Rightarrow b_n=b_1(q^{-1})^{n-1}$ 成立；

④$\left.\begin{array}{l}|a_n|=|a_1q^{n-1}|=|a_1|\,|q^{n-1}|=|a_1|\,|q|^{n-1}\\ \text{令 }|a_n|=b_n，|a_1|=b_1\end{array}\right\}\Rightarrow b_n=b_1|q|^{n-1}$ 成立.

【快速得分法】此题可以用特殊数列法迅速验证得答案.

【答案】(D)

例 33 等比数列 $\{a_n\}$ 中前 n 项和 $S_n=3^n+r$，则 r 等于(　　).

(A) -1 (B) 0 (C) 1 (D) 3 (E) -3

【解析】方法一：当 $n=1$ 时，$a_1=3+r$；当 $n\geq2$ 时，$a_n=S_n-S_{n-1}=2\cdot3^{n-1}$.

要使 $\{a_n\}$ 为等比数列，须 $3+r=2$，即 $r=-1$.

方法二：特征判断法.

$S_n=\dfrac{a_1}{q-1}q^n-\dfrac{a_1}{q-1}=kq^n-k$，观察可知 $r=-1$.

方法三：特殊值法.

当 $n=1$ 时，$a_1=S_1=3+r$；

当 $n=2$ 时，$S_2=3^2+r=9+r$，所以 $a_2=S_2-a_1=6$；

当 $n=3$ 时，$S_3=3^3+r=27+r$，所以 $a_3=S_3-S_2=18$.

由中项公式，得 $a_2^2=a_1\cdot a_3$，可得 $r=-1$.

【答案】(A)

例 34 数列 a，b，c 是等差数列不是等比数列.

(1) a，b，c 满足关系式 $2^a=3$，$2^b=6$，$2^c=12$.

(2) $a=b=c$ 成立.

【解析】条件(1)：由 $2^a=3$，$2^b=6$，$2^c=12$ 可知 $2^a\cdot2^c=(2^b)^2$，即 $2^{a+c}=2^{2b}$，所以 $a+c=2b$，故 a，b，c 成等差数列.

$$\begin{cases}2^a=3\Rightarrow a=\log_23,\\2^b=6\Rightarrow b=\log_26,\\2^c=12\Rightarrow c=\log_212\end{cases}\Rightarrow\begin{cases}ac=\log_23\cdot\log_212,\\b^2=\log_26\cdot\log_26\end{cases}\Rightarrow ac\neq b^2.$$

故 a，b，c 不是等比数列，条件(1)充分.

条件(2)：当 $a=b=c=0$ 时，a，b，c 是等差数列不是等比数列.

当 $a=b=c\neq0$ 时，a，b，c 既是等差数列又是等比数列.

所以，条件(2)不充分.

【易错点】非零的常数列既是等差数列，又是等比数列；零常数列，是等差数列，不是等比数列.

【答案】(A)

题型 54　等差数列和等比数列综合题

【母题综述】

要求熟练掌握所有等差数列和等比数列的公式，并且可以灵活运用，一题多解.

[母题精讲]

母题54 已知实数数列：-1，a_1，a_2，-4 是等差数列，-1，b_1，b_2，b_3，-4 是等比数列，则 $\dfrac{a_2-a_1}{b_2}=$（   ）.

(A) $\dfrac{1}{2}$ (B) $-\dfrac{1}{2}$ (C) $\pm\dfrac{1}{2}$ (D) $\dfrac{1}{4}$ (E) $\pm\dfrac{1}{4}$

【解析】 由 -1，a_1，a_2，-4 成等差数列，知公差为 $d=\dfrac{-4-(-1)}{3}=-1$，故 $a_1=-2$，$a_2=-3$.

由 -1，b_1，b_2，b_3，-4 成等比数列，知 $b_2^2=(-1)\times(-4)=4$，且 b_2 与 -1，-4 同号，故 $b_2=-2$.

所以 $\dfrac{a_2-a_1}{b_2}=\dfrac{-3-(-2)}{-2}=\dfrac{1}{2}$.

【答案】 (A)

[母题变化]

变化 1 **既成等差又成等比**

技巧总结

1. 既成等差数列又成等比数列的数列，是非零的常数列.

2. 等比数列中，当 $q=1$ 时，数列为非零常数列. 注意此处容易设陷阱.

例 35 某等差数列的第 1、4、25 项和为 114，这三个数顺序排列又构成等比数列，则此三个数各位上的数字之和为（   ）.

(A)24   (B)33   (C)24 或 33   (D)22 或 33   (E)24 或 35

【解析】 设等差数列公差为 d，这三个数分别为 a、b、c，公比为 q.

当 $q=1$ 时，此数列既成等比又成等差，满足题意.

又因为三个数和为 114，所以，$a=b=c=38$，各位上的数字之和为 33.

当 $q\neq1$ 时，$\begin{cases} b^2=ac, \\ b=a+3d, \\ c=a+24d, \\ a+b+c=114. \end{cases}$ 解此方程组可得 $a=2$，$b=14$，$c=98$，各位上的数字之和为 24.

【答案】 (C)

例 36 等比数列 $\{a_n\}$ 的前 n 项和为 S_n，且 $4a_1$，$2a_2$，a_3 成等差数列. 若 $a_1=1$，则 $S_5=$（   ）.

(A)7   (B)8   (C)15   (D)16   (E)31

【解析】 由 $4a_1$，$2a_2$，a_3 成等差数列，则 $4a_2=4a_1+a_3$，即 $4a_1q=4a_1+a_1q^2$，解得 $q=2$.

因此 $S_5=\dfrac{a_1(1-q^5)}{1-q}=\dfrac{1\times(1-2^5)}{1-2}=31$.

【答案】 (E)

变化 **2** 公共项问题

例 37 已知数列 $\{a_n\}$ 的通项公式为 $a_n = 2^n$，数列 $\{b_n\}$ 的通项公式为 $b_n = 3n + 2$. 若数列 $\{a_n\}$ 和 $\{b_n\}$ 的公共项顺序组成数列 $\{c_n\}$，则数列 $\{c_n\}$ 的前 3 项之和为（   ）.

(A)248   (B)168   (C)128   (D)198   (E)208

【解析】*方法一：穷举法.*

$\{a_n\}$ 的前几项依次为 2，4，8，16，32，64，128，$\cdots$.

$\{b_n\}$ 的前几项依次为 5，8，11，14，17，20，23，26，29，32，$\cdots$.

公共项前两项为 8，32.

令 $3n + 2 = 64$，解得 $n = \dfrac{62}{3}$，不成立，故 64 不是公共项.

令 $3n + 2 = 128$，解得 $n = 42$，是整数，成立.

故第三个公共项是 128，前三项之和为 $8 + 32 + 128 = 168$.

方法二：求解整数不定方程.

设公共项为 $a_n = b_m$，则有 $2^n = 3m + 2$，得 $m = \dfrac{2^n - 2}{3}$.

穷举可知，当 $n = 3$，5，7 时，m 为整数. 故公共项为 $2^3 = 8$，$2^5 = 32$，$2^7 = 128$.

前三项之和为 $8 + 32 + 128 = 168$.

【答案】(B)

变化 **3** 一个等差数列 + 一个等比数列

例 38 已知 $\{a_n\}$，$\{b_n\}$ 分别为等比数列与等差数列，$a_1 = b_1 = 1$，则 $b_2 \geqslant a_2$.

(1) $a_2 > 0$.

(2) $a_{10} = b_{10}$.

【解析】条件(1)：显然不充分.

条件(2)：$a_{10} = b_{10}$，即 $1 + 9d = q^9 \Rightarrow d = \dfrac{q^9 - 1}{9}$，$b_2 = 1 + d = 1 + \left(\dfrac{q^9 - 1}{9}\right) = \dfrac{q^9 + 8}{9}$.

当 $q > 0$ 时，可用均值不等式，得

$$b_2 = \frac{q^9 + 8}{9} = \frac{q^9 + 1 + 1 + \cdots + 1}{9} \geqslant \sqrt[9]{q^9} = q = a_2 \Rightarrow b_2 \geqslant a_2.$$

当 $q < 0$ 时，可令 $q = -2$，此时 $d = -57$，$b_2 = -56 < a_2 = -2$，所以条件(2)不充分.

由条件(1)可得 $q > 0$，所以条件(1)和条件(2)联立起来充分.

【答案】(C)

题型55 数列与函数、方程的综合题

〔母题综述〕

数列与函数、方程综合题目常见以下出题方式：

(1)根的判别式与数列综合题

分别使用根的判别式和数列的公式即可，但要注意根的判别式的使用前提是 $a \neq 0$.

(2)韦达定理与数列综合题

分别使用韦达定理和数列的公式即可，但要注意韦达定理的使用前提是 $a \neq 0$，$\Delta \geqslant 0$.

(3)指数、对数与数列综合题

分别使用指数、对数公式和数列的公式即可，但要注意定义域问题.

〔母题精讲〕

母题55 等比数列 $\{a_n\}$ 中，a_3，a_8 是方程 $3x^2 + 2x - 18 = 0$ 的两个根，则 $a_4 \cdot a_7 = ($ $)$.

(A)-9 (B)-8 (C)-6 (D)6   (E)8

【解析】根据韦达定理可知 $a_3 \cdot a_8 = -6$，故由等比数列下标和定理得 $a_4 \cdot a_7 = a_3 \cdot a_8 = -6$.

【答案】(C)

〔母题变化〕

变化 1   **数列与根的判别式**

例39 一元二次方程 $ax^2 + bx + c = 0$ 无实根.

(1)a，b，c 成等比数列.   (2)a，b，c 成等差数列.

【解析】一元二次方程 $ax^2 + bx + c = 0$ 无实根，说明 $a \neq 0$，$\Delta = b^2 - 4ac < 0$.

条件(1)：a，b，c 成等比数列，故 $b^2 = ac$ 且 $a \neq 0$.

$\Delta = b^2 - 4ac = -3b^2 \leqslant 0$，$b \neq 0$，所以 $\Delta = -3b^2 < 0$，条件(1)充分.

条件(2)：令 $a = -1$，$b = 0$，$c = 1$，此时 a，c 异号，一元二次方程有一正一负根，显然不充分.

【答案】(A)

变化 2   **数列与韦达定理**

例40 已知 a，b，c 既成等差数列又成等比数列，设 α，β 是方程 $ax^2 + bx - c = 0$ 的两根，且 $\alpha > \beta$，则 $\alpha^3 \beta - \alpha \beta^3$ 为(   ).

(A)$\sqrt{2}$ (B)$\sqrt{5}$ (C)$2\sqrt{2}$ (D)$2\sqrt{5}$ (E)无法确定

【解析】既成等差数列又成等比数列的数列为非 0 的常数列，故 $a = b = c$.

$ax^2 + bx - c = 0$ 可化为 $ax^2 + ax - a = 0$，即 $x^2 + x - 1 = 0$.

由韦达定理得 $\alpha + \beta = -1$，$\alpha\beta = -1$. 故有

$$\alpha^3\beta-\alpha\beta^3=\alpha\beta(\alpha^2-\beta^2)=\alpha\beta(\alpha+\beta)(\alpha-\beta)=\alpha-\beta=\sqrt{(\alpha+\beta)^2-4\alpha\beta}=\sqrt{5}.$$

【答案】(B)

例 41　等差数列 $\{a_n\}$ 中，$a_1=1$，a_n，a_{n+1} 是方程 $x^2-(2n+1)x+\dfrac{1}{b_n}=0$ 的两个根，则数列 $\{b_n\}$ 的前 n 项和 $S_n=(\quad)$.

(A) $\dfrac{1}{2n+1}$　　　(B) $\dfrac{1}{n+1}$　　　(C) $\dfrac{n}{2n+1}$　　　(D) $\dfrac{n}{n+1}$　　　(E) $\dfrac{1}{n}$

【解析】由韦达定理得 $a_n+a_{n+1}=2n+1$，即

$$a_1+(n-1)d+a_1+(n+1-1)d=(2n-1)d+2=2n+1.$$

由等号两边对应相等，得 $d=1$，$a_n=n$.

因为 $a_na_{n+1}=\dfrac{1}{b_n}$，故 $b_n=\dfrac{1}{a_na_{n+1}}=\dfrac{1}{n(n+1)}$，因此 $S_n=b_1+b_2+\cdots+b_n=1-\dfrac{1}{n+1}=\dfrac{n}{n+1}$.

【答案】(D)

变化 3　数列与指数、对数

例 42　已知 a，b，c，则可推出 $\ln a$，$\ln b$，$\ln c$ 成等差数列.

(1) e^a，e^b，e^c 成等比数列.

(2) 实数 a，b，c 成等差数列.

【解析】条件(1)：e^a，e^b，e^c 成等比数列，$e^{2b}=e^ae^c$，所以 $2b=a+c$. 举反例，令 $a=-1$，$b=-2$，$c=-3$，不满足对数的定义域，条件(1)不充分.

条件(2)：举反例，令 $a=-1$，$b=-2$，$c=-3$，不满足对数的定义域，条件(2)不充分.

观察条件(1)和条件(2)所举的反例，两个条件联立显然也不充分.

【答案】(E)

题型 56　已知递推公式求 a_n 问题

【母题综述】

已知递推公式求 a_n 的问题，是一类重点题型，有以下几种命题模型：

模型 1. 类等差：形如 $a_{n+1}-a_n=f(n)$，用累加法.

模型 2. 类等比：形如 $a_{n+1}=a_n\cdot f(n)$，用累乘法.

模型 3. 类一次函数：形如 $a_{n+1}=A\cdot a_n+B$，构造等比数列法.

模型 4. S_n 与 a_n 的关系：形如 $S_n=f(a_n)$，用 S_n-S_{n-1} 法.

模型 5. 周期数列：每隔几项重复出现的数列.

模型 6. 直接计算型.

【快速得分法】几乎所有递推公式都可以用令 $n=1$，2，3 法，排除选项得到答案.

【母题精讲】

母题56 若数列 $\{a_n\}$ 中，$a_n \neq 0 (n \geq 1)$，$a_1 = \frac{1}{2}$，前 n 项和 S_n 满足 $a_n = \frac{2S_n^2}{2S_n-1}$，$n \geq 2$，则 $\left\{\frac{1}{S_n}\right\}$ 是（ ）．

(A)首项为 2、公比为 $\frac{1}{2}$ 的等比数列　　　　(B)首项为 2、公比为 2 的等比数列

(C)既非等差数列也非等比数列　　　　(D)首项为 2、公差为 $\frac{1}{2}$ 的等差数列

(E)首项为 2、公差为 2 的等差数列

【解析】 *方法一：$S_n - S_{n-1}$ 法．*

当 $n=1$ 时，$\frac{1}{S_n} = \frac{1}{a_1} = 2$；

当 $n \geq 2$ 时，

$$2a_nS_n - a_n = 2S_n^2,$$
$$2(S_n - S_{n-1})S_n - (S_n - S_{n-1}) = 2S_n^2,$$
$$S_n - S_{n-1} = -2S_{n-1}S_n,$$
$$\frac{1}{S_n} - \frac{1}{S_{n-1}} = 2.$$

故 $\left\{\frac{1}{S_n}\right\}$ 是首项为 2、公差为 2 的等差数列．

方法二：数学归纳法．

当 $n=1$ 时，$\frac{1}{S_n} = \frac{1}{a_1} = 2$；当 $n=2$ 时，$a_2 = \frac{2S_2^2}{2S_2-1}$，解得 $\frac{1}{S_2} = 4$；同理可得，$\frac{1}{S_3} = 6$．

根据归纳法知，$\left\{\frac{1}{S_n}\right\}$ 是首项为 2、公差为 2 的等差数列．

【答案】 (E)

【母题变化】

变化 1　类等差

> **技巧总结**
>
> 定义：形如 $a_{n+1} - a_n = f(n)$，后一项与前一项之差是个函数，称为类等差数列．
>
> 特点：a_n 与 a_{n+1} 系数相同．
>
> 方法：先写出若干项，再用累加法求解．

例43 数列 $\{a_n\}$ 中，$a_1 = 1$，$a_{n+1} - a_n = 3n$，则数列 $\{a_n\}$ 的通项公式为（ ）．

(A)$a_n = 3n + 1$ 　　　　(B)$a_n = \frac{3}{2}n^2 - \frac{3}{2}n + 1$ 　　　　(C)$a_n = 3n^2 + 2n$

(D)$a_n = 3n^2 - 2n + 1$ 　　　　(E)$a_n = 3^n - 3$

【解析】由 $a_{n+1}-a_n=3n$，可知

$$a_2-a_1=3\times1,$$
$$a_3-a_2=3\times2,$$
$$a_4-a_3=3\times3,$$
$$\vdots$$
$$a_n-a_{n-1}=3\times(n-1).$$

将以上各式累加，约去相同的项，可得

$$a_n-a_1=3\times(1+2+3+\cdots+n-1)=\frac{3}{2}(n^2-n)\Rightarrow a_n=\frac{3}{2}n^2-\frac{3}{2}n+1.$$

【答案】(B)

变化2 类等比

技巧总结

定义：形如 $a_{n+1}=a_n\cdot f(n)$，后一项与前一项之比是个函数，称为类等比数列.

特点：a_n 与 a_{n+1} 系数不同，且递推式无常数.

方法：先写出若干项，再用累乘法求解.

例44 数列 $\{a_n\}$ 中，$a_1=1$，$a_{n+1}=2^n\cdot a_n$，则数列 $\{a_n\}$ 的通项公式为（　　）.
(A) $a_n=2n+2$　　(B) $a_n=n^2-n+1$　　(C) $a_n=2^{n-1}$
(D) $a_n=2^{\frac{n^2-n}{2}}$　　(E) $a_n=3^n-3$

【解析】由 $a_{n+1}=2^n\cdot a_n$，可知

$$a_2=2^1\cdot a_1,$$
$$a_3=2^2\cdot a_2,$$
$$a_4=2^3\cdot a_3,$$
$$\vdots$$
$$a_n=2^{n-1}\cdot a_{n-1}.$$

将以上各式累乘，约去相同的项，可得 $a_n=2^1\times2^2\times2^3\times\cdots\times2^{n-1}\times a_1=2^{\frac{n^2-n}{2}}$.

【答案】(D)

变化3 类一次函数

技巧总结

定义：形如 $a_{n+1}=A\cdot a_n+B$，称为类一次函数数列.

特点：a_n 与 a_{n+1} 系数不同，且递推式有常数.

方法：构造等比数列法.

令 $a_{n+1}+t=A\cdot(a_n+t)$，则 $\frac{a_{n+1}+t}{a_n+t}=A$，于是新数列 $\{b_n\}=\{a_n+t\}$ 是等比数列，首项为 a_1+t，公比为 A.

求 t 的值：因为 $a_{n+1}+t=A(a_n+t)$，故 $a_{n+1}+t=Aa_n+At\Rightarrow a_{n+1}=Aa_n+At-t$.

将此式与 $a_{n+1}=A\cdot a_n+B$ 做对比，对应项相等，则有

$$B=At-t=t(A-1)\Rightarrow t=\frac{B}{A-1}.$$

故 $b_n=a_n+\dfrac{B}{A-1}$ 是一个首项为 $a_1+\dfrac{B}{A-1}$、公比为 A 的等比数列.

例 45 数列 $\{a_n\}$ 中，$a_1=1$，$a_{n+1}=3a_n+1$，则数列 $\{a_n\}$ 的通项公式为（　　）.

(A) $a_n=3n+2$ (B) $a_n=2n^2-3n+1$ (C) $a_n=\dfrac{3^{n-1}}{2}+2$

(D) $a_n=3n^2-2n+1$ (E) $a_n=\dfrac{3^n}{2}-\dfrac{1}{2}$

【解析】将 $a_{n+1}=3a_n+1$①转化为 $a_{n+1}+t=3(a_n+t)$②，即 $a_{n+1}=3a_n+2t$③.

式①和式③相等，故有 $2t=1$，将 $t=\dfrac{1}{2}$ 代入式②得 $a_{n+1}+\dfrac{1}{2}=3\left(a_n+\dfrac{1}{2}\right)$.

又因为 $a_1+\dfrac{1}{2}=\dfrac{3}{2}$，故 $\left\{a_n+\dfrac{1}{2}\right\}$ 是首项为 $\dfrac{3}{2}$、公比为 3 的等比数列，所以

$$a_n+\frac{1}{2}=\frac{3}{2}\cdot 3^{n-1}=\frac{1}{2}\cdot 3^n\Rightarrow a_n=\frac{1}{2}\cdot 3^n-\frac{1}{2}.$$

【快速得分法】形如 $a_{n+1}=A\cdot a_n+B$ 的类一次函数，采用构造等比数列法，可知 $a_n+\dfrac{B}{A-1}$ 是一个公比为 A 的等比数列. 故本题中由 $a_{n+1}=3a_n+1$，可知 $a_n+\dfrac{1}{2}$ 是公比为 3 的等比数列，排除 (A)、(B)、(D)；再结合 $a_1=1$，可知选 (E).

【答案】(E)

变化 4　S_n 与 a_n 的关系

技巧总结

1. 若已知数列 $\{a_n\}$ 的前 n 项和 S_n，求数列的通项公式 a_n，用 S_n-S_{n-1} 法，即

$$a_n=\begin{cases}a_1=S_1, & n=1,\\ S_n-S_{n-1}, & n\geqslant 2.\end{cases}$$

2. 若已知数列 $\{a_n\}$ 的通项公式 a_n，求数列的前 n 项和 S_n，则 $S_n=a_1+a_2+\cdots+a_n$，再通过公式法、裂项法进行求和运算.

例 46 已知数列 $\{a_n\}$ 的前 n 项和为 $S_n=\dfrac{1}{3}(a_n-1)$，则数列 $\{a_n\}$ 的通项公式为（　　）.

(A) $a_n=\dfrac{1}{3}n+\dfrac{1}{3}$ (B) $a_n=\dfrac{3^{n-1}}{2}+2$ (C) $a_n=3n^2-2n+1$

(D) $a_n=\left(\dfrac{1}{3}\right)^n$ (E) $a_n=\left(-\dfrac{1}{2}\right)^n$

【解析】已知 S_n 与 a_n 的关系，求 a_n，用 S_n-S_{n-1} 法.

$$a_1=S_1=\frac{1}{3}(a_1-1)\Rightarrow a_1=-\frac{1}{2}.$$

当 $n\geqslant2$ 时，$a_n=S_n-S_{n-1}=\frac{1}{3}(a_n-1)-\frac{1}{3}(a_{n-1}-1)$，得 $\frac{a_n}{a_{n-1}}=-\frac{1}{2}$.

所以 $\{a_n\}$ 是首项为 $-\frac{1}{2}$、公比为 $-\frac{1}{2}$ 的等比数列，通项公式为 $a_n=\left(-\frac{1}{2}\right)^n$.

【答案】(E)

例 47 在数列 $\{a_n\}$ 中，$a_n=\frac{1}{n+1}+\frac{2}{n+1}+\cdots+\frac{n}{n+1}$，$b_n=\frac{2}{a_n\cdot a_{n+1}}$，则数列 $\{b_n\}$ 的前 49 项的和为（　　）.

(A)$\frac{192}{25}$　　　　(B)$\frac{196}{25}$　　　　(C)4　　　　(D)8　　　　(E)$\frac{202}{25}$

【解析】已知 a_n 求 S_n.

$$a_n=\frac{1}{n+1}+\frac{2}{n+1}+\cdots+\frac{n}{n+1}=\frac{\frac{(1+n)n}{2}}{n+1}=\frac{n}{2}，\text{ 故 } a_{n+1}=\frac{n+1}{2}.$$

$$b_n=\frac{2}{a_n\cdot a_{n+1}}=\frac{2}{\frac{n}{2}\cdot\frac{n+1}{2}}=\frac{8}{n(n+1)}=8\left(\frac{1}{n}-\frac{1}{n+1}\right).\text{ 故数列 } \{b_n\} \text{ 的前 49 项的和为}$$

$$S_{49}=8\left[\left(1-\frac{1}{2}\right)+\left(\frac{1}{2}-\frac{1}{3}\right)+\left(\frac{1}{3}-\frac{1}{4}\right)+\cdots+\left(\frac{1}{49}-\frac{1}{50}\right)\right]=8\left(1-\frac{1}{50}\right)=\frac{196}{25}.$$

【答案】(B)

变化 5　周期数列

技巧总结

令 $n=1,2,3,\cdots$，如果求出的 a_n 呈现周期性变化，例如：1，2，3，4，1，2，3，4，1，2，3，4，1，$\cdots$，则此类数列称为周期数列.

周期数列的特点是任取一个周期，和为定值.

例 48 设 $a_1=1$，$a_2=k$，$\cdots$，$a_{n+1}=|a_n-a_{n-1}|(n\geqslant2)$，则 $a_{100}+a_{101}+a_{102}=2$.

(1) $k=2$.

(2) k 是小于 20 的正整数.

【解析】条件(1)：$a_1=1$，$a_2=2$，$a_3=|a_2-a_1|=1$，$a_4=|a_3-a_2|=1$，$a_5=|a_4-a_3|=0$，$a_6=|a_5-a_4|=1$，$a_7=|a_6-a_5|=1$，$a_8=|a_7-a_6|=0$，$a_9=|a_8-a_7|=1$，$\cdots$.

经计算可得，从第 3 项开始，数列成为 3 个一循环的周期数列，故有 $a_{99}=1$，$a_{100}=1$，$a_{101}=0$，$a_{102}=1$. 所以 $a_{100}+a_{101}+a_{102}=2$，条件(1)充分.

也可根据"任取一个周期，和为定值"，直接得 $a_{100}+a_{101}+a_{102}=a_3+a_4+a_5=2$.

条件(2)：如条件(1)，令 $k=1$，$k=2$，$\cdots$，$k=19$，经讨论均充分，故条件(2)充分.

但考场上不可能充分讨论,建议直接讨论 $k=1$ 和 $k=19$ 两种极端情况,两种极端情况充分的情况下,中间的情况大概率是充分的.

【答案】(D)

变化 6   直接计算型

例 49 $a_1=\dfrac{1}{3}$.

(1)在数列 $\{a_n\}$ 中,$a_3=2$.

(2)在数列 $\{a_n\}$ 中,$a_2=2a_1$,$a_3=3a_2$.

【解析】两个条件单独显然不成立,联立两个条件.

由条件(2),得 $a_1=\dfrac{a_2}{2}=\dfrac{a_3}{6}$,由条件(1),知 $a_3=2$.

所以,$a_1=\dfrac{a_3}{6}=\dfrac{1}{3}$. 故联立充分.

【答案】(C)

题型 57 数列应用题

【母题综述】

数列部分经常和应用题结合考查.题目背景虽然是应用题,但是具体计算需要用到数列的知识点.

【母题精讲】

母题 57   甲企业一年的总产值为 $\dfrac{a}{p}[(1+p)^{12}-1]$.

(1)甲企业一月份的产值为 a,以后每月产值的增长率为 p.

(2)甲企业一月份的产值为 $\dfrac{a}{2}$,以后每月产值的增长率为 $2p$.

【解析】条件(1):由题可知,每月产值构成首项为 a、公比为 $(1+p)$ 的等比数列,故一年的产值为 $S_{12}=\dfrac{a[1-(1+p)^{12}]}{1-(1+p)}=\dfrac{a}{p}[(1+p)^{12}-1]$,条件(1)充分.

条件(2):由题可知,每月产值构成首项为 $\dfrac{a}{2}$、公比为 $(1+2p)$ 的等比数列,故一年的产值为 $S_{12}=\dfrac{\dfrac{a}{2}[1-(1+2p)^{12}]}{1-(1+2p)}=\dfrac{a}{4p}[(1+2p)^{12}-1]$,条件(2)不充分.

【答案】(A)

[母题变化]

变化 1   等差数列应用题

> 技巧总结
>
> 等差数列的求和公式的应用：$S_n = \dfrac{n(a_1 + a_n)}{2}$ 或者 $S_n = na_1 + \dfrac{n(n-1)}{2}d$.

例 50   在一次数学考试中，某班前 6 名同学的成绩恰好成等差数列．若前 6 名同学的平均成绩为 95 分，前 4 名同学的成绩之和为 388 分，则第 6 名同学的成绩为（   ）分．

(A)92   (B)91   (C)90   (D)89   (E)88

【解析】由题意，可得

$$\begin{cases} \dfrac{a_1 + a_6}{2} = 95, \\ \dfrac{a_1 + a_4}{2} \times 4 = 388, \end{cases} \Rightarrow \begin{cases} \dfrac{a_1 + (a_1 + 5d)}{2} = 95, \\ \dfrac{a_1 + (a_1 + 3d)}{2} \times 4 = 388, \end{cases}$$

解得 $a_1 = 100$，$d = -2$. 故 $a_6 = a_1 + (6-1)d = 90$.

【答案】(C)

例 51   一所四年制大学的毕业生 7 月份离校，新生 9 月份入学．该校 2001 年招生 2 000 名，之后每年比上一年多招 200 名，则该校 2007 年 9 月月底的在校学生有（   ）名．

(A)14 000   (B)11 600   (C)9 000   (D)6 200   (E)3 200

【解析】将各年度学生入校和离校情况整理成表格如下：

年度	2001 年	2002 年	2003 年	2004 年	2005 年	2006 年	2007 年
入校人数	2 000	2 200	2 400	2 600	2 800	3 000	3 200
毕业人数					2 000	2 200	2 400

观察表格可知，2007 年 9 月月底在校学生有 2 600＋2 800＋3 000＋3 200＝11 600（名）．

【答案】(B)

例 52 《张丘建算经》卷上第 22 题为："今有女善织，日益功疾，且从第二天起，每天比前一天多织相同量的布，若第一天织 5 尺布，现有一月（按 30 天计），共织 390 尺布"，则该女最后一天织（   ）尺布．

(A)18   (B)20   (C)21   (D)25   (E)28

【解析】方法一：由题意设从第二天开始，每一天比前一天多织 d 尺布，显然，每天织的布量构成等差数列，则由等差数列的前 n 项和公式有

$$30 \times 5 + \frac{29 \times 30}{2}d = 390,$$

解得 $d = \dfrac{16}{29}$，故 $a_{30} = 5 + (30-1) \times \dfrac{16}{29} = 21$.

方法二：设第一天织布 $a_1=5$，第 30 天织布 a_{30}，则 $S_{30}=\dfrac{(a_1+a_{30})}{2}\times30=390$，解得 $a_{30}=21$.

【答案】(C)

变化 2 等比数列应用题

> 技巧总结
>
> 1. 常见题型为增长率问题、病毒分裂问题、复利计算问题、几何图形的分割，等等.
> 2. 等比数列求和公式的应用：
>
> 当 $q\neq1$ 时，$S_n=\dfrac{a_1(1-q^n)}{1-q}=\dfrac{a_1(q^n-1)}{q-1}$；
>
> 当 $q=1$ 时，$S_n=na_1$；
>
> 当 $n\to+\infty$，且 $|q|<1$ 时，$S=\lim\limits_{n\to+\infty}\dfrac{a_1(1-q^n)}{1-q}=\dfrac{a_1}{1-q}$.

例 53 如图 4-1 所示，方格蜘蛛网是由一簇正方形环绕而成的图形．每个正方形的四个顶点都在其外接正方形的四边上，且分边长的比为 $3:4$，现用 13 米长的铁丝材料制作一个方格蜘蛛网，若最外边的正方形边长为 1 米，由外到内顺序制作，则完整的正方形最多有（　　）个（参考数据：$\lg\dfrac{7}{5}\approx$ 0.15）.

图 4-1

(A)6 　　　　(B)7 　　　　(C)8 　　　　(D)9 　　　　(E)10

【解析】最外边的正方形边长为 1，故边长被分成的两段分别为 $\dfrac{3}{7}$，$\dfrac{4}{7}$.

故第 2 个正方形的边长为 $\sqrt{\left(\dfrac{3}{7}\right)^2+\left(\dfrac{4}{7}\right)^2}=\dfrac{5}{7}$.

设由外到内的第 1 个正方形周长为 a_1，第 2 个正方形周长为 a_2，……，第 n 个正方形的周长为 a_n，则

$$a_1=4\times1,\quad a_2=4\times\dfrac{5}{7},\quad\cdots,\quad a_n=4\times\left(\dfrac{5}{7}\right)^{n-1}.$$

故 $a_1+a_2+\cdots+a_n=4\times\dfrac{1-\left(\dfrac{5}{7}\right)^n}{1-\dfrac{5}{7}}=14\times\left[1-\left(\dfrac{5}{7}\right)^n\right]\leqslant13$，$1-\left(\dfrac{5}{7}\right)^n\leqslant\dfrac{13}{14}$，$\left(\dfrac{5}{7}\right)^n\geqslant\dfrac{1}{14}$.

不等式左右两端同时取对数 $\lg$，得 $\lg\left(\dfrac{5}{7}\right)^n\geqslant\lg\dfrac{1}{14}$，即 $n\lg\dfrac{5}{7}\geqslant\lg\dfrac{1}{14}$，因为 $\lg\dfrac{5}{7}<\lg1=0$，所以

$$n\leqslant\dfrac{\lg\dfrac{1}{14}}{\lg\dfrac{5}{7}}=\dfrac{\lg\left(\dfrac{5}{7}\times\dfrac{1}{10}\right)}{\lg\dfrac{5}{7}}=\dfrac{\lg\dfrac{5}{7}+\lg\dfrac{1}{10}}{\lg\dfrac{5}{7}}=1-\dfrac{1}{\lg\left(\dfrac{7}{5}\right)^{-1}}=1+\dfrac{1}{\lg\dfrac{7}{5}}\approx7.667.$$

故可制作完整的正方形的个数最多为 7 个.

【答案】(B)

本章模考题 ▶ 数列

(共 25 小题，每小题 3 分，限时 60 分钟)

一、问题求解：第 1～15 小题，每小题 3 分，共 45 分，下列每题给出的(A)、(B)、(C)、(D)、(E)五个选项中，只有一项是最符合试题要求的.

1. 已知等差数列 $\{a_n\}$ 中 $a_m+a_{m+10}=a$，$a_{m+50}+a_{m+60}=b$，且 $a \neq b$，m 为常数，且 $m \in \mathbf{N}^+$，则 $a_{m+125}+a_{m+135}=($).

   (A)$2b-a$ (B)$\dfrac{b-a}{2}$ (C)$\dfrac{5b-3a}{2}$ (D)$3b-2a$ (E)$\dfrac{3b-2a}{2}$

2. 已知数列 $\{a_n\}$ 的前 n 项和为 S_n，且 $S_n=n-3a_n-9$，则数列 $\{a_n-1\}$ 是( ).

   (A)等比数列   (B)从第二项起是等比数列   (C)等差数列

   (D)从第二项起是等差数列   (E)既非等差数列又非等比数列

3. 已知数列 $\{a_n\}$ 为等差数列，且 $a_3+a_{12}=8$，则数列 $\{a_n\}$ 的前 14 项和 $S_{14}=($).

   (A)36   (B)48   (C)56   (D)64   (E)72

4. 若 $\{a_n\}$ 是等差数列，已知 $a_1>0$，$a_{2\,003}+a_{2\,004}>0$，$a_{2\,003}a_{2\,004}<0$，则使前 n 项和 $S_n>0$ 成立的最大自然数是( ).

   (A)4 005   (B)4 006   (C)4 007   (D)4 008   (E)4 009

5. 在等差数列 $\{a_n\}$ 中，$a_3=2$，$a_{11}=6$，数列 $\{b_n\}$ 是等比数列，若 $b_2=a_3$，$b_3=\dfrac{1}{a_2}$，则满足 $b_n>\dfrac{1}{a_{26}}$ 的最大的 n 是( ).

   (A)3   (B)4   (C)5   (D)6   (E)7

6. 在数列 $\{a_n\}$ 中，$a_n=4n-\dfrac{5}{2}$，$a_1+a_2+\cdots+a_n=an^2+bn$，$n \in \mathbf{N}^+$，其中 a，b 为常数，则 $ab=$ ( ).

   (A)29   (B)27   (C)-24 (D)36   (E)-1

7. 等差数列 $\{a_n\}$ 中，$3a_5=7a_{10}$，且 $a_1<0$，则 S_n 的最小值为( ).

   (A)S_1 或 S_8 (B)S_{12} (C)S_{13} (D)S_{14} (E)S_{15}

8. 数列 $\{a_n\}$ 前 n 项和 S_n 满足 $\log_2(S_n-1)=n$，则 $\{a_n\}$ 是( ).

   (A)等差数列   (B)等比数列

   (C)既是等差数列又是等比数列   (D)既非等差数列亦非等比数列

   (E)以上选项均不正确

9. 数列 $\{a_n\}$ 中，首项 $a_1=3$，$a_n-a_{n+1}=5a_na_{n+1}$，则 $a_n=($).

   (A)$\dfrac{6}{2n+1}$ (B)$2n+1$ (C)$\dfrac{6}{3n-1}$

   (D)$5n-2$ (E)$\dfrac{3}{15n-14}$

10. 在 -12 和 6 之间插入 n 个数，使这 $n+2$ 个数组成和为 -21 的等差数列，则 n 的值为(　　).

　　(A)4　　　　　(B)5　　　　　(C)6　　　　　(D)7　　　　　(E)8

11. 已知两个等差数列 $\{a_n\}$ 和 $\{b_n\}$ 的前 n 项和分别为 A_n 和 B_n，且 $\dfrac{A_n}{B_n}=\dfrac{7n+45}{n+3}$，则使得 $\dfrac{a_n}{b_n}$ 为整数的正整数 n 的个数是(　　).

　　(A)2　　　　　(B)3　　　　　(C)4　　　　　(D)5　　　　　(E)6

12. 数列 $\{a_n\}$ 的前 n 项和为 S_n，若 $a_n=\dfrac{1}{n(n+1)}$，则 S_5 等于(　　).

　　(A)1　　　　　(B)$\dfrac{5}{6}$　　　　　(C)$\dfrac{1}{6}$　　　　　(D)$\dfrac{1}{30}$　　　　　(E)$\dfrac{1}{2}$

13. 已知等比数列 $\{a_n\}$ 满足 $a_n>0$，$n=1$，2，3，…，且 $a_5a_{2n-5}=2^{2n}(n\geqslant 3)$，则当 $n\geqslant 1$ 时，$\log_2 a_1+\log_2 a_3+\cdots+\log_2 a_{2n-1}=($　　$)$.

　　(A)$n(2n-1)$　　　　　　　　(B)$(n+1)^2$　　　　　　　　(C)n^2

　　(D)$(n-1)^2$　　　　　　　　(E)n^2-1

14. 设等比数列 $\{a_n\}$ 的前 n 项为 S_n，若 $\dfrac{S_6}{S_3}=3$，则 $\dfrac{S_9}{S_6}=($　　$)$.

　　(A)2　　　　　(B)$\dfrac{7}{3}$　　　　　(C)$\dfrac{8}{3}$　　　　　(D)3　　　　　(E)$\dfrac{10}{3}$

15. 已知数列 $a_n=\dfrac{2n-3}{3^n}$，则其前 n 项和为(　　).

　　(A)$S_n=-\dfrac{n}{3^n}$　　　　　　(B)$S_n=-\dfrac{n+1}{3^n}$　　　　　　(C)$S_n=-\dfrac{n}{3^{n-1}}$

　　(D)$S_n=-\dfrac{n}{3^{n+1}}$　　　　　(E)$S_n=-\dfrac{n+1}{3^{n+1}}$

二、条件充分性判断：第 16～25 小题，每小题 3 分，共 30 分．要求判断每题给出的条件(1)和条件(2)能否充分支持题干所陈述的结论．(A)、(B)、(C)、(D)、(E)五个选项为判断结果，请选择一项符合试题要求的判断．

　　(A)条件(1)充分，但条件(2)不充分．

　　(B)条件(2)充分，但条件(1)不充分．

　　(C)条件(1)和条件(2)单独都不充分，但条件(1)和条件(2)联合起来充分．

　　(D)条件(1)充分，条件(2)也充分．

　　(E)条件(1)和条件(2)单独都不充分，条件(1)和条件(2)联合起来也不充分．

16. 数列 $\{a_n\}$ 的前 k 项和 $a_1+a_2+\cdots+a_k$ 与随后的 k 项和 $a_{k+1}+a_{k+2}+\cdots+a_{2k}$ 之比与 k 无关．

　　(1)$a_n=2n$　$(n=1$，2，…$)$.

　　(2)$a_n=2n-1$　$(n=1$，2，…$)$.

17. $\dfrac{(a_1+a_2)^2}{b_1 b_2}$ 的取值范围是 $(-\infty，0]\cup[4，+\infty)$.

　　(1)x，a_1，a_2，y 成等差数列．

　　(2)x，b_1，b_2，y 成等比数列．

18. 已知数列 $\{a_n\}$ 是等差数列 $(d\neq 0)$，且有 $a_1=25$，$S_{17}=S_9$，那么 $S_T=169$.

    (1) $T=13$.

    (2) 数列 $\{a_n\}$ 的前 n 项和最大值为 S_T.

19. $\left(\dfrac{1}{2}\right)^x$，$2^{1-x}$，$2^{x^2}$ 成等比数列.

    (1) $-x$，$1-x$，x^2 成等差数列.

    (2) $\lg x$，$\lg(x+1)$，$\lg(x+3)$ 成等差数列.

20. 在等比数列 $\{a_n\}$ 中，a_3+a_7 的值能确定.

    (1) $a_2a_3a_4+a_6a_7a_8+3a_2a_8(a_3+a_7)=-8$.

    (2) $a_4+a_6=6$.

21. 数列 $\{a_n\}$，$a_{2\,009}+a_{2\,010}+a_{2\,011}+a_{2\,012}=24$.

    (1) 数列 $\{a_n\}$ 中任何连续三项和都是 20.

    (2) $a_{102}=7$，$a_{1\,000}=9$.

22. 二次函数 $f(x)=ax^2+bx+c$ 与 x 轴有两个不同的交点.

    (1) a，b，c 成等比数列.

    (2) a，$\dfrac{b}{2}$，c 成等差数列.

23. 设 $\{a_n\}$ 是等比数列，则 S_{10} 的值可唯一确定.

    (1) $a_5+a_6=a_7-a_5=48$.

    (2) $2a_ma_n=a_m{}^2+a_n{}^2=18$.

24. 若一个首项为正数的等差数列，前 3 项和与前 11 项和相等，则这个数列的前 n 项和 S_n 取得最大值.

    (1) $n=6$.

    (2) $n=7$.

25. 数列 6，x，y，16 前三项成等差数列，则能确定后三项成等比数列.

    (1) $4x+y=0$.

    (2) x，y 是方程 $t^2+3t-4=0$ 的两个根.

本章模考题 ▶ 参考答案

一、问题求解

1. (C)

【解析】等差数列基本问题.

由题意,可得 $a_m + a_{m+10} = a \Rightarrow 2a_m + 10d = a$,$a_{m+50} + a_{m+60} = b \Rightarrow 2a_m + 110d = b$.

联立,可得 $a_m = \dfrac{11a-b}{20}$,$d = \dfrac{b-a}{100}$,故

$$a_{m+125} + a_{m+135} = 2a_m + 260d = \frac{11a-b}{10} + \frac{26b-26a}{10} = \frac{25b-15a}{10} = \frac{5b-3a}{2}.$$

2. (A)

【解析】等差、等比数列的判定.

当 $n=1$ 时,$a_1 = -2$;

当 $n \geqslant 2$ 时,$a_n = S_n - S_{n-1} = n - 3a_n - 9 - [(n-1) - 3a_{n-1} - 9]$,整理,得

$$a_n = -3a_n + 3a_{n-1} + 1 \Rightarrow a_n - 1 = \frac{3}{4}(a_{n-1} - 1).$$

又因为 $a_1 - 1 = -3$,故数列 $\{a_n - 1\}$ 是首项为 -3、公比为 $\dfrac{3}{4}$ 的等比数列.

3. (C)

【解析】等差数列基本问题.

根据等差数列前 n 项和公式及下标和定理,可知 $S_{14} = \dfrac{14(a_1 + a_{14})}{2} = \dfrac{14(a_3 + a_{12})}{2} = 56$.

4. (B)

【解析】等差数列基本问题.

由 $a_{2\,003} + a_{2\,004} > 0$,$a_{2\,003} a_{2\,004} < 0$,且 $a_1 > 0$,可知 $a_{2\,003} > 0$,$a_{2\,004} < 0$,而

$$S_{4\,006} = \frac{4\,006}{2}(a_1 + a_{4\,006}) = 2\,003(a_{2\,003} + a_{2\,004}) > 0,\quad S_{4\,007} = \frac{4\,007(a_1 + a_{4\,007})}{2} = 4\,007a_{2\,004} < 0.$$

故使 $S_n > 0$ 成立的最大自然数 $n = 4\,006$.

5. (B)

【解析】等差、等比数列基本问题.

等差数列 $\{a_n\}$ 的公差 $d = \dfrac{a_{11} - a_3}{11-3} = \dfrac{1}{2} \Rightarrow a_{26} = a_3 + 23d = \dfrac{27}{2} \Rightarrow \dfrac{1}{a_{26}} = \dfrac{2}{27}$.

设等比数列 $\{b_n\}$ 的公比为 q,因为 $b_2 = a_3 = 2$,$b_3 = \dfrac{1}{a_2} = \dfrac{1}{a_3 - d} = \dfrac{2}{3} \Rightarrow q = \dfrac{1}{3}$,$b_1 = 6$.

故 $b_n = b_1 q^{n-1} = 6 \times \left(\dfrac{1}{3}\right)^{n-1} > \dfrac{2}{27} \Rightarrow n < 5$,所以 n 的最大值为 4.

6. (E)

【解析】等差数列基本问题.

方法一:由等差数列的特征判断可知 $\{a_n\}$ 为等差数列,根据前 n 项公式,可得

$$S_n=\frac{(a_1+a_n)n}{2}=\frac{\left(4-\frac{5}{2}+4n-\frac{5}{2}\right)n}{2}=2n^2-\frac{1}{2}n.$$

故 $a=2$，$b=-\frac{1}{2}$，则 $ab=-1$.

方法二：由 $a_n=4n-\frac{5}{2}$，可知数列为首项为 $\frac{3}{2}$、公差为 4 的等差数列，故由转换关系得

$$d=2a=4,\quad a_1=a+b=\frac{3}{2},$$

故 $a=2$，$b=-\frac{1}{2}$，则 $ab=-1$.

7. (C)

【解析】 等差数列 S_n 的最值问题.

由题干知 $3a_5=7a_{10}$，即 $3(a_1+4d)=7(a_1+9d)$，解得 $a_1=-\frac{51}{4}d$. 因为 $a_1<0$，则 $d>0$，S_n 存在最小值，且在 a_n 变号时取得.

令 $a_n=a_1+(n-1)d=\left(n-\frac{55}{4}\right)d=0$，解得 $n=\frac{55}{4}=13.75$.

n 取整数，故当 $n=13$ 时，S_n 取到最小值，为 S_{13}.

8. (D)

【解析】 等差、等比数列的判定.

因 $\log_2(S_n-1)=n\Rightarrow 2^n=S_n-1\Rightarrow S_n=2^n+1$，根据等差数列与等比数列的 S_n 的特征，可知本题中 $\{a_n\}$ 既非等差数列又非等比数列.

9. (E)

【解析】 数列的递推公式问题.

由 $a_n-a_{n+1}=5a_na_{n+1}$，可得 $\frac{1}{a_{n+1}}-\frac{1}{a_n}=5$.

所以 $\left\{\frac{1}{a_n}\right\}$ 是一个首项为 $\frac{1}{3}$、公差为 5 的等差数列，其通项公式为

$$\frac{1}{a_n}=\frac{1}{3}+(n-1)\times 5=5n-\frac{14}{3}=\frac{15n-14}{3},$$

故 $a_n=\frac{3}{15n-14}$.

10. (B)

【解析】 等差数列基本问题.

由等差数列的求和公式，可得

$$S_{n+2}=\frac{(-12+6)(n+2)}{2}=-21\Rightarrow n=5.$$

11. (D)

【解析】 两等差数列相同的奇数项和之比问题.

运用奇数项和公式，即 $S_{2n-1}=(2n-1)a_n$，得

$$\frac{a_n}{b_n}=\frac{(2n-1)a_n}{(2n-1)b_n}=\frac{A_{2n-1}}{B_{2n-1}}=\frac{7(2n-1)+45}{(2n-1)+3}=\frac{14n+38}{2n+2}=\frac{7n+19}{n+1}=7+\frac{12}{n+1}.$$

穷举可知，当 $n=1$，2，3，5，11 时，$\frac{a_n}{b_n}$ 为整数，则满足要求的正整数 n 共有 5 个.

12.（B）

【解析】递推公式问题.

由 $a_n=\dfrac{1}{n(n+1)}$，得 $a_n=\dfrac{1}{n}-\dfrac{1}{n+1}$，所以

$$S_5=a_1+a_2+a_3+a_4+a_5=\left(1-\dfrac{1}{2}\right)+\left(\dfrac{1}{2}-\dfrac{1}{3}\right)+\left(\dfrac{1}{3}-\dfrac{1}{4}\right)+\left(\dfrac{1}{4}-\dfrac{1}{5}\right)+\left(\dfrac{1}{5}-\dfrac{1}{6}\right)=1-\dfrac{1}{6}=\dfrac{5}{6}.$$

13.（C）

【解析】数列与对数综合题.

利用等比数列中项公式，有 $a_5a_{2n-5}=a_n^{\,2}$，则由 $a_5a_{2n-5}=2^{2n}(n\geqslant 3)$ 得 $a_n^{\,2}=2^{2n}$，因为 $a_n>0$，则 $a_n=2^n$，故

$$\log_2 a_1+\log_2 a_3+\cdots+\log_2 a_{2n-1}=\log_2 2^1+\log_2 2^3+\cdots+\log_2 2^{2n-1}=1+3+\cdots+(2n-1)=n^2.$$

14.（B）

【解析】等比数列连续等长片段和问题.

设等比数列的公比为 q，由等比数列的连续等长片段和仍为等比数列，即 S_3，S_6-S_3，S_9-S_6 成等比数列，则 $\dfrac{S_6}{S_3}=\dfrac{(1+q^3)S_3}{S_3}=1+q^3=3$，解得 $q=\sqrt[3]{2}$. 故

$$\dfrac{S_9}{S_6}=\dfrac{1+q^3+q^6}{1+q^3}=\dfrac{1+2+4}{1+2}=\dfrac{7}{3}.$$

15.（A）

【解析】错位相减法.

由题意

$$S_n=-\dfrac{1}{3}+\dfrac{1}{3^2}+\cdots+\dfrac{2n-5}{3^{n-1}}+\dfrac{2n-3}{3^n},$$

$$3S_n=-1+\dfrac{1}{3}+\cdots+\dfrac{2n-5}{3^{n-2}}+\dfrac{2n-3}{3^{n-1}},$$

两式相减，得

$$2S_n=-1+\dfrac{2}{3}+\cdots+\dfrac{2}{3^{n-1}}-\dfrac{2n-3}{3^n}=\dfrac{2}{3}\times\dfrac{1-\left(\dfrac{1}{3}\right)^{n-1}}{1-\dfrac{1}{3}}-1-\dfrac{2n-3}{3^n}=-\dfrac{2n}{3^n}.$$

故 $S_n=-\dfrac{n}{3^n}$.

【快速得分法】特殊值法，将 $n=1$ 代入即可判断.

二、条件充分性判断

16.（B）

【解析】等差数列基本问题.

条件（1）：由 $a_n=2n$，知数列是首项为 2、公差为 2 的等差数列，则由等差数列求和公式得

$$S_k=k^2+k,\quad S_{2k}=4k^2+2k.$$

故 $\dfrac{S_k}{S_{2k}-S_k}=\dfrac{k^2+k}{3k^2+k}=\dfrac{k+1}{3k+1}$，比值与 k 有关，则条件（1）不充分.

条件（2）：由 $a_n=2n-1$，知数列是首项为 1、公差为 2 的等差数列，则

$$S_k=k^2,\quad S_{2k}=4k^2.$$

故 $\dfrac{S_k}{S_{2k}-S_k}=\dfrac{k^2}{3k^2}=\dfrac{1}{3}$，与 k 无关，则条件（2）充分.

17.（C）

【解析】等差数列与等比数列综合题.

条件(1)和条件(2)单独显然不充分，联立之.

由两个条件得 $a_1+a_2=x+y$，$b_1b_2=xy$.

方法一：若 x，y 同号，则 $\dfrac{(a_1+a_2)^2}{b_1b_2}=\dfrac{(x+y)^2}{xy}\geqslant\dfrac{4xy}{xy}=4$；

若 x，y 异号，则 $\dfrac{(a_1+a_2)^2}{b_1b_2}=\dfrac{(x+y)^2}{xy}\leqslant0$.

故两个条件联立起来充分.

方法二：由题意，得 $\dfrac{(a_1+a_2)^2}{b_1b_2}=\dfrac{(x+y)^2}{xy}=2+\dfrac{x^2+y^2}{xy}=2+\dfrac{x}{y}+\dfrac{y}{x}$，所以

若 $xy>0$，则 $\dfrac{x}{y}+\dfrac{y}{x}\geqslant2$，即 $\dfrac{(a_1+a_2)^2}{b_1b_2}\geqslant4$；

若 $xy<0$，则 $\dfrac{x}{y}+\dfrac{y}{x}\leqslant-2$，即 $\dfrac{(a_1+a_2)^2}{b_1b_2}\leqslant0$.

故两个条件联立起来充分.

18.（D）

【解析】等差数列 S_n 的最值问题.

等差数列的前 n 项和公式为 $S_n=\dfrac{d}{2}n^2+\left(a_1-\dfrac{d}{2}\right)n$，图像近似于一条抛物线，由 $S_{17}=S_9$，可

得 $n=13$ 为抛物线的对称轴，根据对称轴公式得

$$-\frac{b}{2a}=-\frac{a_1-\dfrac{d}{2}}{2\times\dfrac{d}{2}}=\frac{1}{2}-\frac{a_1}{d}=\frac{1}{2}-\frac{25}{d}=13\Rightarrow d=-2.$$

由 $\dfrac{d}{2}<0$ 可知，抛物线开口向下，其最值处于顶点处，故数列 $\{a_n\}$ 的前 n 项和的最大值为 $S_T=$

$S_{13}=169$.因此条件(1)和条件(2)均充分.

19.（D）

【解析】等比数列的判定.

题干等价于 $(2^{1-x})^2=2^{-x}\cdot2^{x^2}$，即 $2(1-x)=-x+x^2$.

条件(1)：由中项公式，得 $2(1-x)=-x+x^2$，条件(1)充分.

条件(2)：由中项公式，得 $2\lg(x+1)=\lg x+\lg(x+3)$，整理得 $(x+1)^2=x(x+3)$，解得

$x=1$，代入 $2(1-x)=-x+x^2$ 可知成立，故条件(2)也充分.

20.（A）

【解析】等比数列基本问题.

条件(1)：应用等比数列的中项公式及下标和定理，有 $a_2a_3a_4=a_3^3$，$a_6a_7a_8=a_7^3$，$a_2a_8=$

a_3a_7，故

$$原式=a_3^3+3a_3^2a_7+3a_3a_7^2+a_7^3=(a_3+a_7)^3=-8.$$

所以 $a_3+a_7=-2$，条件(1)充分.

条件(2)：显然不充分.

21. (C)

【解析】递推公式问题.

两个条件显然单独不充分，故联立.

条件(1)：任何连续三项和都是20，可知数列为三个数的周期数列，即 $a_n = a_{n+3}$.

由条件(2)可知 $a_{999} = a_{102+3 \times 299} = a_{102} = 7$，因此，$a_{1\,001} = 20 - a_{999} - a_{1\,000} = 20 - 7 - 9 = 4$.

故 $a_{2\,012} = a_{1\,001+3 \times 337} = a_{1\,001} = 4$，所以

$$a_{2\,009} + a_{2\,010} + a_{2\,011} + a_{2\,012} = (a_{2\,009} + a_{2\,010} + a_{2\,011}) + a_{2\,012} = 20 + 4 = 24.$$

故两个条件联立起来充分.

22. (E)

【解析】数列与函数综合题.

题干等价于 $\Delta = b^2 - 4ac > 0$.

条件(1)：由中项公式可知 $b^2 = ac$，所以 $\Delta = b^2 - 4ac = -3b^2$. 在等比数列中，$b \neq 0$，故有 $\Delta = -3b^2 < 0$，则二次函数与 x 轴无交点，条件(1)不充分.

条件(2)：由中项公式知 $b = a + c$，故 $\Delta = b^2 - 4ac = (a+c)^2 - 4ac = (a-c)^2 \geqslant 0$，则二次函数与 x 轴可能只有一个交点，故条件(2)不充分.

因为条件(1)恒不成立，所以不管联立什么条件，都不充分，故选(E).

23. (A)

【解析】等比数列基本问题.

条件(1)：原式可化为 $\begin{cases} a_1(q^4 + q^5) = 48, \\ a_1(q^6 - q^4) = 48 \end{cases} \Rightarrow \begin{cases} a_1 = 1, \\ q = 2. \end{cases}$ 故 S_{10} 的值可唯一确定，条件(1)充分.

条件(2)：原式可化为 $\begin{cases} a_m a_n = 9, \\ a_m{}^2 + a_n{}^2 = 18, \end{cases}$ 解得 $a_m = a_n = 3$ 或 $a_m = a_n = -3$. 故 S_{10} 不唯一确定，条件(2)不充分.

24. (B)

【解析】等差数列 S_n 的最值问题.

因为 $S_3 = S_{11}$，故 $a_4 + a_5 + \cdots + a_{11} = 4(a_7 + a_8) = 0$.

因 $a_1 > 0$，所以 $a_7 > 0$ 且 $a_8 < 0$. 最值在 a_n 变号时取到，故当 $n = 7$ 时，S_n 取得最大值.

因此条件(1)不充分，条件(2)充分.

25. (D)

【解析】等比数列的判定.

前三项成等差数列，故 $2x = y + 6$.

条件(1)：与题干联立可解得 $x = 1$，$y = -4$，故后三项成等比数列，条件(1)充分.

条件(2)：解方程可得 $\begin{cases} x = 1, \\ y = -4 \end{cases}$ 或 $\begin{cases} x = -4, \\ y = 1, \end{cases}$ 又因为 $2x = y + 6$，故 $x = 1$，$y = -4$，代入可知后三项成等比数列，条件(2)也充分.

第5章 《几何》母题精讲

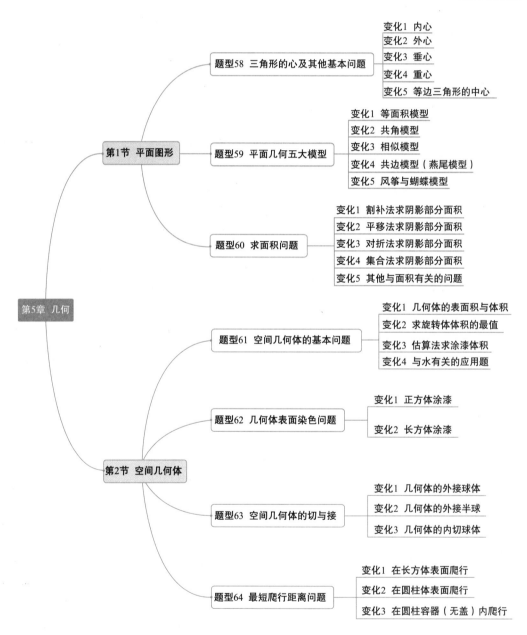

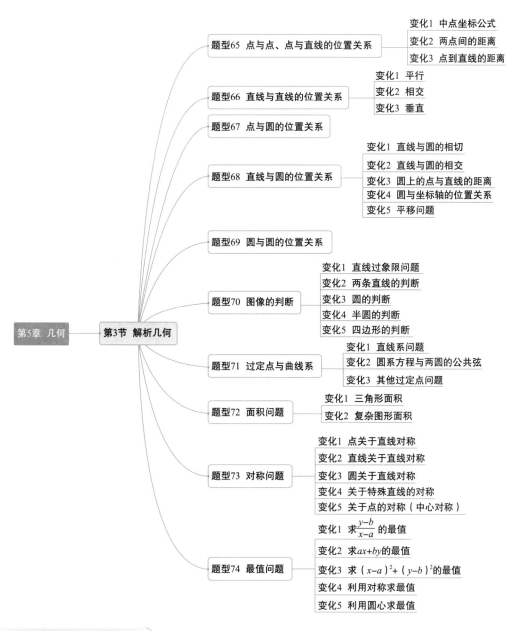

历年真题考点统计

题型名称	2013	2014	2015	2016	2017	2018	2019	2020	2021	2022	合计
三角形的心及其他问题				22		4	10	12，16		21	6道
平面几何五大模型	7	3，20	8	8	2	20	21	10	25	9，16，19	13道
求面积问题		5	4	17	9，14		12		9	4，6	9道

续表

题型名称	2013	2014	2015	2016	2017	2018	2019	2020	2021	2022	合计
空间几何体的基本问题	10	12，14	5，25	9	21	14	12	21		6	11 道
几何体表面染色问题											0 道
空间几何体的切与接				15			9		8		3 道
最短爬行距离问题											0 道
点与点、点与直线的位置关系			19								1 道
直线与直线的位置关系											0 道
点与圆的位置关系											0 道
直线与圆的位置关系		11	12，19		18	10，16，24	18		17，21		10 道
圆与圆的位置关系											0 道
图像的判断											0 道
过定点与曲线系		16									1 道
解析几何的面积问题	16			12					10		3 道
对称问题	8						5				2 道
解析几何的最值问题		25		10，11			24	17	10		6 道

说明：由于很多真题都是综合题，不是 1 个知识点而是 2 个甚至 3 个知识点，所以，此考点统计表并不能做到 100% 精确，但基本准确.

命题趋势及预测

2013—2022 年，合计考了 61 道，平均每年 6.1 道.

较有难度的题型为：求阴影部分面积、直线与圆的位置关系、过定点问题、最值问题.

考试频率较高的题型为：平面几何五大模型、求阴影部分面积、空间几何体的基本问题、直线与圆的位置关系、对称问题、最值问题. 需要注意的是，直线与直线的位置关系、圆与圆的位置关系，虽然前几年没怎么考，但也是重要题型，考生不得忽视.

第 ❶ 节 平面图形

题型 58 三角形的心及其他基本问题

[母题综述]

1. 三角形的常用面积公式

$$S=\frac{1}{2}ah=\frac{1}{2}ab\sin C=\sqrt{p(p-a)(p-b)(p-c)}=rp=\frac{abc}{4R},$$

其中，h 是 a 边上的高，$\angle C$ 是 a，b 边所夹的角，$p=\frac{1}{2}(a+b+c)$，r 为三角形内切圆的半径，R 为三角形外接圆的半径.

2. 三角形的心：内心、外心、垂心、重心以及等边三角形的中心.

[母题精讲]

母题 58 三角形的周长的值与面积的值相等，则其内切圆的面积是(   ).

(A)π (B)2π (C)4π

(D)6π (E)8π

【解析】如图 5-1 所示：

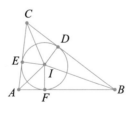

图 5-1

设 $\triangle ABC$ 的内切圆的圆心为 I，则圆心到三角形三边的距离皆为半径 r.

设 $\triangle ABC$ 的三边长分别为 $BC=a$，$AC=b$，$AB=c$，则

$$S_{\triangle ABC}=S_{\triangle BIC}+S_{\triangle AIC}+S_{\triangle AIB}=\frac{1}{2}ar+\frac{1}{2}br+\frac{1}{2}cr=\frac{1}{2}\cdot(a+b+c)\cdot r.$$

又由周长的值与面积的值相等，可得

$$a+b+c=\frac{1}{2}\cdot(a+b+c)\cdot r,$$

解得 $r=2$. 故内切圆的面积 $S=\pi r^2=4\pi$.

【答案】(C)

［母题变化］

变化 1 内心

技巧总结

定义	性质	图形
角平分线的交点也是三角形内切圆的圆心	1. 内心到三角形三条边的距离相等. 2.(1)三角形面积和其内切圆半径的关系: $S=\dfrac{1}{2}\cdot(a+b+c)\cdot r,\ r=\dfrac{2S}{a+b+c}$ (2)特别地,直角三角形的内切圆半径 $r=\dfrac{a+b-c}{2}$,a,b 为直角边,c 为斜边	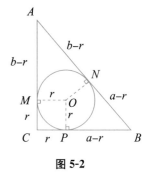

例 1 在直角三角形 ABC 中,内切圆的半径为 $r=\dfrac{AC+BC-AB}{2}$.

(1)$\angle C$ 为直角.　　　　(2)$\angle B$ 为直角.

【解析】证明结论:直角三角形的内切圆半径 $r=\dfrac{a+b-c}{2}$,其中 a,b 为直角边,c 为斜边.

如图 5-2 所示,直角三角形 ABC 中 $BC=a$,$AC=b$,$AB=c$. $\triangle ABC$ 的内切圆为圆 O,半径为 r,与三条边的切点分别为 M、N、P.

故 $MC=OP=r$,$CP=MO=r$,$AM=b-r$,$PB=a-r$. 由圆外一点引出的圆的两条切线长度相等,因此 $AN=AM=b-r$,$BN=BP=a-r$,故有 $(a-r)+(b-r)=c$,解得 $r=\dfrac{a+b-c}{2}$. 结论成立.

回到本题,因为 $r=\dfrac{AC+BC-AB}{2}=\dfrac{b+a-c}{2}$,$c$ 为斜边,故 $\angle C$ 为直角. 显然条件(1)充分,条件(2)不充分.

【答案】(A)

变化 2 外心

技巧总结

定义	性质	图形
三边垂直平分线的交点也是外接圆的圆心	1. 外心到三个顶点的距离相等. 2.(1)三角形的面积和其外接圆半径的关系: $S=\dfrac{abc}{4R},\ R=\dfrac{abc}{4S}$ (2)直角三角形的外心是斜边的中点	

例2 如图5-3所示，等腰△ABC中，$AB=AC=13$，$BD=CD=5$，点 O 为△ABC的外心，则 $OD=$（　　）.

(A)$\dfrac{117}{24}$　　　　(B)$\dfrac{119}{24}$　　　　(C)$\dfrac{121}{24}$

(D)$\dfrac{123}{24}$　　　　(E)$\dfrac{125}{24}$

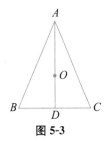

图 5-3

【解析】方法一：勾股定理.

△ABC为等腰三角形，D 为 BC 中点，故 $AD\perp BC$，由勾股定理得 $AD=\sqrt{13^2-5^2}=12$.

连接 OB，令 $OD=x$，则 $OB=OA=AD-OD=12-x$.

由勾股定理，可得 $OD^2+BD^2=BO^2$，即 $x^2+5^2=(12-x)^2$，解得 $x=\dfrac{119}{24}$，即 $OD=\dfrac{119}{24}$.

方法二：三角形外心的性质.

由于 $AD=\sqrt{13^2-5^2}=12$，故△ABC的面积为 $S=\dfrac{1}{2}\times BC\times AD=\dfrac{1}{2}\times 10\times 12=60$.

故外接圆的半径 $R=\dfrac{abc}{4S}=\dfrac{13\times 13\times 10}{4\times 60}=\dfrac{169}{24}$，即 $OB=\dfrac{169}{24}$.

在等腰△ABC中，$AD=12$，$OB=OA$，所以 $OD=AD-OA=AD-OB=12-\dfrac{169}{24}=\dfrac{119}{24}$.

方法三：利用半周长求面积.

△ABC的面积为

$$S=\sqrt{p(p-a)(p-b)(p-c)}=\sqrt{18\times(18-13)\times(18-13)\times(18-10)}=60.$$

后续步骤同方法二.

【答案】(B)

变化 3　垂心

技巧总结

定义	性质	图形
三条高线的交点	锐角三角形的垂心在三角形内 直角三角形的垂心在直角顶点上 钝角三角形的垂心在三角形外	

例3 如图5-4所示，在△ABC中，$AD\perp BC$，$CE\perp AB$，AD 与 CE 交于点 O，连接 BO 并延长交 AC 于点 F，若 $AB=5$，$BC=4$，$AC=6$，则 $CE:AD:BF=$（　　）.

(A)$5:4:6$　　　　(B)$12:15:10$　　　　(C)$6:4:5$

(D)$10:15:12$　　　　(E)$4:5:6$

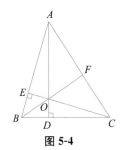

图 5-4

【解析】$AD \perp BC$，$CE \perp AB$，AD 与 CE 交于点 O，故 O 点为三角形的垂心，即 $BF \perp AC$.

由三角形的面积公式，得 $S_{\triangle ABC} = \dfrac{1}{2} \cdot AB \cdot CE = \dfrac{1}{2} \cdot BC \cdot AD = \dfrac{1}{2} \cdot AC \cdot BF$，故 $AB \cdot CE =$ $BC \cdot AD = AC \cdot BF$，即 $5CE = 4AD = 6BF$，故 $CE : AD : BF = \dfrac{1}{5} : \dfrac{1}{4} : \dfrac{1}{6} = 12 : 15 : 10$.

【答案】(B)

变化 **4**　重心

技巧总结

定义	性质	图形
三条中线的交点	1. 重心将三角形分成面积相等的三个三角形. 2. 重心分中线所成的比为 $2:1$. 3. 已知三角形三个顶点的坐标 (x_1, y_1)、(x_2, y_2)、(x_3, y_3)，则重心坐标为 $\left(\dfrac{x_1+x_2+x_3}{3}, \dfrac{y_1+y_2+y_3}{3}\right)$	

例 4　如图 5-5 所示，在 $\triangle ABC$ 中，若 $\angle A : \angle B : \angle C = 1 : 2 : 3$，$G$ 为 $\triangle ABC$ 的重心，则 $S_{\triangle GAB} : S_{\triangle GBC} : S_{\triangle GAC} = ($　　$)$.

(A)$1 : 2 : \sqrt{3}$　　　　(B)$1 : \sqrt{3} : 2$　　　　(C)$2 : 1 : \sqrt{3}$

(D)$1 : 1 : 1$　　　　(E)$1 : 2 : 3$

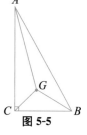

图 5-5

【解析】G 为 $\triangle ABC$ 的重心，连接重心与三角形的三个顶点，所形成的三个三角形面积相等，$S_{\triangle GAB} : S_{\triangle GBC} : S_{\triangle GAC} = 1 : 1 : 1$.

【答案】(D)

例 5　如图 5-6 所示，等腰 $\triangle ABC$ 中，$AB = AC$，两腰上的中线相交于 G，若 $\angle BGC = 90°$，且 $BC = 2\sqrt{2}$，则 BE 的长为($\quad$).

(A)2　　　　　　(B)$2\sqrt{2}$　　　　　　(C)3

(D)4　　　　　　(E)5

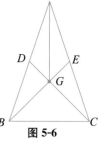

图 5-6

【解析】由 $AB = AC$，且 BE 和 CD 分别为两腰上的中线，可知 G 为 $\triangle ABC$ 的重心，故 $BE = CD$，$BG = CG$.

由于 $\angle BGC = 90°$，则 $\triangle BCG$ 为等腰直角三角形，因为 $BC = 2\sqrt{2}$，故 $BG = \dfrac{BC}{\sqrt{2}} = 2$，由于重心 G 分中线 BE 所成的比为 $2:1$，故 $BE = \dfrac{3}{2} \cdot BG = \dfrac{3}{2} \times 2 = 3$.

【答案】(C)

例6 如图5-7所示，D、E 分别为 AB、AC 的中点，BE、CD 交于点 F，若阴影部分的面积为 7，则 $\triangle ACD$ 的面积为（ ）．

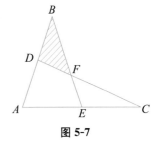

图5-7

(A)21　　　　　　　　(B)24　　　　　　　　(C)28

(D)35　　　　　　　　(E)14

【解析】连接 AF，BC，可知点 F 为 $\triangle ABC$ 的重心．故

$$S_{\triangle ABF}=\frac{1}{3}S_{\triangle ABC}.$$

由于点 D 是 AB 的中点，故 $S_{\triangle BDF}=\frac{1}{2}S_{\triangle ABF}=\frac{1}{6}S_{\triangle ABC}=7$，则 $S_{\triangle ABC}=42$．

因此 $S_{\triangle ACD}=\frac{1}{2}S_{\triangle ABC}=21$．

【答案】(A)

例7 已知 $\triangle ABC$ 的三个顶点的坐标分别为 $(0,2)$，$(-2,4)$，$(5,0)$，则这个三角形的重心坐标为（ ）．

(A)$(1,2)$　　　(B)$(1,3)$　　　(C)$(-1,2)$　　　(D)$(0,1)$　　　(E)$(1,-1)$

【解析】由题意，可知重心的横坐标为 $\frac{x_1+x_2+x_3}{3}=\frac{0-2+5}{3}=1$；

重心的纵坐标为 $\frac{y_1+y_2+y_3}{3}=\frac{2+4+0}{3}=2$．

故重心坐标为 $(1,2)$．

【答案】(A)

变化5　等边三角形的中心

技巧总结

定义	特征	图形
三角形内心、外心、垂心、重心四心合一	具备内心、外心、垂心、重心的所有性质	A F O E B D C

例8 等边三角形外接圆的面积是内切圆面积的（ ）倍．

(A)2　　　　(B)$\sqrt{3}$　　　　(C)$\frac{3}{2}$　　　　(D)4　　　　(E)π

【解析】如图5-8所示，等边三角形的外心、内心、重心皆在 O 点．故外接圆的半径为 OA，内切圆的半径为 OD．

由重心的性质，可知 $\dfrac{OA}{OD}=\dfrac{2}{1}$，故等边三角形外接圆的面积与内切圆的

面积比为 $\dfrac{\pi\cdot OA^2}{\pi\cdot OD^2}=\dfrac{4}{1}=4$.

【答案】(D)

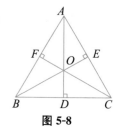

图 5-8

题型 **59** 平面几何五大模型

[母题综述]

平面几何五大模型：等面积模型、共角模型、相似模型、共边模型（燕尾模型）、风筝与蝴蝶模型.

这五大模型一般情况下每年至少考一道题，五大模型的具体内容见各母题变化.

[母题精讲]

母题 59 如图 5-9 所示，在四边形 $ABCD$ 中，对角线 AC 和 BD 交于点 O，已知 $AO=1$，并且 $S_{\triangle ABD}:S_{\triangle CBD}=3:5$，那么 OC 的长度是(   ).

(A) $\dfrac{6}{5}$ (B) $\dfrac{8}{5}$ (C) $\dfrac{5}{3}$ (D) 2   (E) $\dfrac{5}{2}$

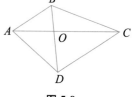

图 5-9

【解析】在四边形 $ABCD$ 中，$S_{\triangle ABD}$ 和 $S_{\triangle CBD}$ 可分别拆成以 AO 和 OC 为底的两个小三角形，且对应高相等. 当两个三角形高相等时，面积比等于它们的底之比.

故 $S_{\triangle ABD}:S_{\triangle CBD}=3:5=AO:OC$，由 $AO=1$，得 $OC=\dfrac{5}{3}$.

【答案】(C)

[母题变化]

变化 1 等面积模型

技巧总结

1. 等底等高的两个三角形面积相等.

2. 两个三角形高相等，面积比等于它们的底之比.

   两个三角形底相等，面积比等于它们的高之比.

如图 5-10 所示，$S_1:S_2=a:b$.

3. 夹在一组平行线之间的两个三角形，若底相等，则面积相等.

如图 5-11 所示，$S_{\triangle ACD}=S_{\triangle BCD}$.

反之，如果 $S_{\triangle ACD}=S_{\triangle BCD}$，则可知直线 AB 平行于 CD.

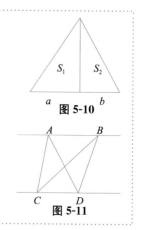

图 5-10

图 5-11

例9 如图5-12所示，已知 $AE=3AB$，$BF=2BC$. 若△ABC的面积是2，则△AEF的面积为( ).

(A)14　　　　(B)12　　　　(C)10

(D)8　　　　(E)6

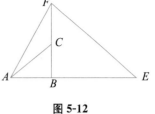

图 5-12

【解析】方法一：特殊直线法，假定 FB 垂直于 AE，则有

$$\frac{S_{\triangle AEF}}{S_{\triangle ABC}}=\frac{\frac{1}{2}\cdot AE\cdot BF}{\frac{1}{2}\cdot AB\cdot BC}=\frac{AE\cdot BF}{AB\cdot BC}=\frac{3}{1}\times\frac{2}{1}=\frac{6}{1},$$

故 $S_{\triangle AEF}=6S_{\triangle ABC}=12$.

方法二：因为 $AE=3AB$，故△AEF的底为△ABC的底的3倍.

由 $BF=2BC$，故△AEF的高为△ABC的高的2倍.

综上，△AEF的面积是△ABC面积的6倍，即 $S_{\triangle AEF}=6S_{\triangle ABC}=12$.

【答案】(B)

例10 如图5-13所示，已知△ABC的面积为36，将△ABC沿BC平移到△$A'B'C'$，使得B'和C重合，连接AC'，交$A'C$于D，则△$C'DC$的面积为( ).

(A)6　　　　(B)9　　　　(C)12

(D)18　　　　(E)24

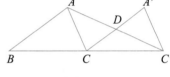

图 5-13

【解析】连接 AA'，由题意可知 $AC\text{ // }A'C'$，$AA'\text{ // }CC'$，故 $ACC'A'$为平行四边形，对角线互相平分，故 D 为 $A'C$ 的中点，则△$C'DC$与△$A'CC'$同底，△$C'DC$的高是△$A'CC'$的高的一半，即△$C'DC$的面积应为△$A'CC'$的一半，即为△ABC面积的一半，为18.

【答案】(D)

例11 如图5-14所示，△ABC内三个三角形的面积分别为5，8，10，四边形$AEFD$的面积为x，则$x=$( ).

(A)20　　　　(B)21　　　　(C)22

(D)24　　　　(E)25

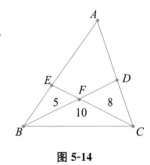

图 5-14

【解析】连接 AF，设 $S_{\triangle AEF}=a$，$S_{\triangle ADF}=b$，故有

$$\frac{a}{b+8}=\frac{EF}{FC}=\frac{S_{\triangle BEF}}{S_{\triangle BFC}}=\frac{5}{10}=\frac{1}{2},\quad \frac{b}{a+5}=\frac{FD}{FB}=\frac{S_{\triangle CDF}}{S_{\triangle CFB}}=\frac{8}{10}=\frac{4}{5},$$

解得 $a=10$，$b=12$，故四边形$AEFD$的面积 $x=a+b=10+12=22$.

【答案】(C)

变化 2 　共角模型

技巧总结

若两个三角形中有一个角相等或互补，则称两个三角形为共角三角形. 共角三角形的面积

比等于对应角（相等角或互补角）两夹边的乘积之比.

常见以下四种图形，如图 5-15 所示：

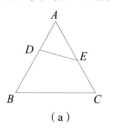 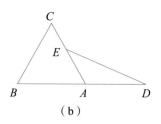

（a）　　　　　　　　　　　　（b）

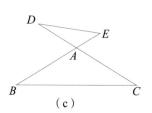 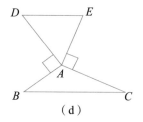

（c）　　　　　　　　　　　　（d）

图 5-15

在以上四种图形中，$S_{\triangle ABC}:S_{\triangle ADE}=(AB\cdot AC):(AD\cdot AE)$.

证明：由三角形面积公式 $S=\dfrac{1}{2}\cdot a\cdot b\cdot \sin C$，得

$$\frac{S_{\triangle ABC}}{S_{\triangle ADE}}=\frac{\dfrac{1}{2}\cdot AB\cdot AC\cdot \sin\angle BAC}{\dfrac{1}{2}\cdot AD\cdot AE\cdot \sin\angle DAE}=\frac{AB\cdot AC}{AD\cdot AE}.$$

例 12 如图 5-16 所示，在 $\triangle ABC$ 中，D、E 分别是 AB、AC 上的点，其中 $EC=3AE$，$AD=2DB$，并且 $\triangle ABC$ 的面积为 1，则 $\triangle ADE$ 的面积为(　　)．

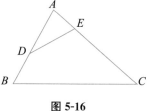

图 5-16

(A) $\dfrac{1}{5}$ 　　　(B) $\dfrac{1}{6}$ 　　　(C) $\dfrac{1}{7}$

(D) $\dfrac{1}{8}$ 　　　(E) $\dfrac{1}{9}$

【解析】因为 $EC=3AE$，所以 $AE=\dfrac{1}{4}AC$；因为 $AD=2DB$，所以 $AD=\dfrac{2}{3}AB$.

由共角模型，得 $\dfrac{S_{\triangle ADE}}{S_{\triangle ABC}}=\dfrac{AD\cdot AE}{AB\cdot AC}=\dfrac{\dfrac{2}{3}AB\cdot \dfrac{1}{4}AC}{AB\cdot AC}=\dfrac{1}{6}$，故 $S_{\triangle ADE}=\dfrac{1}{6}S_{\triangle ABC}=\dfrac{1}{6}$.

【答案】(B)

例 13 如图 5-17 所示，$\triangle ABC$ 中，E 是 AC 上的点，D 是 BA 延长线的一点，其中 $EC=2AE$，$AB=2AD$，$\triangle ADE$ 的面积为 1，则 $\triangle ABC$ 的面积为(　　)．

(A) 4 　　　(B) 5 　　　(C) 6 　　　(D) 9 　　　(E) 12

【解析】 因为 $EC=2AE$，所以 $\dfrac{AE}{AC}=\dfrac{1}{3}$；因为 $AB=2AD$，所以 $\dfrac{AD}{AB}=\dfrac{1}{2}$.

已知 $\angle DAE + \angle CAB = 180°$，故由共角模型，知

$$\frac{S_{\triangle ABC}}{S_{\triangle ADE}} = \frac{AB \cdot AC}{AD \cdot AE} = \frac{2AD \cdot 3AE}{AD \cdot AE} = 6.$$

由于 $\triangle ADE$ 的面积为 1，所以 $S_{\triangle ABC}=6$.

【答案】（C）

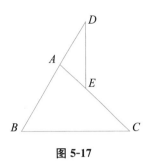

图 5-17

变化 3 相似模型

技巧总结

1. 相似模型

（1）金字塔模型，如图 5-18 所示，$DE \parallel BC$.

（2）沙漏模型，如图 5-19 所示，$DE \parallel BC$.

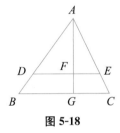

图 5-18

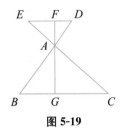

图 5-19

在以上两个图形中 $\triangle ABC$ 与 $\triangle ADE$ 相似. 因此以下结论成立：

$$\frac{AD}{AB} = \frac{AE}{AC} = \frac{DE}{BC} = \frac{AF}{AG};\ S_{\triangle ADE} : S_{\triangle ABC} = AF^2 : AG^2.$$

2. 射影定理

如图 5-20 所示，在 $\mathrm{Rt}\triangle ABC$ 中，$\angle ACB=90°$，CD 是斜边 AB 上的高，故有

$$CD^2 = BD \cdot AD,\ BC^2 = BD \cdot BA,\ AC^2 = AD \cdot AB.$$

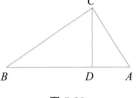

图 5-20

  如图 5-21 所示，在 $\mathrm{Rt}\triangle ABC$ 中，AD 为斜边 BC 上的高，若 $S_{\triangle CAD}=3S_{\triangle ABD}$，则 $\dfrac{AB}{AC}=($　　$)$.

(A) $\dfrac{1}{2}$　　　　(B) $\dfrac{1}{4}$　　　　(C) $\dfrac{1}{3}$

(D) $\dfrac{1}{\sqrt{3}}$　　　　(E) $\dfrac{3}{4}$

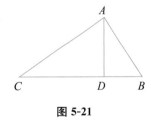

图 5-21

【解析】 *方法一*：由题干得出 $\angle ADC = \angle ADB = 90°$，$\angle C = \angle BAD$，故 $\triangle ACD \backsim \triangle BAD$.

$S_{\triangle CAD} = 3S_{\triangle ABD}$，面积比等于相似比的平方，故 $\triangle ABD$ 与 $\triangle ACD$ 的相似比为 $1:\sqrt{3}$，故 $AB:AC = 1:\sqrt{3}$.

方法二：射影定理.

根据射影定理，有 $AC^2=CD\cdot BC$，$AB^2=BD\cdot BC$. 又因为 $\triangle ACD$ 与 $\triangle ABD$ 同高不同底，

故面积比等于底边之比，即 $\dfrac{BD}{CD}=\dfrac{1}{3}$，故 $\dfrac{AB}{AC}=\dfrac{\sqrt{BD\cdot BC}}{\sqrt{CD\cdot BC}}=\sqrt{\dfrac{BD}{CD}}=\dfrac{1}{\sqrt{3}}$.

【答案】(D)

例 15 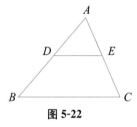 如图 5-22 所示，在 $\triangle ABC$ 中，D，E 分别是边 AB，AC 的

中点，$\triangle ADE$ 和四边形 $BCED$ 的面积分别记为 S_1，S_2，则 $\dfrac{S_1}{S_2}=($).

(A) $\dfrac{1}{2}$ (B) $\dfrac{1}{4}$ (C) $\dfrac{1}{3}$

(D) $\dfrac{2}{3}$ (E) $\dfrac{3}{4}$

图 5-22

【解析】由题干可知 DE 为 $\triangle ABC$ 的中位线，显然图 5-22 为金字塔模型，可得 $\triangle ADE\backsim$

$\triangle ABC$，相似比为 $AD:AB=1:2$，所以它们的面积比是 $1:4$，所以 $\dfrac{S_1}{S_2}=\dfrac{1}{4-1}=\dfrac{1}{3}$.

【答案】(C)

例 16 如图 5-23 所示，$ABCD$ 为正方形，A，E，F，G 在同一条直线上，并且 $AE=5$ 厘

米，$EF=3$ 厘米，那么 $FG=($)厘米.

(A) $\dfrac{16}{3}$ (B) 4   (C) $\dfrac{17}{5}$

(D) $\dfrac{17}{3}$ (E) $\dfrac{16}{5}$

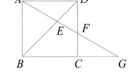

图 5-23

【解析】由题干可得 $\triangle ABE\backsim\triangle FDE$，$\triangle BEG\backsim\triangle DEA$，则有

$$\frac{AE}{EF}=\frac{BE}{ED}=\frac{EG}{AE}=\frac{EF+FG}{AE},$$

故 $FG=\dfrac{AE^2}{EF}-EF=\dfrac{5^2}{3}-3=\dfrac{16}{3}$（厘米）.

【答案】(A)

变化 4   共边模型（燕尾模型）

技巧总结

如图 5-24 所示，在 $\triangle ABC$ 中，AD，BE，CF 相交于同一点 O，那么

$S_{\triangle ABO}:S_{\triangle ACO}=BD:DC$.

证明：因为 $\triangle ABD$ 与 $\triangle ACD$ 等高，故 $\dfrac{S_{\triangle ABD}}{S_{\triangle ACD}}=\dfrac{BD}{CD}$. 同理，因为

$\triangle OBD$ 与 $\triangle OCD$ 等高，故 $\dfrac{S_{\triangle OBD}}{S_{\triangle OCD}}=\dfrac{BD}{CD}$，所以，$\dfrac{S_{\triangle ABD}}{S_{\triangle ACD}}=\dfrac{S_{\triangle OBD}}{S_{\triangle OCD}}=\dfrac{BD}{CD}$.

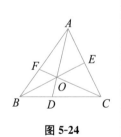

图 5-24

由等比定理，得 $\dfrac{S_{\triangle ABD}}{S_{\triangle ACD}}=\dfrac{S_{\triangle OBD}}{S_{\triangle OCD}}=\dfrac{S_{\triangle ABD}-S_{\triangle OBD}}{S_{\triangle ACD}-S_{\triangle OCD}}=\dfrac{S_{\triangle ABO}}{S_{\triangle ACO}}=\dfrac{BD}{CD}$.

例 17 如图 5-25 所示，在 $\triangle ABC$ 中，$\dfrac{BD}{CD}=\dfrac{2}{3}$，$\dfrac{AE}{CE}=\dfrac{1}{1}$，则 $\dfrac{AF}{BF}=$（　　）．

(A) $\dfrac{6}{5}$ 　　　(B) $\dfrac{8}{5}$ 　　　(C) $\dfrac{5}{3}$ 　　　(D) $\dfrac{3}{2}$ 　　　(E) $\dfrac{5}{2}$

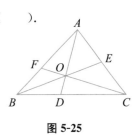

图 5-25

【解析】利用共边模型可得

$$\frac{S_{\triangle AOB}}{S_{\triangle AOC}}=\frac{BD}{CD}=\frac{2}{3},\quad \frac{S_{\triangle AOB}}{S_{\triangle BOC}}=\frac{AE}{CE}=\frac{1}{1}=\frac{2}{2}.$$

故 $\dfrac{S_{\triangle AOC}}{S_{\triangle BOC}}=\dfrac{3}{2}=\dfrac{AF}{BF}.$

【答案】(D)

变化 5　风筝与蝴蝶模型

技巧总结

1. 任意四边形中的比例关系（"风筝模型"）

如图 5-26 所示，任意四边形被对角线分为 S_1，S_2，S_3，S_4，则有

（1）$S_1 : S_2 = S_4 : S_3$ 或者 $S_1 S_3 = S_2 S_4$（速记：上×下＝左×右）；

（2）$AO : OC = S_1 : S_4 = S_2 : S_3 = (S_1+S_2) : (S_4+S_3)$.

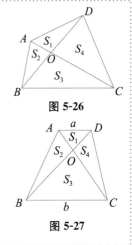

图 5-26

2. 梯形中的比例关系（"梯形蝴蝶定理"）

如图 5-27 所示，任意梯形被对角线分为 S_1，S_2，S_3，S_4，则有

（1）$S_1 : S_3 = a^2 : b^2$，$S_1 : S_2 = a : b$，$S_2 = S_4$；

（2）$S_1 : S_3 : S_2 : S_4 = a^2 : b^2 : ab : ab$.

S 对应份数为 $(a+b)^2$.

图 5-27

例 18 如图 5-28 所示，在梯形 $ABCD$ 中，$AD\parallel BC$，$AD : BC =$ $1:2$，若 $\triangle ABO$ 的面积是 2，则梯形 $ABCD$ 的面积 $S=$（　　）．

(A) 6 　　(B) 8 　　(C) 9 　　(D) 10 　　(E) 11

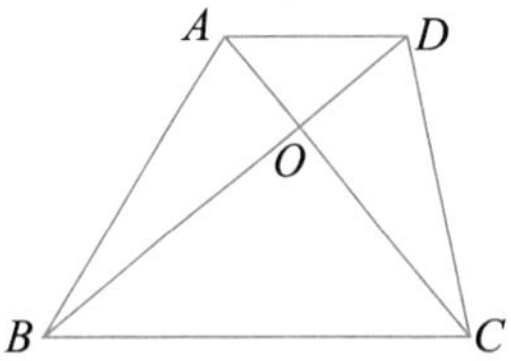

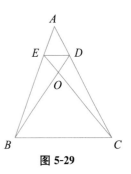

图 5-28

【解析】根据梯形性质，可得 $AD : BC = AO : CO = DO : BO =$ $S_{\triangle ADO} : S_{\triangle CDO} = S_{\triangle ADO} : S_{\triangle ABO} = 1 : 2$.

设 $S_{\triangle ADO} = x$，则有 $S_{\triangle ABO} = S_{\triangle CDO} = 2x = 2$，解得 $x = 1$，故 $S_{\triangle ABD} = 3$.

又因为 $S_{\triangle ABD} : S_{\triangle BCD} = AO : CO = 1 : 2$，可知 $S_{\triangle BCD} = 6$. 故 $S = S_{\triangle ABD} + S_{\triangle BCD} = 9$.

【答案】(C)

例 19 如图 5-29 所示，$\triangle ABC$ 中 $AE = \dfrac{1}{4}AB$，$AD = \dfrac{1}{4}AC$，$\triangle EOD$ 的面积是 1 平方厘米．那么 $\triangle AED$ 的面积是（　　）平方厘米．

(A) 3 　　(B) 4 　　(C) 5 　　(D) $\dfrac{3}{2}$ 　　(E) $\dfrac{5}{3}$

图 5-29

【解析】根据题意，因为 $AE = \dfrac{1}{4}AB$，$AD = \dfrac{1}{4}AC$，所以 $DE\parallel BC$ 且

$DE = \dfrac{1}{4}BC$. 由金字塔模型和沙漏模型，可知 $\triangle ADE \backsim \triangle ACB$，$\triangle ODE \backsim \triangle OBC$. 由面积比是相似比的平方，得 $\dfrac{S_{\triangle ODE}}{S_{\triangle OBC}} = \left(\dfrac{DE}{BC}\right)^2 = \dfrac{1}{16}$，则 $S_{\triangle OBC} = 16$.

方法一：根据梯形蝴蝶定理，由 $S_{\triangle ODE} : S_{\triangle OBC} = 1 : 16 = a^2 : b^2$，故 $a = 1$，$b = 4$，所以梯形 $BCDE$ 的面积为 $(1+4)^2 = 25$. 再利用相似关系：$\dfrac{S_{\triangle ADE}}{S_{\triangle ABC}} = \dfrac{S_{\triangle ADE}}{S_{\triangle ADE} + 25} = \dfrac{1}{16}$，解得 $S_{\triangle ADE} = \dfrac{5}{3}$.

方法二：由梯形蝴蝶模型（上×下＝左×右）：$S_{\triangle ODE} \cdot S_{\triangle OBC} = S_{\triangle OBE} \cdot S_{\triangle ODC} = S_{\triangle OBE}^2$，得 $S_{\triangle OBE} = S_{\triangle OCD} = 4$. 此时 $S_{\triangle BDE} = 5$.

根据等面积模型，可得 $\dfrac{S_{\triangle ADE}}{S_{\triangle BDE}} = \dfrac{AE}{BE} = \dfrac{1}{3}$，因而 $S_{\triangle ADE} = \dfrac{5}{3}$.

【答案】(E)

题型 **60** 求面积问题

〔母题综述〕

> 1. 求面积问题是重点题型，几乎每年都考一道，常用割补法，将不规则的图形转化为规则图形.
>
> 2. 注意图形之间的等量关系.
>
> 3. 真题中出现的图形，一定是准确的，所以先用尺子量一下已知量和待求量，然后通过它们的比例关系，求出待求量的值，再进行估算.
>
> 4. 根据对称性解题也是常用方法.

〔母题精讲〕

母题60 如图 5-30 所示，等腰直角三角形的面积是 12 平方厘米，以两条直角边为直径画圆，则阴影部分的面积是（　　）平方厘米.

(A) $3\pi - 3$　　(B) $6\pi - 9$　　(C) $\dfrac{7}{2}\pi - 3$

(D) $\dfrac{9}{2}\pi - 9$　　(E) $\dfrac{7}{2}\pi - 6$

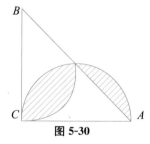

图 5-30

【解析】将弧线与斜边的交点设为 D，连接 CD，可知 CD 垂直平分 AB，且 CD 将三角形内的阴影部分平分为两个小弓形，如图 5-31 所示.

由 $S_{\triangle ABC} = \dfrac{1}{2}AC \times BC = \dfrac{1}{2}AC^2 = 12$ 平方厘米，得 $AC = 2\sqrt{6}$ 厘米，

$S_{\triangle ACD} = \dfrac{1}{2}S_{\triangle ABC} = 6$ 平方厘米.

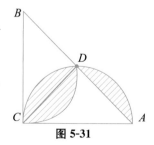

图 5-31

$$S_{2 个小弓形} = S_{半圆 ADC} - S_{\triangle ACD} = \frac{1}{2} \pi (\sqrt{6})^2 - 6 = 3\pi - 6 （平方厘米）.$$

故阴影部分面积为 3 个小弓形的面积 $= 3 \times \dfrac{3\pi - 6}{2} = \dfrac{9\pi}{2} - 9 （平方厘米）.$

【答案】(D)

[母题变化]

变化 1 割补法求阴影部分面积

> **技巧总结**
>
> 在求阴影部分的面积时，经常使用割补法求解，具体情况有以下两种：
>
> （1）当所求阴影部分为一个整体且是不规则图形时，需要转化为几个常见的标准几何图形相加或相减（如三角形、矩形、圆形等），通过求解这些常见图形的面积，得到阴影部分的面积.
>
> （2）当所求阴影部分为几个相同的小阴影部分组成，则有两种方法求解：
>
> ①通过割补法求出一个小阴影的面积，乘以阴影部分的个数，为总阴影部分面积；
>
> ②几个相同的小阴影部分通过拼接组成一个常见标准几何图形，直接使用面积公式求解.

例 20 如图 5-32 所示，在长方形 $ABCD$ 中，E 是 AB 的中点、F 是 BC 上的点，且 $CF = \dfrac{1}{4} BC$，则阴影部分的面积 S 是 $\triangle ABC$ 面积的（   ）.

(A) $\dfrac{1}{6}$ (B) $\dfrac{1}{4}$ (C) $\dfrac{2}{3}$ (D) $\dfrac{1}{2}$ (E) $\dfrac{5}{8}$

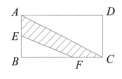

图 5-32

【解析】根据题意，可设 $AE = BE = x$，$CF = y$，$BF = 3y$，则有

$$S_{\triangle ABC} = \frac{1}{2} \cdot 2x \cdot 4y = 4xy, \quad S_{\triangle BEF} = \frac{1}{2} \cdot x \cdot 3y = \frac{3}{2} xy.$$

故 $\dfrac{S}{S_{\triangle ABC}} = \dfrac{S_{\triangle ABC} - S_{\triangle BEF}}{S_{\triangle ABC}} = \dfrac{4xy - \dfrac{3}{2} xy}{4xy} = \dfrac{5}{8}.$

【答案】(E)

例 21 设计一个商标图形（如图 5-33 中的阴影部分），在 $\triangle ABC$ 中，$AB = AC = 2$，$\angle ABC = 30°$，以 A 为圆心，AB 为半径作弧 $\overset{\frown}{BEC}$，以 BC 为直径作半圆 $\overset{\frown}{BFC}$，则商标图形的面积等于（   ）.

(A) $\dfrac{1}{6}\pi + \sqrt{2}$ (B) $\dfrac{1}{2}\pi + \sqrt{2}$ (C) $\dfrac{1}{3}\pi + \sqrt{3}$

(D) $\dfrac{1}{6}\pi + \sqrt{3}$ (E) $\dfrac{1}{6}\pi + \sqrt{5}$

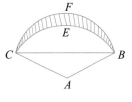

图 5-33

【解析】由题意，过点 A 作 BC 边上的高，交 BC 于点 D，因为 $\angle ABC = 30°$，则 $AD = \dfrac{1}{2} AB = 1$，$BD = \sqrt{3}$，故 $\triangle ABC$ 的底为 $2\sqrt{3}$，半圆 $\overset{\frown}{BFC}$ 的半径为 $\sqrt{3}$，则

$$S_{阴}=S_{\triangle ABC}+S_{半圆BCF}-S_{扇形ABEC}=\frac{1}{2}\times 2\sqrt{3}\times 1+\frac{\pi}{2}\times(\sqrt{3})^2-\frac{4}{3}\pi=\sqrt{3}+\frac{\pi}{6}.$$

【答案】(D)

例 22 如图 5-34 所示，三个圆的半径都是 5 厘米，这三个圆两两相交于圆心．则三个阴影部分的面积之和为(   )平方厘米．

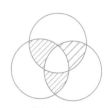

图 5-34

(A)$\frac{25}{2}\pi$　　　(B)$\frac{23}{2}\pi$　　　(C)12π　　　(D)13π　　　(E)11π

【解析】如图 5-35 所示，连接其中一个阴影部分的三点构成一个等边三角形，从图中会发现：每一块阴影部分面积＝正三角形面积＋两个弓形面积——一个弓形面积＝扇形 AOB 的面积．所以求出扇形 AOB 的面积，再乘 3，就是阴影部分的总面积．

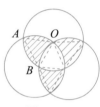

图 5-35

扇形 AOB 的面积为 $S=\frac{1}{6}\pi\cdot 5^2=\frac{25}{6}\pi$(平方厘米)．

故阴影部分的面积为 $S=3\cdot\frac{25}{6}\pi=\frac{25}{2}\pi$(平方厘米)．

【答案】(A)

例 23 如图 5-36 所示，以六边形的每个顶点为圆心，1 为半径画圆，则图中阴影部分的面积为(   )．

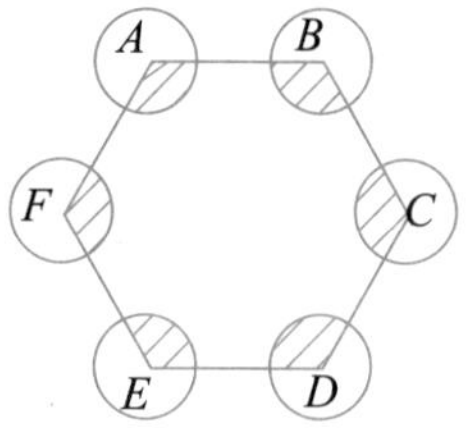

(A)2π　　　(B)3π　　　(C)$\frac{1}{2}\pi$　　　(D)$\frac{1}{4}\pi$　　　(E)π

【解析】由图 5-36 可知，6 个扇形的圆心角之和为六边形的内角和，为 $720°$，故阴影部分面积等于一个圆的面积的两倍，即 $S_{阴影}=2\cdot\pi r^2=2\pi$.

【答案】(A)

图 5-36

变化 2 **平移法求阴影部分面积**

技巧总结

如果所给阴影部分图形并不是常见标准几何图形，有时可以通过平移法转化为标准几何图形，再求解．

例 24 如图 5-37 所示，两个半圆的圆心在同一条直线上，AB 与小半圆相切且与两圆心所在的直线平行，若 $AB=10$，那么两半圆间的面积(图中阴影所示)为(   )．

图 5-37

(A)$\frac{25}{4}\pi$　　　　　　　(B)25π　　　　　　　(C)50π

(D)$\frac{25}{2}\pi$　　　　　　　(E)75π

【解析】如图 5-38 所示，向右平移小半圆，使两个半圆的圆心重合于点

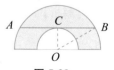

图 5-38

O，由点 O 向 AB 做垂线，与 AB 交于点 C，由垂径定理可知，点 C 平分线段 AB，连接 OB.

设大半圆的半径为 R，小半圆的半径为 r，由勾股定理可知，$BO^2 = OC^2 + CB^2 \Rightarrow R^2 = r^2 + 5^2$，即 $R^2 - r^2 = 25$，所以阴影部分的面积为 $\frac{1}{2}\pi(R^2 - r^2) = \frac{25}{2}\pi$.

【答案】(D)

例 25　如图 5-39 所示，梯形 $ABCD$ 中，$AB = 10$，$CD = 20$. $\angle D$ 与 $\angle C$ 互余，分别以 AB，AD，BC 为直径向外作半圆，则三个半圆的面积和为（　　）.

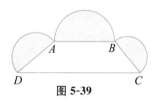
图 5-39

　　(A)25π　　　　(B)50π　　　　(C)100π　　　　(D)125π　　　　(E)150π

【解析】过点 A 作平行于 BC 的直线，交 CD 于点 E，如图 5-40 所示.

因为 $\angle C$、$\angle D$ 互余，所以 $\angle D$ 与 $\angle AED$ 互余，故 $\angle DAE = 90°$，四边形 $ABCE$ 是平行四边形，所以 $EC = 10$，$DE = 10$.

根据勾股定理，有 $AD^2 + AE^2 = 100$，AD 和 AE 分别是直径，因此阴影部分面积为

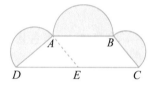
图 5-40

$$\frac{1}{2}\pi\left[\left(\frac{AD}{2}\right)^2 + \left(\frac{AE}{2}\right)^2\right] + \frac{1}{2}\pi\left(\frac{AB}{2}\right)^2 = \frac{1}{8}\pi \cdot 100 + \frac{25}{2}\pi = 25\pi.$$

【答案】(A)

变化 3　对折法求阴影部分面积

技巧总结

在求阴影部分面积时，有时可将某个阴影部分沿某条直线对折，对折后的图形与另一部分阴影部分合并，可以转化为方便求解的图形.

例 26　如图 5-41 所示，半圆 A 和半圆 B 均与 y 轴相切于点 O，其直径 CD、EF 均和 x 轴垂直，以 O 为顶点的两条抛物线分别经过 C、E 和 D、F，则图中阴影部分的面积是（　　）.

　　(A)$\frac{1}{3}\pi$　　　(B)$\frac{1}{2}\pi$　　　(C)$\frac{1}{5}\pi$　　　(D)$\frac{1}{4}\pi$　　　(E)$\frac{2}{3}\pi$

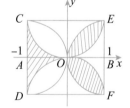
图 5-41

【解析】根据对称性可知，阴影部分面积等于一个半圆的面积，故有

$$S_{阴} = \frac{1}{2}\pi \cdot 1^2 = \frac{1}{2}\pi.$$

【答案】(B)

例 27　如图 5-42 所示，$AB = 10$ 厘米，且是半圆 ACB 的直径，C 是弧 AB 的中点，延长 BC 于点 D，$\overparen{ABD}$ 是以 AB 为半径的扇形，则图中阴影部分的面积是（　　）平方厘米.

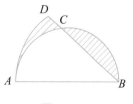
图 5-42

$$(A) 25\left(\frac{\pi}{2}+1\right) \qquad (B) 25\left(\frac{\pi}{2}-1\right) \qquad (C) 25\left(1+\frac{\pi}{4}\right)$$

$$(D) 25\left(1-\frac{\pi}{4}\right) \qquad (E) 25\left(\frac{\pi}{4}-1\right)$$

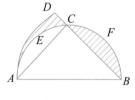

【解析】如图 5-43 所示，连接 AC，则 $\angle ACB = 90°$，由于 C 是弧 AB 的中点，有 $AC = BC = \frac{10}{\sqrt{2}}$（$\triangle ABC$ 是等腰直角三角形），显然弓形 AEC 的面积与弓形 BFC 的面积相等．故有

$$阴影部分面积 = 扇形\ ABD\ 的面积 - \triangle ABC\ 的面积$$

$$= \frac{\pi}{8} \times 10^2 - \frac{1}{2}\left(\frac{10}{\sqrt{2}}\right)^2 = \frac{100\pi}{8} - \frac{100}{4} = 25\left(\frac{\pi}{2}-1\right)（平方厘米）.$$

图 5-43

【答案】（B）

变化 4　集合法求阴影部分面积

技巧总结

有的阴影部分的面积可以利用集合的关系求解．经常用到的集合关系为

$$A \cup B = A + B - A \cap B, \quad A - B = (A+C) - (B+C).$$

例 28　如图 5-44 所示，在 Rt$\triangle ABC$ 中，$\angle ACB = 90°$，$AC = 4$，$BC = 2$，分别以 AC、BC 为直径画半圆，则图中阴影部分的面积为（　　）．

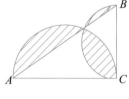

(A) $2\pi - 1$ 　　　　(B) $3\pi - 2$ 　　　　(C) $3\pi - 4$

(D) $\frac{5}{2}\pi - 3$ 　　　　(E) $\frac{5}{2}\pi - 4$

【解析】阴影部分的面积 $= S_{半圆AC} + S_{半圆BC} - S_{Rt\triangle ABC}$ 的面积，故

$$S_{阴影} = \frac{1}{2}\pi \cdot 2^2 + \frac{1}{2}\pi \cdot 1^2 - \frac{1}{2} \times 2 \times 4 = \frac{5}{2}\pi - 4.$$

图 5-44

【答案】（E）

例 29　如图 5-45 所示，正方形 $ABCD$ 的对角线 $AC = 2$ 厘米，扇形 ACB 是以 AC 为直径的半圆，扇形 ADC 是以 D 为圆心，AD 为半径的圆的一部分，则阴影部分的面积为（　　）平方厘米．

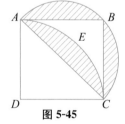

(A) $\pi - 1$ 　　　(B) $\pi - 2$ 　　　(C) $\pi + 1$ 　　　(D) $\pi + 2$ 　　　(E) π

【解析】由题意，知 $AD = \frac{\sqrt{2}}{2}AC = \sqrt{2}$ 厘米．

图 5-45

方法一：割补法．

$$S_{阴影} = S_{半圆ABC} - S_{\triangle ABC} + S_{弓形ACE}$$

$$= \frac{1}{2}\pi \times 1^2 - \frac{1}{2} \times \sqrt{2} \times \sqrt{2} + \left[\frac{\pi}{4} \times (\sqrt{2})^2 - \frac{1}{2} \times \sqrt{2} \times \sqrt{2}\right] = \pi - 2（平方厘米）.$$

方法二：集合法．

$$S_{阴影}=S_{半圆ABC}+S_{扇形ADC}-S_{正方形ABCD}=\frac{1}{2}\pi\times1^2+\frac{\pi}{4}\times(\sqrt{2})^2-\sqrt{2}\times\sqrt{2}=\pi-2(\text{平方厘米}).$$

【答案】(B)

变化 5　其他与面积有关的问题

例 30　如图 5-46 所示，矩形 $ABCD$ 中，$AB=10$，$AD=6$．F 是 CD 边上一点，已知△ADF 的面积比△CEF 的面积大 10，则 CE 的长是(　　)．

(A)2　　　(B)3　　　(C)4　　　(D)5　　　(E)6

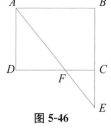

图 5-46

【解析】设 $S_{\triangle ADF}=S_1$，$S_{\triangle CEF}=S_2$，$S_{四边形ABCF}=S_3$，CE 的长为 x，则

$$S_1-S_2=(S_1+S_3)-(S_2+S_3)=60-\frac{1}{2}\times10\times(6+x)=10,$$

解得 $x=4$，则 CE 的长是 4．

【答案】(C)

例 31　如图 5-47 所示，正方形 $ABCD$ 四条边与圆 O 相切，而正方形 $EFGH$ 是圆 O 的内接正方形．已知正方形 $ABCD$ 的面积为 1，则正方形 $EFGH$ 的面积是(　　)．

(A)$\frac{2}{3}$　　　(B)$\frac{1}{2}$　　　(C)$\frac{\sqrt{2}}{2}$　　　(D)$\frac{\sqrt{2}}{3}$　　　(E)$\frac{1}{4}$

图 5-47

【解析】正方形 $ABCD$ 的面积为 1，可知边长 $AB=1$，圆 O 的直径为 1，OF 为圆 O 的半径，所以 $OF=\frac{1}{2}$，$EF=\frac{\sqrt{2}}{2}$，正方形 $EFGH$ 的面积是 $\left(\frac{\sqrt{2}}{2}\right)^2=\frac{1}{2}$．

【答案】(B)

例 32　设 P 是正方形 $ABCD$ 外的一点，$PB=10$ 厘米，△APB 的面积是 80 平方厘米，△CPB 的面积是 90 平方厘米，则正方形 $ABCD$ 的面积为(　　)平方厘米．

(A)720　　　(B)580　　　(C)640　　　(D)600　　　(E)560

【解析】如图 5-48 所示，作△APB 在 AB 边上的高 $PF=h_1$ 厘米，作△CPB 在 BC 边上的高 $PE=h_2$ 厘米，连接 EB、FB，可知 $EB=PF=h_1$ 厘米．

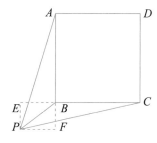

图 5-48

在△EPB 中，由勾股定理，得 $PB^2=EB^2+PE^2=h_1^2+h_2^2=100$．

设正方形的边长为 a 厘米，则有

$$S_{\triangle ABP}=\frac{1}{2}h_1a=80\text{平方厘米}，\quad S_{\triangle BCP}=\frac{1}{2}h_2a=90\text{平方厘米}，$$

解得正方形面积 $S=a^2=\frac{160^2+180^2}{10^2}=580(\text{平方厘米})$．

【答案】(B)

第 **2** 节 空间几何体

题型 **61** 空间几何体的基本问题

【母题综述】

空间几何体的基本问题中，涉及最多的就是几何体的表面积与体积.

(1)长方体

若长方体长、宽、高分别为 a，b，c，则有

$$棱长之和 L=4(a+b+c)；体积 V=abc；表面积 F=2(ab+ac+bc).$$

(2)圆柱体

若圆柱体的高为 h，底面半径为 r，则有

$$体积 V=\pi r^2 h；侧面积 S=2\pi rh；表面积 F=2\pi r^2+2\pi rh.$$

(3)球体

若球的半径是 R，则体积 $V=\dfrac{4}{3}\pi R^3$，表面积 $S=4\pi R^2$.

半球的体积 $\dfrac{2}{3}\pi R^3$，半球面面积 $S=2\pi R^2$，半球表面积 $S=2\pi R^2+\pi R^2$（半球面＋底面）.

【母题精讲】

母题61 现有一大球一小球，若将大球中的 $\dfrac{1}{8}$ 溶液倒入小球中，正巧可装满小球，那么大球与小球的半径之比等于(　　).

(A)$2:1$ 　　　(B)$3:1$ 　　　(C)$2:\sqrt[3]{2}$ 　　　(D)$\sqrt[3]{5}:\sqrt[3]{2}$ 　　　(E)$4:1$

【解析】 设大球的半径为 R，小球的半径为 r，由题意知，大球的体积是小球体积的 8 倍，故有

$$\frac{V_{大}}{V_{小}}=\frac{\dfrac{4}{3}\pi R^3}{\dfrac{4}{3}\pi r^3}=\left(\frac{R}{r}\right)^3=\frac{8}{1}\Rightarrow\frac{R}{r}=\frac{2}{1}.$$

【答案】(A)

【母题变化】

变化 **1** 几何体的表面积与体积

例33　长方体对角线长为 a，则表面积为 $2a^2$.

(1)棱长之比为 $1:2:3$ 的长方体.　　　　　　　　　　　(2)长方体的棱长均相等.

【解析】设长方体长、宽、高分别为 x，y，z，体对角线长 $a=\sqrt{x^2+y^2+z^2}$.

由题干知表面积 $S=2xy+2xz+2yz=2a^2 \Rightarrow xy+yz+xz=a^2=x^2+y^2+z^2 \Rightarrow x=y=z$，即长方体各边相等，为正方体，故条件(1)不充分，条件(2)充分.

【答案】(B)

例 34 圆柱体的底半径和高的比是 $1:2$，若体积增加到原来的 6 倍，底半径和高的比保持不变，则底半径( ).

(A)增加到原来的 $\sqrt{6}$ 倍   (B)增加到原来的 $\sqrt[3]{6}$ 倍   (C)增加到原来的 $\sqrt{3}$ 倍

(D)增加到原来的 $\sqrt[3]{3}$ 倍   (E)增加到原来的 6 倍

【解析】设圆柱体的底面半径为 r，则高为 $2r$，原来的体积为 $V=\pi r^2 h=2\pi r^3$.

设体积增加以后半径为 R，则高为 $2R$，此时体积为 $6V$，所以 $6V=\pi R^2 \cdot 2R=2\pi R^3$，即 $6 \cdot 2\pi r^3=2\pi R^3$. 所以 $R=\sqrt[3]{6}r$，即底半径增加到原来的 $\sqrt[3]{6}$ 倍.

【答案】(B)

例 35 如图 5-49 是一个几何体的三视图，根据图中数据，可得该几何体的表面积是( ).

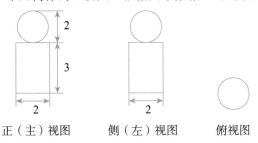

正（主）视图   侧（左）视图   俯视图

图 5-49

(A)9π (B)10π (C)11π (D)12π (E)13π

【解析】可以看出该几何体是由一个球和一个圆柱组合而成的，圆柱体的高为 3，底面直径为 2，球体直径为 2，故该几何体表面积为 $S=4\pi \cdot 1^2+2 \cdot \pi \cdot 1^2+3 \cdot 2\pi \cdot 1=12\pi$.

【答案】(D)

变化 2 **求旋转体体积的最值**

> 技巧总结
>
> 一个矩形以一条边为轴旋转一周所形成的几何体是圆柱体. 求这个圆柱体体积的最值，需要结合均值不等式求解.

例 36 有一个周长为 2 的矩形，将它绕其一边旋转一周，所得几何体的体积最大时，矩形面积为( ).

(A)$\dfrac{4\pi}{27}$ (B)$\dfrac{2}{3}$ (C)$\dfrac{2}{9}$ (D)$\dfrac{27}{4}$ (E)$\dfrac{27\pi}{4}$

【解析】设矩形的一边长为 a，另一边长为 b，则有 $a+b=1$.

假设矩形绕边长为 b 的边旋转一周，所形成的圆柱体的高为 b，底面半径为 a，故圆柱体的体积为 $V = \pi a^2 b = 4\pi \cdot \dfrac{a}{2} \cdot \dfrac{a}{2} \cdot b \leqslant 4\pi \cdot \left(\dfrac{\frac{a}{2} + \frac{a}{2} + b}{3} \right)^3 = 4\pi \cdot \left(\dfrac{1}{3} \right)^3 = \dfrac{4\pi}{27}$，当且仅当 $\dfrac{a}{2} = \dfrac{a}{2} = b$，即 $a = 2b$ 时，体积取得最大值. 此时 $a = \dfrac{2}{3}$，$b = \dfrac{1}{3}$，矩形面积为 $ab = \dfrac{2}{9}$.

【答案】(C)

变化 3　估算法求涂漆体积

> **技巧总结**
>
> 给一个几何体（如球体、圆柱体等）的表面积涂一层漆膜，求所用漆的体积.
>
> 在漆膜的厚度足够薄的情况下，我们可以近似的认为漆膜的面积等于几何体的表面积，故估算方法为：用几何体的表面积代替漆膜的表面积，则所用漆的体积＝表面积×膜的厚度.

例 37　在一个底面半径为 10 厘米、高为 25 厘米的圆柱的侧面镀一层厚度为 0.02 厘米的锡膜，已知这种锡膜的原材料为长宽高分别是 20 厘米、30 厘米、40 厘米的长方体锡块，则镀这样的圆柱体 6 000 个，至少需要长方体锡块(　　)个.

(A)4　　　　　(B)5　　　　　(C)6　　　　　(D)7　　　　　(E)(8)

【解析】设需要长方体锡块 x 个.

圆柱体侧面积≈镀膜的面积，故 $2\pi \times 10 \times 25 \times 0.02 \times 6\,000 = 20 \times 30 \times 40 x$，解得 $x \approx 7.85$，故至少需要长方体锡块 8 个.

【答案】(E)

变化 4　与水有关的应用题

> **技巧总结**
>
> 注意找等量关系，如水的体积不变.

例 38　一个两头密封的圆柱体水桶，水平横放时桶内有水部分占水桶一头圆周长的 $\dfrac{1}{4}$，则水桶直立时水的高度和桶的高度之比是(　　).

(A)$\dfrac{1}{4}$　　　(B)$\dfrac{1}{4} - \dfrac{1}{\pi}$　　　(C)$\dfrac{1}{4} - \dfrac{1}{2\pi}$　　　(D)$\dfrac{1}{8}$　　　(E)$\dfrac{\pi}{4}$

【解析】设桶的底面半径为 r，桶高为 h，水桶直立时水高为 l. 由题意可知，劣弧 AB 所对的圆心角为 $90°$，则 $\triangle AOB$ 为直角三角形，故图 5-50 中阴影部分面积为 $S_{阴} = S_{扇形 AOB} - S_{\triangle AOB} = \dfrac{1}{4}\pi r^2 - \dfrac{1}{2}r^2$，由于桶内水的体积不变，故

$$V_{水} = \pi r^2 \cdot l = S_{阴} \cdot h = \left(\dfrac{1}{4}\pi r^2 - \dfrac{1}{2}r^2 \right) h,$$

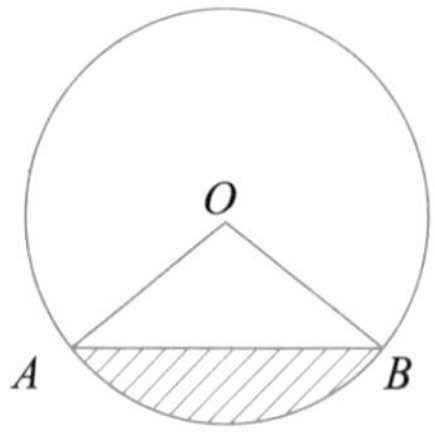

图 5-50

解得 $\dfrac{l}{h} = \dfrac{1}{4} - \dfrac{1}{2\pi}$，则水桶直立时水的高度和桶的高度之比是 $\dfrac{1}{4} - \dfrac{1}{2\pi}$.

【答案】(C)

例39 一个圆柱体容器的轴截面尺寸如图 5-51 所示,将一个实心球放入该容器中,球的直径等于圆柱的高,现将容器注满水,然后取出该球(假设原水量不受损失),则容器中水面的高度为( )厘米.

图 5-51

(A)5 $\frac{1}{3}$　　　(B)6 $\frac{1}{3}$　　　(C)7 $\frac{1}{3}$

(D)8 $\frac{1}{3}$　　　(E)9 $\frac{1}{3}$

【解析】如图 5-51 可知,圆柱的底面半径为 10 厘米,高为 10 厘米,球体半径为 5 厘米.球的体积与取出球体后下降水的体积相等,设取出球体后,水面高度为 h,则有

$$\frac{4}{3}\pi r_{球}^3 = \pi r_{柱}^2 (10-h) \Rightarrow h = 8\frac{1}{3}.$$

【答案】(D)

题型62 几何体表面染色问题

【母题综述】

将一个边长为 n 的正方体表面涂成红色,然后切成棱长为 1 的小正方体,则一共有 n^3 个小正方体,其中:

(1)三面红色的小正方体有 8 个,位于原正方体的 8 个顶点上;

(2)两面红色的小正方体有 $(n-2)\times 12$ 个,位于原正方体的 12 条棱上(不含顶点);

(3)一面红色的小正方体有 $(n-2)^2 \times 6$ 个,位于原正方体的 6 个面上(不含棱上的部分);

(4)没有红色的小正方体有 $(n-2)^3$ 个,位于原正方体内部.

【母题精讲】

母题62 将一块各面均涂有红漆的正方体锯成 125 个大小相同的小正方体,所得到的小正方体中,至少两面涂有红漆的小正方体有( )个.

(A)6　　　(B)8　　　(C)12　　　(D)36　　　(E)44

【解析】因为 $125=5^3$,故大正方体每边上有 5 个小正方体,当小正方体位于大正方体的顶点上时,有 3 面为红色,数量为 8 个;

当小正方体位于大正方体的棱上时,有 2 面为红色,则大正方体每边有 3 个这样的小正方体,因大正方体有 12 条边,故有 2 面红色的小正方体数量为 36 个.

综上,至少两面涂有红漆的小正方体个数是 44 个.

【答案】(E)

【母题变化】

变化1　正方体涂漆

例40 把若干个体积相等的正方体拼成一个大正方体,在大正方体表面涂上红色,已知一面涂色的小正方体有 96 个，则两面涂色的小正方体有（　　）个．

(A)48　　　　(B)60　　　　(C)64　　　　(D)24　　　　(E)32

【解析】一面涂色的小正方体位于大正方体的面上(除去棱上的)，每个面有 $96\div6=16=4\times4$(个)，即 $n-2=4$，所以大正方体的边长为 6 个小正方体边长；两面涂色的小正方体位于大正方体的棱上(除去 8 个顶点)，每条棱上有 4 个，故总个数为 $4\times12=48$(个)．

【答案】(A)

变化 2　长方体涂漆

> **技巧总结**
>
> 题干中若已知 4 个小正方体摆成一个长方体，则有两种可能，即 2×2 摆放或 1×4 摆放．

例 41　将一个表面涂有红色的长方体分割成若干个体积为 1 立方厘米的小正方体，其中，一点红色也没有的小正方体有 3 块，那么原来的长方体的表面积为（　　）平方厘米．

(A)32　　　　(B)64　　　　(C)78　　　　(D)27　　　　(E)18

【解析】没有红色的小正方体位于原来的长方体的内部，这三个小正方体一定是一字排开的，其所构成的长方体长、宽、高分别为 1 厘米、1 厘米和 3 厘米．所以，原长方体的长、宽、高应为 3 厘米、3 厘米和 5 厘米．故长方体的表面积为 $2\times3\times3+4\times5\times3=78$(平方厘米)．

【答案】(C)

题型 *63*　空间几何体的切与接

[母题综述]

几何体	体对角线长	外接球半径 R	内切球半径 r
正方体 （棱长 a）	$\sqrt{3}a$	外接球的直径＝体对角线长 正方体：$2R=\sqrt{3}a$； 圆柱体：$2R=\sqrt{(2m)^2+h^2}$； 长方体：$2R=\sqrt{a^2+b^2+c^2}$	内切球直径＝棱长，即 $2r=a$
圆柱体 （底面半径 m、高 h）	$\sqrt{(2m)^2+h^2}$		内切球直径＝圆柱体底面直径＝圆柱体的高，即 $2r=2m=h$； 内切球的横切面＝圆柱体的底面
长方体 （长 a、宽 b、高 c）	$\sqrt{a^2+b^2+c^2}$		——

[母题精讲]

母题 63　棱长为 a 的正方体内切球、外接球、外接半球的半径分别为(　　).

(A)$\dfrac{a}{2}$,$\dfrac{\sqrt{2}}{2}a$,$\dfrac{\sqrt{3}}{2}a$ 　　　　(B)$\sqrt{2}a$,$\sqrt{3}a$,$\sqrt{6}a$ 　　　　(C)a,$\dfrac{\sqrt{3}a}{2}$,$\dfrac{\sqrt{6}a}{2}$

(D)$\dfrac{a}{2}$,$\dfrac{\sqrt{2}}{2}a$,$\dfrac{\sqrt{6}}{2}a$ 　　　　(E)$\dfrac{a}{2}$,$\dfrac{\sqrt{3}}{2}a$,$\dfrac{\sqrt{6}}{2}a$

【解析】如图 5-52 所示：正方体的边长等于内切球的直径，故内切球半径为 $r_1=\dfrac{a}{2}$；

如图 5-53 所示：正方体的体对角线等于外接球的直径，即 $2r_2=\sqrt{3}a$，故 $r_2=\dfrac{\sqrt{3}}{2}a$；

如图 5-54 所示：正方体外接半球的半径 $R=\sqrt{a^2+l^2}=\sqrt{a^2+\left(\dfrac{\sqrt{2}}{2}a\right)^2}=\dfrac{\sqrt{6}}{2}a$.

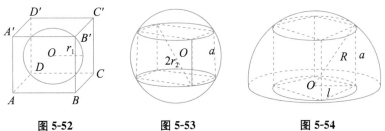

图 5-52　　　　　　　　图 5-53　　　　　　　　图 5-54

【答案】(E)

[母题变化]

变化 1　几何体的外接球体

技巧总结

抓住等量关系：外接球的直径＝体对角线长.

对于一个半径为 R 的球体，其内接正方体的体积为 $\dfrac{8\sqrt{3}}{9}R^3$，其内接圆柱体的体积最大值为 $\dfrac{4\sqrt{3}}{9}\pi R^3$，证明见例题.

例 42　现有一个半径为 R 的球体，用刨床将其加工成正方体，则能加工成的最大正方体的体积为(　　).

(A)$\dfrac{8}{3}R^3$ 　　　　(B)$\dfrac{8\sqrt{3}}{9}R^3$ 　　　　(C)$\dfrac{4}{3}R^3$ 　　　　(D)$\dfrac{1}{3}R^3$ 　　　　(E)$\dfrac{\sqrt{3}}{9}R^3$

【解析】设正方体的棱长为 a.

欲使正方体体积最大，则球体为正方体的外接球，正方体的体对角线＝球的直径.

故有 $\sqrt{3}a=2R$，解得 $a=\dfrac{2\sqrt{3}}{3}R$，故正方体的体积为 $a^3=\dfrac{8\sqrt{3}}{9}R^3$.

【答案】(B)

例 43 现有一个半径为 R 的球体，用刨床将其加工成圆柱体，则能加工成的最大圆柱体体积为( )．

(A) $\frac{8}{3}\pi R^3$ (B) $\frac{8\sqrt{3}}{3}\pi R^3$ (C) $\frac{4}{3}\pi R^3$ (D) $\frac{1}{3}\pi R^3$ (E) $\frac{4\sqrt{3}}{9}\pi R^3$

【解析】设圆柱底面半径为 r，高为 h．

欲使圆柱体体积最大，则球体为圆柱体的外接球，圆柱体的体对角线＝球的直径．

故有 $\sqrt{(2r)^2+h^2}=2R$，$4r^2+h^2=4R^2$，故由均值不等式，可得

$$4R^2=4r^2+h^2=2r^2+2r^2+h^2\geqslant 3\sqrt[3]{2r^2\cdot 2r^2\cdot h^2}=3\sqrt[3]{4r^4\cdot h^2},$$

即 $3\sqrt[3]{4r^4\cdot h^2}\leqslant 4R^2$，$r^4h^2\leqslant\frac{16R^6}{27}$，则 $\pi r^2h\leqslant\frac{4\sqrt{3}}{9}\pi R^3$，故能加工成的最大圆柱体的体积为 $\frac{4\sqrt{3}}{9}\pi R^3$．

【答案】(E)

变化 2   几何体的外接半球

技巧总结

对于一个半径为 R 的半球体，其内接正方体的体积为 $\frac{2\sqrt{6}}{9}R^3$，其内接圆柱体的体积最大值为 $\frac{2\sqrt{3}}{9}\pi R^3$，证明过程见例题．

例 44 现有一个半径为 R 的半球体，用刨床将其加工成正方体，则能加工成的最大正方体的体积为( )．

(A) $\frac{8}{3}R^3$ (B) $\frac{2\sqrt{6}}{9}R^3$ (C) $\frac{4}{3}R^3$ (D) $\frac{1}{3}R^3$ (E) $\frac{\sqrt{3}}{9}R^3$

【解析】设正方体的棱长为 a，底面对角线的一半为 r，如图 5-55 所示．

欲使正方体体积最大，则半球体为正方体的外接半球，故有 $a^2+r^2=R^2$．

由勾股定理，知 $(2r)^2=a^2+a^2=2a^2$，$r^2=\frac{1}{2}a^2$．故 $a^2+\frac{1}{2}a^2=R^2$，

解得 $a=\frac{\sqrt{6}}{3}R$．

故正方体的体积为 $a^3=\frac{2\sqrt{6}}{9}R^3$．

【答案】(B)

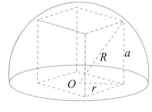

图 5-55

例 45 现有一个半径为 R 的半球体，用刨床将其加工成圆柱体，则能加工成的最大圆柱体体积为( )．

(A) $\frac{2}{3}R^3$ (B) $\frac{4\sqrt{3}}{3}\pi R^3$ (C) $\frac{4}{3}\pi R^3$ (D) $\frac{1}{3}\pi R^3$ (E) $\frac{2\sqrt{3}}{9}\pi R^3$

【解析】设圆柱底面半径为 r，高为 h．

欲使圆柱体的体积最大，则半球体为圆柱体的外接半球．故有 $r^2+h^2=R^2$，由均值不等式，可得

$$R^2=r^2+h^2=\frac{1}{2}r^2+\frac{1}{2}r^2+h^2\geqslant3\sqrt[3]{\frac{1}{2}r^2\cdot\frac{1}{2}r^2\cdot h^2}=3\sqrt[3]{\frac{1}{4}r^4\cdot h^2},$$

即 $3\sqrt[3]{\frac{1}{4}r^4\cdot h^2}\leqslant R^2$，$r^4h^2\leqslant\frac{4R^6}{27}$，则 $\pi r^2h\leqslant\frac{2\sqrt{3}}{9}\pi R^3$，故能加工成的最大圆柱体的体积为 $\frac{2\sqrt{3}}{9}\pi R^3$．

【答案】(E)

例 46　如图 5-56 所示，正方体位于半径为 3 的球内，且一面位于球的大圆上，则正方体表面积最大为（　　）．

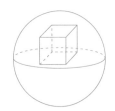

(A)12　　　　(B)18　　　　(C)24　　　　(D)30　　　　(E)36

【解析】*方法一*：当正方体上面 4 个点和半球体表面相接时，正方体表面积最大．

设正方体的边长为 a，球体半径为 R，可知 $r^2+a^2=R^2\Rightarrow\frac{a^2}{2}+a^2=9$，$a^2=6$，解得正方体表面积为 $6a^2=36$．

图 5-56

方法二：将此上半球对称得出下半球，补成完整的球体，则有边长为 a，a，$2a$ 的长方体与球相接，则长方体的体对角线等于球体直径，即 $\sqrt{a^2+a^2+(2a)^2}=2R=6$，解得正方体的表面积为 $6a^2=36$．

【快速得分法】根据半球体内接正方体的体积为 $\frac{2\sqrt{6}}{9}R^3$ 可得，该正方体的体积为 $V=a^3=\frac{2\sqrt{6}}{9}\times3^3=6\sqrt{6}$，解得棱长 $a=\sqrt{6}$，故正方体表面积为 $6\times(\sqrt{6})^2=36$．

【答案】(E)

变化 3　几何体的内切球体

例 47　一个长方体容器内刚好能放入 3 个大小相同的小球，图 5-57 所示为其横截面图，容器的上面恰好与球面相切．已知球的半径为 r，则长方体容器的容积为（　　）．

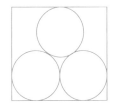

(A)$(8+4\sqrt{3})r^3$　　　　　　(B)$(8+4\sqrt{3})\pi r^3$

(C)$8\pi r^3$　　　　　　　　　(D)$(16+8\sqrt{3})r^3$

(E)$(16+8\sqrt{3})\pi r^3$

图 5-57

【解析】如图 5-58 所示，在横截面图中，三个圆的圆心相连，构成了一个边长为 $2r$ 的等边三角形，则长方形的长为 $4r$，宽为 $r+\sqrt{3}r+r=(2+\sqrt{3})r$，故此长方形的面积(也是容器的底面积)为 $4r\cdot(2+\sqrt{3})r=(8+4\sqrt{3})r^2$．

此容器的高为球的直径 $2r$，故容器的容积为

$$(8+4\sqrt{3})r^2\cdot2r=(16+8\sqrt{3})r^3.$$

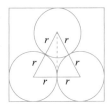

图 5-58

【答案】(D)

题型64 最短爬行距离问题

【母题综述】

爬行距离问题一般分为三种情况：

(1)在正方体、长方体表面爬行；

(2)在圆柱体表面爬行；

(3)在圆柱体容器(无盖)内爬行.

【母题精讲】

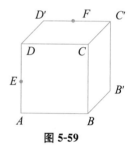

图 5-59

母题64 如图5-59所示，正方体 $ABCD-A'B'C'D'$ 的边长为2，E，F 分别是棱 AD，$C'D'$ 的中点，位于点 E 处的一只蚂蚁要在这个正方体的表面上爬到 F 处，它爬行的最短距离为(   ).

(A) $\dfrac{5}{2}$ (B)4 (C) $2\sqrt{2}$ (D) $1+\sqrt{5}$ (E) $\sqrt{10}$

【解析】将正方体展开，爬行路线有以下两种情况：

①把正方体的上顶面，即面 $CDD'C'$ 沿着 CD 向上翻折，与面 $ABCD$ 在一个平面上，如图5-60所示.

此时，蚂蚁爬行的距离为 $EF=\sqrt{3^2+1^2}=\sqrt{10}$.

②把正方体的上顶面，即面 $CDD'C'$ 沿着 DD' 向上翻折，与面 $AA'D'D$ 在一个平面上，如图5-61所示.

此时，蚂蚁爬行的距离为 $EF=\sqrt{2^2+2^2}=2\sqrt{2}$.

综上所述，蚂蚁爬行的最短距离为 $2\sqrt{2}$.

【易错点】易把第二种情况漏掉，而错选(E).

【答案】(C)

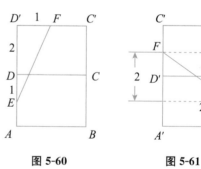

图 5-60　　　图 5-61

【母题变化】

变化1 在长方体表面爬行

技巧总结

长方体表面爬行问题，一般的做法是分三种情况进行讨论，将不同的三个面两两组合，得到三个答案，再比较三个数的大小就可以了. 但是实际上可以应用下面这个定理，直接求出最短距离.

定理：如图5-62所示，若长方体的长、宽、高为 a,b,c，且 $a>b>c$，那么从 A 点出发沿表面运动到 C_1 点的最短路线长为 $\sqrt{a^2+(b+c)^2}$.

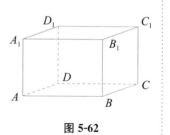

图 5-62

例48 如图5-63所示，一只蚂蚁沿长方体的表面从顶点A爬行到另一顶点M，已知$AB=2$，$AD=1$，$BF=3$，则这只蚂蚁爬行的最短距离为( ).

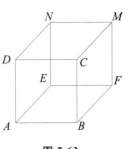

图5-63

(A)$\sqrt{17}$　　　(B)$3\sqrt{2}$　　　(C)$2\sqrt{5}$　　　(D)$\sqrt{26}$　　　(E)$2\sqrt{7}$

【解析】把长方体展开，从A到M的路线有三种情况：

①如图5-64所示，蚂蚁爬行距离为$AM=\sqrt{2^2+(1+3)^2}=2\sqrt{5}$；

②如图5-65所示，蚂蚁爬行距离为$AM=\sqrt{1^2+(2+3)^2}=\sqrt{26}$；

③如图5-66所示，蚂蚁爬行距离为$AM=\sqrt{3^2+(1+2)^2}=3\sqrt{2}$.

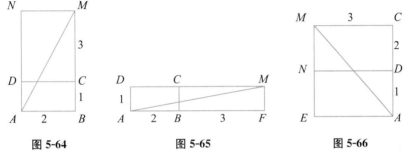

图5-64　　　　　　　图5-65　　　　　　　图5-66

综上所述，蚂蚁从点A爬行到点M的最短距离为$3\sqrt{2}$.

【快速得分法】由变化1中的定理可知，因为$3>2>1$，故最短距离为$\sqrt{3^2+(1+2)^2}=3\sqrt{2}$.

【答案】(B)

变化2　在圆柱体表面爬行

技巧总结

圆柱体表面爬行问题，需要分两种情况讨论：

(1)先沿着高线爬到上底面，再沿着上底面径直爬到目的地；

(2)直接从侧面爬到目的地.

比较这两种情况下爬行距离的大小，较小的为最短距离.

例49 如图5-67所示，有一个圆柱，高为4，底面半径为4，一只蚂蚁沿着圆柱的表面，从点A爬到点B的最短距离是( )($\pi\approx3$).

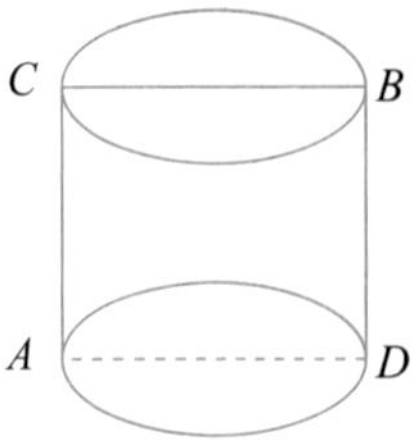

(A)8　　　(B)10　　　(C)12　　　(D)$4\sqrt{10}$　　　(E)$2\sqrt{13}$

【解析】先考虑蚂蚁从点A沿着高线爬到点C，再在上底面沿着直径爬到点B的情况. 此时蚂蚁爬行的总距离为$4+8=12$.

再考虑蚂蚁从侧面爬行到点B的情况. 把圆柱体的侧面展开，如图5-68所示. 因为圆柱体的底面半径为4，则底面周长为8π，半周长为4π.

此时蚂蚁爬行总距离为$AB=\sqrt{16+16\pi^2}\approx\sqrt{160}$.

因为$\sqrt{160}>12$，故蚂蚁爬行的最短距离为12.

【答案】(C)

图5-67

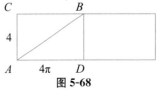

图5-68

变化 **3** 在圆柱容器（无盖）内爬行

> **技巧总结**
>
> 此类题目可以转化成点关于直线对称求极值问题．

例 50 如图 5-69 所示，圆柱体杯子高为 18 厘米，底面周长为 24 厘米，在杯内壁离杯底 4 厘米的点 B 处有一滴蜂蜜，此时一只蚂蚁正好在杯外壁，在距杯口 2 厘米且与蜂蜜正对的点 A 处，则蚂蚁从外壁 A 处到达内壁 B 处的最短距离为(   )．

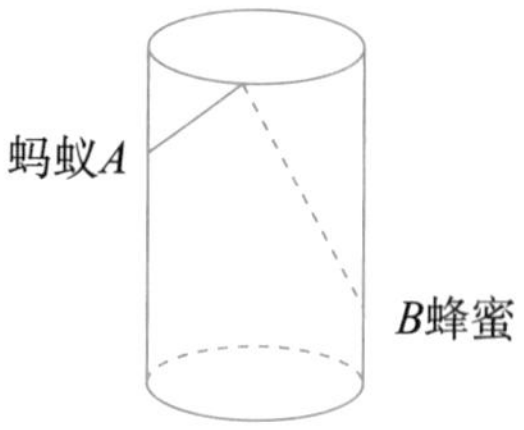

(A) 20   (B) $20\sqrt{2}$ (C) 26

(D) $18\sqrt{2}$ (E) 28

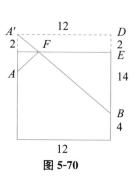

图 5-69

【解析】将圆柱侧面展开，转化成点关于直线对称求极值的问题．

将杯子侧面展开，其一半图形如图 5-70 所示，因为底面周长为 24 厘米，故半周长为 12 厘米．作点 A 关于 EF 的对称点 A'，连接 $A'B$，则 $A'B$ 为蚂蚁从外壁 A 处到达内壁 B 处的最短距离，为

$$A'B = \sqrt{A'D^2 + BD^2} = \sqrt{12^2 + 16^2} = 20(厘米)．$$

【答案】(A)

图 5-70

第 **3** 节 解析几何

题型 **65** 点与点、点与直线的位置关系

[母题综述]

> 1. 点与点的位置关系
>
> (1) 考查中点坐标问题、两点距离问题以及两点连线所成直线的斜率问题．
>
> (2) 考查三点共线问题，即在三点之中任取两点，斜率相等．
>
> 2. 点与直线的位置关系
>
> (1) 点在直线上，则可将点的坐标代入直线方程．
>
> (2) 点在直线外，重点考查直线外一点到该直线的距离．
>
> (3) 两点关于直线对称，见题型 73 · 对称问题．

[母题精讲]

母题 65 已知直线 l 经过点 $(4，-3)$ 且在两坐标轴上的截距绝对值相等，则直线 l 的方程为（ ）.

(A) $x+y-1=0$ (B) $x-y-7=0$

(C) $x+y-1=0$ 或 $x-y-7=0$ (D) $x+y-1=0$ 或 $x-y-7=0$ 或 $3x+4y=0$

(E) $3x+4y=0$

【解析】 设直线在 x 轴与 y 轴上的截距分别为 a，b，分如下两种情况讨论：

①当 $a\neq 0$，$b\neq 0$ 时，设直线方程为 $\dfrac{x}{a}+\dfrac{y}{b}=1$，直线经过点 $(4，-3)$，故 $\dfrac{4}{a}-\dfrac{3}{b}=1$.

又由 $|a|=|b|$，得 $\begin{cases} a=1, \\ b=1 \end{cases}$ 或 $\begin{cases} a=7, \\ b=-7, \end{cases}$ 故直线方程为 $x+y-1=0$ 或 $x-y-7=0$；

②当 $a=b=0$ 时，则直线经过原点及 $(4，-3)$，故直线方程为 $3x+4y=0$.

综上，所求直线方程为 $x+y-1=0$ 或 $x-y-7=0$ 或 $3x+4y=0$.

【答案】（D）

[母题变化]

变化 1 **中点坐标公式**

技巧总结

中点坐标公式：$\left(\dfrac{x_1+x_2}{2}，\dfrac{y_1+y_2}{2}\right)$.

例 51 已知三个点 $A(x，5)$，$B(-2，y)$，$C(1，1)$，若点 C 是线段 AB 的中点，则（ ）.

(A) $x=4$，$y=-3$ (B) $x=0$，$y=3$ (C) $x=0$，$y=-3$

(D) $x=-4$，$y=-3$ (E) $x=3$，$y=-4$

【解析】 点 C 是线段 AB 的中点，根据中点坐标公式，得

$$\begin{cases} 1=\dfrac{1}{2}(x-2), \\ 1=\dfrac{1}{2}(5+y) \end{cases} \Rightarrow \begin{cases} x=4, \\ y=-3. \end{cases}$$

【答案】（A）

变化 2 **两点间的距离**

技巧总结

两点间的距离公式：$d=\sqrt{(x_1-x_2)^2+(y_1-y_2)^2}$；两点所成直线的斜率为 $k=\dfrac{y_1-y_2}{x_1-x_2}$.

例52 已知线段 AB 的长为12，点 A 的坐标是$(-4，8)$，点 B 的横、纵坐标相等，则点 B 的坐标为(   ).

(A)$(-4，-4)$ (B)$(8，8)$ (C)$(4，4)$或$(8，8)$

(D)$(-4，-4)$或$(8，8)$ (E)$(4，4)$或$(-8，-8)$

【解析】设点 B 的坐标为$(x，x)$，根据两点间的距离公式，得 AB 的长为
$$d=\sqrt{(x+4)^2+(x-8)^2}=12,$$
解得 $x=-4$ 或 $x=8$，故点 B 的坐标为$(-4，-4)$或$(8，8)$.

【答案】(D)

变化 3   点到直线的距离

技巧总结

若直线 l 的方程为 $Ax+By+C=0$，点$(x_0，y_0)$到 l 的距离为 $d=\dfrac{|Ax_0+By_0+C|}{\sqrt{A^2+B^2}}$.

例.53 点 $P(m-n，n)$ 到直线 l 的距离为 $\sqrt{m^2+n^2}$.

(1)直线 l 的方程为$\dfrac{x}{n}+\dfrac{y}{m}=-1$.

(2)直线 l 的方程为$\dfrac{x}{n}+\dfrac{y}{m}=1$.

【解析】条件(1)：直线 l 可化为 $mx+ny+mn=0$.

根据点到直线的距离公式，有点 P 到直线 l 的距离 $d=\dfrac{|m(m-n)+n^2+mn|}{\sqrt{m^2+n^2}}=\sqrt{m^2+n^2}$.

所以，条件(1)充分.

条件(2)：直线可化为 $mx+ny-mn=0$.

根据点到直线的距离公式，有点 P 到直线 l 的距离 $d=\dfrac{|m(m-n)+n^2-mn|}{\sqrt{m^2+n^2}}=\dfrac{(m-n)^2}{\sqrt{m^2+n^2}}\neq\sqrt{m^2+n^2}$.

所以，条件(2)不充分.

【答案】(A)

题型66 直线与直线的位置关系

[母题综述]

直线与直线之间的位置关系有以下几种：

(1)重合：若两条直线的斜率相等且截距也相等，则两条直线重合.

(2)平行：若两条直线的斜率相等但截距不相等，则两条直线互相平行.

（3）相交：若两条直线的斜率不相等，则必然相交．联立两条直线的方程可以求交点．

（4）垂直：若两条直线互相垂直，有如下两种情况：

①其中一条直线的斜率为0，另外一条直线的斜率不存在，即一条直线平行于 x 轴，另一条直线平行于 y 轴．

②两条直线的斜率都存在，则斜率的乘积等于－1．

（5）对称：见题型73·对称问题．

〖母题精讲〗

母题66 $m=-3$．

（1）过点 $A(-1，m)$ 和点 $B(m，3)$ 的直线与直线 $3x+y-2=0$ 平行．

（2）直线 $mx+(m-2)y-1=0$ 与直线 $(m+8)x+my+3=0$ 垂直．

【解析】 条件(1)：两条直线互相平行，说明其斜率相等但截距不相等．

故有 $\dfrac{3-m}{m+1}=-3$，解得 $m=-3$，即直线 AB 的方程为 $3x+y+6=0$，两条直线不重合，故两条直线平行，条件(1)充分．

条件(2)：两直线斜率均存在时，斜率相乘等于－1，即 $-\dfrac{m}{m-2}\cdot\left(-\dfrac{m+8}{m}\right)=-1$，解得 $m=-3$；

若一条直线斜率为0，另一条直线斜率不存在，即 $m=0$ 时，两直线分别为 $y=-\dfrac{1}{2}$，$x=-\dfrac{3}{8}$，显然相互垂直．

故 $m=-3$ 或 $m=0$ 时，两直线均垂直．故条件(2)不充分．

【答案】（A）

〖母题变化〗

变化 1　平行

> **技巧总结**
>
> 注意对比直线的重合与平行的关系：
>
> （1）重合
>
> ①斜截式：若两直线方程为 l_1：$y=k_1x+b_1$，l_2：$y=k_2x+b_2$，则 l_1 与 l_2 重合 $\Leftrightarrow k_1=k_2$，$b_1=b_2$．
>
> ②一般式：若两直线方程为 l_1：$A_1x+B_1y+C_1=0$，l_2：$A_2x+B_2y+C_2=0$，则 l_1 与 l_2 重合 $\Leftrightarrow$
> $\dfrac{A_1}{A_2}=\dfrac{B_1}{B_2}=\dfrac{C_1}{C_2}$．
>
> （2）平行
>
> ①斜截式：若两直线方程为 l_1：$y=k_1x+b_1$，l_2：$y=k_2x+b_2$，则 $l_1//l_2\Leftrightarrow k_1=k_2$，$b_1\neq b_2$．
>
> ②一般式：若两直线方程为 l_1：$A_1x+B_1y+C_1=0$，l_2：$A_2x+B_2y+C_2=0$，则 $l_1//l_2\Leftrightarrow$
> $\dfrac{A_1}{A_2}=\dfrac{B_1}{B_2}\neq\dfrac{C_1}{C_2}$．

③两条平行直线之间的距离：若两条平行直线的方程分别为 $l_1: Ax+By+C_1=0$, $l_2: Ax+By+C_2=0$，那么 l_1 与 l_2 之间的距离为 $d=\dfrac{|C_1-C_2|}{\sqrt{A^2+B^2}}$.

例 54　直线 $l_1: x+ky+y+k-2=0$ 与直线 $l_2: kx+2y+8=0$ 平行.

(1) $k=1$.　　　　(2) $k=-2$.

【解析】条件(1)：$k=1$ 时，直线方程为 $l_1: x+2y-1=0$, $l_2: x+2y+8=0$，两直线斜率相等但截距不相等，故两直线平行，条件(1)充分.

条件(2)：$k=-2$ 时，直线方程为 $l_1: x-y-4=0$, $l_2: x-y-4=0$，两直线重合，故不平行，条件(2)不充分.

【答案】(A)

变化 2　相交

技巧总结

1. 斜截式

若两直线方程为 $l_1: y=k_1x+b_1$, $l_2: y=k_2x+b_2$，则 l_1 与 l_2 相交 $\Leftrightarrow k_1 \neq k_2$.

2. 一般式

若两直线方程为 $l_1: A_1x+B_1y+C_1=0$, $l_2: A_2x+B_2y+C_2=0$，则 l_1 与 l_2 相交 $\Leftrightarrow \dfrac{A_1}{A_2} \neq \dfrac{B_1}{B_2}$.

3. 两条直线的夹角

若两条直线 $l_1: y=k_1x+b_1$ 与 $l_2: y=k_2x+b_2$，且两条直线不是互相垂直的，则两条直线的夹角 α 满足如下关系 $\tan\alpha = \left|\dfrac{k_1-k_2}{1+k_1k_2}\right|$.

例 55　$-\dfrac{2}{3}<k<2$.

(1)直线 $l_1: y=kx+k+2$ 与直线 $l_2: y=-2x+4$ 的交点在第一象限.

(2)直线 $l_1: 2x+y-2=0$ 与直线 $l_2: kx-y+1=0$ 的夹角为 $45°$.

【解析】条件(1)：当 $k=-2$ 时，两直线平行，没有交点，故 $k \neq -2$. 联立两条直线方程，可得 $\begin{cases} y=kx+k+2, \\ y=-2x+4, \end{cases}$ 解得 $\begin{cases} x=\dfrac{2-k}{2+k}, \\ y=\dfrac{6k+4}{2+k}. \end{cases}$ 则两条直线的交点为 $\left(\dfrac{2-k}{2+k}, \dfrac{6k+4}{2+k}\right)$，因为交点在第一象限，

则 $\begin{cases} x=\dfrac{2-k}{2+k}>0, \\ y=\dfrac{6k+4}{2+k}>0, \end{cases}$ 解得 $-\dfrac{2}{3}<k<2$，条件(1)充分.

条件(2)：设直线 l_1、l_2 的斜率分别为 k_1, k_2，则它们的夹角的正切值 $\tan\varphi = \left|\dfrac{k_2-k_1}{1+k_1k_2}\right|$.

故在本题中，$\tan45°=\left|\dfrac{k-(-2)}{1+(-2)k}\right|=1\Rightarrow k=-\dfrac{1}{3}$ 或 3，条件(2)不充分.

【答案】(A)

变化 3　垂直

技巧总结

1. 斜截式

若两直线方程为 $l_1：y=k_1x+b_1$，$l_2：y=k_2x+b_2$，则 $l_1\perp l_2\Leftrightarrow k_1k_2=-1$ 或者 $k_1=0$，k_2 不存在.

2. 一般式

若两直线方程为 $l_1：A_1x+B_1y+C_1=0$，$l_2：A_2x+B_2y+C_2=0$，则 $l_1\perp l_2\Leftrightarrow A_1A_2+B_1B_2=0$.

例56　已知直线 $l_1：(a+2)x+(1-a)y-3=0$ 和直线 $l_2：(a-1)x+(2a+3)y+2=0$ 互相垂直，则 a 等于(　　).

(A)-1　　　(B)1　　　(C)±1　　　(D)$-\dfrac{3}{2}$　　　(E)0

【解析】根据变化 3 中的结论，两直线垂直，有 $(a+2)(a-1)+(1-a)(2a+3)=0$，解得 $a=\pm1$.

【答案】(C)

题型67　点与圆的位置关系

[母题综述]

点与圆之间有三种位置关系：点在圆内、点在圆上、点在圆外.

设点 $P(x_0,y_0)$，圆：$(x-a)^2+(y-b)^2=r^2$，则有

(1)点在圆内：$(x_0-a)^2+(y_0-b)^2<r^2$；

(2)点在圆上：$(x_0-a)^2+(y_0-b)^2=r^2$；

(3)点在圆外：$(x_0-a)^2+(y_0-b)^2>r^2$.

[母题精讲]

母题67　$\odot O$ 的半径为 5，圆心 O 的坐标为 $(0,0)$，点 P 的坐标为 $(4,2)$，则点 P 与 $\odot O$ 的位置关系是(　　).

(A)点 P 在 $\odot O$ 内　　　(B)点 P 在 $\odot O$ 上　　　(C)点 P 在 $\odot O$ 外

(D)点 P 在 $\odot O$ 上或 $\odot O$ 外　　　(E)点 P 在 $\odot O$ 上或 $\odot O$ 内

【解析】由题意可知，圆的方程为 $x^2+y^2=25$，将点 P 坐标代入圆的方程可得 $4^2+2^2=20<25$，故点 P 在 $\odot O$ 内.

【答案】(A)

【典型例题】

例57 若直线 l_1：$ax+by=1$ 与圆 C：$x^2+y^2=1$ 有两个不同的交点，则点 $P(a,b)$ 与圆 C 的位置关系是（ ）.

(A)点在圆上   (B)点在圆内   (C)点在圆外

(D)点在圆上或在圆外   (E)点在圆上或在圆内

【解析】 由题意可得，圆与直线相交，即圆心 $(0,0)$ 到直线 $ax+by=1$ 的距离小于 1，可得 $d=\dfrac{1}{\sqrt{a^2+b^2}}<1$，则 $\sqrt{a^2+b^2}>1$，$a^2+b^2>1$，故点 P 和圆心 C 的距离大于半径，点在圆外.

【答案】（C）

题型68 直线与圆的位置关系

【母题综述】

> 直线与圆有以下三种位置关系（设圆心到直线的距离为 d，圆的半径为 r）：
> (1)相离：$d>r$；(2)相切：$d=r$；(3)相交：$d<r$.

【母题精讲】

母题68 过点 $(-2,0)$ 的直线 l 与圆 $x^2+y^2=2x$ 有两个交点，则直线 l 的斜率 k 的取值范围是（ ）.

(A)$(-2\sqrt{2},2\sqrt{2})$ (B)$(-\sqrt{2},\sqrt{2})$ (C)$\left(-\dfrac{\sqrt{2}}{4},\dfrac{\sqrt{2}}{4}\right)$

(D)$\left(-\dfrac{1}{4},\dfrac{1}{4}\right)$ (E)$\left(-\dfrac{1}{8},\dfrac{1}{8}\right)$

【解析】 *方法一：代数方法.*

设直线方程为 $y=k(x+2)$，联立直线与圆的方程，即

$$\begin{cases} y=k(x+2), \\ x^2+y^2=2x, \end{cases}$$

消元得 $(k^2+1)x^2+(4k^2-2)x+4k^2=0$，直线与圆有两个交点，此方程应该有两个不等实根，故

$$\Delta=4(2k^2-1)^2-4\times 4k^2(k^2+1)>0 \Rightarrow -\dfrac{\sqrt{2}}{4}<k<\dfrac{\sqrt{2}}{4}.$$

方法二：几何方法.

圆的方程化为 $(x-1)^2+y^2=1$，点 P 为圆心 $(1,0)$.

过点 $(-2,0)$ 作圆的切线 AC、BC. 如图 5-71 所示.

过点 $(-2,0)$ 且处于 AC、BC 两条直线之间的直线 l，均与圆有两个交点.

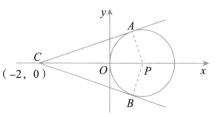

图 5-71

连接 AP，则 AP 与 AC 垂直，$PC=3$，$AP=r=1$，故 $AC=\sqrt{3^2-1^2}=2\sqrt{2}$.

所以 $k_{AC}=\dfrac{AP}{AC}=\dfrac{1}{2\sqrt{2}}=\dfrac{\sqrt{2}}{4}$，同理，$k_{BC}=-\dfrac{\sqrt{2}}{4}$，故直线 l 的斜率 k 的取值范围为 $\left(-\dfrac{\sqrt{2}}{4},\dfrac{\sqrt{2}}{4}\right)$.

【答案】(C)

[母题变化]

变化 1　直线与圆的相切

技巧总结

1. 求圆的切线方程时，常设切线的方程为 $Ax+By+C=0$ 或 $y=k(x-a)+b$，再利用点到直线的距离等于半径，即可确定切线方程.

2. 过圆 $(x-a)^2+(y-b)^2=r^2$ 上的一点 $P(x_0,y_0)$ 作圆的切线，则切线方程为

$$(x-a)(x_0-a)+(y-b)(y_0-b)=r^2,$$

若点 P 在圆外，则上述方程为过点 P 作圆的两条切线，形成的两个切点所在的直线的方程.

例58　直线 l 是圆 $x^2-2x+y^2+4y=0$ 的一条切线.

(1)l：$x-2y=0$.　　　　　　(2)l：$2x-y=0$.

【解析】圆 $x^2-2x+y^2+4y=0$ 的圆心为 $(1,-2)$，半径为 $\sqrt{5}$.

条件(1)：直线 l 与圆相切，故圆心到直线 l 的距离为半径，由点到直线的距离公式，得圆心到直线 l 的距离为 $\dfrac{|1-2\times(-2)|}{\sqrt{1+4}}=\sqrt{5}$，所以条件(1)充分.

条件(2)：同理，圆心到直线 l 的距离为 $\dfrac{|2-(-2)|}{\sqrt{4+1}}=\dfrac{4}{\sqrt{5}}\neq\sqrt{5}$，所以条件(2)不充分.

【答案】(A)

例59　若圆 C：$(x+1)^2+(y-1)^2=1$ 与 x 轴交于点 A，与 y 轴交于点 B，则与此圆相切于劣弧 AB 的中点 M(注：小于半圆的弧称为劣弧)的切线方程是(　　　).

(A)$y=x+2-\sqrt{2}$　　　　　　(B)$y=x+1-\dfrac{1}{\sqrt{2}}$　　　　　　(C)$y=x-1+\dfrac{1}{\sqrt{2}}$

(D)$y=x-2+\sqrt{2}$　　　　　　(E)$y=x+1-\sqrt{2}$

【解析】过点 M 的圆的切线平行于直线 AB，故斜率为 1，设切线的方程为 $y=x+b$，由于与劣弧相切，故 $b<1$，由题意可知，圆心 $(-1,1)$ 到切线的距离等于 1，有

$$\dfrac{|-1-1+b|}{\sqrt{1^2+(-1)^2}}=1\Rightarrow|b-2|=\sqrt{2},$$

解得 $b=2+\sqrt{2}$(含去)或 $b=2-\sqrt{2}$. 故切线方程为 $y=x+2-\sqrt{2}$.

【答案】(A)

例60　已知一个圆的方程为 $(x-1)^2+y^2=4$，则过点 $A(2,\sqrt{3})$ 且与圆相切的直线方程为(　　　).

(A)$x+\sqrt{3}\,y-5=0$　　　　　　(B)$x+\sqrt{3}\,y+5=0$　　　　　　(C)$x-\sqrt{3}\,y-5=0$

(D)$\sqrt{3}x+y-5=0$　　　　　　　　　(E)$\sqrt{3}x-y-5=0$

【解析】将点 A 的坐标代入圆的方程成立，故点 A 是圆上一点．由过圆上一点的切线方程的技巧，可得切线方程为 $(x-1)(2-1)+(y-0)(\sqrt{3}-0)=4$，化简得

$$x+\sqrt{3}y-5=0.$$

【答案】(A)

变化 2　直线与圆的相交

技巧总结

1. 设圆心到直线的距离为 d，圆的半径为 r，则直线与圆相交时，直线被圆截得的弦长为 $l=2\sqrt{r^2-d^2}$．

2. 垂径定理：垂直于弦的直径平分弦且平分这条弦所对的两条弧．

例 61　圆 $x^2+(y-1)^2=4$ 与 x 轴的两个交点是(　　).

(A)$(-\sqrt{5},0)$，$(\sqrt{5},0)$　　　　　　　(B)$(-2,0)$，$(2,0)$

(C)$(0,-\sqrt{5})$，$(0,\sqrt{5})$　　　　　　　(D)$(-\sqrt{3},0)$，$(\sqrt{3},0)$

(E)$(-\sqrt{2},-\sqrt{3})$，$(\sqrt{2},\sqrt{3})$

【解析】圆与 x 轴的交点纵坐标为 0，故令 $y=0$，得 $x^2=3$，解得 $x=\pm\sqrt{3}$，所以与 x 轴的两个交点是 $(-\sqrt{3},0)$，$(\sqrt{3},0)$．

【答案】(D)

例 62　直线 l 与圆 $x^2+y^2=4$ 相交于 A、B 两点，且 A、B 两点中点的坐标为 $(1,1)$，则直线 l 的方程为(　　).

(A)$y-x=1$　　　　　　　(B)$y-x=2$　　　　　　　(C)$y+x=1$

(D)$y+x=2$　　　　　　　(E)$2y-3x=1$

【解析】设 A、B 中点为点 M，圆的圆心为原点 O，可知直线 OM 与直线 l 垂直．

直线 OM 的斜率 $k_{OM}=1$，所以直线 l 的斜率 $k_l=-1$，据直线的点斜式方程，可得直线 l 的方程为 $y=-(x-1)+1$，整理得 $y+x=2$．

【快速得分法】选项代入法．

直线 l 必过 $(1,1)$ 点，将 $(1,1)$ 代入各个选项只有(D)项成立．

【答案】(D)

变化 3　圆上的点与直线的距离

技巧总结

考查方式：圆上的点与直线之间的距离问题，一般是求满足条件的点的个数．

解题思路：点的个数通常有 4 种，为 1 个点、2 个点、3 个点、4 个点．其中，1 个点、3 个点的情况是临界点，优先考虑临界点的情况．

例 63 圆 $(x-3)^2+(y-3)^2=9$ 上到直线 $x+4y-11=0$ 的距离等于 1 的点的个数有( ).

(A)1   (B)2   (C)3   (D)4   (E)5

【解析】圆心到直线的距离 $d=\dfrac{|3+4\times3-11|}{\sqrt{1+4^2}}=\dfrac{4}{\sqrt{17}}<1$，如图

5-72 所示.

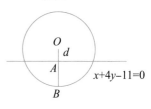

图 5-72

圆的半径 $r=3$，$OA<1$，故 $AB>2$，因此圆上到直线的距离等于 1 的点有 4 个，在直线两边各有 2 个.

【答案】(D)

例 64 圆 $(x-1)^2+(y-1)^2=r^2$ 上有 2 个点到直线 $3x+4y+8=0$ 的距离为 1.

(1)$3<r<4$.

(2)$2<r<3$.

【解析】圆心到直线的距离为 $d=\dfrac{|3+4+8|}{5}=3$.

接下来，分别讨论圆上有 1 个、2 个、3 个、4 个点到直线的距离为 1 时，半径的取值范围.

因为临界点是 1 个点和 3 个点，因此先讨论临界点.

①圆上有 1 个点到直线的距离为 1，如图 5-73 所示，此时，半径 $r=3-1=2$.

②圆上有 3 个点到直线的距离为 1，如图 5-74 所示，此时，半径 $r=4$.

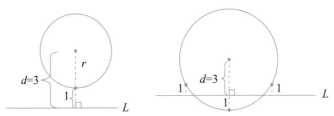

图 5-73   图 5-74

根据上述临界情况的 r 的值，可以写出 2 个点、4 个点时 r 的取值范围：

③当 $2<r<4$ 时，圆上有 2 个点到直线的距离为 1；

④当 $r>4$ 时，圆上有 4 个点到直线的距离为 1.

综上所述，条件(1)和条件(2)均充分.

【答案】(D)

变化 4   圆与坐标轴的位置关系

技巧总结

已知圆的一般方程：$x^2+y^2+Dx+Ey+F=0$，根据此式整理出圆的标准方程为

$$\left(x+\frac{D}{2}\right)^2+\left(y+\frac{E}{2}\right)^2=\frac{D^2+E^2-4F}{4},$$

即圆心坐标为 $\left(-\dfrac{D}{2},\ -\dfrac{E}{2}\right)$，半径 $r=\sqrt{\dfrac{D^2+E^2-4F}{4}}$，故圆与坐标轴的关系为

（1）圆与 x 轴相切：圆心纵坐标的绝对值为 r，即 $\left|-\dfrac{E}{2}\right|=\sqrt{\dfrac{D^2+E^2-4F}{4}}$；

（2）圆与 y 轴相切：圆心横坐标的绝对值为 r，即 $\left|-\dfrac{D}{2}\right|=\sqrt{\dfrac{D^2+E^2-4F}{4}}$；

（3）圆与坐标轴无交点：圆心纵坐标的绝对值大于 r 且横坐标的绝对值大于 r.

例 65 已知圆 $x^2+y^2+ax+by+c=0$ 与 x 轴相切，可以确定 c 的值.

（1）已知 a 的值.

（2）已知 b 的值.

【解析】圆与 x 轴相切，说明圆心纵坐标的绝对值为 r，即 $\left|-\dfrac{b}{2}\right|=\sqrt{\dfrac{a^2+b^2-4c}{4}}$. 平方，得

$$\frac{b^2}{4}=\frac{a^2+b^2-4c}{4}\Rightarrow b^2=a^2+b^2-4c\Rightarrow a^2-4c=0\Rightarrow c=\frac{a^2}{4}.$$

故已知 a 的值，即可确定 c 的值. 因此条件（1）充分，条件（2）不充分.

【答案】（A）

变化 5 平移问题

技巧总结

对曲线进行平移，其方程有如下变化：

（1）曲线 $y=f(x)$，向上平移 a 个单位（$a>0$），方程变为 $y=f(x)+a$；

（2）曲线 $y=f(x)$，向下平移 a 个单位（$a>0$），方程变为 $y=f(x)-a$；

（3）曲线 $y=f(x)$，向左平移 a 个单位（$a>0$），方程变为 $y=f(x+a)$；

（4）曲线 $y=f(x)$，向右平移 a 个单位（$a>0$），方程变为 $y=f(x-a)$.

口诀：上加下减，左加右减.

例 66 直线 $x-2y+m=0$ 向左平移一个单位后，与圆 C：$x^2+y^2+2x-4y=0$ 相切，则 m 的值为（　　）.

(A)-9 或 1　　　　　　　(B)-9 或 -1　　　　　　　(C)9 或 -1

(D)$\dfrac{1}{9}$ 或 -1　　　　　　(E)9 或 1

【解析】根据平移的原则"左加右减"得，向左平移一个单位后，直线的方程为 $x+1-2y+m=0$.

标准化圆的方程，得 $(x+1)^2+(y-2)^2=5$，平移后直线与圆 C 相切，故圆心 $(-1,2)$ 到直线的

距离为 $\dfrac{|m-4|}{\sqrt{5}}=\sqrt{5}$，解得 $m=9$ 或 -1.

【答案】（C）

题型69 圆与圆的位置关系

[母题综述]

1. 圆与圆的位置关系有以下五种：

(1)外离：$d > r_1 + r_2$；　　(2)外切：$d = r_1 + r_2$；　　(3)相交：$|r_1 - r_2| < d < r_1 + r_2$；

(4)内切：$d = |r_1 - r_2|$；　　(5)内含：$d < |r_1 - r_2|$.

2. 如果题干中说两个圆相切，一定要注意可能有两种情况，即内切和外切.

3. 两圆位置关系为相交、内切、内含时，涉及两个半径之差，如果已知半径的大小，则直接用大半径减小半径，如果不知半径的大小，则必须加绝对值符号.

[母题精讲]

母题69 圆 C_1：$\left(x - \dfrac{3}{2}\right)^2 + (y-2)^2 = r^2$ 与圆 C_2：$x^2 - 6x + y^2 - 8y = 0$ 有交点.

(1)$0 < r < \dfrac{5}{2}$.　　　　　(2)$r > \dfrac{15}{2}$.

【解析】两圆有交点，即两圆的位置关系为相切或相交，故应有 $|r_1 - r_2| \leqslant d \leqslant r_1 + r_2$.

圆 C_2 可化为 $(x-3)^2 + (y-4)^2 = 5^2$，圆心为 $(3，4)$，半径为 5.

圆 C_1 圆心为 $\left(\dfrac{3}{2}，2\right)$，半径为 r，故有

$$|r - 5| \leqslant \sqrt{\left(3 - \dfrac{3}{2}\right)^2 + (4-2)^2} \leqslant r + 5 \Rightarrow \dfrac{5}{2} \leqslant r \leqslant \dfrac{15}{2}.$$

所以，条件(1)和条件(2)均不充分，联立起来也不充分.

【答案】(E)

[典型例题]

例67 圆 $(x-3)^2 + (y-4)^2 = 25$ 与圆 $(x-1)^2 + (y-2)^2 = r^2$ 相切.

(1)$r = 5 \pm 2\sqrt{3}$.　　　　　(2)$r = 5 \pm 2\sqrt{2}$.

【解析】两圆的圆心分别为 $(3，4)$、$(1，2)$，则圆心距 $d = \sqrt{(3-1)^2 + (4-2)^2} = 2\sqrt{2}$.

若两圆外切，圆心距＝两圆半径之和，则 $d = 5 + r = 2\sqrt{2}$，$r = 2\sqrt{2} - 5 < 0$，不成立；

若两圆内切，圆心距＝两圆半径之差，则 $d = |5 - r| = 2\sqrt{2}$，$r = 5 \pm 2\sqrt{2}$.

所以条件(1)不充分，条件(2)充分.

【答案】(B)

例68 直线 l 是圆 C_1：$(x+1)^2 + y^2 = 1$ 与圆 C_2：$(x+4)^2 + y^2 = 4$ 的公切线，并且 l 分别与 x 轴正半轴、y 轴正半轴相交于 A、B 两点，则 $S_{\triangle AOB} = ($　　　$)$.

(A)2　　　　　　(B)$\dfrac{\sqrt{2}}{2}$　　　　　(C)$\sqrt{2}$　　　　　(D)$\dfrac{1}{2}$　　　　　(E)1

【解析】如图 5-75 所示，设直线 l 与 C_1、C_2 的切点分别为 M、N，连接 C_1M、C_2N，则 $C_1M \perp l$，$C_2N \perp l$，所以 $\triangle AMC_1 \backsim$ $\triangle ANC_2$，$\dfrac{AC_1}{AC_2} = \dfrac{C_1M}{C_2N}$，即 $\dfrac{OA+1}{OA+4} = \dfrac{1}{2}$，解得 $OA=2$，$AC_1=3$. 在 Rt$\triangle AC_1M$ 中，$AM = \sqrt{3^2-1^2} = 2\sqrt{2}$.

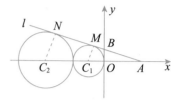

图 5-75

又因为 $\triangle AOB \backsim \triangle AMC_1$，$\dfrac{OB}{C_1M} = \dfrac{OA}{AM}$，即 $\dfrac{OB}{1} = \dfrac{2}{2\sqrt{2}}$，解得 $OB = \dfrac{\sqrt{2}}{2}$. 所以 $S_{\triangle AOB} = \dfrac{1}{2} \times 2 \times \dfrac{\sqrt{2}}{2} = \dfrac{\sqrt{2}}{2}$.

【答案】(B)

题型 70　图像的判断

[母题综述]

图像的判断常见以下命题方式：

(1)判断直线过哪几个象限；

(2)判断一个方程是不是代表两条直线；

(3)判断一个方程是不是圆；

(4)判断一个方程是不是半圆；

(5)判断一个方程是不是正方形、菱形、矩形.

[母题精讲]

母题 70　直线 $y=kx+b$ 经过第三象限的概率是 $\dfrac{5}{9}$.

(1)$k \in \{-1,\ 0,\ 1\}$，$b \in \{-1,\ 1,\ 2\}$.

(2)$k \in \{-2,\ -1,\ 2\}$，$b \in \{-1,\ 0,\ 2\}$.

【解析】穷举法.

条件(1)：以下 5 种情况直线过第三象限：

$k=-1$，$b=-1$；$k=0$，$b=-1$；$k=1$，$b=-1$；$k=1$，$b=1$；$k=1$，$b=2$.

故所求概率为 $P = \dfrac{5}{9}$，故条件(1)充分.

条件(2)：以下 5 种情况过第三象限：

$k=-2$，$b=-1$；$k=-1$，$b=-1$；$k=2$，$b=-1$；$k=2$，$b=0$；$k=2$，$b=2$.

故所求概率为 $P = \dfrac{5}{9}$，故条件(2)充分.

【答案】(D)

[母题变化]

变化 1 直线过象限问题

技巧总结

考查方式:

(1)直线 $Ax+By+C=0$ 过某些象限,求直线方程系数的符号;

(2)已知直线方程系数的符号,判断直线过哪些象限.

解题思路:

(1)先将直线方程转化为斜截式,然后画图像求解;

(2)当 $k>0$ 时,直线必过一、三象限;当 $k<0$ 时,直线必过二、四象限.

例 69 直线 l:$ax+by+c=0$ 恒过第一、二、三象限.

(1)$ab<0$ 且 $bc<0$.

(2)$ab<0$ 且 $ac>0$.

【解析】$ax+by+c=0 \Rightarrow y=-\dfrac{a}{b}x-\dfrac{c}{b}$;

直线恒过第一、二、三象限,可知斜率大于0,即 $-\dfrac{a}{b}>0$;纵截距大于0,即 $-\dfrac{c}{b}>0$.

条件(1):由 $ab<0$ 可知,$-\dfrac{a}{b}>0$;由 $bc<0$ 可知,$-\dfrac{c}{b}>0$,故条件(1)充分.

条件(2):由 $ab<0$ 可知,$-\dfrac{a}{b}>0$,a 与 b 异号;由 $ac>0$ 知 a 与 c 同号,故 b 与 c 异号,可得 $-\dfrac{c}{b}>0$,条件(2)充分.

【答案】(D)

变化 2 两条直线的判断

技巧总结

若方程 $Ax^2+Bxy+Cy^2+Dx+Ey+F=0$ 的图像是两条直线,则可利用双十字相乘法化为 $(A_1x+B_1y+C_1)(A_2x+B_2y+C_2)=0$ 的形式.

例 70 方程 $x^2+axy+16y^2+bx+4y-72=0$ 表示两条平行直线.

(1)$a=-8$.   (2)$b=-1$.

【解析】两个条件单独显然不充分,联立两个条件,用双十字相乘法,可知
$$x^2-8xy+16y^2-x+4y-72=(x-4y+8)(x-4y-9)=0,$$
即 $x-4y+8=0$ 或 $x-4y-9=0$,方程表示的是两条平行直线,故联立起来充分.

【答案】(C)

变化 3　圆的判断

> 技巧总结
>
> 方程 $x^2+y^2+Dx+Ey+F=0$ 表示圆的前提为 $D^2+E^2-4F>0$.

例 71　方程 $x^2+y^2+4mx-2y+5m=0$ 表示圆的充分必要条件是(　　).

(A)$\dfrac{1}{4}<m<1$　　(B)$m<\dfrac{1}{4}$ 或 $m>1$　　(C)$m<\dfrac{1}{4}$　　(D)$m>1$　　(E)$1<m<4$

【解析】方程 $x^2+y^2+Dx+Ey+F=0$ 表示圆的条件为 $D^2+E^2-4F>0$. 若题干方程表示圆，则有 $(4m)^2+(-2)^2-4\times5m>0$，整理，得 $4m^2+1-5m>0$，解得 $m<\dfrac{1}{4}$ 或 $m>1$.

【答案】(B)

变化 4　半圆的判断

> 技巧总结
>
> 若圆的方程为 $(x-a)^2+(y-b)^2=r^2$，则
>
> （1）右半圆的方程为 $(x-a)^2+(y-b)^2=r^2 (x\geqslant a)$ 或者 $x=a+\sqrt{r^2-(y-b)^2}$；
>
> （2）左半圆的方程为 $(x-a)^2+(y-b)^2=r^2 (x\leqslant a)$ 或者 $x=a-\sqrt{r^2-(y-b)^2}$；
>
> （3）上半圆的方程为 $(x-a)^2+(y-b)^2=r^2 (y\geqslant b)$ 或者 $y=b+\sqrt{r^2-(x-a)^2}$；
>
> （4）下半圆的方程为 $(x-a)^2+(y-b)^2=r^2 (y\leqslant b)$ 或者 $y=b-\sqrt{r^2-(x-a)^2}$.

例 72　若圆的方程是 $x^2+y^2=1$，则它的右半圆（在第一象限和第四象限内的部分）的方程式为(　　).

(A)$y-\sqrt{1-x^2}=0$　　　　　　(B)$x-\sqrt{1-y^2}=0$　　　　　　(C)$y+\sqrt{1-x^2}=0$

(D)$x+\sqrt{1-y^2}=0$　　　　　　(E)$x^2+y^2=\dfrac{1}{2}$

【解析】$x^2+y^2=1$ 的右半圆，即为 $x^2+y^2=1$ 且 $x\geqslant0$ 的部分，整理得 $x^2=1-y^2$.

又因为 $x\geqslant0$，故 $x=\sqrt{1-y^2}$，即 $x-\sqrt{1-y^2}=0$.

【答案】(B)

变化 5　四边形的判断

> 技巧总结
>
> 1. 若 $|Ax-a|+|By-b|=C$，则当 $A=B$ 时，函数的图像所围成的图形是正方形；当 $A\neq B$ 时，函数的图像所围成的图形是菱形；无论是正方形还是菱形，面积均为 $S=\dfrac{2C^2}{AB}$.
>
> 2. $|xy|+ab=a|x|+b|y|$ 表示 $x=\pm b$，$y=\pm a$ 的四条直线所围成的矩形，面积为 $S=4|ab|$.
>
> 当 $a=b$ 时，直线所围成的图形是正方形，面积为 $S=4a^2$.

例 73 由曲线 $|x|+|2y|=4$ 所围图形的面积为( ).

(A)12 　　　　(B)14 　　　　(C)16 　　　　(D)18 　　　　(E)8

【解析】本题中 $|x|+|2y|=4$ 表示一个菱形，其面积为 $S=\dfrac{2\times4^2}{2}=16$.

【答案】(C)

例 74 由曲线 $|xy|+2=2|x|+|y|$ 所围图形的面积为( ).

(A)2 　　　　(B)4 　　　　(C)6 　　　　(D)8 　　　　(E)10

【解析】本题中 $|xy|+2=2|x|+|y|$ 表示 $x=\pm1$，$y=\pm2$ 的四条直线所围成的矩形，面积为 $S=4|ab|=4\times2=8$.

【答案】(D)

题型 71　过定点与曲线系

[母题综述]

常见 3 种命题方式：

(1)过定点的直线系问题；

(2)斜率为定值的直线系问题；

(3)圆系方程与两圆的公共弦问题.

[母题精讲]

母题 71 方程 $(a-1)x-y+2a+1=0(a\in\mathbf{R})$ 所表示的直线( ).

(A)恒过定点 $(-2,3)$ 　　　　　　　　(B)恒过定点 $(2,3)$

(C)恒过点 $(-2,3)$ 和点 $(2,3)$ 　　　　(D)都是平行直线

(E)恒过定点 $(2,-3)$

【解析】方法一：直线方程可以整理为 $a(x+2)-(x+y-1)=0$，其可以理解为两条直线 $a(x+2)=0$ 与 $x+y-1=0$ 所成的直线系，恒过两直线的交点 $(-2,3)$.

方法二：赋值法. 令 $a=1$，可得直线 $y=3$；再令 $a=0$，得直线 $-x-y+1=0$，两直线求交点，可得 $x=-2$，可知直线恒过点 $(-2,3)$.

【答案】(A)

[母题变化]

变化 1　直线系问题

技巧总结

1. 过两条直线交点的直线系方程

若有两条直线 $A_1x+B_1y+C_1=0$ 和 $A_2x+B_2y+C_2=0$ 相交，则过这两条直线交点的直线系

方程为$(A_1x+B_1y+C_1)\lambda+(A_2x+B_2y+C_2)=0$；

反之，$(A_1x+B_1y+C_1)\lambda+(A_2x+B_2y+C_2)=0$ 的图像，必过直线 $A_1x+B_1y+C_1=0$ 和 $A_2x+B_2y+C_2=0$ 的交点．

2. 斜率为定值的曲线系方程

若已知斜率为 k，则这一组直线的方程可设为 $y=kx+b$．

例75 圆$(x-1)^2+(y-2)^2=4$ 和直线$(1+2\lambda)x+(1-\lambda)y-3-3\lambda=0$ 相交于两点．

(1)$\lambda=\dfrac{2\sqrt{3}}{5}$.   (2)$\lambda=\dfrac{5\sqrt{3}}{5}$.

【解析】方法一：圆和直线相交于两点，则圆心$(1，2)$到直线$(1+2\lambda)x+(1-\lambda)y-3-3\lambda=0$ 距离小于 2，则

$$\frac{|(1+2\lambda)+2(1-\lambda)-3-3\lambda|}{\sqrt{(1+2\lambda)^2+(1-\lambda)^2}}<2,$$

化简，得$(3\lambda)^2<4(5\lambda^2+2\lambda+2)$，即 $11\lambda^2+8\lambda+8>0$．

又因为 $\Delta=64-4\times11\times8<0$，上式恒成立，所以，$\lambda$ 可以取任意实数．

故条件(1)和条件(2)单独都充分．

方法二：$(1+2\lambda)x+(1-\lambda)y-3-3\lambda=0$，可以整理为$(2x-y-3)\lambda+x+y-3=0$，是过直线 $2x-y-3=0$ 和直线$-x-y+3=0$ 交点的直线系方程．

联立两条直线的方程，可知交点坐标为$(2，1)$，即直线系方程恒过点$(2，1)$．

又因为点$(2，1)$在圆$(x-1)^2+(y-2)^2=4$ 内，故不论 λ 取何值，都有圆$(x-1)^2+(y-2)^2=4$ 和直线$(1+2\lambda)x+(1-\lambda)y-3-3\lambda=0$ 相交于两点．

所以，条件(1)和条件(2)单独都充分．

【答案】(D)

变化 2　圆系方程与两圆的公共弦

技巧总结

若有两个圆 $A_1x^2+B_1y^2+D_1x+E_1y+F_1=0$ 和 $A_2x^2+B_2y^2+D_2x+E_2y+F_2=0$ 相交，则过这两个圆的曲线系方程为

$$(A_1x^2+B_1y^2+D_1x+E_1y+F_1)+\lambda(A_2x^2+B_2y^2+D_2x+E_2y+F_2)=0.$$

当 $\lambda=-1$ 时，即两圆的方程相减时，以上方程为过这两个圆交点的直线方程．

例76 设 A、B 是两个圆$(x-2)^2+(y+2)^2=3$ 和$(x-1)^2+(y-1)^2=2$ 的交点，则过 A、B 两点的直线方程为(　　)．

(A)$2x+4y-5=0$ (B)$2x-6y-5=0$ (C)$2x-6y+5=0$

(D)$2x+6y-5=0$ (E)$4x-2y-5=0$

【解析】圆的方程可整理为 $x^2+y^2-4x+4y+5=0$，$x^2+y^2-2x-2y=0$．

故过两个圆的交点的直线为

$$x^2+y^2-4x+4y+5+(-1)\cdot(x^2+y^2-2x-2y)=0,$$

化简，得 $2x-6y-5=0.$

【答案】(B)

例 77　已知圆 C_1：$(x+1)^2+(y-3)^2=9$，C_2：$x^2+y^2-4x+2y-11=0$，则两圆公共弦长为(　　).

(A)$\dfrac{24}{5}$　　　　(B)$\dfrac{22}{5}$　　　　(C)4　　　　(D)$\dfrac{18}{5}$　　　　(E)$\dfrac{16}{5}$

【解析】方法一：圆 C_1 的方程可化为 $x^2+y^2+2x-6y+1=0.$

联立两圆方程，求解 $\begin{cases} x^2+y^2+2x-6y+1=0, \\ x^2+y^2-4x+2y-11=0, \end{cases}$ 解得两圆交点为 $(2,3)$ 和 $\left(-\dfrac{46}{25}, \dfrac{3}{25}\right).$

故两个交点的距离即为公共弦长，即 $\sqrt{\left(\dfrac{96}{25}\right)^2+\left(\dfrac{72}{25}\right)^2}=\dfrac{24}{5}.$

方法二：圆 C_2：$(x-2)^2+(y+1)^2=16$，两圆的圆心距为 $C_1C_2=\sqrt{3^2+4^2}=5.$

设两圆的交点为 A、B，两圆的半径分别为 3 和 4，则 $\triangle C_1C_2A$ 为直角三角形，C_1C_2 为斜边，斜边上的高为 $\dfrac{3\times 4}{5}=\dfrac{12}{5}.$

由于公共弦与圆心连线所成的直线互相垂直，故公共弦与 $\triangle C_1C_2A$ 斜边上的高重合，由对称性知，公共弦长为 $2\times\dfrac{12}{5}=\dfrac{24}{5}.$

方法三：两个圆的方程相减，即为两个圆的公共弦所在直线的方程，故两圆的公共弦所在的直线方程为 $(x^2+y^2+2x-6y+1)-(x^2+y^2-4x+2y-11)=0$，化简，得 $3x-4y+6=0.$

圆 C_1 到公共弦的距离 $d=\dfrac{|3\times(-1)-4\times 3+6|}{\sqrt{3^2+(-4)^2}}=\dfrac{9}{5}$，故公共弦长为

$$l=2\sqrt{r^2-d^2}=2\sqrt{3^2-\left(\dfrac{9}{5}\right)^2}=\dfrac{24}{5}.$$

【答案】(A)

变化 3　其他过定点问题

技巧总结

过定点问题的解法：

1. 先整理成形如 $a\lambda+b=0$ 的形式，再令 $a=0$，$b=0$；
2. 直接把 λ 取特殊值，如 0、1，代入组成的方程中，即可求解.

例 78　曲线 $ax^2+by^2=1$ 通过四个定点.

(1)$a+b=1.$　　　　(2)$a+b=2.$

【解析】条件(1)：将 $a+b=1$ 代入 $ax^2+by^2=1$，得

$$ax^2+by^2=a+b\Rightarrow a(x^2-1)+b(y^2-1)=0.$$

故当 $x^2=1$ 且 $y^2=1$ 时，不论 a，b 取何值，上式都成立.

图像必过 $(1,1)$，$(1,-1)$，$(-1,1)$，$(-1,-1)$ 四个定点，故条件(1)充分.

条件(2)：同理可知，图像必过 $\left(\dfrac{\sqrt{2}}{2},\dfrac{\sqrt{2}}{2}\right)$，$\left(\dfrac{\sqrt{2}}{2},-\dfrac{\sqrt{2}}{2}\right)$，$\left(-\dfrac{\sqrt{2}}{2},\dfrac{\sqrt{2}}{2}\right)$，$\left(-\dfrac{\sqrt{2}}{2},-\dfrac{\sqrt{2}}{2}\right)$ 四个定点，故条件(2)充分.

【答案】(D)

题型 72 面积问题

[母题综述]

> 面积问题的解题步骤：
> (1)根据方程画出图像；
> (2)根据图像，利用割补法求面积.

[母题精讲]

母题 72 在直角坐标系中，若平面区域 D 中所有点的坐标 (x,y) 均满足：$0\leqslant x\leqslant 6$，$0\leqslant y\leqslant 6$，$|y-x|\leqslant 3$，$x^2+y^2\geqslant 9$，则 D 的面积是(   ).

(A) $\dfrac{9}{4}\times(1+4\pi)$ (B) $9\times\left(4-\dfrac{\pi}{4}\right)$ (C) $9\times\left(3-\dfrac{\pi}{4}\right)$

(D) $\dfrac{9}{4}\times(2+\pi)$ (E) $\dfrac{9}{4}\times(1+\pi)$

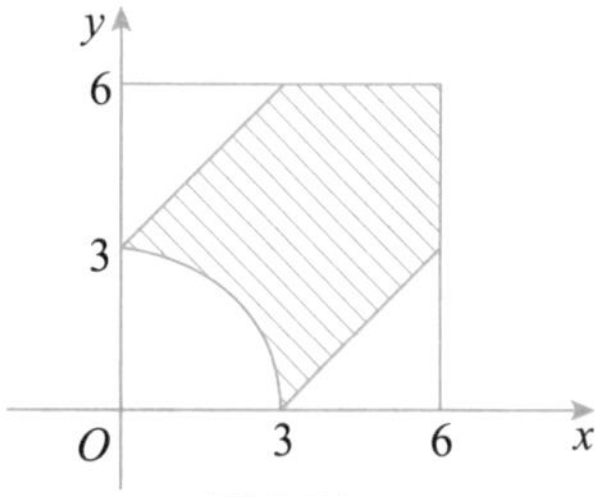

【解析】画图像可知，平面区域 D 为图 5-76 中的阴影部分，故面积为 $36-2\times\dfrac{1}{2}\times 3\times 3-\dfrac{1}{4}\pi\times 3^2=27-\dfrac{9}{4}\pi=9\times\left(3-\dfrac{\pi}{4}\right)$.

【答案】(C)

图 5-76

[母题变化]

变化 1 三角形面积

例 79 直线 $y=\dfrac{x}{k}+1$ 与两坐标轴所围成的三角形面积是 3.

(1) $k=6$.   (2) $k=-6$.

【解析】直线 $y=\dfrac{x}{k}+1$ 与两坐标轴的交点为 $(0,1)$，$(-k,0)$，故直线与两坐标轴围成的三角形面积为 $\dfrac{1}{2}\times 1\cdot|-k|=3\Rightarrow k=\pm 6$. 故两个条件都充分.

【答案】(D)

例80 已知 $0<k<4$，直线 l_1：$kx-2y-2k+8=0$ 和直线 l_2：$2x+k^2y-4k^2-4=0$ 与两坐标轴围成一个四边形，则这个四边形面积最小值为(   )．

(A)$\dfrac{127}{8}$ (B)$\dfrac{127}{16}$ (C)8   (D)$\dfrac{1}{8}$ (E)16

【解析】l_1 的方程可化为 $k(x-2)-2y+8=0$，不论 k 取何值，直线恒过定点 $M(2，4)$，l_1 与两坐标轴的交点坐标是 $A\left(\dfrac{2k-8}{k}，0\right)$，$B(0，4-k)$；

l_2 的方程可化为 $(2x-4)+k^2(y-4)=0$，不论 k 取何值，直线恒过定点 $M(2，4)$，与两坐标轴的交点坐标是 $C(2k^2+2，0)$，$D\left(0，4+\dfrac{4}{k^2}\right)$；

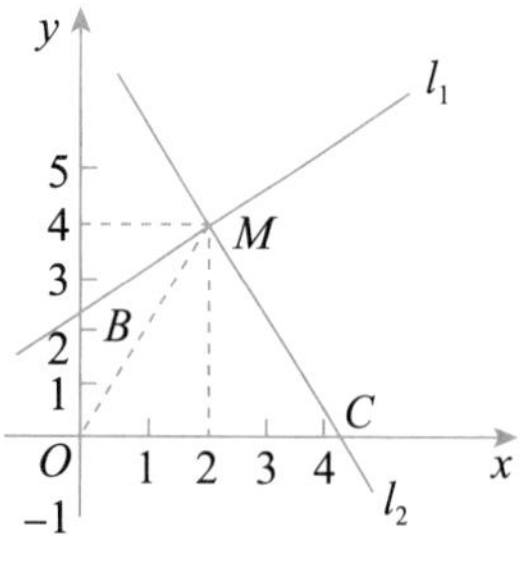

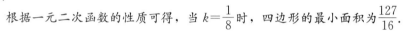

图 5-77

又有 $0<k<4$，故四边形为 $OBMC$，如图 5-77 所示，故有

$$S_{四边形OBMC}=S_{\triangle OMB}+S_{\triangle OMC}=\frac{1}{2}\cdot(4-k)\cdot2+\frac{1}{2}(2k^2+2)\cdot4$$
$$=4k^2-k+8.$$

根据一元二次函数的性质可得，当 $k=\dfrac{1}{8}$ 时，四边形的最小面积为 $\dfrac{127}{16}$．

【答案】(B)

变化2 复杂图形面积

例81 曲线 $y=|x|$ 与圆 $x^2+y^2=4$ 所围成区域的最小面积为(   )．

(A)$\dfrac{\pi}{4}$ (B)$\dfrac{3\pi}{4}$ (C)π (D)4   (E)6

【解析】曲线 $y=|x|=\begin{cases}x，&x\geqslant0，\\-x，&x<0，\end{cases}$ 与圆 $x^2+y^2=4$ 所围区域的最小面积为圆的四分之一，已知圆的半径为 2，故所围成的面积为 $\dfrac{1}{4}\pi r^2=\pi$．

【答案】(C)

题型 73 对称问题

[母题综述]

对称问题常考查关于直线对称的问题，具体为两点关于直线对称、直线关于直线对称、圆关于直线对称等，偶尔也会考查中心对称问题．

[母题精讲]

母题 73 点 $P_0(2，3)$ 关于直线 $x+y=0$ 的对称点是(   )．

(A)(4，3)   (B)(-2，-3)   (C)(-3，-2)   (D)(-2，3)   (E)(-4，-3)

【解析】设对称点为$(x_0，y_0)$，则有对称点与P_0连线所形成的直线与直线$x+y=0$垂直，对称点与P_0的中点在$x+y=0$上，故有

$$\begin{cases} \dfrac{x_0+2}{2}+\dfrac{y_0+3}{2}=0, \\ \dfrac{y_0-3}{x_0-2}\times(-1)=-1 \end{cases} \Rightarrow \begin{cases} x_0=-3, \\ y_0=-2. \end{cases}$$

因此，对称点为$(-3，-2)$.

【快速得分法】点$(x，y)$关于直线$x+y+c=0$的对称点的坐标为$(-y-c，-x-c)$，代入可知$P_0(2，3)$的对称点为$(-3，-2)$.

【答案】(C)

〖母题变化〗

变化 ① 点关于直线对称

技巧总结

已知对称轴$Ax+By+C=0$；已知点$P_1(x_1，y_1)$.求对称点$P_2(x_2，y_2)$.

解：方法一：当$A\neq 0$，$x_1\neq x_2$时，有

（1）两点连线的斜率×对称直线的斜率$=-1$；

（2）两点的中点在对称直线上.

方法二：公式法.

$$x_2=x_1-2A\frac{Ax_1+By_1+C}{A^2+B^2}，\quad y_2=y_1-2B\frac{Ax_1+By_1+C}{A^2+B^2}.$$

例82　点$M(-5，1)$关于y轴的对称点M'与点$N(1，-1)$关于直线l对称，则直线l的方程是(　　).

(A)$y=-\dfrac{1}{2}(x-3)$ 　　　　(B)$y=\dfrac{1}{2}(x-3)$ 　　　　(C)$y=-2(x-3)$

(D)$y=\dfrac{1}{2}(x+3)$ 　　　　(E)$y=-2(x+3)$

【解析】M'为点M关于y轴的对称点，则M'的坐标为$(5，1)$，故$M'N$的中点坐标为$\left(\dfrac{5+1}{2}，\dfrac{1-1}{2}\right)$，即$(3，0)$；

$M'N$的斜率为$\dfrac{1-(-1)}{5-1}=\dfrac{1}{2}$，直线$l$与$M'N$互相垂直，故直线$l$的斜率为$-2$；

直线l过$M'N$的中点$(3，0)$，由点斜式方程可得$y=-2(x-3)$.

【答案】(C)

变化 ② 直线关于直线对称

技巧总结

1. 平行线的对称

已知直线$Ax+By+C_1=0$，已知对称轴$Ax+By+C=0$，求对称直线$Ax+By+C_2=0$.

解法：由对称轴到两直线的距离相等，得 $2C=C_1+C_2$，故对称直线的方程为 $Ax+By+$ $(2C-C_1)=0$.

2. 相交线的对称

已知直线 $A_1x+B_1y+C_1=0$，已知对称轴 $Ax+By+C=0$，求对称直线 $A_2x+B_2y+C_2=0$.

解法：先求出已知直线 l_1 和对称轴 l_0 的交点 P 的坐标；再在 l_1 上任意找一点 P_1，求出 P_1 关于 l_0 的对称点 P_2，再由点 P 和点 P_2 确定所求直线方程.

3. 直线关于直线对称的万能公式（此公式适用于平行线、相交线这两种情况）.

已知对称轴 l_0：$Ax+By+C=0$；已知直线 l_1：$ax+by+c=0$；则对称直线 l_2 为

$$\frac{ax+by+c}{Ax+By+C}=\frac{2Aa+2Bb}{A^2+B^2}.$$

例 83 直线 l_1：$x-y-2=0$ 关于直线 l_2：$3x-y+3=0$ 的对称直线 l_3 的方程为（　　）.

(A) $7x-y+22=0$ (B) $x+7y+22=0$ (C) $x-7y-22=0$

(D) $7x+y+22=0$ (E) $7x-y-22=0$

【解析】 方法一：由 $\begin{cases} x-y-2=0, \\ 3x-y+3=0, \end{cases}$ 解得 l_1 与 l_2 的交点为 $\left(-\dfrac{5}{2},\ -\dfrac{9}{2}\right)$. 任取 l_1 上的一点

$(2，0)$，设对称点为 $(x_0，y_0)$，根据对称条件，得

$$\begin{cases} 3\times\dfrac{2+x_0}{2}-\dfrac{y_0}{2}+3=0, \\ \dfrac{y_0}{x_0-2}\times 3=-1, \end{cases}$$

解得对称点为 $\left(-\dfrac{17}{5},\ \dfrac{9}{5}\right)$. 据直线的两点式方程，可得 l_3 的方程为

$$\frac{y+\dfrac{9}{2}}{\dfrac{9}{5}+\dfrac{9}{2}}=\frac{x+\dfrac{5}{2}}{-\dfrac{17}{5}+\dfrac{5}{2}}\Rightarrow 7x+y+22=0.$$

方法二：使用公式 $\dfrac{ax+by+c}{Ax+By+C}=\dfrac{2Aa+2Bb}{A^2+B^2}$，可得 $\dfrac{x-y-2}{3x-y+3}=\dfrac{2\times1\times3+2\times(-1)\times(-1)}{3^2+(-1)^2}$，

整理，得 $7x+y+22=0$.

【答案】（D）

变化 3　圆关于直线对称

技巧总结

圆关于直线对称问题，实质是点（圆心）关于直线问题，半径保持不变.

例 84 圆 $(x-3)^2+(y+2)^2=4$ 关于 y 轴的对称图形的方程为（　　）.

(A) $(x-3)^2+(y-2)^2=4$ (B) $(x+3)^2+(y+2)^2=4$ (C) $(x+3)^2+(y-2)^2=4$

(D) $(3-x)^2+(y+2)^2=4$ (E) $(3-x)^2+(y-2)^2=4$

【解析】圆的对称图形还是圆，并且半径不变.

对称圆的圆心是原来圆的圆心$(3，-2)$关于y轴的对称点$(-3，-2)$，根据圆的标准方程，可得对称图形的方程为$(x+3)^2+(y+2)^2=4$.

【答案】(B)

变化 4   关于特殊直线的对称

技巧总结

已知曲线的方程	对称轴	对称曲线的方程
$f(x，y)=0$	直线 $x+y+c=0$	$f(-y-c，-x-c)=0$ （即把原式中的 x 替换为 $-y-c$， 把原式中的 y 替换为 $-x-c$）
	直线 $x-y+c=0$	$f(y-c，x+c)=0$ （即把原式中的 x 替换为 $y-c$， 把原式中的 y 替换为 $x+c$）
	x 轴（直线 $y=0$）	$f(x，-y)=0$ （即把原式中的 y 替换为 $-y$）
	y 轴（直线 $x=0$）	$f(-x，y)=0$ （即把原式中的 x 替换为 $-x$）
	直线 $x=a$	$f(2a-x，y)=0$ （即把原式中的 x 替换为 $2a-x$）
	直线 $y=b$	$f(x，2b-y)=0$ （即把原式中的 y 替换为 $2b-y$）

例 85   以直线 $y+x=0$ 为对称轴且与直线 $y-3x=2$ 对称的直线方程为（ ）.

(A)$y=\dfrac{x}{3}+\dfrac{2}{3}$ (B)$y=-\dfrac{x}{3}+\dfrac{2}{3}$ (C)$y=-3x-2$

(D)$y=-3x+2$ (E)$y=\dfrac{x}{3}-\dfrac{2}{3}$

【解析】由上述关于特殊直线的对称结论，可知曲线 $f(x)$ 关于 $x+y+c=0$ 的对称曲线为 $f(-y-c，-x-c)$，所以 $y-3x=2$ 关于 $x+y=0$ 的对称直线为 $-x+3y=2$，即 $y=\dfrac{x}{3}+\dfrac{2}{3}$.

【答案】(A)

例 86   已知圆 C 与圆 $x^2+y^2-2x=0$ 关于直线 $x+y=0$ 对称，则圆 C 的方程为（ ）.

(A)$(x+1)^2+y^2=1$ (B)$x^2+y^2=1$ (C)$x^2+(y+1)^2=1$

(D)$x^2+(y-1)^2=1$ (E)$(x-1)^2+(y+1)^2=1$

【解析】由上述结论中关于特殊直线的对称，可知曲线 $f(x)$ 关于 $x+y+c=0$ 的对称曲线为 $f(-y-c，-x-c)$，故圆 $x^2+y^2-2x=0$ 中$(x，y)$关于 $x+y=0$ 的对称点为$(-y，-x)$，将$(-y，-x)$代入已知圆的方程，可得圆 C 的方程为 $x^2+y^2+2y=0$，即 $x^2+(y+1)^2=1$.

【答案】(C)

例87 直线 $2x-3y+1=0$ 关于直线 $x=1$ 对称的直线方程是( ).

(A)$2x-3y+1=0$ (B)$2x+3y-5=0$ (C)$3x+2y-5=0$

(D)$3x-2y+5=0$ (E)$3x-2y-5=0$

【解析】方法一：设点 (x,y) 在所求直线上，该点关于 $x=1$ 对称的点为 $(2-x,y)$. 由于点 $(2-x,y)$ 在直线 $2x-3y+1=0$ 上，则有 $2(2-x)-3y+1=0$，化简得 $2x+3y-5=0$.

方法二：直接用关于特殊直线的对称结论，曲线 $f(x,y)=0$ 关于直线 $x=a$ 的对称曲线为 $f(2a-x,y)=0$.

故在本题中，直线 $2x-3y+1=0$ 关于直线 $x=1$ 对称的直线方程为 $2x+3y-5=0$.

【答案】(B)

变化5 关于点的对称（中心对称）

技巧总结

类型	思路
点关于点对称	使用中点坐标公式即可求解
直线关于点对称	说明这两条直线平行，利用点到两平行线的距离相等即可求解
圆关于点对称	使用中点坐标公式求解对称圆的圆心即可

例88 已知直线 l_1：$2x+3y-1=0$，则与它关于点 $(1,1)$ 对称的直线 l_2 的方程为( ).

(A)$2x-3y-1=0$ (B)$3x+2y-1=0$ (C)$2x-3y-9=0$

(D)$2x+3y+9=0$ (E)$2x+3y-9=0$

【解析】显然直线 l_2 与直线 l_1 平行，故设 l_2 的方程为 $2x+3y+C=0(C\neq-1)$，则点 $(1,1)$ 到两直线的距离相等，即

$$\frac{|2\times1+3\times1-1|}{\sqrt{2^2+3^2}}=\frac{|2\times1+3\times1+C|}{\sqrt{2^2+3^2}},$$

解得 $C=-1$(舍)或 $C=-9$. 故直线 l_2 的方程为 $2x+3y-9=0$.

【答案】(E)

题型74 最值问题

【母题综述】

1. 常见的考查形式：已知一个方程，求一个代数式的最值.

2. 已知方程一般为直线方程或圆的方程，要求的代数式可转化为斜率、截距、距离或圆.

[母题精讲]

母题 **74** 曲线 $x^2-2x+y^2=0$ 上的点到直线 $3x+4y-12=0$ 的最短距离是（　　）.

(A)$\dfrac{3}{5}$ (B)$\dfrac{4}{5}$ (C)1 (D)$\dfrac{4}{3}$ (E)$\sqrt{2}$

【解析】曲线可整理为 $(x-1)^2+y^2=1$，圆心坐标为 $(1，0)$，半径为 1.

圆心到直线的距离为 $d=\dfrac{|3-12|}{\sqrt{3^2+4^2}}=\dfrac{9}{5}>1$，可知直线与圆相离，画图易知，圆上的点到直线的最短距离为 $\dfrac{9}{5}-1=\dfrac{4}{5}$.

【答案】(B)

[母题变化]

变化 1 求 $\dfrac{y-b}{x-a}$ 的最值

技巧总结

斜率型最值：设 $k=\dfrac{y-b}{x-a}$，转化为求定点 $(a，b)$ 和动点 $(x，y)$ 相连所成直线的斜率范围.

例 89 动点 $P(x，y)$ 在圆 $x^2+y^2-1=0$ 上，求 $\dfrac{y+1}{x+2}$ 的最大值是（　　）.

(A)$\sqrt{2}$ (B)$-\sqrt{2}$ (C)$\dfrac{1}{2}$ (D)$-\dfrac{1}{2}$ (E)$\dfrac{4}{3}$

【解析】因为 $\dfrac{y+1}{x+2}=\dfrac{y-(-1)}{x-(-2)}$，可以看作是圆上的点 $P(x，y)$ 和定点 $A(-2，-1)$ 所在直线 l 的斜率.

如图 5-78 所示，可知当 P 落在点 C 处，即直线 l 与圆相切时，斜率最大.

设直线 AC 的方程为 $y+1=k(x+2)$，圆心 $(0，0)$ 到直线 AC 的距离为圆的半径 1，故

$$d=\dfrac{|2k-1|}{\sqrt{k^2+1^2}}=1,$$

解得 $k=\dfrac{4}{3}$ 或 0. 所以 $\dfrac{y+1}{x+2}$ 的最大值为 $\dfrac{4}{3}$.

【答案】(E)

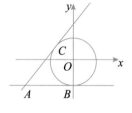

图 5-78

变化 2 求 $ax+by$ 的最值

技巧总结

截距型最值：设 $ax+by=c$，即 $y=-\dfrac{a}{b}x+\dfrac{c}{b}$，转化为求动直线截距的最值.

例90 若 x,y 满足 $x^2+y^2-2x+4y=0$，则 $x-2y$ 的最大值为(   ).

(A)$\sqrt{5}$ (B)10   (C)9   (D)$5+2\sqrt{5}$ (E)0

【解析】令 $x-2y=k$，即 $y=\dfrac{x}{2}-\dfrac{k}{2}$，可见，欲让 k 的取值最大，直线的纵截距必须最小.

又因为 (x,y) 既是直线上的点，又是圆上的点，如图 5-79 所示，当直线与圆相切时，直线的纵截距取到最值.

已知圆的圆心为 $(1,-2)$，半径为 $\sqrt{5}$，相切时圆心到直线的距离等于半径，即

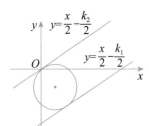

$$d=\frac{|1+2\times2-k|}{\sqrt{1+2^2}}=r=\sqrt{5},$$

解得 $k=10$ 或 0，所以 $x-2y$ 的最大值为 10.

图 5-79

【答案】(B)

变化3 求 $(x-a)^2+(y-b)^2$ 的最值

技巧总结

两点间距离型最值：设 $(x-a)^2+(y-b)^2=d^2=r^2$，此时，要求的式子可看作是圆的半径的平方.

由于 $d=\sqrt{(x-a)^2+(y-b)^2}$，故所求式子 $(x-a)^2+(y-b)^2$ 可转化为求定点 (a,b) 到动点 (x,y) 的距离的平方.

例91 已知实数 x,y 满足 $x^2+y^2-2x+ay-11=0$，则 x^2+y^2 的最小值为 $21-8\sqrt{5}$.

(1)$a=6$.

(2)$a=4$.

【解析】转化为圆的标准方程：$(x-1)^2+\left(y+\dfrac{a}{2}\right)^2=12+\dfrac{a^2}{4}$，可知原点在圆内.

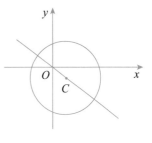

x^2+y^2 为原点到圆上各点距离的平方，如图 5-80 所示. 原点到圆上各点的最短距离为半径减去原点 O 到圆心 C 的距离，即

$$\left(\sqrt{12+\frac{a^2}{4}}-\sqrt{(1-0)^2+\left(-\frac{a}{2}-0\right)^2}\right)^2$$

图 5-80

$$=\left(\sqrt{12+\frac{a^2}{4}}-\sqrt{1+\frac{a^2}{4}}\right)^2$$

$$=21-8\sqrt{5}.$$

条件(1)：将 $a=6$ 代入上式，不成立，故条件(1)不充分.

条件(2)：将 $a=4$ 代入上式，成立，故条件(2)充分.

【答案】(B)

变化 4 利用对称求最值

技巧总结

1. 同侧求最小

考查形式：已知 A、B 两点在直线 l 的同侧，在 l 上找一点 P，使得 $PA+PB$ 最小.

解法：作点 A（或点 B）关于直线 l 的对称点 A'，连接 $A'B$，交直线 l 于点 P，则 $A'B$ 即为所求的最小值，有 $(PA+PB)_{\min}=A'B$. 如图 5-81 所示.

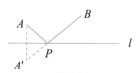

图 5-81

2. 异侧求最大

考查形式：已知 A、B 两点在直线 l 异侧，在 l 上找一点 P，使得 $PA-PB$ 最大.

解法：作点 A（或点 B）关于直线 l 的对称点 A'，连接 $A'B$，交直线 l 于点 P，则 $A'B$ 即为所求的最大值，即 $(PA-PB)_{\max}=A'B$. 如图 5-82 所示.

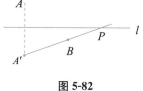

图 5-82

例 92 已知点 A 是直线 l：$x-y=0$ 上的点，已知两点 $M(2,1)$，$N(5,2)$，则 $AM+AN$ 的最小值为（　　）.

(A) $\sqrt{12}$　　　　　　　　(B) 5　　　　　　　　(C) $\sqrt{10}$

(D) 4　　　　　　　　(E) 3

【解析】已知 MN 在直线 l 的同侧，作点 M 关于直线 l 的对称点 M'，则 $M'N$ 的长度即为 $AM+AN$ 的最小值.

由关于特殊直线对称的结论，可知 M 点关于直线 $x-y=0$ 的对称点 M' 的坐标为 $(1,2)$，故
$$(AM+AN)_{\min}=M'N=\sqrt{(1-5)^2+(2-2)^2}=4.$$

【答案】(D)

例 93 已知点 $A(0,2)$，$B(4,-1)$，在 x 轴上求一点 P，使得 $|AP-BP|$ 取到最大值，则最大值为（　　）.

(A) 2　　　　　　　　(B) $\sqrt{17}$　　　　　　　　(C) $\sqrt{37}$

(D) $\sqrt{5}$　　　　　　　　(E) 5

【解析】易知 $A(0,2)$，$B(4,-1)$ 在 x 轴的异侧，作点 B 关于 x 轴对称的点 $B'(4,1)$，连接 AB' 并延长，交 x 轴于点 P，如图 5-83 所示，可知 $|AP-BP|$ 的最大值为 AB' 的长度，为
$$d=\sqrt{4^2+(1-2)^2}=\sqrt{17}.$$

【答案】(B)

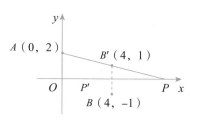

图 5-83

变化 5 利用圆心求最值

技巧总结

1. 求圆上的点到直线距离的最值求出圆心到直线的距离，再根据圆与直线的位置关系，求解．一般是距离加半径是最大值，距离减半径是最小值．

2. 求两圆上的点的距离的最值

求出圆心距，再减半径或加半径即可．

例94 点 P 在圆 O_1 上，点 Q 在圆 O_2 上，则 PQ 的最小值是 $3\sqrt{5}-3-\sqrt{6}$．

(1)O_1：$x^2+y^2-8x-4y+11=0$．

(2)O_2：$x^2+y^2+4x+2y-1=0$．

【解析】条件(1)和条件(2)单独显然不充分，联立两个条件，已知

$$O_1：(x-4)^2+(y-2)^2=9, \quad O_2：(x+2)^2+(y+1)^2=6.$$

两圆圆心分别为$(4，2)$，$(-2，-1)$，半径分别为 3、$\sqrt{6}$，则圆心距为 $\sqrt{6^2+3^2}=3\sqrt{5}>3+\sqrt{6}$，所以两圆相离，$PQ$ 的最小值是 $3\sqrt{5}-3-\sqrt{6}$．

故两条件联立起来充分．

【答案】(C)

例95 圆 $x^2+y^2-8x-2y+10=0$ 中过 $M(3，0)$ 点的最长弦和最短弦所在直线方程分别是（ ）．

(A)$x-y-3=0$，$x+y-3=0$　　　　(B)$x-y-3=0$，$x-y+3=0$

(C)$x+y-3=0$，$x-y-3=0$　　　　(D)$x+y-3=0$，$x-y+3=0$

(E)$x-y-3=0$，$x+y+3=0$

【解析】由题易知，点 M 在圆内．根据圆的一般方程可知，圆心坐标为 $C(4，1)$，最长弦即过点 M 的直径，此弦必过圆心 C 和点 M，方程为

$$\frac{x-3}{4-3}=\frac{y-0}{1-0}\Rightarrow x-y-3=0.$$

如图 5-84 所示，最短弦过点 M 垂直于直线 CM，故斜率为 -1，根据点斜式方程可知，最短弦所在直线的方程为

$$y=-(x-3)\Rightarrow x+y-3=0.$$

【答案】(A)

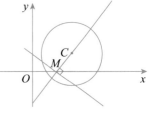

图 5-84

本章模考题 ▶ 几何

（共 25 小题，每小题 3 分，限时 60 分钟）

一、问题求解：第 1～15 小题，每小题 3 分，共 45 分，下列每题给出的(A)、(B)、(C)、(D)、(E)五个选项中，只有一项是最符合试题要求的.

1. 如图 5-85 所示，正方形 $ABCD$ 的面积是 36，则阴影部分面积为（　　）.

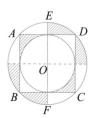

图 5-85

(A)3π　　　　　(B)3.5π　　　　　(C)4π　　　　　(D)4.5π　　　　　(E)5π

2. 如图 5-86 所示，BD，CF 将长方形 $ABCD$ 分成四块，红色三角形面积是 4，黄色三角形面积是 6，则绿色部分的面积是（　　）.

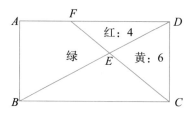

图 5-86

(A)9　　　　　(B)10　　　　　(C)11　　　　　(D)12　　　　　(E)13

3. 设 a，b，c 是 $\triangle ABC$ 的三边长，二次函数 $y=\left(a-\dfrac{b}{2}\right)x^2-cx-a-\dfrac{b}{2}$ 在 $x=1$ 时取最小值 $-\dfrac{8}{5}b$，则 $\triangle ABC$ 是（　　）.

(A)等腰三角形　　　　　　　(B)锐角三角形　　　　　　　(C)钝角三角形

(D)直角三角形　　　　　　　(E)等边三角形

4. 过定点(1，3)可作两条直线与圆 $x^2+y^2+2kx+2y+k^2-24=0$ 相切，则 k 的取值范围内有（　　）个整数.

(A)0　　　　　(B)1　　　　　(C)2　　　　　(D)3　　　　　(E)无穷多个

5. 函数 $y=\sqrt{x^2-6x+13}+\sqrt{x^2+4x+5}$ 的值域为（　　）.

(A)$(0，\sqrt{34}]$　　　　　　　(B)$(0，\sqrt{34})$　　　　　　　(C)$[3\sqrt{3}，+\infty)$

(D)$[\sqrt{34}，+\infty)$　　　　　　(E)$[2\sqrt{11}，+\infty)$

6. 已知两圆 $x^2+y^2=10$ 和 $(x-1)^2+(y-3)^2=20$ 相交于 A、B 两点，则直线 AB 的方程是（　　）.

    (A)$x+3y=0$ (B)$x-3y=0$ (C)$3x-y=0$

    (D)$3x+y=0$ (E)$x+2y=0$

7. 直线 $x-2y+1=0$ 关于直线 $x=1$ 对称的直线方程是（　　）.

    (A)$x+2y-1=0$ (B)$2x+y-1=0$ (C)$2x+y-3=0$

    (D)$2x+y-5=0$ (E)$x+2y-3=0$

8. 如图 5-87 所示，半球内有一内接正方体，正方体的一个面在半球的底面圆内，若正方体棱长为 $\sqrt{6}$，则半球表面积和体积分别是（　　）.

    (A)27π，18π (B)27π，16π

    (C)22π，27π (D)18π，27π

    (E)21π，18π

图 5-87

9. 若 $P(x,y)$ 在 $(x-3)^2+(y-\sqrt{3})^2=6$ 上运动，则 $\dfrac{y}{x}$ 的最大值是（　　）.

    (A)2 (B)$\sqrt{3}-2$ (C)$\sqrt{3}+2$ (D)$2-\sqrt{3}$ (E)6

10. 直线 $(3m+1)x+(5m-2)y+5-7m=0$ 恒过定点（　　）.

    (A)$(-1,2)$ (B)$(1,2)$ (C)$(2,2)$ (D)$(2,-1)$ (E)$(2,-2)$

11. 在图 5-88 中四个圆的半径都是 1，则阴影部分面积为（　　）.

图 5-88

    (A)$\pi+\dfrac{1}{2}$ (B)4 (C)$\pi+1$ (D)5 (E)$\pi+1.5$

12. 如图 5-89 所示，在直角坐标系中，点 A，B 的坐标分别是 $(3,0)$，$(0,4)$，$Rt\triangle ABO$ 内心坐标是（　　）.

    (A)$\left(\dfrac{7}{2},\dfrac{7}{2}\right)$ (B)$\left(\dfrac{3}{2},2\right)$

    (C)$(1,1)$ (D)$\left(\dfrac{3}{2},\dfrac{3}{2}\right)$

    (E)$\left(1,\dfrac{3}{2}\right)$

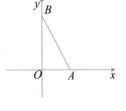

图 5-89

13. 到直线 $2x+y+1=0$ 的距离为 $\dfrac{1}{\sqrt{5}}$ 的点的集合是（　　）.

    (A)直线 $2x+y-2=0$

    (B)直线 $2x+y=0$

    (C)直线 $2x+y=0$ 或直线 $2x+y-2=0$

(D)直线 $2x+y=0$ 或直线 $2x+y+2=0$

(E)直线 $2x+y-1=0$ 或直线 $2x+y-2=0$

14. 已知点 A 的坐标为 $(-1, 1)$，直线 L 的方程为 $3x+y=0$，那么直线 L 关于点 A 对称的直线 L' 的方程为（　　）.

(A)$4x-y+6=0$ (B)$4x+y+6=0$

(C)$x-3y+4=0$ (D)$x+3y+4=0$

(E)$3x+y+4=0$

15. 圆柱体的高与正方体的高相等，且它们的侧面积也相等，则圆柱体的体积与正方体体积比值为（　　）.

(A)$\dfrac{4}{\pi}$ (B)$\dfrac{3}{\pi}$ (C)$\dfrac{\pi}{3}$ (D)$\dfrac{1}{4\pi}$ (E)π

二、条件充分性判断：第 16～25 小题，每小题 3 分，共 30 分. 要求判断每题给出的条件(1)和条件(2)能否充分支持题干所陈述的结论. (A)、(B)、(C)、(D)、(E)五个选项为判断结果，请选择一项符合试题要求的判断.

(A)条件(1)充分，但条件(2)不充分.

(B)条件(2)充分，但条件(1)不充分.

(C)条件(1)和条件(2)单独都不充分，但条件(1)和条件(2)联合起来充分.

(D)条件(1)充分，条件(2)也充分.

(E)条件(1)和条件(2)单独都不充分，条件(1)和条件(2)联合起来也不充分.

16. $a=\dfrac{\sqrt{3}}{2}$.

(1)长为 2 的等边三角形内一点分别向三边作垂线，三条垂线段长的和为 a.

(2)长为 1 的等边三角形内一点分别向三边作垂线，三条垂线段长的和为 a.

17. 直线 L 过点 $P(2, 1)$，则直线 L 只有两种情况.

(1)直线 L 与直线 $x-y+1=0$ 的夹角为 $\dfrac{\pi}{4}$.

(2)直线 L 与两坐标轴围成三角形的面积为 4.

18. 若 x, y 满足 $x^2+y^2-2x+4y=0$，则 $m-n=10$.

(1)$x-2y$ 的最大值为 m.

(2)$x-2y$ 的最小值为 n.

19. 设 a, b, c 是互不相等的三个实数，则 $A(a, a^3)$，$B(b, b^3)$，$C(c, c^3)$ 无法构成三角形.

(1)$a+b+c=0$.

(2)$a+b-c=0$.

20. $V=36\pi$.

(1)长方体的三个相邻面的面积分别为 2、3、6，这个长方体的顶点都在同一球面上，则这个球的体积为 V.

(2)球内有一个内接正方体，正方体的棱长为 $a=\sqrt{12}$，球的体积为 V.

21. 直线 $ax+by-1=0$ 一定不经过第一象限.

  (1)圆$(x-a)^2+(y-b)^2=1$ 的圆心在第三象限.

  (2)圆$(x-a)^2+(y-b)^2=1$ 的圆心在第二象限.

22. 如图 5-90 所示,在直角三角形中,$AB=BC$,点 D 是 BC 边上的一点,则$\angle DAC=15°$.

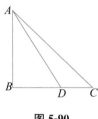

图 5-90

  (1)$AB+BD=AD+CD$.   (2)$BD=CD$.

23. 圆 C 的半径为$\sqrt{2}$.

  (1)圆 C 截 y 轴所得弦长为 2,且圆心到直线 $x-2y=0$ 的距离为$\dfrac{\sqrt{5}}{5}$.

  (2)圆 C 被 x 轴分成两段弧,其长之比为 $3:1$.

24. 长方体所有的棱长之和为 28 厘米.

  (1)长方体的体对角线长为$\sqrt{14}$厘米.

  (2)长方体的表面积为 22 平方厘米.

25. 曲线所围成图形的面积等于 24.

  (1)曲线方程为 $|xy|+6=3|x|+2|y|$.

  (2)曲线方程为 $|2x-1|+|y-1|=6$.

本章模考题 ▶ 参考答案

一、问题求解

1.（D）

【解析】阴影部分面积问题.

设小圆半径为 r，大圆半径为 R，由图 5-85 可知，正方形 $ABCD$ 的边长与小圆的直径相等，正方形对角线与大圆直径相等. 因为正方形面积为 36，故 $4r^2=36$，解得 $r=3$. 大圆半径为 R，显然有 $R=\sqrt{2}r=3\sqrt{2}$.

将阴影部分通过转动移在一起构成半个圆环，所以面积为 $\dfrac{1}{2}\pi(R^2-r^2)=4.5\pi$.

2.（C）

【解析】三角形的面积和相似比.

把 CF 看作底，则红色三角形和黄色三角形是同高不同底的三角形，故

$$\frac{S_{\triangle FDE}}{S_{\triangle DEC}}=\frac{FE}{EC}=\frac{4}{6}=\frac{2}{3}.$$

又因为 $\triangle FED \backsim \triangle CEB$，相似比为 $\dfrac{FE}{EC}=\dfrac{2}{3}$，故面积比为 $\dfrac{S_{\triangle FED}}{S_{\triangle CEB}}=\left(\dfrac{2}{3}\right)^2=\dfrac{4}{9}$.

红色三角形面积为 $S_{\triangle FED}=4$，故 $S_{\triangle CEB}=9$.

又因为矩形对角线 BD 平分矩形的面积，故绿色部分的面积为 $6+9-4=11$.

3.（D）

【解析】三角形形状判断问题.

由题意可得

$$\begin{cases}-\dfrac{-c}{2\left(a-\dfrac{b}{2}\right)}=1, \\ a-\dfrac{b}{2}-c-a-\dfrac{b}{2}=-\dfrac{8}{5}b,\end{cases} \quad 即 \begin{cases}b+c=2a, \\ c=\dfrac{3}{5}b.\end{cases}$$

所以 $c=\dfrac{3}{5}b$，$a=\dfrac{4}{5}b$.

因此 $a^2+c^2=b^2$，所以 $\triangle ABC$ 是直角三角形.

4.（E）

【解析】点与圆的位置关系.

圆的方程可化为 $(x+k)^2+(y+1)^2=25$.

过点 $(1,3)$ 可以做两条直线与圆相切，说明点在圆外，故有

$$(1+k)^2+(3+1)^2>25,$$

解得 $k<-4$ 或 $k>2$，故 k 可取到无穷多个整数.

5. (D)

【解析】根式函数.

原函数可变形为
$$y=\sqrt{(x-3)^2+(0-2)^2}+\sqrt{(x+2)^2+(0+1)^2}.$$

上式可看成 x 轴上的点 $P(x,0)$ 到两定点 $A(3,2)$，$B(-2,-1)$ 的距离之和，由图 5-91 可知，当点 P 为线段 AB 与 x 轴的交点时，取得最小值为
$$y_{\min}=AB=\sqrt{(3+2)^2+(2+1)^2}=\sqrt{25+9}=\sqrt{34},$$

故所求函数的值域为 $[\sqrt{34},+\infty)$.

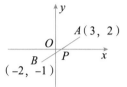

图 5-91

6. （A）

【解析】两圆的公共弦.

两圆方程相减可得 $2x+6y=0$，此方程为过两圆交点的直线方程，即为公共弦方程，故直线 AB 的方程是 $x+3y=0$.

7. (E)

【解析】对称问题.

设所求直线上任意一点为 (x,y)，则它关于 $x=1$ 对称的点 $(2-x,y)$ 在直线 $x-2y+1=0$ 上. 所以所求直线为 $2-x-2y+1=0$，化简得 $x+2y-3=0$.

8. (A)

【解析】立体几何问题.

本题等价于将半球补成完整的球体，内接一个长方体，长方体的棱长分别为 $\sqrt{6}$、$\sqrt{6}$、$2\sqrt{6}$. 显然长方体体对角线等于球体直径.

设球体半径为 r，则直径为 $2r=\sqrt{(\sqrt{6})^2+(\sqrt{6})^2+(2\sqrt{6})^2}=6$，$r=3$.

故 $S_{\text{半球}}=2\pi r^2+\pi r^2=2\pi\times3^2+\pi\times3^2=27\pi$，$V_{\text{半球}}=\frac{1}{2}\times\frac{4}{3}\pi r^3=\frac{2}{3}\pi\times3^3=18\pi$.

9. (C)

【解析】最值问题.

如图 5-92 所示，显然可将 $\dfrac{y}{x}=\dfrac{y-0}{x-0}$ 看作是圆上的点和原点连线所成直线的斜率. 观察图像可知，当该直线与圆相切时斜率最大.

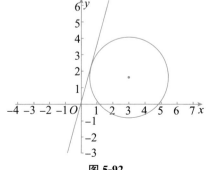

图 5-92

设过原点且和该圆相切的直线方程为 $y=kx$.

圆心到该直线距离等于半径，即 $\dfrac{|3k-\sqrt{3}|}{\sqrt{k^2+1}}=\sqrt{6}$，解得 $k=\sqrt{3}\pm2$.

故 k 的最大值即为 $\sqrt{3}+2$.

10. （A）

【解析】过定点问题.

方法一：将 $(3m+1)x+(5m-2)y+5-7m=0$ 化为 $m(3x+5y-7)+(x-2y+5)=0$，可以

得到 $\begin{cases}3x+5y-7=0,\\ x-2y+5=0,\end{cases}$ 解出 $x=-1$，$y=2$，即恒过定点 $(-1,2)$.

方法二：对 m 取特值求解.

①$m=0$ 时，$x-2y+5=0$；

②$m=1$ 时，$4x+3y-2=0$.

联立上述两个方程，解得 $x=-1$，$y=2$，即 $(-1,2)$，所以直线恒过定点 $(-1,2)$.

11. （B）

【解析】求阴影部分的面积.

把中间部分分成四等分，将阴影的圆等分后分别放在中间部分四个角上，补成一个边长为 2 的正方形. 如图 5-93 所示：

图 5-93

所以阴影部分面积等于正方形的面积，为 $2\times2=4$.

12. （C）

【解析】三角形的内心.

已知内心到三边的距离相等，设此距离为 d，可知

$$S_{\triangle AOB}=\frac{1}{2}(OA+OB+AB)d=\frac{1}{2}\cdot OA\cdot OB,$$

解得 $d=\dfrac{4\times3}{4+3+5}=1$，故内心坐标为 $(1,1)$.

13. （D）

【解析】直线与直线的关系.

方法一：设点 (x,y) 为满足条件的点，则该点到直线 $2x+y+1=0$ 的距离为 $\dfrac{|2x+y+1|}{\sqrt{2^2+1}}=\dfrac{1}{\sqrt{5}}$，

解得 $2x+y=0$ 或 $2x+y+2=0$.

方法二：满足条件的点的集合为平行于 $2x+y+1=0$ 的直线.

设所求直线为 $2x+y+c=0$，由平行线间的距离公式，有 $\dfrac{|1-c|}{\sqrt{2^2+1}}=\dfrac{1}{\sqrt{5}}$，解得 $c=2$ 或 $c=0$，

则所求直线方程为 $2x+y=0$ 或 $2x+y+2=0$.

14. (E)

【解析】对称问题.

在直线 L 上任取两点,如 $(0,0)$、$\left(-\dfrac{1}{3},1\right)$,它们关于点 A 的中心对称点分别为 $(-2,2)$,$\left(-\dfrac{5}{3},1\right)$,故 L' 的方程为 $\dfrac{x+2}{-\dfrac{5}{3}+2}=\dfrac{y-2}{1-2}$,即 $3x+y+4=0$.

【快速得分法】两条直线关于某个点对称,则这两条直线一定平行,且对称点到两条平行直线的距离相等.

15. (A)

【解析】立体几何问题.

设正方体的边长为 a,圆柱体底面半径为 b、高为 a. 由于圆柱体侧面积与正方体侧面积相等,则圆柱体侧面积 $S_{侧}=2\pi ab=4a^2$,可以解得 $b=\dfrac{2a}{\pi}$.

故圆柱体体积 $V_1=\pi b^2 a=\dfrac{4a^3}{\pi}$,正方体体积 $V_2=a^3$,故二者之比为 $\dfrac{V_1}{V_2}=\dfrac{4}{\pi}$.

二、条件充分性判断

16. (B)

【解析】三角形问题.

如图 5-94 所示,由点 P 向三边作垂线,AM 为 BC 边上的高. $S_{\triangle ABC}=S_{\triangle APC}+S_{\triangle BPC}+S_{\triangle APB}$,即

$$\frac{1}{2}BC\cdot AM=\frac{1}{2}AC\cdot PF+\frac{1}{2}BC\cdot PE+\frac{1}{2}AB\cdot PD.$$

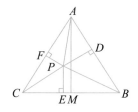

图 5-94

因为 $\triangle ABC$ 是正三角形,所以

$$\frac{1}{2}BC\cdot AM=\frac{1}{2}BC\cdot PF+\frac{1}{2}BC\cdot PE+\frac{1}{2}BC\cdot PD.$$

解得 $AM=PF+PE+PD$,即点 P 到三角形三边距离之和就是三角形的高.

条件(1)中三角形的高是 $\sqrt{3}$,即 $a=\sqrt{3}$,不充分.

条件(2)中三角形的高为 $\dfrac{\sqrt{3}}{2}$,即 $a=\dfrac{\sqrt{3}}{2}$,充分.

17. (A)

【解析】直线与直线的位置关系+面积问题.

条件(1):已知直线的斜率为 1,与坐标轴夹角为 $\dfrac{\pi}{4}$,故直线 L 与 x 轴的夹角为 $\dfrac{\pi}{2}$ 或 0,易知

直线 L 有两条，一条为水平的直线，一条为竖直的直线，条件(1)充分.

条件(2)：设直线 L 方程为 $y=k(x-2)+1$. 直线在 x 轴的截距为 $\dfrac{2k-1}{k}$，在 y 轴的截距为 $1-2k$，

直线 L 与坐标轴所围三角形的面积为

$$S=\frac{1}{2}\left|\frac{2k-1}{k}\times(1-2k)\right|=4\Rightarrow k=-\frac{1}{2} \text{或} \frac{3}{2}\pm\sqrt{2}.$$

故直线 L 有 3 种情况，条件(2)不充分.

18. (C)

【解析】 最值问题.

两个条件单独显然不充分，联立之.

令 $x-2y=k$，即 $y=\dfrac{x}{2}-\dfrac{k}{2}$，可见，欲求 k 的最值，只需要求直线的纵截距的取值范围.

因为 (x,y) 既是直线上的点，又是圆上的点，所以，当直线与圆相切时，直线的纵截距取到最值. 已知圆的圆心为 $(1,-2)$，半径为 $\sqrt{5}$，相切时，圆心到直线的距离等于半径，即

$$d=\frac{|1+2\times2-k|}{\sqrt{1+2^2}}=r=\sqrt{5},$$

解得 $k=10$ 或 0.

所以，$x-2y$ 的最大值 $m=10$，最小值 $n=0$，故 $m-n=10$，两个条件联立充分.

19. (A)

【解析】 点与点的位置关系.

当三点在同一直线上时，无法构成三角形，故 A，B，C 三点共线，斜率 $k_{AB}=k_{AC}$.

令 $\dfrac{a^3-b^3}{a-b}=\dfrac{a^3-c^3}{a-c}$，化简得 $a^2+ab+b^2=a^2+ac+c^2$，整理，得 $b^2-c^2+ab-ac=0$，故

$$(b-c)(a+b+c)=0.$$

又因为 a，b，c 互不相等，$b-c\neq0$，所以 $a+b+c=0$.

故条件(1)充分，条件(2)不充分.

20. (B)

【解析】 空间几何体的切与接.

条件(1)：长方体的三个相邻面的面积分别为 2、3、6，可知棱长分别为 1、2、3.

设球半径为 r，已知长方体的体对角线＝外接球直径，即 $\sqrt{1^2+2^2+3^2}=\sqrt{14}=2r$.

故球体的体积为 $\dfrac{4}{3}\pi r^3=\dfrac{7\sqrt{14}}{3}\pi$，条件(1)不充分.

条件(2)：设球体半径为 R. 外接球的直径等于正方体的体对角线，故有 $2R=\sqrt{3}a=\sqrt{3}\times\sqrt{12}=6$，

故球体半径 $R=3$，因此球体的体积为 $\dfrac{4}{3}\pi R^3=36\pi$，条件(2)充分.

21. (A)

【解析】 直线的图像判断.

条件(1)：由圆 $(x-a)^2+(y-b)^2=1$，得到圆心坐标为 (a,b)，因为圆心在第三象限，所以 $a<0$，$b<0$. 直线方程可化为 $y=-\dfrac{a}{b}x+\dfrac{1}{b}$，故 $-\dfrac{a}{b}<0$，$\dfrac{1}{b}<0$，则直线过二、三、四象

限，一定不经过第一象限，条件(1)充分.

条件(2)：同理可知，条件(2)不充分.

22.（A）

【解析】三角形基本问题.

因为直角三角形 $AB＝BC$，故△ABC 为等腰直角三角形. 若要∠$DAC＝15°$，则∠$DAB＝30°$，∠$ADB＝60°$.

条件(1)：$AB＋BD＝AD＋CD＝AD＋BC－BD$，又因为 $AB＝BC$，所以 $AD＝2BD$，故直角三角形 ABD 中，∠$BAD＝30°$，则∠$DAC＝15°$，条件(1)充分.

条件(2)：由 $BD＝CD$ 且 $AB＝BC$ 可得，$AB＝BC＝2BD$，故∠$BAD≠30°$，条件(2)不充分.

23.（C）

【解析】直线与圆的位置关系.

设圆的方程为 $(x－a)^2＋(y－b)^2＝r^2$.

条件(1)：由勾股定理，可知 $r^2－a^2＝1$. 圆心到直线 $x－2y＝0$ 的距离为 $\dfrac{|a－2b|}{\sqrt{5}}＝\dfrac{\sqrt{5}}{5}$，得 $a－2b＝±1$，显然不能求得圆的半径，故条件(1)不充分.

条件(2)：由此条件可知劣弧所对的圆心角为 $90°$，则有 $\sqrt{2}|b|＝r$，条件(2)不充分.

联立两个条件，得 $\sqrt{2}|b|＝r$，且 $r^2－a^2＝1$，故 $2b^2－a^2＝1$，再代入 $a－2b＝±1$，可解得 $b＝－1$ 或 1，故 $r＝\sqrt{2}$，两个条件联立充分.

24.（E）

【解析】立体几何问题.

条件(1)：$a^2＋b^2＋c^2＝14$，显然不充分.

条件(2)：$ab＋bc＋ac＝11$，显然不充分.

联立两个条件，得 $(a＋b＋c)^2＝a^2＋b^2＋c^2＋2(ab＋bc＋ac)＝14＋2×11＝36$.

故所有棱长之和为 $4(a＋b＋c)＝4\sqrt{(a＋b＋c)^2}＝4\sqrt{36}＝24$（厘米）.

联立起来也不充分.

25.（A）

【解析】面积问题.

条件(1)：将 $|xy|＋6－3|x|－2|y|＝0$ 分解因式，可得 $(|x|－2)(|y|－3)＝0$.

故所围成的图形是 $x＝±2$，$y＝±3$ 围成的矩形，边长为 4 和 6，面积 $S＝6×4＝24$，条件(1)充分.

条件(2)：形如 $|Ax－a|＋|By－b|＝C$ 的方程所构成的图形的面积为 $\dfrac{2C^2}{AB}$. 在本题中，$A＝2$，$B＝1$，$C＝6$，故所求面积为 $\dfrac{2C^2}{AB}＝\dfrac{2×6^2}{2×1}＝36$，条件(2)不充分.

第6章 《数据分析》母题精讲

本章题型思维导图

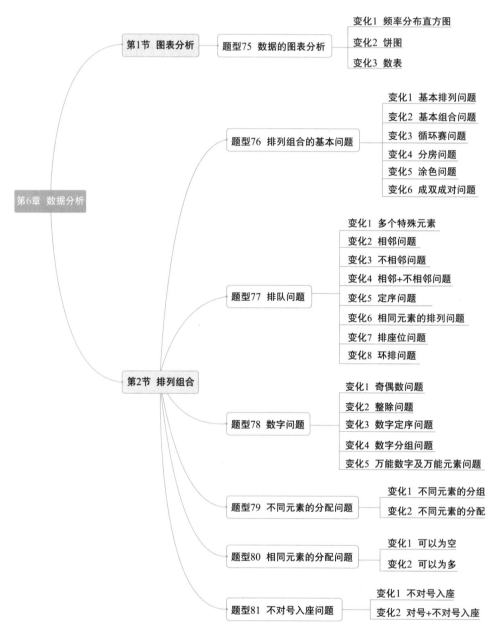

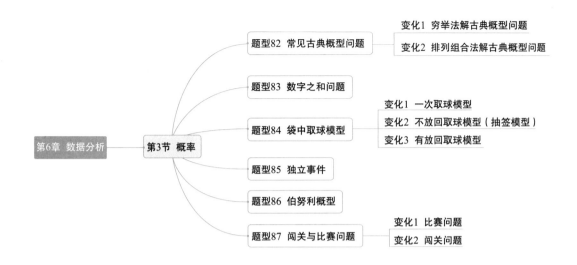

题型名称	2013	2014	2015	2016	2017	2018	2019	2020	2021	2022	合计
数据的图表分析			14		4	2	3，8	9			6道
排列组合的基本问题	15，24		15	6，14		11	14		7	15	9道
排队问题										13	1道
数字问题						12				10	2道
不同元素的分配问题					3	8		15			3道
相同元素的分配问题											0道
不对号入座问题		15				13					2道
常见古典概型问题		13		7	1		7	4		5	6道
数字之和问题				4							1道
袋中取球模型	14	23	16					19	11，13		6道
独立事件	20		14		12		17	14	6		6道
伯努利概型					24						1道
闯关与比赛问题		9				9				12	3道

2013—2022 年，合计考了 45 道，平均每年 4.5 道.

较有难度的题型为：与应用题相结合的排列组合问题、不同元素的分配问题、古典概型问题、闯关与比赛问题.

考试频率较高的题型为：排列组合的基本问题(应用题的形式)、排队问题、不同元素的分配问题、古典概型、独立事件、闯关与比赛问题.

注意：

1. 频率分布直方图和饼图到目前为止还没有考过，但是是考试大纲明确规定的知识点.

2. 数据的图表表示，常考以表格、图像表示的应用题，见本书第7章.

第 **1** 节 图表分析

题型 **75** 数据的图表分析

[母题综述]

> 本题型主要考查三方面的内容：频率分布直方图、饼状图、数表.

[母题精讲]

母题 75 从参加环保知识竞赛的学生中抽出 60 名，将其成绩（均为整数）整理后画出的频率分布直方图如图 6-1 所示，则这次环保知识竞赛的及格率为（   ）.

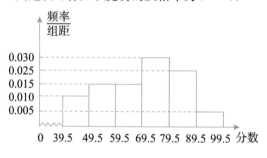

图 6-1

(A)0.5   (B)0.6   (C)0.7   (D)0.75   (E)0.9

【解析】后四组的频率之和即为及格率，即$(0.015+0.03+0.025+0.005)\times10=0.75$.

【答案】(D)

[母题变化]

变化 1 频率分布直方图

> **技巧总结**
>
> 频率分布直方图需要掌握：
>
> （1）横坐标为"组距"，纵坐标为"频率/组距"；
>
> （2）矩形的面积＝频率；
>
> （3）所有频率之和＝1；
>
> （4）频数＝数据总数×频率.

例1 为了解某校高三学生的视力情况，随机地抽查了该校 100 名高三学生的视力情况，得到频率分布直方图如图 6-2 所示，由于不慎将部分数据丢失，故此频率分步直方图数据不全. 但知道前 4 组的频数成等比数列，后 6 组的频数成等差数列，设最大频率为 a，视力在 4.6 到 5.0 之间的学生数为 b，则 a、b 的值分别为（　　）.

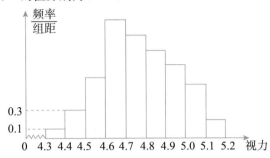

图 6-2

(A)0.27，78 　　　(B)0.27，83 　　　(C)2.7，78 　　　(D)27，83 　　　(E)27，84

【解析】由题意，可知第 1 组的频率为 $0.1\times0.1=0.01$；第 2 组的频率为 $0.3\times0.1=0.03$；由于前 4 组频数成等比数列，则前 4 组频率也成等比数列，故第 3 组的频率为 0.09；第 4 组的频率为 0.27. 观察直方图，可知最大频率 $a=0.27$.

故后 6 组的频率之和为 $1-0.01-0.03-0.09=0.87$.

后 6 组成等差数列，首项为 0.27（视力在 4.6 到 4.7 之间），故有

$$S_6=6a_1+\frac{6\times5}{2}d=6\times0.27+\frac{6\times5}{2}d=0.87\Rightarrow d=-0.05.$$

所以第 5 组的频率为 $0.27-0.05=0.22$；第 6 组的频率为 $0.22-0.05=0.17$；第 7 组的频率为 $0.17-0.05=0.12$.

视力在 4.6 到 5.0 之间的学生数为 $(0.27+0.22+0.17+0.12)\times100=78$，即 $b=78$.

【答案】（A）

变化2 　饼图

技巧总结

饼图的所有百分比之和＝1；扇形圆心角的度数＝360°×该扇形对应元素的百分比.

例2 某班级参加业余兴趣小组的人数如图 6-3 所示，则 $m=25$.

(1)共 60 人，喜欢足球的人数为 m 人.

(2)喜欢篮球的有 75 人，喜欢排球的人数为 m 人.

【解析】条件（1）：观察图像，可知喜欢足球的人数为 $m=60\times\frac{1}{4}=15$（人），条件（1）不充分.

条件（2）：总人数为 $75\times2=150$（人），故喜欢排球的人数 $150\times\frac{1}{6}=25$（人），条件（2）充分.

图 6-3

【答案】（B）

变化 3　数表

例3　某班进行个人投篮比赛，表 6-1 记录了在规定时间内投进 n 个球的人数分布情况.

表 6-1

进球个数 n	0	1	2	3	4	5
投进 n 个球的人数	1	2	7			2

同时，已知进球 3 个或 3 个以上的人平均每人投进 3.5 个球，进球 4 个或 4 个以下的人平均每人投进 2.5 个球，问投进 3 个球和 4 个球的各有(　　)人.

(A)3，9　　　　(B)4，8　　　　(C)3，8　　　　(D)8，4　　　　(E)9，3

【解析】设投进 3 个球的 x 人，投进 4 个球的 y 人，依题意得

$$\begin{cases} 3x+4y+5\times2=3.5(x+y+2), \\ 2\times1+7\times2+3x+4y=2.5(1+2+7+x+y) \end{cases} \Rightarrow \begin{cases} x=9, \\ y=3. \end{cases}$$

【答案】(E)

第 2 节　排列组合

题型 76　排列组合的基本问题

[母题综述]

1. 排列问题与组合问题

若从 n 个元素中取 m 个，需要考虑 m 的顺序，则为排列问题，用 A_n^m 表示；若从 n 个元素中取 m 个，无须考虑 m 的顺序，则为组合问题，用 C_n^m 表示.

2. 排列数与组合数的含义

(1)排列数 A 的含义：先挑选再排列，有序(元素之间互换位置，结果不同)；

(2)组合数 C 的含义：挑选、组合，无序(元素之间互换位置，结果不变).

3. 熟练掌握排列数与组合数公式.

[母题精讲]

母题76　平面内有两组平行线，一组有 m 条，另一组有 n 条，这两组平行线相交，可以构

成( )个平行四边形.

(A)C_n^2 (B)C_m^2 (C)$C_n^2 C_m^2$ (D)$A_n^2 A_m^2$ (E)$C_n^2 + C_m^2$

【解析】分别从两组平行线中各取两条平行线,一定能构成平行四边形,故有 $C_n^2 C_m^2$ 个平行四边形.

【答案】(C)

[母题变化]

变化 1 基本排列问题

技巧总结

排列数公式: $A_n^m = n(n-1)(n-2)\cdots(n-m+1) = \dfrac{n!}{(n-m)!}$.

例 4 在数学竞赛中,甲、乙、丙三个学校分别有 1 名、2 名、3 名同学获一等奖,将这 6 名同学排成一排合影,要求来自同一个学校的学生站在一起,则不同的排法共有( )种.

(A)12 (B)36 (C)72 (D)120 (E)720

【解析】先将来自相同学校的学生绑在一起,内部排列为 $A_2^2 \cdot A_3^3$;再将三个学校全排列,即 A_3^3. 故不同的排法共有 $A_2^2 \cdot A_3^3 \cdot A_3^3 = 72$(种).

【答案】(C)

变化 2 基本组合问题

技巧总结

组合数公式:

(1)规定 $C_n^0 = C_n^n = 1$;

(2)$C_n^m = \dfrac{A_n^m}{m!} = \dfrac{n(n-1)(n-2)\cdots(n-m+1)}{m(m-1)(m-2)\cdots 2 \times 1}$,则 $A_n^m = C_n^m \cdot m!$;

(3)$C_n^m = C_n^{n-m}$.

【注意】若已知 $C_n^a = C_n^b$,则有两种可能:

(1)$a + b = n$;

(2)$a = b$(易遗忘此种情况),其中,a,b 均为非负整数.

例 5 湖中有四个小岛,它们的位置恰好近似构成正方形的四个顶点,若要修建起三座桥将这四个小岛连接起来,则不同的建桥方案有( )种.

(A)12 (B)16 (C)18 (D)20 (E)24

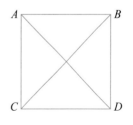

图 6-4

【解析】如图 6-4 所示.

在四个小岛中任意两个中间架桥,有 $C_4^2 = 6$(种)方式,即正方形的四条边和两条对角线,故架 3 座桥总的不同方法有 C_6^3 种.

当三座桥分别构成△ABC，△ABD，△ACD，△BCD 这样的闭合图形时，不能将四个小岛连接起来．

所以，符合题意的建桥方案有 $C_6^3 - 4 = 16$（种）．

【答案】(B)

例 6 如图 6-5 所示的象棋盘中，"卒"从点 A 到点 B，最短路径共有（　　）条．

(A)14 　　(B)15 　　(C)20 　　(D)35 　　(E)36

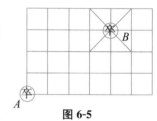

图 6-5

【解析】"卒"从点 A 到点 B 一共需要走 7 步，其中 4 步向右，3 步向上，故从 7 步中选出 4 步向右走，余下 3 步向上走即可，所以最短路径共有 $C_7^4 C_3^3 = 35$（条）．

【答案】(D)

例 7 公司因业务变化，现在从老吕、老罗、老康、小刘、小柯和小张六人中选三人值班，要求每两天值班的人不能完全相同，那么有（　　）种不同的值班方案．

(A)10 　　(B)15 　　(C)20 　　(D)24 　　(E)36

【解析】直接从六人中选三人即可，为 $C_6^3 = 20$（种）．

【注意】我们用 C 去做挑选的时候，本身就已经默认不可能有两次完全一样．

【答案】(C)

变化 3　循环赛问题

技巧总结

1. n 个球队打单循环赛，共打 C_n^2 场，对于其中任意一个球队来说，打了 $n-1$ 场．

2. n 个球队打双循环赛，共打 A_n^2 场，对于其中任意一个球队来说，打了 $2(n-1)$ 场．

3. n 个球队打单循环淘汰赛，共打 $n-1$ 场（每场淘汰 1 个，共淘汰 $n-1$ 个）．

例 8 某国足球联赛共有 10 支球队，比赛使用单循环制，则整个赛季一共会有（　　）场比赛．

(A)20 　　(B)25 　　(C)35 　　(D)45 　　(E)90

【解析】根据上述技巧可知，10 支球队打单循环赛，共有 $C_{10}^2 = 45$（场）比赛．

【答案】(D)

例 9 某国足球联赛共有 10 支球队，比赛使用主客场制（双循环），则整个赛季一共会有（　　）场比赛．

(A)20 　　(B)25 　　(C)35 　　(D)45 　　(E)90

【解析】根据上述技巧可知，10 支球队打双循环赛，共有 $A_{10}^2 = 90$（场）比赛．

【答案】(E)

例 10 某国举办足协杯赛，共有 32 支球队，分成两组进行淘汰赛，胜者进入下一轮，则冠军一共需要进行( )场比赛.

(A)4   (B)5   (C)15   (D)16   (E)31

【解析】32 支球队，分成两组，每组 16 支队伍，每组内打单循环淘汰赛.

只看冠军所在组，16 支队伍，每打一轮，队伍数减少一半，共打 4 轮后，决出小组冠军；再与另一小组的冠军打一场决赛，决出最终冠军，故冠军一共进行 5 场比赛.

【答案】(B)

例 11 某公交线路从八宝山站到大北窑站共有 21 站，则共有 210 种不同的车票.

(1)每两站之间设单程票.

(2)每两站之间有去程票和返程票.

【解析】条件(1)：共有 21 站，每两站之间就有一种单程票，故共有 $C_{21}^2=210$（种）车票.

条件(2)：共有 21 站，每两站之间，有去程票和返程票两种票，故共有 $A_{21}^2=420$（种）车票.

【答案】(A)

变化 4   分房问题

技巧总结

1. 分房问题实质是不同元素的分配问题，被分配对象可以分不到元素.

2. 解法：一共有"可重复元素^{不可重复元素}"种情况，即"可重复元素"为底数，"不可重复元素"为指数.

例 12   4 个人住 3 个房间，可以有房间不住人，那么总的住房方法有( )种.

(A)81   (B)64   (C)24   (D)128   (E)48

【解析】方法一：一共 4 个人，每个人都有 3 个房间可以选择，共有 $3\times3\times3\times3=3^4=81$（种）.

方法二：每个房间可以住多个人，故房间可重复；每个人不能住多个房间，故人不可重复，根据公式，一共有 $3^4=81$（种）方法.

【答案】(A)

例 13   一辆大巴上有 10 个人，沿途有 8 个车站，则不同的下车方法有( )种.

(A)A_{10}^8 (B)10^8 (C)8^{10} (D)C_{10}^8 (E)A_8^8

【解析】方法一：第 1 个人有 8 种下车方法，第 2 个人有 8 种下车方法，……，故总的下车方法有 8^{10} 种.

方法二：每个车站可以下多个人，故车站可重复；每个人不能在多个车站下车，故人不可重复，根据公式，一共有 8^{10} 种下车的方法.

【答案】(C)

例 14   5 个人参加 3 个项目比赛的角逐，不允许有并列冠军，最终冠军的分配方案有( )种.

(A)243   (B)186   (C)125   (D)120   (E)60

【解析】每个人可以获得多项冠军，故人可重复；每个冠军不能有多个人获得，故冠军不可重复，根据公式，一共有 $5^3=125$（种）分配方案．

【答案】(C)

例 15　3 个人去 4 个城市，每个城市至多去 2 人，则有（　　）种不同的去法．

(A)64　　　　(B)60　　　　(C)81　　　　(D)36　　　　(E)24

【解析】3 个人去 4 个城市，共有 4^3 种去法．其中，3 人都去同一个城市，一共有 4 种情况．故符合题意的去法有 $4^3-4=60$（种）．

【答案】(B)

变化 5　涂色问题

技巧总结

涂色问题分为以下两种：

（1）直线涂色：简单的乘法原理．

（2）环形涂色公式：把一个环形区域分为 k 块，每块之间首尾相连，用 s 种颜色去涂，要求相邻两块颜色不同，则不同的涂色方法有
$$N=(s-1)^k+(s-1)(-1)^k,$$
式中，s 为颜色数（记忆方法：se 色），k 为环形被分成的块数（记忆方法：kuai 块）．

例 16　用五种不同的颜色涂在图 6-6 中的四个区域，每一个区域涂上一种颜色，且相邻区域的颜色必须不同，则共有不同的涂法（　　）种．

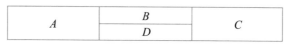

图 6-6

(A)120　　　　(B)140　　　　(C)160　　　　(D)180　　　　(E)360

【解析】从 5 种颜色中选一种涂区域 A，在剩余 4 种里选一种涂区域 B，剩余 3 种里选一种涂区域 D，因为 C 与 B，D 颜色不同，故有 3 种颜色选择，则 A，B，D，C 四个区域分别有 C_5^1，C_4^1，C_3^1，C_3^1 种涂法．

根据乘法原理得，共有 $C_5^1 C_4^1 C_3^1 C_3^1=180$（种）不同的涂法．

【答案】(D)

例 17　如图 6-7 所示，一环形花坛分成四块，现有 4 种不同的花可供选种，要求在每块里种 1 种花，且相邻的 2 块种不同的花，则不同的种法有（　　）种．

(A)96　　　　(B)84　　　　(C)60　　　　(D)48　　　　(E)36

【解析】方法一：分为两类．

第一类：A、D 种相同的花，即在 4 种花中选一种，为 C_4^1；C 不能和 A、D 相同，故有 3 种选择；B 不能和 A、D 相同，也有 3 种选择．根据乘法原理有 $C_4^1 \times 3 \times 3=36$（种）．

第二类：A、D 种不同的花 A_4^2；C 不能和 A、D 相同，故有 2 种选择；B 不能和 A、D 相同，也有 2 种选择．根据乘法原理有 $A_4^2 \times 2 \times 2 = 48$（种）．

根据分类加法原理，不同的种法有 $36 + 48 = 84$（种）．

方法二：环形涂色公式法．

$$N = (s-1)^k + (s-1)(-1)^k = (4-1)^4 + (4-1)(-1)^4 = 84（种）．$$

【答案】(B)

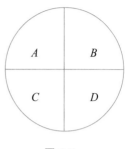

图 6-7

变化 6　成双成对问题

技巧总结

出题方式为从鞋子、手套、夫妻中选出几个，要求成对或者不成对．

解题技巧：无论是不是要求成对，第一步都先按成对的来选．若要求不成对，再从不同的几对里面各选一个即可．

例 18　从 6 双不同的鞋子中任取 4 只，则其中没有成双鞋子的取法有（　　）种．

(A)96　　　　(B)120　　　　(C)240　　　　(D)480　　　　(E)560

【解析】第一步：从 6 双中选出 4 双鞋子，有 C_6^4 种；

第二步：从 4 双鞋子中各选 1 只，有 $C_2^1 C_2^1 C_2^1 C_2^1$ 种．

故没有成双鞋子的取法有 $C_6^4 C_2^1 C_2^1 C_2^1 C_2^1 = 240$（种）．

【答案】(C)

例 19　10 双不同的鞋子，从中任意取出 4 只，4 只鞋子恰有 1 双的取法有（　　）种．

(A)450　　　　(B)960　　　　(C)1 440　　　　(D)480　　　　(E)1 200

【解析】从 10 双鞋子中选取 1 双，有 C_{10}^1 种取法；再选两双，为 C_9^2，从每双鞋中各取一只，分别有 2 种取法，所以共有 $C_{10}^1 \cdot C_9^2 \cdot 2^2 = 1\ 440$（种）取法．

【答案】(C)

题型 77　排队问题

【母题综述】

排队问题常用方法有以下几种：

(1)特殊元素优先法、特殊位置优先法；

（2）剔除法；

（3）相邻问题捆绑法；

（4）不相邻问题插空法；

（5）定序问题消序法．

〖母题精讲〗

<u>母题 77</u>　甲、乙、丙、丁、戊、己 6 人排队，则在以下各要求下，各有多少种不同的排队方法．

（1）甲不在排头．

（2）甲不在排头并且乙不在排尾．

（3）甲、乙两人相邻．

（4）甲、乙两人不相邻．

（5）甲始终在乙的前面（可相邻也可不相邻）．

【解析】假设 6 人一字排开，排入如下格子：

排头					排尾

（1）方法一：剔除法．

6 个人任意排，有 A_6^6 种方法；

甲在排头，其他人任意排，有 A_5^5 种方法；

故甲不在排头的方法有 $A_6^6 - A_5^5 = 600$（种）．

方法二：特殊元素优先法．

第一步：甲有特殊要求，故让甲先排，甲除了排头外有 5 个格子可以选，即 C_5^1；

第二步：余下的 5 个人，还有 5 个位置可以选，没有任何要求，故可任意排，即 A_5^5．

故不同的排队方法有 $C_5^1 A_5^5 = 600$（种）．

方法三：特殊位置优先法．

第一步：排头有特殊要求，先让排头选人，除了甲以外都可以选，故有 C_5^1；

第二步：余下的 5 个位置，还有 5 个人可以选，没有任何要求，故可任意排，即 A_5^5．

故不同的排队方法有 $C_5^1 A_5^5 = 600$（种）．

注意：①虽然以上方法二和方法三在这一道题列出的式子是一样的，但是两种方法的含义不同．

②在并非所有元素都参与排列时（如"6 个人选 4 个人排队，甲不在排头"），特殊位置优先法与特殊元素优先法列出的式子并不一样，特殊位置优先法会更简单．

（2）*方法一：特殊元素优先法．*

有两个特殊元素：甲和乙．如果我们先让甲挑位置，甲不能在排头，故甲可以选排尾和中间的 4 个位置．这时，如果甲占了排尾，则乙就变成了没有要求的元素；如果甲占了中间 4 个位置中的一个，则乙还有特殊要求：不能在排尾，故按照甲的位置分为两类：

第一类：甲在排尾，其他人没有任何要求，故有 A_5^5 种排法．

第二类：甲从中间 4 个位置中选 1 个位置，即 C_4^1；再让乙选，不能在排尾，不能在甲占的位置，故还有 4 个位置可选，即 C_4^1；余下的 4 个人任意排，为 A_4^4；故有 $C_4^1 C_4^1 A_4^4$ 种排法．

由加法原理可得，不同排队方法有 $A_5^5 + C_4^1 C_4^1 A_4^4 = 504$（种）．

方法二：剔除法．

6 个人任意排为 A_6^6，减去甲在排头的 A_5^5，再减去乙在排尾的 A_5^5；

甲在排头乙又在排尾的减了 2 次，故需要加上 1 次，即 A_4^4；

所以，不同排队方法有 $A_6^6 - A_5^5 - A_5^5 + A_4^4 = 504$（种）．

(3)相邻问题用捆绑法．

第一步：甲、乙两人必须相邻，故我们将甲、乙两人用绳子捆起来，当作一个元素来处理，则此时有 5 个元素，可以任意排，即 A_5^5；

第二步：甲、乙两人内部排一下序，即 A_2^2．

根据乘法原理，不同排队方法有 $A_5^5 A_2^2 = 240$（种）．

(4)不相邻问题用插空法．

第一步：除甲、乙外的 4 个人排队，即 A_4^4；

第二步：4 个人共形成了 5 个空，挑两个空让甲、乙两人排进去，两人必不相邻，即 A_5^2 种排法．

根据乘法原理，不同排队方法有 $A_4^4 A_5^2 = 480$（种）．

(5)定序问题用消序法．

第一步：6 个人任意排，即 A_6^6；

第二步：因为甲始终在乙的前面，所以单看甲、乙两人时，两人只有一种顺序，但是 6 个人任意排时，甲、乙两人有 A_2^2 种排序，故需要消掉两人的顺序．

用乘法原理的逆运算（除法），故有 $\dfrac{A_6^6}{A_2^2} = 360$（种）排法．

注意：若 3 人定序则除以 A_3^3，以此类推．

【答案】(1)600；(2)504；(3)240；(4)480；(5)360

[母题变化]

变化 1 多个特殊元素

> **技巧总结**
>
> 有特殊要求的元素，应该优先考虑，即特殊元素优先法．

例 20 某台晚会由 6 个节目组成，演出顺序有如下要求：节目甲必须排在前两位、节目乙不能排在第一位，节目丙必须排在最后一位，该台晚会节目的编排方案共有（　　）种．

(A)32　　　　　(B)34　　　　　(C)38　　　　　(D)40　　　　　(E)42

【解析】节目甲的位置影响节目乙的排列，故优先考虑节目甲，然后是节目乙，可分两类：

①节目甲排在第一位：甲、丙排序固定，剩余 4 个节目任意排序，共有 $A_4^4 = 24$（种）．

②节目甲排在第二位：节目乙在三、四、五的位置中选一个位置，为 C_3^1；除甲、乙、丙外的其他三个节目任意排序，为 A_3^3，共有 $C_3^1 A_3^3 = 18$（种）．

由加法原理得，编排方案共有 $24+18=42$（种）.

【答案】(E)

变化 2 相邻问题

技巧总结

相邻问题采用捆绑法：将相邻的几个元素捆绑看成一个大元素，再与其余普通元素进行排列，注意不要忘记这个捆绑后的大元素内部再排列.

例 21 有 5 个人排队，甲、乙必须相邻，丙不能在两头，则不同的排法共有(　　)种.

(A)12　　　　　　　　(B)24　　　　　　　　(C)36

(D)48　　　　　　　　(E)60

【解析】甲、乙捆绑作为 1 个元素，即 A_2^2；除丙以外，剩余 3 个元素全排列，即 A_3^3；丙不在两头，故应在 3 个元素中间形成的 2 个空中选一个插进去，即 C_2^1.

根据乘法原理，得 $A_2^2 A_3^3 C_2^1 = 2 \times 6 \times 2 = 24$（种）.

【答案】(B)

例 22 三男三女排队上车，恰有两名女生相邻的排队方案共有(　　)种.

(A)64　　　　　　　　(B)72　　　　　　　　(C)240

(D)400　　　　　　　(E)432

【解析】先用捆绑法，选两名女生，捆绑为一个组合，内部需要进行排列，共有 A_3^2 种可能；

再排三名男生，共有 A_3^3 种可能；

将两名女生的组合和另一位女生插入三名男生之间形成的 4 个空中，共有 A_4^2 种可能；

所以，排队方案共有 $A_3^2 A_3^3 A_4^2 = 432$（种）.

【答案】(E)

变化 3 不相邻问题

技巧总结

不相邻问题采用插空法：先排好其余元素，再将不相邻的元素插入空位.

例 23 现有 5 个学生排队，3 个男生 2 个女生，要求女生不能相邻的排法有(　　)种.

(A)36　　　　　　　　(B)48　　　　　　　　(C)72

(D)84　　　　　　　　(E)108

【解析】先将 3 个男生排好，即 A_3^3；

3 个男生形成 4 个空位，2 个女生插入其中 2 个空位，即 A_4^2.

根据乘法原理有 $A_3^3 A_4^2 = 72$（种）.

【答案】(C)

例 24 马路上有 9 盏路灯,现要求把其中 3 盏路灯关掉,但不能同时关掉相邻的灯,也不能关掉两端的路灯,则满足条件的关灯方法共有( )种.

(A)10　　　　　　　　(B)12　　　　　　　　(C)15

(D)30　　　　　　　　(E)60

【解析】题目等价于 9 盏路灯中有 3 盏灯不亮、6 盏灯亮,其中 3 盏不亮的路灯既不相邻也不能位于两端.

应先排好其余元素,但由于灯是相同的,因此不需要进行排序;再将这 3 盏不亮的路灯插空,6 盏亮灯之间产生 7 个空,由于不亮的灯不能位于两端,因此只能从中间的 5 个空中选择 3 个空,3 盏不亮的灯也是相同的,故共有 $C_5^3 = 10$(种).

【答案】(A)

例 25 三男三女排队上车,男生与男生不相邻,且女生与女生也不相邻的排队方案共有( ).

(A)64 种　　　　　　(B)72 种　　　　　　(C)240 种

(D)400 种　　　　　　(E)432 种

【解析】可分为两类:男女男女男女,或女男女男女男.

第一类:先排三个男生 A_3^3,再排三个女生 A_3^3,为 $A_3^3 A_3^3$ 种;

第二类与第一类种类数相同,故有 $A_3^3 A_3^3$ 种.

根据分类加法原理,共有 $A_3^3 A_3^3 + A_3^3 A_3^3 = 72$(种).

【答案】(B)

变化 4　相邻＋不相邻问题

技巧总结

当相邻与不相邻同时出现时,先考虑相邻元素,用捆绑法;再考虑不相邻元素,用插空法.

例 26 有 5 本不同的书排成一排,其中甲、乙必须排在一起,丙、丁不能排在一起,则不同的排法共有( )种.

(A)12　　　　　　　　(B)24　　　　　　　　(C)36

(D)48　　　　　　　　(E)60

【解析】第一步:将相邻元素捆绑起来,即将甲、乙捆绑作为 1 个元素,为 A_2^2;

第二步:捆绑元素与除丙、丁外的一个元素排列,为 A_2^2;

第三步:将不相邻的元素插空,一共形成三个空,将丙、丁插入其中两个空,即 A_3^2.

根据分步乘法原理,可得共有 $A_2^2 A_2^2 A_3^2 = 2 \times 2 \times 6 = 24$(种).

【答案】(B)

变化5 **定序问题**

技巧总结

排列消序：当全体有序，局部无序（即顺序确定）时，用全体有序的情况除以局部有序的情况.

例27 现有高矮不同的三男三女排队上车，要求女生按照由高到低排列，则共有( )种不同的方案.

(A)60   (B)120   (C)480   (D)720   (E)240

【解析】第一步：所有人任意排列 A_6^6；

第二步：女生由高到低排列，只有一种情况，不应该排序，需要消序，故有 $\dfrac{A_6^6}{A_3^3}=120$(种).

【答案】(B)

例28 现有高矮不同的三男三女排队上车，男生与男生不相邻，女生与女生也不相邻，且女生按照由高到低排列，则共有( )种不同的方案.

(A)12   (B)24   (C)48   (D)72   (E)144

【解析】可分为两类：男女男女男女或女男女男女男.

第一类：先排三个男生 A_3^3，再排三个女生，由于女生的顺序是固定的，故无须排序，只有1种方案.

由乘法原理得，有 $A_3^3\times1=6$(种).

第二类与第一类种类数相同，故有 $A_3^3\times1=6$(种).

由加法原理得，共有 $6+6=12$(种).

【答案】(A)

变化6 **相同元素的排列问题**

技巧总结

相同元素的排列问题，可先看作不同的元素进行排列，再消序（若有 m 个相同元素，则除以 A_m^m）即可.

例29 可以组成60个不同的六位数.

(1)用1个数字1，2个数字2和3个数字3.

(2)用2个数字1，2个数字2和2个数字3.

【解析】条件(1)：将6个数字任意排，A_6^6，消去2个2之间和3个3之间的顺序，则不同的六位数有 $\dfrac{A_6^6}{A_3^3 A_2^2}=60$(个)，条件(1)充分.

条件(2)：同理，不同的六位数有 $\dfrac{A_6^6}{A_2^2 A_2^2 A_2^2}=90$(个)，条件(2)不充分.

【答案】(A)

例30 有3面相同的红旗、2面相同的蓝旗、2面相同的黄旗，排成一排，不同的排法共有（　　）种．

(A)105　　　　(B)210　　　　(C)240　　　　(D)420　　　　(E)480

【解析】 先看作不同的元素排列，再消序，不同的排法有 $\dfrac{A_7^7}{A_3^3 A_2^2 A_2^2}=210$（种）．

【答案】(B)

变化 7　排座位问题

技巧总结

排座位问题是排队问题的一种，是相同元素和不同元素混杂在一起的题，考查捆绑法＋插空法的综合运用，与排队问题不同的是，排座位问题需要"带着椅子走"：

（1）相邻问题

一排座位有 n 把相同的椅子，m 个人去坐（$n \geq m$），要求 m 人相邻，用"带椅捆绑法"，也可以"穷举法"数一下，共有 $C_{n-m+1}^1 A_m^m$ 种不同坐法．具体解释如下：

第一步：将 m 个人捆绑，每个人自带一把椅子，形成1个大元素；还剩 $n-m$ 把空椅子，形成 $n-m+1$ 个空，从 $n-m+1$ 个空里挑1个空，放这个大元素，即 C_{n-m+1}^1；

第二步：m 个人内部排序，即 A_m^m．

根据分步乘法原理，可得共有 $C_{n-m+1}^1 A_m^m$ 种不同坐法．

（2）不相邻问题

一排座位有 n 把相同的椅子，m 个人去坐（要求椅子数量足够多，$n \geq 2m-1$），要求 m 人不相邻，用"带椅去插空法"，共有 A_{n-m+1}^m 种不同坐法．具体解释如下：

第一步：m 个人每人自带一把椅子，则还剩 $n-m$ 把空椅子，形成 $n-m+1$ 个空；

第二步：m 个人插到 $n-m+1$ 个空里，需要考虑 m 的顺序，属于排列问题，即 A_{n-m+1}^m．

故共有 A_{n-m+1}^m 种不同坐法．

根据分步乘法原理，可得共有 A_{n-m+1}^m 种不同坐法．

例31 3个人去看电影，已知一排有9个椅子，在以下要求下，不同的坐法有多少种？

(1)3个人相邻．　　　　　　　　(2)3个人均不相邻．

【解析】(1)方法一：带椅捆绑法．

第一步：3个人相邻，将3个人捆绑，每个人自带一把椅子，形成1个大元素；本来有9个椅子，还剩6个空椅子；6个空椅子排成一排，形成7个空，从7个空里挑1个空，放这个大元素，即 C_7^1；

第二步：3个人排序，即 A_3^3．

据乘法原理，则不同的坐法有 $C_7^1 A_3^3 = 42$（种）．

方法二：穷举法．

如图6-8所示，设这9把椅子的编号从左到右依次为1~9，则三个人相邻显然有以下组合：

123，234，345，456，567，678，789；从这 7 种组合里面挑一种，即 C_7^1；3 个人排序，即 A_3^3；据乘法原理，则不同的坐法有 $C_7^1 A_3^3 = 42$（种）.

1	2	3	4	5	6	7	8	9

图 6-8

(2)带椅去插空法.

第一步：3 个人每人自带一把椅子，还剩 6 把空椅子，形成 7 个空；

第二步：3 个人插到 7 个空里，共有 A_7^3 种；

根据乘法原理，不同的坐法有 $A_7^3 = 210$（种）.

【答案】(1)42；(2)210

例 32 停车场上有一排 7 个停车位，现有 4 辆汽车需要停放，若要使 3 个空位连在一起，则停放方法有（ ）种.

(A)210　　　　(B)120　　　　(C)36　　　　(D)720　　　　(E)480

【解析】方法一：将 3 个空位看作一个元素，与 4 辆汽车排列，共有 $A_5^5 = 120$（种）方法.

方法二：带椅捆绑法.

任选 4 个停车位与 4 辆汽车一一对应，剩余的 3 个空位看作一个元素，只有 1 种方法；4 辆车进行排列并形成 5 个空，为 A_4^4；将剩余的 3 个空位随意选一个空插入，为 C_5^1，故停放方法为 $C_5^1 A_4^4 = 120$（种）.

【答案】(B)

例 33 电影院一排有 6 个座位，现在 3 人买了同一排的票，则每 2 人之间至少有一个空座位的不同的坐法有（ ）种.

(A)16　　　　(B)18　　　　(C)20　　　　(D)22　　　　(E)24

【解析】方法一：3 个人坐 5 个座位的两头和中间位置，保证每 2 人之间有一个空座，即 A_3^3；由于空椅子之间无差别，故在 3 人之间形成的 4 个空中任意插入一把空椅子，即 C_4^1.

根据乘法原理得，不同的坐法有 $A_3^3 C_4^1 = 24$（种）.

方法二：不相邻问题用带椅去插空法.

三个空座位排成一排，中间形成 4 个空，3 个人带着座位插空且排序，即有 $A_4^3 = 24$（种）坐法.

【答案】(E)

例 34 有两排座位，前排 6 个座，后排 7 个座. 若安排 2 人就座，规定前排中间 2 个座位不能坐，且此 2 人始终不能相邻而坐，则不同的坐法有（ ）种.

(A)92　　　　(B)93　　　　(C)94　　　　(D)95　　　　(E)96

【解析】将题干的位置画表格如下：

前排：

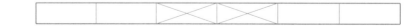

后排：

1	2	3	4	5	6	7

剔除法：

可坐的11个座位任意坐，总的方法有 A_{11}^2；同在前排相邻，可在前2个位置或后2个位置选择，2人再排序，则总的方法有 $C_2^1 A_2^2$；同在后排相邻，座位有6种组合(12，23，34，45，56，67)，选一种组合，然后两人排序，有 $C_6^1 A_2^2$.

故不同的坐法有 $A_{11}^2 - C_2^1 A_2^2 - C_6^1 A_2^2 = 94$(种).

【答案】(C)

变化8　环排问题

> **技巧总结**
>
> 1. 环排问题要注意：
>
> (1) 空间上的位移、旋转不改变排列(相对位置不变)；
>
> (2) 环排问题是无头无尾的，所以先以一个人为"头"，这个人是谁皆可，以之为参考系.
>
> 2. 环排公式
>
> (1) 若 n 个人围着一张圆桌坐下，共有 $(n-1)!$ 种坐法；
>
> (2) 若从 n 个人中选出 m 个人围着一张圆桌坐下，共有 $C_n^m \cdot (m-1)! = \dfrac{1}{m} \cdot A_n^m$ 种坐法.

例35　6个人围着一张圆桌坐下，则6个人相对位置不同的坐法共有(　　)种.
(A)60　　　　(B)120　　　　(C)720　　　　(D)240　　　　(E)480

【解析】对于圆桌而言，只考虑与其他人的相对关系，则第1个人无论坐在哪里，对他来讲都是一样的，因此，他只有1种坐法.

当他坐下后，就产生了相对位置. 我们将他的位置命名为"参照位置"，如图6-9所示，从他的左手边开始数，分别称为第1个、第2个、第3个、第4个、第5个位置.

故解本题分两步：

第一步：第1个人坐进参照位置，只有1种坐法；

第二步：其余5个人在另外5个位置任意排，有 $A_5^5 = 5!$(种)坐法.

由乘法原理得，共有 $1 \times 5! = 120$(种)坐法.

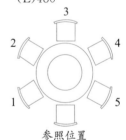

图6-9

【答案】(B)

例36　6个人中选4个，这4人围着一张圆桌坐下，则相对位置不同的坐法共有(　　)种.
(A)60　　　　(B)90　　　　(C)120　　　　(D)240　　　　(E)360

【解析】方法一：环排公式.

第一步：从6个人中选4个，即为 C_6^4；

第二步：4人围桌坐下，由环排问题可知有$(4-1)!$ 种.

由乘法原理得，共有 $C_6^4 \times (4-1)! = 90$（种）不同的坐法.

方法二：消序法.

从6个人中选4个进行排列，为 A_6^4；

4个人中的第1个人不应该参与选座位，故应该消掉第1个人在4人中的相对位置，则不同的坐法有 $\dfrac{A_6^4}{C_4^1} = 90$（种）.

【答案】（B）

题型 78 数字问题

【母题综述】

1. 首位可以是0吗?

(1)若组成三位数字、四位数字等问题，要注意首位不可为0.

(2)若组成三位密码、四位密码，则首位可以为0.

2. 要注意题干表述，确定数字是否可重复.

【母题精讲】

母题 78 从 0，1，2，3，4，5中取出 4 个数字，能组成（　　）个无重复数字的四位数.

(A)120　　　　(B)180　　　　(C)240　　　　(D)300　　　　(E)480

【解析】 *方法一：特殊元素优先法.*

千位	百位	十位	个位

在这6个数字中，0不能在千位，否则就不是四位数，故0是特殊元素. 但是，从6个数字中选择4个数时，未必选择0，故要按照选0和不选0分成两类：

第一类：选0，0不能在千位，故有 C_3^1 种位置选择；从余下5个数字里面取3个，排入余下的3个位置，即 A_5^3. 故有 $C_3^1 A_5^3$ 个.

第二类：不选0，则从5个数字选4个任意排入4个位置，总的方法为 A_5^4.

根据分类加法原理，则不同的数字有 $C_3^1 A_5^3 + A_5^4 = 300$（个）.

方法二：剔除法.

6个数字中选出4个，全排列，即 A_6^4；减去0在千位的情况，即0在千位，从剩下5个数字中挑3个在百位、十位、个位全排列，则 A_5^3. 故能组成 $A_6^4 - A_5^3 = 300$（个）无重复数字的四位数.

方法三：特殊位置优先法.

在除0外的5个数字中选一个放千位，即 C_5^1；然后在剩余5个数字中选择三个放百位、十位、个位，即 A_5^3. 故可以组成的无重复数字的四位数有 $C_5^1 A_5^3 = 300$（个）.

【答案】（D）

【母题变化】

变化 1 　奇偶数问题

> **技巧总结**
>
> 奇偶数问题要优先考虑个位数，若数字中有 0，则需讨论 0 在末尾、0 不在末尾的情况.

例 37　从 0，1，2，3，4，5 中取出 4 个数字，能组成(　　)个无重复数字的四位偶数.

(A)60　　　　　(B)96　　　　　(C)156　　　　　(D)210　　　　　(E)300

【解析】 *特殊位置优先法*. 分两类：

第一类：个位数是 0，则余下的 3 个位置可以在 5 个数中任选，即 A_5^3；

第二类：个位数是 2 或 4，即 C_2^1；0 不能在千位，故千位还有 4 个数可选，即 C_4^1；余下的 2 个位置从剩下的 4 个数字中任选，即 A_4^2；根据乘法原理得，组成无重复数字的四位偶数一共有 $C_2^1 C_4^1 A_4^2$ 个.

根据分类加法原理，不同的数字共有 $A_5^3 + C_2^1 C_4^1 A_4^2 = 156$（个）.

【答案】(C)

例 38　从 0，1，2，3，4，5 中取出 4 个数字，能组成(　　)个无重复数字的四位奇数.

(A)120　　　　　(B)144　　　　　(C)160　　　　　(D)240　　　　　(E)300

【解析】 *方法一*：剔除法.

总情况：从 1、3、5 中挑一个放在个位 C_3^1，从剩下的 5 个数中挑 3 个全排列 A_5^3，即 $C_3^1 A_5^3$.

剔除：0 在千位的奇数，即 1、3、5 中挑一个放在个位，0 在千位，剩下 4 个数中挑 2 个放十位、百位排列，为 $C_3^1 A_4^2$ 种情况.

因此，无重复数字的四位奇数一共有 $C_3^1 A_5^3 - C_3^1 A_4^2 = C_3^1 (A_5^3 - A_4^2) = 144$（个）.

方法二：特殊位置优先法.

第一步：排个位，有 1，3，5 三个数字可选，即 C_3^1；

第二步：排千位，不能排 0，还有 4 个数字可选，即 C_4^1；

第三步：排百位和十位，还有 4 个数字可选，即 A_4^2；

根据分步乘法原理，无重复数字的四位奇数一共有 $C_3^1 C_4^1 A_4^2 = 144$（个）.

【答案】(B)

变化 2 　整除问题

> **技巧总结**
>
> 1. 组成的数字能被 2，5 整除，一般先考虑个位，再考虑最高位.
>
> 2. 组成的数字能被 3 整除，则按每个数字除以 3 的余数进行分组，然后按照题意求解.

例 39 从 0，1，2，3，4，5 中取出 4 个数字，能组成（   ）个能被 5 整除的无重复数字的四位数．

(A)84   (B)96   (C)108   (D)120   (E)144

【解析】特殊位置优先法．

第一类：个位选 0，从余下的 5 个数字中选 3 个任意排，即 A_5^3；

第二类：个位选 5，千位从除了 0 和 5 以外的 4 个数中选一个，即 C_4^1；再从余下的 4 个数字中任选 2 个排在百位和十位，即 A_4^2．故有 $C_4^1 A_4^2$ 个．

根据分类加法原理，能被 5 整除的四位数共有 $A_5^3 + C_4^1 A_4^2 = 108$（个）．

【答案】(C)

例 40 从 1，2，3，4，5，6 中任取 3 个数字，能组成（   ）个能被 3 整除的无重复数字的三位数．

(A)18   (B)24   (C)36   (D)48   (E)96

【解析】将这 6 个数字按照除以 3 的余数分为三类：

①整除的有 3，6；②余数为 1 的有 1，4；③余数为 2 的有 2，5．

从上面三组数中各取一个数，组成三位数，必然能被 3 整除．

故能被 3 整除的数共有 $C_2^1 C_2^1 C_2^1 A_3^3 = 48$（个）．

【答案】(D)

变化 3 数字定序问题

技巧总结

当对各数位上的数字有大小要求时，常用两种方法：

（1）不涉及最高位时，使用消序法．

（2）涉及最高位时，使用穷举法．

例 41 从 0，1，2，3，4，5 中取出 4 个数字，能组成（   ）个不同的个位数字大于十位数字的无重复数字的四位数．

(A)120   (B)150   (C)180   (D)240   (E)300

【解析】在无重复数字的四位数中，要么个位数字大于十位数字，要么十位数字大于个位数字，两种情况是等可能的．故先找无重复数字的四位数，即从除 0 外的 5 个数中选一个为千位数，为 C_5^1，剩余 5 个数中选 3 个且排序，为 A_5^3，则不同的四位数有 $C_5^1 A_5^3$ 个．

所以，符合题意的四位数一共有 $\dfrac{C_5^1 A_5^3}{2} = 150$（个）．

【答案】(B)

例 42 从 0，1，2，3，4，5 中取出 4 个数字，能组成（   ）个不同的个位数字大于千位数字的无重复数字的四位数．

(A)120   (B)180   (C)240   (D)300   (E)480

【解析】穷举法.

第一步：排个位和千位，有以下几种可能：

①个位是1：千位选不到数字； ②个位是2：千位可选1； ③个位是3：千位可选1，2；

④个位是4：千位可选1，2，3； ⑤个位是5：千位可选1，2，3，4.

故共有10种排法.

第二步：排百位和十位，从余下的4个数中任意选择2个排列，即A_4^2；

根据分步乘法原理，不同的数字共有$10 \cdot A_4^2 = 120$（个）.

【注意】此题不适合用上一题的方法，因为0不能在千位，所以千位大于个位的四位数和个位大于千位的四位数不一样多.

【答案】(A)

变化 4 数字分组问题

> 技巧总结
>
> 此类问题有时可以结合奇偶性分析，先对数字分组，再选取.

例43 从0，1，2，3，4，5中取出3个不同的数字，能组成( )个不同的等差数列.

(A)12 (B)18 (C)24 (D)10 (E)8

【解析】方法一：穷举法.

公差为1的数列有0，1，2；1，2，3；2，3，4；3，4，5，共4个；反过来排列，公差为-1的数列也有4个；

公差为2的数列有0，2，4；1，3，5，共2个；反过来排列，公差为-2的数列也有2个.

故一共可以组成12个不同的等差数列.

方法二：三个数成等差数列，即$a + c = 2b$，那么a，c显然同奇同偶. 将这六个数字分成两组$\{0, 2, 4\}$，$\{1, 3, 5\}$，从奇数中选两个或者偶数中选两个作为a，c，有$C_3^2 + C_3^2 = 6$（种）. 由于数列公差可正可负，因此a，c可交换，总数列的个数为$6 \times 2 = 12$.

【注意】这里不需要选择b，因为当a，c确定的时候b被唯一确定了，例如a，c选2，4，那么这个数列就是2，3，4或4，3，2.

【答案】(A)

例44 从正整数1~9中选出两个不重复数字，能组成( )个不同的最简真分数.

(A)13 (B)15 (C)27 (D)30 (E)35

【解析】最简真分数要求分子分母互质，且分子小于分母，所以"偶数与偶数"是不能组成最简真分数的，只能是"奇数与奇数"或者"奇数与偶数"才有可能. 因此我们将这9个数字分成两组：$\{1, 3, 5, 7, 9\}$，$\{2, 4, 6, 8\}$.

取数：从奇数组中选两个数，为C_5^2；从奇数组和偶数组中各选一个，为$C_5^1 C_4^1$；其中不是最简的真分数有三个，为$\frac{3}{9}$，$\frac{6}{9}$，$\frac{3}{6}$.

故能组成的不同的最简真分数有$C_5^2 + C_5^1 C_4^1 - 3 = 27$（个）.

【答案】(C)

例 45 从数字 0，1，2，3，5，7，11 中选出 2 个数字相乘，有( )种不同的结果.

(A)13   (B)16   (C)19   (D)21   (E)22

【解析】因为 0 乘以任何数都是 0，而其他数两两乘积各不相同，因此将 0 单独分开，从剩余的 6 个数字中任选两个做乘积，一共有 $C_6^2+1=16$(种)不同的结果.

【答案】(B)

变化 5   万能数字及万能元素问题

技巧总结

万能元素是指一个元素同时具备多种属性，一般按照选与不选万能元素来分类.

例 46 从 1，2，3，4，5，6 中任取 3 个数字，其中 6 能当 9 用，则能组成无重复数字的三位数的个数是( ).

(A)108   (B)120   (C)160   (D)180   (E)200

【解析】分为三类：

第一类：无 6 和 9，则在其余 5 个数中选 3 个任意排，即 A_5^3；

第二类：有 6，则 1，2，3，4，5 中选 2 个，再与 6 一起任意排，即 $C_5^2 A_3^3$；

第三类：有 9，则 1，2，3，4，5 中选 2 个，再与 9 一起任意排，即 $C_5^2 A_3^3$.

故总个数为 $A_5^3+C_5^2 A_3^3+C_5^2 A_3^3=180$.

【答案】(D)

例 47 在 8 名志愿者中，只能做英语翻译的有 4 人，只能做法语翻译的有 3 人，既能做英语翻译又能做法语翻译的有 1 人. 现从这些志愿者中选取 3 人做翻译工作，确保英语和法语都有翻译的不同选法共有( )种.

(A)12   (B)18   (C)21   (D)30   (E)51

【解析】分为两类：

第一类：有人既懂英语又懂法语（有万能元素），即 $C_1^1 C_7^2=21$；

第二类：没有人既懂英语又懂法语（无万能元素），则在这 3 人中，英语翻译有 1 人，法语翻译有 2 人，或者英语翻译有 2 人，法语翻译有 1 人，即 $C_4^1 C_3^2+C_4^2 C_3^1=30$.

根据分类加法原理，不同的选法有 51 种.

【快速得分法】剔除法.

在 8 人中任选 3 人，即 C_8^3；志愿者全是英语翻译，即 C_4^3；志愿者全是法语翻译，即 C_3^3.

所以，不同的选法为 $C_8^3-C_4^3-C_3^3=51$(种).

【答案】(E)

例 48 在 9 名志愿者中，只能做英语翻译的有 4 人，只能做法语翻译的有 3 人，既能做英语翻译又能做法语翻译的有 2 人. 现从这些志愿者中选取 3 人做法语翻译，3 人做英语翻译的不同选法共有( )种.

(A)51   (B)76   (C)81   (D)92   (E)105

【解析】本题中，最后选出来做两种工作的人数都被确定，因此我们才用单边讨论法，讨论那 2 个万能元素去一边或者不去，至于另一边不管，放在一起讨论即可.

以英语为例进行分类讨论：

①2 人都去做英语翻译，则只会英语翻译的选 1 个，只会法语的选 3 个，为 $C_4^1 C_3^3 = 4$；

②2 人中选 1 人去做英语翻译，则只会英语翻译的选 2 个，此时会法语翻译的有 4 人，从中选 3 个，为 $C_2^1 C_4^2 C_4^3 = 48$；

③2 人都不去做英语翻译，则只会英语翻译的选 3 个，此时会法语翻译的人有 5 个，从中选 3 个，为 $C_4^3 C_5^3 = 40$.

根据分类加法原理，不同选法共有 $4 + 48 + 40 = 92$（种）.

【答案】(D)

题型 79　不同元素的分配问题

【母题综述】

1. 分组问题
如果出现 m 个小组没有任何区别，则需要消序，除以 A_m^m. 其他情况的分组不需要消序.
2. 分配问题
不同元素的分配问题，先分组（注意消序），再分配（排列）.

【母题精讲】

母题 79　从 10 个人中选一些人，分成三组，在以下要求下，分别有多少种不同的方法？

(1) 每组人数分别为 2，3，4.

(2) 每组人数分别为 2，2，3.

(3) 分成甲组 2 人，乙组 3 人，丙组 4 人.

(4) 分成甲组 2 人，乙组 2 人，丙组 3 人.

(5) 每组人数分别为 2，3，4，去参加 3 种不同的劳动.

(6) 每组人数分别为 2，2，3，去参加 3 种不同的劳动.

【解析】(1) 不均匀分组，不需要消序，即 $C_{10}^2 C_8^3 C_4^4$.

(2) 均匀并且小组无名字，前 2 组要消序，即 $\dfrac{C_{10}^2 C_8^2 C_6^3}{A_2^2}$.

(3) 小组有名字，不管均匀不均匀，不需要消序，即 $C_{10}^2 C_8^3 C_5^4$.

(4) 小组有名字，不管均匀不均匀，不需要消序，即 $C_{10}^2 C_8^2 C_6^3$.

(5) 先分组：不均匀分组，不需要消序，即 $C_{10}^2 C_8^3 C_5^4$；再分配：安排劳动，即 A_3^3.

故总的方法有 $C_{10}^2 C_8^3 C_5^4 A_3^3$ 种.

(6) 先分组：均匀且小组无名字，前 2 组要消序，即 $\dfrac{C_{10}^2 C_8^2 C_6^3}{A_2^2}$；再分配：安排劳动，即 A_3^3.

故总的方法有 $\dfrac{C_{10}^2 C_8^2 C_6^3}{A_2^2} A_3^3$ 种.

【答案】(1)$C_{10}^2 C_8^3 C_5^4$；(2)$\dfrac{C_{10}^2 C_8^2 C_6^3}{A_2^2}$；(3)$C_{10}^2 C_8^3 C_5^4$；(4)$C_{10}^2 C_8^2 C_6^3$；(5)$C_{10}^2 C_8^3 C_5^4 A_3^3$；(6)$\dfrac{C_{10}^2 C_8^2 C_6^3}{A_2^2} A_3^3$

〖母题变化〗

变化 1 　不同元素的分组

技巧总结

1. 小组无名称，分组之后需要考虑消序，其中小组人数相同，则需要消序；小组人数不同，不需要消序.

2. 小组有名称，按要求分组之后不需要考虑消序.

例49　8个不同的小球，分3堆，一堆4个，另外两堆各2个，则不同的分法有(　　).
(A)210 种　　　　(B)240 种　　　　(C)300 种　　　　(D)360 种　　　　(E)480 种

【解析】有两堆完全相同，故需要消序，即 $\dfrac{C_8^4 C_4^2 C_2^2}{A_2^2}=210$（种）.

【答案】(A)

例50　按下列要求把9个人分成3个小组，共有280种不同的分法.
(1)各组人数分别为2，3，4个.　　　　　　　　　　　(2)平均分成3个小组.

【解析】条件(1)：不均匀分组 $C_9^2 C_7^3 C_4^4=1\,260$（种），条件(1)不充分.

条件(2)：平均分组，需要消序 $\dfrac{C_9^3 C_6^3 C_3^3}{A_3^3}=280$（种），条件(2)充分.

【答案】(B)

变化 2 　不同元素的分配

技巧总结

按"先分组，再分配"的顺序求解. 分组时注意人数相同的小组需要消序.

例51　某大学派出5名志愿者到西部4所中学支教，若每所中学至少有一名志愿者，则不同的分配方案共有(　　)种.
(A)240　　　　(B)144　　　　(C)120　　　　(D)60　　　　(E)24

【解析】其中一所学校分配2人，其余3所学校各分配一人，分两步：
第一步：从5名志愿者中任选2人作为一组，另外三人各成一组，即 C_5^2；
第二步：将4组志愿者任意分配给4所学校，即 A_4^4.
故不同的分配方案有 $C_5^2 A_4^4=240$（种）.

【易错点】先从5个人中挑4人，每个学校分一人，即 A_5^4；余下的一个人，在4个学校中任挑一个，即 C_4^1. 则共有 $A_5^4 A_4^1=480$（种）.

错误的原因在于：甲、乙两人在 A 学校和乙、甲两人在 A 学校，是相同的分组方法，但是用乘法原理时，产生了顺序，导致这两种情况成为 2 种不同的方法，这就产生了重复．因此这类问题牢记吕老师的口诀：先分组再分配．

【答案】(A)

例 52　某大学派出 6 名志愿者到西部 4 所中学支教，若每所中学至少有一名志愿者，则不同的分配方案共有(　　)种．

(A)1 560　　　　(B)1 440　　　　(C)1 080　　　　(D)480　　　　(E)240

【解析】第一类：6 个人分成 2 人、2 人、1 人、1 人共四组，有 $\dfrac{C_6^2 C_4^2 C_2^1 C_1^1}{A_2^2 A_2^2} = \dfrac{C_6^2 C_4^2}{A_2^2} = 45$（种），四组分到 4 所不同的学校有 A_4^4 种，由乘法原理得，有 $45 \times A_4^4 = 1080$（种）分配方案；

第二类：6 个人分成了 3 人、1 人、1 人、1 人共四组，有 C_6^3 种，四组分到 4 所不同的学校有 A_4^4 种，由乘法原理得，有 $C_6^3 \times A_4^4 = 480$（种）分配方案．

由分类加法原理得，不同的分配方案共有 $1\,080 + 480 = 1\,560$（种）．

【答案】(A)

例 53　从 6 人中选 4 人分别到北京、上海、广州、武汉 4 个城市游览，要求每个城市各 1 人游览，每人只游览 1 个城市，且这 6 人中甲、乙两人不去北京游览，则不同的选择方案共有(　　)．

(A)300 种　　　(B)240 种　　　(C)114 种　　　(D)96 种　　　(E)36 种

【解析】方法一：①选出的 4 人中不包含甲、乙，则 4 人在 4 个城市中任意选择，不同的方案有 $A_4^4 = 24$（种）；

②选出的 4 人中有甲、乙中的 1 人，即 C_2^1；再从剩余 4 人中选 3 人，即 C_4^3；由于甲、乙不去北京，则在其他 3 个城市中选一个，为 C_3^1；剩余 3 人在剩余 3 个城市中随意选择，为 A_3^3；故不同的方案有 $C_2^1 \times C_4^3 \times C_3^1 \times A_3^3 = 144$（种）；

③选出的 4 人中甲、乙均包括，即 C_2^2；再从剩余 4 人中选 2 人，即 C_4^2；在甲、乙外的两人中选一个去北京，即 C_2^1；剩余 3 个城市随意分配给剩余 3 人，即 A_3^3，故不同的方案有 $C_2^2 \times C_4^2 \times C_2^1 \times A_3^3 = 72$（种）．

由加法原理，可知不同的方案总数为 $24 + 144 + 72 = 240$（种）．

方法二：一共的可能性种数为 A_6^4，剔除甲或乙去北京的种数为 $2A_5^3$，即 $A_6^4 - 2A_5^3 = 240$（种）．

【答案】(B)

题型 80　相同元素的分配问题

[母题综述]

1. 标准命题模型：将 n 个相同的元素全分给 m 个对象，每个对象至少分 1 个．

2. 解法：相同元素的分配问题，使用挡板法．具体如下：

把这 n 个元素排成一排，中间有 $n-1$ 个空，挑出 $m-1$ 个空放上挡板，自然就分成了 m 组，所以分法一共有 C_{n-1}^{m-1} 种，这种方法称为挡板法．

3. 要使用挡板法需要满足以下条件：

(1)所要分的元素必须完全相同；

(2)所要分的元素必须完全分完；

(3)每个对象至少分到 1 个元素．

[母题精讲]

母题80　若将 10 只相同的球随机放入编号为 1、2、3、4 的四个盒子中，则每个盒子不空的投放方法有(　　)种．

(A)72　　　　　(B)84　　　　　(C)96　　　　　(D)108　　　　　(E)120

【解析】10 个球排成一列，中间形成 9 个空，任选 3 个空放上挡板，自然分为 4 组，每组放入一个盒子，故不同的分法有 $C_9^3 = 84$(种)．

【答案】(B)

[母题变化]

变化 1　可以为空

技巧总结

命题模型：将 n 个相同的元素全分给 m 个对象，每个对象至少分 0 个元素（即可以为空）．

解法：增加元素法．增加 m 个元素（m 为对象的个数），此时一共有 $n+m$ 个元素，中间形成 $n+m-1$ 个空，选出 $m-1$ 个空放上挡板即可，共有 C_{n+m-1}^{m-1} 种方法．

例 54　若将 10 只相同的球随机放入编号为 1、2、3、4 的四个盒子中，则不同的投放方法有(　　)种．

(A)172　　　　　(B)84　　　　　(C)296　　　　　(D)108　　　　　(E)286

【解析】由题意知，盒子可以为空，考虑增加元素法．

本例与母题的不同之处：上例每个盒子至少放 1 个球，此例可以有空盒子，即每个盒子至少放 0 个球，所以不满足使用挡板法的第 3 个条件，要创造出第 3 个条件．

考虑下面两个命题：

命题(1)：14 个相同的球放入 4 个不同的盒子，每个盒子至少放一个；

命题(2)：10 个相同的球，随机放入 4 个不同的盒子，可以有空盒子(每个盒子至少放 0 个)．

两个命题是等价的．证明如下：

对于命题(1)，我们采取两步：

第一步，每个盒子先放一个小球(相同的小球才可以这样处理，不同的小球要先分组再分配)，因为小球相同，故有 1 种方法；

第二步，余下的 10 个相同的球随意放入 4 个盒子，设有 n 种不同的放法；可见，第二步与命题(2)等价.

根据乘法原理，共有 $1 \times n = n$(种)不同的放法.

所以，命题(1)的所有可能放法，与第二步的放法相同，即与命题(2)的放法相同；

上述命题(2)即为本题题干，所以，只需要求出命题(1)的放法即可得到答案.

使用挡板法. 将 14 个相同的球放入 4 个不同的盒子，每个盒子至少放一个，由上述结论可知，不同的放法有 $C_{13}^3 = 286$(种).

【答案】(E)

变化 2　可以为多

> 技巧总结
>
> 命题模型：将 n 个相同的元素全分给 m 个对象，每个对象至少可以分到多个元素.
>
> 解法：通过减少元素法，使题目满足使用挡板法的条件(3)，即每个对象至少分到 1 个元素.

例 55　若将 15 只相同的球随机放入编号为 1，2，3，4 的四个盒子中，每个盒子中小球的数目，不少于盒子的编号，则不同的投放方法有(　　)种.

(A)56　　　　(B)84　　　　(C)96　　　　(D)108　　　　(E)120

【解析】本题仍属于相同元素的分配问题，但是不满足使用挡板法的第 3 个条件(每个盒子至少放一个小球)，则需要创造出第 3 个条件.

第一步：先将 1，2，3，4 四个盒子分别放进 0，1，2，3 个球. 因为球是相同的球，故只有一种放法；

第二步：余下的 9 个球放入四个盒子，则每个盒子至少放一个，使用挡板法，由母题综述中的结论可知有 $C_8^3 = 56$(种)放法.

【答案】(A)

题型 81　不对号入座问题

[母题综述]

> 出题方式：编号为 1，2，3，…，n 的小球，放入编号为 1，2，3，…，n 的盒子，每个盒子放一个，要求小球与盒子不同号.
>
> 此类问题不需要自己去做，直接记住下述结论即可：
>
> 当 $n=2$ 时，有 1 种方法；当 $n=3$ 时，有 2 种方法；
>
> 当 $n=4$ 时，有 9 种方法；当 $n=5$ 时，有 44 种方法.
>
> 此类问题也叫错排问题，其中 1，2，9，44 等叫作错排数.

【母题精讲】

母题81 设有编号为 1，2，3，4 的 4 个小球和编号为 1，2，3，4 的 4 个盒子，现将这 4 个小球放入这 4 个盒子内，每个盒子内放入一个球，且任意一球不能放入与之编号相同的盒子，则不同的放法有(   )种.

(A)9   (B)12   (C)18   (D)24   (E)36

【解析】分两步完成：

第一步，先放 1 号球，则它可以选 2，3，4 号盒子，有 C_3^1 种；

第二步，假定 1 号球进了 2 号盒子，则让 2 号球选择盒子，它可以选 1，3，4 盒子，有 C_3^1 种；不论 2 号球选了哪个盒子，余下的 3，4 号球都只有 1 种放法.

由分步乘法原理，不同的放法有 $C_3^1 C_3^1 = 9$ (种).

【答案】(A)

【母题变化】

变化1 不对号入座

例56 有 5 位老师，分别是 5 个班的班主任，期末考试时，每个老师监考一个班，且不能监考自己任班主任的班级，则不同的监考方法有(   )种.

(A)6   (B)9   (C)24   (D)36   (E)44

【解析】根据母题综述中总结的结论，5 球不对号，共有 44 种，故直接选 44.

【答案】(E)

例57 某人有 3 种颜色的灯泡，要在如图 6-10 所示的 6 个点 A，B，C，D，E，F 上，各装一个灯泡，要求同一条线段上的灯泡不同色，则每种颜色的灯泡至少用一个的安装方法有(   )种.

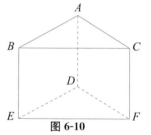

图 6-10

(A)12   (B)24   (C)36   (D)48   (E)60

【解析】方法一：分两类进行讨论.

第一类，B，F 同色：先装 B，F，有 3 种选择；则 C 还有 2 种选择；因为 A 不能与 B，C 相同，只有 1 种选择；D 不能和 A，F 同色，只有 1 种选择；E 不能和 D，F 同色，只有 1 种选择；故一共 $3 \times 2 \times 1 \times 1 \times 1 = 6$ (种)安装方法；

第二类，B，F 不同色：先装 B，F，即 A_3^2；E 不能和 B，F 相同，只有 1 种选择；C 不能和 B，F 相同，故只有 1 种选择；D 不能和 E，F 相同，只有 1 种选择；A 不能和 B，C 相同，只有 1 种选择；故一共有 $A_3^2 \times 1 \times 1 \times 1 \times 1 = 6$ (种)安装方法.

据分类加法原理，共有 $6 + 6 = 12$ (种)安装方法.

方法二：不对号入座问题.

第一步：先装 D，E，F，有 A_3^3 种装法；

第二步：装 A，B，C，每一种颜色均不能对号入座，故有 2 种装法.

根据分步乘法原理，共有 $A_3^3 \times 2 = 12$ (种).

【答案】(A)

变化 2　对号＋不对号入座

例 58　设有编号为 1，2，3，4，5 的 5 个小球和编号为 1，2，3，4，5 的 5 个盒子，现将这 5 个小球放入这 5 个盒子内，每个盒子内放入一个球，且恰好有 2 个球的编号与盒子的编号相同，则这样投放方法的总数为(　　)种.

(A)20　　　　(B)30　　　　(C)60　　　　(D)120　　　　(E)130

【解析】分两步完成：

第一步：选出两个小球放入与它们具有相同编号的盒子内，有 C_5^2 种方法；

第二步：将其余 3 个小球放入与它们的编号都不相同的盒子内，有 2 种方法.

由分步乘法原理，不同的投放方法共有 $C_5^2 \times 2 = 20$(种).

【答案】(A)

第3节　概率

题型82　常见古典概型问题

[母题综述]

1. 古典概型公式：$P(A) = \dfrac{m}{n}$.

2. 常用正难则反的思路(对立事件).

3. 古典概型问题大多是求排列组合的问题，所以上一节总结的排列组合的所有方法和题型，在此节中均适用.

[母题精讲]

母题82　甲、乙两人一起去游世博会，他们约定，各自独立从 1 到 6 号任选 4 个景点进行游览，则他们最后一个景点相同的概率是(　　).

(A)$\dfrac{1}{36}$　　　(B)$\dfrac{1}{9}$　　　(C)$\dfrac{5}{36}$　　　(D)$\dfrac{1}{6}$　　　(E)$\dfrac{2}{9}$

【解析】方法一：两人任意选景点进行游览的方法共有 $A_6^4 A_6^4$ 种情况. 两人最后一个景点相同的情况，即从 6 个景点中选一个作为最后的景点，则两人前 3 个游览的景点均可在剩余 5 个中任意选择，故共有 $C_6^1 A_5^3 A_5^3$ 种，根据古典概型，可知概率 $P = \dfrac{C_6^1 A_5^3 A_5^3}{A_6^4 A_6^4} = \dfrac{1}{6}$.

方法二：两人前面几个景点均无要求，不作考虑；最后一个景点相同，则只能是 6 个景点中的一个，故概率为 $\dfrac{1}{6}$.

【答案】(D)

【母题变化】

变化 1 穷举法解古典概型问题

技巧总结

1. 遇到较简单的古典概型问题，可用穷举法.

2. 掷色子问题一般使用穷举法.

例59 在 1，2，3，4，5，6 中，任选两个数，其中一个数是另一个数的 2 倍的概率为(   ).

(A)$\dfrac{2}{3}$ (B)$\dfrac{1}{5}$ (C)$\dfrac{1}{3}$ (D)$\dfrac{1}{8}$ (E)$\dfrac{1}{4}$

【解析】一个数是另外一个数的 2 倍可分为 3 组：1 和 2，2 和 4，3 和 6.

在 6 个数中任选两个数总情况为 C_6^2，故所求概率为 $\dfrac{3}{C_6^2}=\dfrac{1}{5}$.

【答案】(B)

例60 两次抛掷一枚色子，两次出现的数字之和为奇数的概率为(   ).

(A)$\dfrac{1}{4}$ (B)$\dfrac{1}{2}$ (C)$\dfrac{5}{18}$ (D)$\dfrac{5}{9}$ (E)$\dfrac{5}{36}$

【解析】两次出现的数字之和为奇数，根据奇偶性可分为两种情况：

第一次为奇数，第二次为偶数时，有 3×3＝9(种)情况；

第一次为偶数，第二次为奇数时，有 3×3＝9(种)情况.

故概率为 $\dfrac{9+9}{36}=\dfrac{1}{2}$.

【答案】(B)

例61 若以连续掷两枚色子分别得到的点数 a 与 b 作为点 M 的坐标，则点 M 落入圆 $x^2+y^2=18$ 内(不含圆周)的概率是(   ).

(A)$\dfrac{7}{36}$ (B)$\dfrac{2}{9}$ (C)$\dfrac{1}{4}$ (D)$\dfrac{5}{18}$ (E)$\dfrac{11}{36}$

【解析】点 M 落入圆 $x^2+y^2=18$ 内，即 $a^2+b^2<18$ 即可，穷举可得$(a，b)=(1，1)$、$(1，2)$、$(1，3)$、$(1，4)$、$(2，1)$、$(2，2)$、$(2，3)$、$(3，1)$、$(3，2)$、$(4，1)$，共计 10 种.

由 $a，b$ 组成的坐标总共有 6×6＝36(种).

所以，落在圆内的概率 $P=\dfrac{10}{36}=\dfrac{5}{18}$.

【答案】(D)

例62 将一枚色子连续抛掷三次，它落地时向上的点数依次成等差数列的概率为(   ).

(A)$\dfrac{1}{9}$ (B)$\dfrac{1}{12}$ (C)$\dfrac{1}{15}$ (D)$\dfrac{1}{18}$ (E)$\dfrac{1}{14}$

【解析】一枚色子连续抛掷三次得到的数列共有 6^3 个，其中成等差数列的有三类：

① 公差为 0 的有 6 个；

② 公差为 1 或 −1 的各有 4 个，共有 8 个；

③ 公差为 2 或 −2 的各有 2 个，共有 4 个．

故成等差数列的有 18 个，其概率为 $\dfrac{18}{6^3} = \dfrac{1}{12}$.

【答案】(B)

变化 2 **排列组合法解古典概型问题**

技巧总结

本质上就是用排列组合公式分别算出 $P(A) = \dfrac{m}{n}$ 中的 m 和 n.

例 63　5 名同学一起去 KTV，唱歌时都把手机放在了桌子上，在离开 KTV 时，由于光线太暗，5 名同学随机在桌子上拿走一部手机，则恰好有 2 名同学拿的是自己的手机的概率为(　　).

(A) $\dfrac{1}{3}$　　　　(B) $\dfrac{1}{6}$　　　　(C) $\dfrac{2}{5}$　　　　(D) $\dfrac{1}{4}$　　　　(E) $\dfrac{1}{5}$

【解析】在 5 名同学中选 2 名，使其拿的是自己的手机，为 C_5^2；另外三人均拿的不是自己的手机，属于三个元素不对号问题，共有 2 种方法．根据题干，5 名同学拿手机的总事件为 A_5^5，故所求概率 $P = \dfrac{C_5^2 \times 2}{A_5^5} = \dfrac{1}{6}$.

【答案】(B)

例 64　12 支篮球队中有 3 支种子队，将这 12 支球队任意分成 3 个组，每组 4 队，则 3 支种子队恰好被分在同一组的概率为(　　).

(A) $\dfrac{1}{55}$　　　　(B) $\dfrac{3}{55}$　　　　(C) $\dfrac{1}{4}$　　　　(D) $\dfrac{1}{3}$　　　　(E) $\dfrac{1}{2}$

【解析】3 个种子队分在一组，即从剩余 9 队中选 1 队与 3 个种子队分到一组，剩余 8 队平均分成 2 组，要消序，故有 $\dfrac{C_3^3 C_9^1 C_8^4 C_4^4}{A_2^2} = 315$（种）；12 支队伍任意分成 3 组有 $\dfrac{C_{12}^4 C_8^4 C_4^4}{A_3^3} = 5\,775$（种）.

故所求概率为 $\dfrac{315}{5\,775} = \dfrac{3}{55}$.

【答案】(B)

例 65　甲、乙、丙、丁、戊五名大学生被随机地分到 A、B、C、D 四个农村学校支教，每个岗位至少有一名志愿者，则甲、乙两人不分到同一所学校的概率为(　　).

(A) $\dfrac{2}{3}$　　　　(B) $\dfrac{1}{5}$　　　　(C) $\dfrac{1}{10}$　　　　(D) $\dfrac{7}{8}$　　　　(E) $\dfrac{9}{10}$

【解析】正难则反．甲、乙两人分到同一所学校与另外 3 人在 4 个学校中任意选择，有 A_4^4 种方法；总的基本事件个数为 $C_5^2 A_4^4$.

故甲、乙不分到同一所学校的概率为 $1-\dfrac{A_4^4}{C_5^2 A_4^4}=1-\dfrac{1}{10}=\dfrac{9}{10}$.

【答案】（E）

题型 *83* 数字之和问题

[母题综述]

> 1. 求和为定值或者和满足某不等式的问题，称之为数字之和问题.
> 2. 题目的条件一般可转化为
> $$mx+ny=a;\quad mx+ny\leqslant a;\quad mx+ny\geqslant a.$$

[母题精讲]

母题 83 若从原点出发的质点 M 向 x 轴的正向移动 1 个和 2 个坐标单位的概率分别是 $\dfrac{2}{3}$ 和 $\dfrac{1}{3}$，则该质点持续正向移动，可以到达 $x=3$ 的概率是（　　）.

(A) $\dfrac{19}{27}$ 　　(B) $\dfrac{20}{27}$ 　　(C) $\dfrac{7}{9}$ 　　(D) $\dfrac{22}{27}$ 　　(E) $\dfrac{23}{27}$

【解析】$3=1+2=2+1=1+1+1$，故可分为三类：

第一类：先移动 1 个单位，再移动 2 个单位，即 $P_1=\dfrac{2}{3}\times\dfrac{1}{3}$；

第二类：先移动 2 个单位，再移动 1 个单位，即 $P_2=\dfrac{1}{3}\times\dfrac{2}{3}$；

第三类：移动 3 次，每次 1 个单位，即 $P_3=\left(\dfrac{2}{3}\right)^3$.

故到达 $x=3$ 的概率为 $P=P_1+P_2+P_3=\dfrac{20}{27}$.

【答案】（B）

[典型例题]

例 66 某剧院正在上演一部新歌剧，前座票价为 50 元，中座票价为 35 元，后座票价为 20 元，购到任何一种票是等可能的. 现任意购买到两张票，则其值不超过 70 元的概率是（　　）.

(A) $\dfrac{1}{3}$ 　　(B) $\dfrac{1}{2}$ 　　(C) $\dfrac{3}{5}$ 　　(D) $\dfrac{2}{3}$ 　　(E) $\dfrac{1}{4}$

【解析】从前、中、后三种票中任意买两张，共有前前、前中、前后、中前、中中、中后、后前、后中、后后 9 种可能，票价不超过 70 元的情况有 6 种，故概率 $P=\dfrac{6}{9}=\dfrac{2}{3}$.

【答案】（D）

例67　从1，2，3，4，5中随机取3个数(允许重复)组成一个三位数，组成的三位数的各位数字之和等于9的概率为(　　).

(A)$\dfrac{5}{125}$　　　　(B)$\dfrac{3}{25}$　　　　(C)$\dfrac{5}{25}$　　　　(D)$\dfrac{19}{125}$　　　　(E)$\dfrac{8}{25}$

【解析】满足条件的组合有(3，3，3)，(1，4，4)，(2，2，5)，(1，3，5)，(2，3，4)共5组；再考虑每组中3个数的顺序，则有$1+2\times3+2A_3^3=19$(个)三位数．故概率为$\dfrac{19}{5^3}=\dfrac{19}{125}$．

【答案】(D)

题型84　袋中取球模型

[母题综述]

袋中取球模型有3类：

(1)一次取球模型：一次性取完，无须考虑顺序．

(2)不放回取球模型：一个一个地取球，取完不放回，有顺序，样本数量逐渐减少．

(3)有放回取球模型：取完放回，样本数量不变．

[母题精讲]

母题84　袋中有5个白球和3个黑球，从中任取2个，其中至少有一个是白球的概率为(　　).

(A)$\dfrac{13}{28}$　　　　(B)$\dfrac{5}{7}$　　　　(C)$\dfrac{25}{28}$　　　　(D)$\dfrac{2}{7}$　　　　(E)$\dfrac{3}{28}$

【解析】正难则反，任取2个全是黑球的概率为$\dfrac{C_3^2}{C_8^2}$．故任取2个至少有1个白球的概率为

$$P=1-\dfrac{C_3^2}{C_8^2}=\dfrac{25}{28}.$$

【答案】(C)

[母题变化]

变化1　一次取球模型

技巧总结

设口袋中有a个白球，b个黑球，一次取出若干个球，则恰好取了$m\,(m\leqslant a)$个白球，$n\,(n\leqslant b)$个黑球的概率是$P=\dfrac{C_a^m\cdot C_b^n}{C_{a+b}^{m+n}}$．

例 68 袋中有 5 个白球和 3 个黑球，从中任取 2 个球，恰好同色的概率为（ ）．

(A) $\dfrac{13}{28}$ (B) $\dfrac{5}{7}$ (C) $\dfrac{25}{28}$ (D) $\dfrac{2}{7}$ (E) $\dfrac{3}{28}$

【解析】任取两球同色的取法为 $C_5^2+C_3^2$，故取两球同色的概率为 $P=\dfrac{C_5^2+C_3^2}{C_8^2}=\dfrac{13}{28}$．

【答案】(A)

变化 2　不 放 回 取 球 模 型（抽 签 模 型）

技巧总结

设口袋中有 a 个白球，b 个黑球，逐一取出若干个球，看后不再放回袋中，则恰好取了 $m\,(m\leqslant a)$ 个白球，$n\,(n\leqslant b)$ 个黑球的概率是 $P=\dfrac{C_a^m\cdot C_b^n}{C_{a+b}^{m+n}}$．

不放回取球模型与一次取球模型的概率相同．

【拓展】抽签模型．

设口袋中有 a 个白球，b 个黑球，逐一取出若干个球，看后不再放回袋中，则第 k 次取到白球的概率为 $P=\dfrac{a}{a+b}$，与 k 无关．

例 69 袋中有 50 个乒乓球，其中 20 个是白色的，30 个是黄色的．现有两人依次随机从袋中各取一球，取后不放回，则第二人取到白球的概率是（ ）．

(A) $\dfrac{19}{50}$ (B) $\dfrac{19}{49}$ (C) $\dfrac{2}{5}$ (D) $\dfrac{20}{49}$ (E) $\dfrac{2}{3}$

【解析】根据抽签模型的公式，所求的概率为 $\dfrac{20}{50}=\dfrac{2}{5}$．

【答案】(C)

例 70 某装置的启动密码由 0 到 9 中的 3 个不同数字组成，连续 3 次输入错误密码，就会导致该装置永久关闭，一个仅记得密码是由 3 个不同数字组成的人能够启动此装置的概率为（ ）．

(A) $\dfrac{1}{120}$ (B) $\dfrac{1}{168}$ (C) $\dfrac{1}{240}$ (D) $\dfrac{1}{720}$ (E) $\dfrac{3}{1\,000}$

【解析】分为三类：

第一类：尝试一次即成功，即 $\dfrac{1}{A_{10}^3}=\dfrac{1}{720}$；

第二类：第一次尝试不成功，第二次尝试成功，即 $\dfrac{719}{720}\times\dfrac{1}{719}=\dfrac{1}{720}$；

第三类：第一、二次尝试不成功，第三次尝试成功，即 $\dfrac{719}{720}\times\dfrac{718}{719}\times\dfrac{1}{718}=\dfrac{1}{720}$．

由分类加法原理，能启动装置的概率为 $3\times\dfrac{1}{720}=\dfrac{1}{240}$．

【快速得分法】抽签原理的应用（不放回取球）．

本题相当于有720个签，每次抽到正确签的概率是$\dfrac{1}{720}$，抽3次抽中正确密码即可，故概率为$\dfrac{3}{720}=\dfrac{1}{240}$.

【答案】(C)

变化 3 有放回取球模型

> **技巧总结**
>
> 设口袋中有a个白球，b个黑球，每次取出1个球，看后放回袋中，则n次取球中，恰好取了k($k\leqslant n$)个白球，$n-k$($n-k\leqslant n$)个黑球的概率是$P=\mathrm{C}_n^k\left(\dfrac{a}{a+b}\right)^k\left(\dfrac{b}{a+b}\right)^{n-k}$.
>
> 上述模型可理解为伯努利概型：口袋中有a个白球，b个黑球，从中任取一球，将这个试验做n次，出现了k次白球，$n-k$次黑球.

例71 一批产品中的一级品率为0.2，现进行有放回地抽样，共抽取10个样品，则10个样品中恰有3个一级品的概率为( ).

(A)$(0.2)^3(0.8)^7$　　　　　(B)$(0.2)^7(0.8)^3$　　　　　(C)$\mathrm{C}_{10}^3(0.2)^3(0.8)^7$

(D)$\mathrm{C}_{10}^3(0.2)^7(0.8)^3$　　　　(E)以上选项均不正确

【解析】有放回取球，可看作伯努利概型，故有$\mathrm{C}_{10}^3(0.2)^3(0.8)^7$.

【答案】(C)

例72 一袋中有5颗红球，4颗黄球，3颗白球，则$P=\dfrac{25}{72}$.

(1)有放回地取球，2次都取到同一种颜色球的概率为P.

(2)无放回地取球，2次都取到同一种颜色球的概率为P.

【解析】条件(1)：有放回地取球，2次都取到同一种颜色球的概率为

$$P=\frac{5}{12}\times\frac{5}{12}+\frac{4}{12}\times\frac{4}{12}+\frac{3}{12}\times\frac{3}{12}=\frac{25}{72},$$

故条件(1)充分.

条件(2)：无放回地取球，2次都取到同一种颜色球的概率

$$P=\frac{5}{12}\times\frac{4}{11}+\frac{4}{12}\times\frac{3}{11}+\frac{3}{12}\times\frac{2}{11}=\frac{19}{66},$$

故条件(2)不充分.

【注意】有学生会误认为条件(2)是抽签模型. 抽签模型中，算第2个人抽到红球的概率时，第一个抽签者可能抽到红球，也可能抽不到红球. 但此题要求前两次抽到的小球是相同的，也就是第2次抽红球时，第1次也必须抽到红球.

【答案】(A)

题型85 独立事件

[母题综述]

独立事件同时发生的概率公式：$P(AB)=P(A)P(B)$.

[母题精讲]

母题 85 可得出某球员一次投篮的命中率为 $\dfrac{2}{3}$.

(1)该球员连续投篮三次，只有第一次没有命中的概率为 $\dfrac{4}{27}$.

(2)该球员连续投篮三次，至少命中一次的概率为 $\dfrac{26}{27}$.

【解析】条件(1)：设一次命中的概率为 p，则有 $p^2(1-p)=\dfrac{4}{27}$，解得 $p=\dfrac{2}{3}$，条件(1)充分.

条件(2)：设一次命中的概率为 p，则有 $1-(1-p)^3=\dfrac{26}{27}$，解得 $p=\dfrac{2}{3}$，条件(2)充分.

【答案】(D)

[典型例题]

例73 某部队征兵体检，应征者视力合格的概率为 $\dfrac{4}{5}$，听力合格的概率为 $\dfrac{5}{6}$，身高合格的概率为 $\dfrac{6}{7}$，若这三项互不影响，则任选一学生，三项均合格的概率为( ).

(A)$\dfrac{4}{9}$ (B)$\dfrac{1}{9}$ (C)$\dfrac{4}{7}$ (D)$\dfrac{5}{6}$ (E)$\dfrac{2}{3}$

【解析】$P=\dfrac{4}{5}\times\dfrac{5}{6}\times\dfrac{6}{7}=\dfrac{4}{7}$.

【答案】(C)

例74 甲、乙两人各自去破译一个密码，则密码能被破译的概率为 $\dfrac{3}{5}$.

(1)甲、乙两人能破译出密码的概率分别是 $\dfrac{1}{3}$，$\dfrac{1}{4}$.

(2)甲、乙两人能破译出密码的概率分别是 $\dfrac{1}{2}$，$\dfrac{1}{3}$.

【解析】正难则反．密码能被破译，其反面为甲、乙两人均未译出.

条件(1)：$1-\dfrac{2}{3}\times\dfrac{3}{4}=\dfrac{1}{2}$，条件(1)不充分.

条件(2)：$1-\dfrac{1}{2}\times\dfrac{2}{3}=\dfrac{2}{3}$，条件(2)不充分.

两个条件无法联立.

【答案】(E)

例75　在10道备选试题中，甲能答对8题，乙能答对6题．若某次考试要求每个人独立从这10道备选题中随机抽出3道作为考题，至少答对2题才算合格，则甲、乙两人考试都合格的概率是(　　)．

(A)$\dfrac{28}{45}$　　　　(B)$\dfrac{2}{3}$　　　　(C)$\dfrac{14}{15}$　　　　(D)$\dfrac{26}{45}$　　　　(E)$\dfrac{8}{15}$

【解析】甲考试合格，即至少答对2题，故它的概率是$\dfrac{C_8^3+C_8^2C_2^1}{C_{10}^3}=\dfrac{14}{15}$；

同理，乙考试合格的概率是$\dfrac{C_6^3+C_6^2C_4^1}{C_{10}^3}=\dfrac{2}{3}$．

甲、乙两人相互独立，所以他们考试都合格的概率为$\dfrac{14}{15}\times\dfrac{2}{3}=\dfrac{28}{45}$．

【答案】(A)

题型86　伯努利概型

[母题综述]

1. 伯努利概型公式：$P_n(k)=C_n^kP^k(1-P)^{n-k}(k=1,2,\cdots,n)$．
2. 独立地做一系列的伯努利试验，直到第k次试验时，事件A才首次发生的概率为
$$P_k=(1-P)^{k-1}P(k=1,2,\cdots,n).$$

[母题精讲]

母题86　小张同学投篮的命中率约为0.4，在5次投篮测试中，命中4次以上为优秀，则小张获得优秀的概率约为(　　)．

(A)0.1　　　　(B)0.2　　　　(C)0.4　　　　(D)0.6　　　　(E)0.8

【解析】根据题意，显然可分为两种情况：

①恰好命中4次，概率为$P_1=C_5^4\times0.4^4\times0.6$；

②恰好命中5次，概率为$P_2=0.4^5$．

故小张获得优秀的概率$P=P_1+P_2=0.087\ 04\approx0.1$．

【答案】(A)

[典型例题]

例76　设3次独立重复试验中，若A至少发生一次的概率为$\dfrac{19}{27}$，则事件A发生的概率为(　　)．

(A)$\dfrac{1}{9}$　　　　(B)$\dfrac{2}{9}$　　　　(C)$\dfrac{1}{3}$　　　　(D)$\dfrac{4}{9}$　　　　(E)$\dfrac{2}{3}$

【解析】设 A 发生的概率为 P，则 A 至少发生一次的概率为 $1-(1-P)^3=\dfrac{19}{27}\Rightarrow P=\dfrac{1}{3}$.

【答案】(C)

例77 将一枚硬币连掷 5 次，如果出现 k 次正面的概率和出现 $k+1$ 次正面的概率相等，那么 k 的值为（　　）.

(A)1　　　　(B)2　　　　(C)3　　　　(D)4　　　　(E)5

【解析】掷硬币反面向上、正面向上的概率均为 $\dfrac{1}{2}$，由题意，得 $C_5^k\left(\dfrac{1}{2}\right)^k\left(\dfrac{1}{2}\right)^{5-k}=$ $C_5^{k+1}\left(\dfrac{1}{2}\right)^{k+1}\left(\dfrac{1}{2}\right)^{5-k-1}$，得 $C_5^k=C_5^{k+1}$，则 $k+k+1=5$，解得 $k=2$.

【答案】(B)

题型87 闯关与比赛问题

[母题综述]

闯关与比赛问题一般使用独立事件、伯努利概型公式求解.

[母题精讲]

母题87 甲、乙两人进行乒乓球比赛，采用"3 局 2 胜"制，已知每局比赛中甲获胜的概率为 0.6，则本次比赛甲获胜的概率是（　　）.

(A)0.216　　　　　　(B)0.36　　　　　　(C)0.432

(D)0.648　　　　　　(E)0.732

【解析】甲以 2：0 获胜，则比两局，甲全胜，其获胜的概率为 $P_1=0.6^2=0.36$；

甲以 2：1 获胜，即比三局，甲在前两局胜一局，第三局胜一局，其概率为

$$P_2=C_2^1\times0.6\times0.4\times0.6=0.288.$$

故甲获胜的概率 $P=P_1+P_2=0.648$.

【答案】(D)

[母题变化]

变化1 比赛问题

技巧总结

比赛问题，比如 5 局 3 胜，不代表一定打满 5 局，也可能 3 局或 4 局就已经分出胜负.

例 78 甲、乙两队进行决赛，现在的情形是甲队只要再赢一局就获冠军，乙队需要再赢两局才能得冠军，若每局两队胜的概率均为 $\frac{1}{2}$，则甲队获得冠军的概率为(   ).

(A) $\frac{1}{2}$　　　　(B) $\frac{3}{5}$　　　　(C) $\frac{2}{3}$　　　　(D) $\frac{3}{4}$　　　　(E) $\frac{4}{5}$

【解析】方法一：再比一局甲队就取胜的概率为 $\frac{1}{2}$；

再比两局，即甲队第一局失败，第二局取胜的概率为 $\frac{1}{2} \times \frac{1}{2} = \frac{1}{4}$.

故甲队获得冠军的概率为 $\frac{1}{2} + \frac{1}{4} = \frac{3}{4}$.

方法二：正难则反.

若最终乙队获得冠军，则再比两局，乙队均获胜，那么乙队夺冠的概率 $\frac{1}{2} \times \frac{1}{2} = \frac{1}{4}$，故甲队夺冠的概率为 $1 - \frac{1}{4} = \frac{3}{4}$.

【答案】(D)

例 79 甲、乙依次轮流投掷一枚均匀硬币，若先投出正面者为胜，则甲获胜的概率是(   ).

(A) $\frac{2}{3}$　　　　(B) $\frac{1}{3}$　　　　(C) $\frac{1}{2}$　　　　(D) $\frac{1}{4}$　　　　(E) $\frac{3}{4}$

【解析】第 1 次甲就扔出正面，则后面就不用比了；如果第 1 次甲扔出反面，第 2 次乙扔出反面，第 3 次甲扔出正面，则后面就不用比了；以此类推.

甲获胜：首次正面出现在第 1，3，5，…次，概率分别为 $\frac{1}{2}$、$\left(\frac{1}{2}\right)^3$、$\left(\frac{1}{2}\right)^5$…，其是一个无穷递减等比数列，甲获胜的概率为数列之和，根据无穷递减等比数列和的公式，得

$$P_{甲} = \frac{1}{2} + \left(\frac{1}{2}\right)^3 + \left(\frac{1}{2}\right)^5 + \cdots = \frac{\frac{1}{2}}{1 - \frac{1}{4}} = \frac{2}{3}.$$

【答案】(A)

变化 2　闯关问题

技巧总结

有些闯关问题在前几关满足题干要求后，后面的关就不用闯了，因此未必是每关都要闯.

例 80 在一次竞猜活动中，设有 5 关，如果连续通过 2 关就算闯关成功，小王通过每关的概率都是 $\frac{1}{2}$，他闯关成功的概率为(   ).

(A) $\frac{1}{8}$　　　　(B) $\frac{1}{4}$　　　　(C) $\frac{3}{8}$　　　　(D) $\frac{4}{8}$　　　　(E) $\frac{19}{32}$

【解析】闯关成功的可能有如下几种(过关用√标示，没过关用×标示)，如表6-2所示：

表 6-2

第1关	第2关	第3关	第4关	第5关
√	√			
×	√	√		
×	×	√	√	
√	×	√	√	
√	×	×	√	√
×	√	×	√	√
×	×	×	√	√

故闯关成功的概率为 $P=\left(\dfrac{1}{2}\right)^{2}+\left(\dfrac{1}{2}\right)^{3}+2\times\left(\dfrac{1}{2}\right)^{4}+3\times\left(\dfrac{1}{2}\right)^{5}=\dfrac{19}{32}$.

【答案】(E)

本章模考题 ▶ 数据分析

(共 25 小题，每小题 3 分，限时 60 分钟)

一、问题求解：第 1~15 小题，每小题 3 分，共 45 分，下列每题给出的(A)、(B)、(C)、(D)、(E)五个选项中，只有一项是最符合试题要求的.

1. 从 0，1，2，3，6，7 中每次取两个数相乘，不同的积有(　　)种.
   (A)10　　　　(B)11　　　　(C)13　　　　(D)15　　　　(E)21

2. 由 1，2，3，4，5 构成的无重复数字的五位数中，大于 23 000 的五位数有(　　)个.
   (A)180　　　(B)150　　　(C)120　　　(D)90　　　(E)60

3. 如图 6-11 所示，将 1，2，3 填入 3×3 的方格中，要求每行、每列都没有重复数字，下面是一种填法，则不同的填写方法共有(　　)种.

1	2	3
3	1	2
2	3	1

图 6-11

   (A)3　　　　(B)6　　　　(C)12　　　　(D)24　　　　(E)48

4. 图 6-12 是某班同学参加一次数学测试成绩的频数分布直方图(成绩均为整数)，下列命题中正确的有(　　)个.
   ①共有 50 人参加了考试.
   ②90 分以上(含 90 分)的共有 21 人.
   ③本次考试及格率为 90%(60 分以上及格).
   ④70 分以上的频率为 0.92.
   (A)0
   (B)1
   (C)2
   (D)3
   (E)4

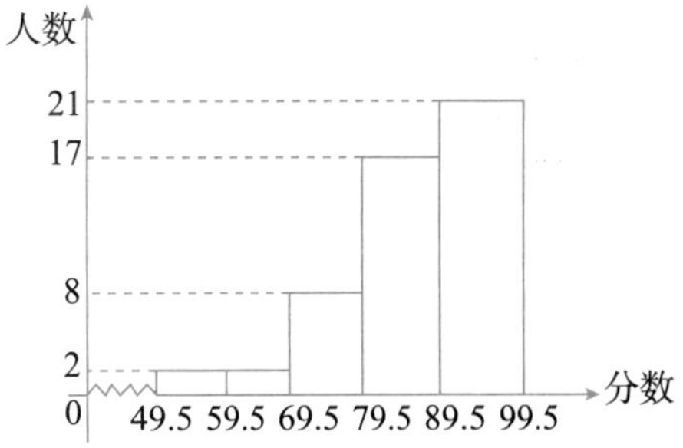

图 6-12

5. 现有 2 名医生、4 名护士被分配到两所医院，每所医院分配 1 名医生和 2 名护士，则有(　　)种不同的分配方案.
   (A)12　　　　(B)18　　　　(C)24　　　　(D)36　　　　(E)48

6. 某单位安排 7 位员工在 10 月 1 日至 7 日值班，每天 1 人，每人值班 1 天，若 7 位员工中的甲、乙排在相邻两天，丙不排在 10 月 1 日，丁不排在 10 月 7 日，则不同的安排方案共有(　　)种.
   (A)504　　　(B)960　　　(C)1 008　　　(D)1 108　　　(E)1 206

7. 单位拟安排 6 位员工在某年 6 月 14 日至 16 日(端午节假期)值班，每天安排 2 人，每人值班 1 天．若 6 位员工中的甲不值 14 日，乙不值 16 日，则不同的安排方法共有(　　)种.
   (A)30　　　　(B)36　　　　(C)42　　　　(D)48　　　　(E)56

8. 已知 10 个产品中有 3 个次品，现从中抽出若干个产品，要使这 3 个次品全部被抽出的概率不小于 0.6，则至少应抽出产品( )个．

(A)6　　　　(B)7　　　　(C)8　　　　(D)9　　　　(E)10

9. 甲、乙两同学投掷一枚色子，用字母 p、q 分别表示两人各投掷一次的点数．满足关于 x 的方程 $x^2+px+q=0$ 有实数解的概率为( )．

(A)$\dfrac{19}{36}$　　(B)$\dfrac{7}{36}$　　(C)$\dfrac{5}{36}$　　(D)$\dfrac{1}{36}$　　(E)$\dfrac{1}{2}$

10. 已知集合 $A=\{(x,y)\mid y\geqslant x-1\}$，$B=\{(x,y)\mid x^2+y^2\leqslant 9\}$．先后抛掷两枚色子，第一枚出现的点数记为 a，第二枚出现的点数记为 b，则 (a,b) 属于集合 $A\bigcap B$ 的概率为( )．

(A)$\dfrac{1}{18}$　　(B)$\dfrac{1}{12}$　　(C)$\dfrac{1}{9}$　　(D)$\dfrac{5}{18}$　　(E)$\dfrac{1}{6}$

11. 如图 6-13 所示，一个地区分为 5 个行政区域，现给地图着色，要求相邻区域不得使用同一颜色，有 4 种颜色可供选择，则不同的着色方法共有( )种．

(A)26　　　　　　　(B)36　　　　　　(C)96

(D)72　　　　　　　(E)84

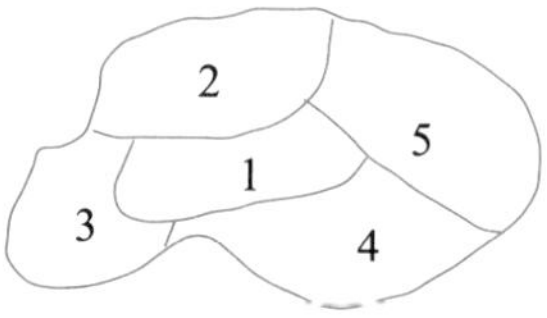

图 6-13

12. 设有编号为 1、2、3、4、5 的 5 个球和编号为 1、2、3、4、5 的 5 个盒子，将 5 个小球放入 5 个盒子中，每个盒子放 1 个小球，则至少有 2 个小球和盒子编号相同的放法有( )种．

(A)36　　　(B)49　　　(C)31　　　(D)28　　　(E)72

13. 一次演唱会一共有 10 名演员，其中 8 人能唱歌，5 人会跳舞，现要演出一个 2 人唱歌、2 人伴舞的节目，有( )种选派方法．

(A)126　　(B)168　　(C)179　　(D)186　　(E)199

14. 某宿舍 6 名同学去吃自助餐，但该餐馆每桌只能坐 4 人，如果他们坐成两桌(不考虑同一桌内部的顺序)，则这 6 名同学不同的坐法共有( )种．

(A)30　　　(B)40　　　(C)50　　　(D)60　　　(E)70

15. 某排一共有 10 个座位，坐 3 个人，每人左右都有空位，那么满足条件的坐法共有( )种．

(A)20　　　(B)120　　　(C)240　　　(D)60　　　(E)144

二、条件充分性判断：第 16～25 小题，每小题 3 分，共 30 分．要求判断每题给出的条件(1)和条件(2)能否充分支持题干所陈述的结论．(A)、(B)、(C)、(D)、(E)五个选项为判断结果，请选择一项符合试题要求的判断．

(A)条件(1)充分，但条件(2)不充分．

(B)条件(2)充分，但条件(1)不充分．

(C)条件(1)和条件(2)单独都不充分，但条件(1)和条件(2)联合起来充分．

(D)条件(1)充分，条件(2)也充分．

(E)条件(1)和条件(2)单独都不充分，条件(1)和条件(2)联合起来也不充分．

16. 不同的投信方法有 3^4 种．

(1)四封信投入 3 个不同的信箱．

(2)三封信投入 4 个不同的信箱．

17. 共有 288 种不同的排法.

　　(1)6 个人站两排，每排三人，其中甲、乙两人不在同一排.

　　(2)6 个人排成一排，其中甲、乙不相邻且不站在排头.

18. $n=130$.

　　(1)从 5 双鞋里任选 4 只，恰好有 2 只是 1 双的可能性有 n 种.

　　(2)从 5 双鞋里任选 4 只，至少有 2 只是 1 双的可能性有 n 种.

19. n 是质数.

　　(1)30 030 能被 n 个不同的正偶数整除.

　　(2)30 030 能被 n 个大于 2 的偶数整除.

20. 将书发给 4 名同学，每名同学至少有一本书的概率是 $\dfrac{5}{42}$.

　　(1)有 5 本不同的书.

　　(2)有 6 本相同的书.

21. 一批产品，现逐个检查，直至次品全部被查出为止，则第 5 次查出最后一个次品的概率为 $\dfrac{4}{45}$.

　　(1)共有 10 个产品.

　　(2)含有 2 个次品.

22. 把 n 个相同的小球放入三个不同的箱子中，第一个箱子至少 1 个，第二个箱子至少 3 个，第三个箱子可以放空球，则有 10 种情况.

　　(1)$n=7$.

　　(2)$n=8$.

23. $P=\dfrac{3}{8}$.

　　(1)一个口袋有 7 个白球和 1 个黑球，从中取 3 个球，恰有 1 个黑球的概率为 P.

　　(2)一个口袋有 7 个白球和 1 个黑球，从中取 3 个球，不含有黑球的概率为 P.

24. 某公司开晚会，原有 6 个节目，由于节目较少，需要再添加 n 个节目，但要求原先的 6 个节目相对顺序不变，则所有不同的安排方法共有 504 种.

　　(1)$n=2$.

　　(2)$n=3$.

25. $b>a$ 的概率是 $\dfrac{1}{5}$.

　　(1)从 $\{1,2,3,4,5\}$ 中随机选取一个数为 a.

　　(2)从 $\{1,2,3\}$ 中随机选取一个数为 b.

本章模考题 ▶ 参考答案

一、问题求解

1. （A）

【解析】数字问题（数字分组）.

0 乘任何数都得 0，故若取到的两个数中有一个为 0，则乘积只有 1 种；

若取到的两个数中无 0，即从剩余 5 个数中任选 2 个，则乘积有 $C_5^2 = \dfrac{5 \times 4}{2} = 10$（种），但 $1 \times 6 =$

2×3，需要减去 1 种.

故不同的积共有 $1 + 10 - 1 = 10$（种）.

2. （D）

【解析】数字问题.

此题一定要从最高位进行分析，分如下情况：

第一种如图 6-14 所示：

图 6-14

即最高位从 3，4，5 中选，有 C_3^1 个；后四位任意排列，有 A_4^4 个，总共有 $C_3^1 A_4^4 = 72$（个）.

第二种如图 6-15 所示：

图 6-15

最高位是 2，千位从 3，4，5 中选，有 C_3^1 个；后三位任意排列，有 A_3^3 个，总共有 $C_3^1 A_3^3 =$

18（个）.

综上，大于 23 000 的五位数有 $72 + 18 = 90$（个）.

3. （C）

【解析】不对号入座问题.

先将 3 个数字放入第一行，任意排共 A_3^3 种.

再排第 2 行，第 2 行的第 1 个数字不能和第 1 行的第 1 个数字相同，故有 2 种选择；无论第 2 行第 1 个数字是什么，第 2 行第 2 个和第 2 行第 3 个数字都随之确定，有 1 种选择，故有 $2 \times 1 \times 1 = 2$（种）.

再排第 3 行，因为第 3 行的每个数字都不能与它上面的 2 个数字相同，故每个数字都只有 1 种排法，故有 $1 \times 1 \times 1 = 1$（种）.

由乘法原理得，不同的填写方法共有 $A_3^3 \times 2 \times 1 = 3 \times 2 \times 1 \times 2 \times 1 = 12$（种）.

【快速得分法】第 1 行可任意排，A_3^3 种；第 2 行为 3 球不对号入座问题，2 种；第 3 行只有 1 种排法. 由乘法原理得，有 $A_3^3 \times 2 \times 1 = 3 \times 2 \times 1 \times 2 \times 1 = 12$（种）.

4.（D）

【解析】数据的图表表示.

①人数共有 $2+2+8+17+21=50$（人），正确.

②观察直方图，显然正确.

③及格率为 $\dfrac{48}{50}=96\%$，错误.

④70 分以上的频率为 $\dfrac{46}{50}=\dfrac{92}{100}=0.92$，正确.

故共有 3 个正确命题.

5.（A）

【解析】不同元素的分配问题.

第一步：先分配 2 名医生，让 2 名医生分别去两所医院，有 $A_2^2=2$（种）方案；

第二步：再分配 4 名护士，4 名护士分成"2 人、2 人"两组，共有 $\dfrac{C_4^2 C_2^2}{A_2^2}\times A_2^2=6$（种）方案.

根据分步乘法原理，一共有 $2\times 6=12$（种）不同的分配方案.

6.（C）

【解析】排队问题.

方法一：特殊元素优先考虑.

根据甲、乙的位置，可分为四类：

①甲、乙排 1、2 号，A_2^2；丁不在 7 号，A_4^1；其余全排列，A_4^4，故共有 $A_2^2 A_4^1 A_4^4=192$（种）方法；

②甲、乙排 6、7 号，A_2^2；丙不在 1 号，A_4^1；其余全排列，A_4^4，故共有 $A_2^2 A_4^1 A_4^4=192$（种）方法；

③甲、乙排中间，且丙排 7 号，剩下的元素全排列，有 $A_4^1 A_2^2 A_4^4=192$（种）方法；

④甲、乙排中间，且丙不排 7 号，共有 $A_4^1 A_2^2 A_3^1 A_3^1 A_3^3=432$（种）方法.

根据加法原理，共有 $192+192+192+432=1\,008$（种）不同的排法.

方法二：排除法＋容斥原理.

先将甲、乙捆绑，为 A_2^2；再将甲、乙看作一个整体与其他元素全排列，为 $A_2^2 A_6^6$.

若丙在 1 号值班，则可能的安排方式为 $A_2^2 A_5^5$ 种；若丁在 7 号值班，同理，也为 $A_2^2 A_5^5$ 种；

若丙在 1 号值班且丁在 7 号值班，则可能的安排方式为 $A_2^2 A_4^4$ 种.

根据容斥原理，不同的安排方案共有 $A_2^2 A_6^6-2\times A_2^2 A_5^5+A_2^2 A_4^4=1\,008$（种）.

7.（C）

【解析】排队问题.

根据容斥原理，先任意排，再减去甲在 14 日值班的情况，再减去乙在 16 日值班的情况，再加上甲在 14 日且乙在 16 日值班的情况，则共有 $C_6^3 C_4^2-2\times C_5^1 C_4^2+C_4^1 C_3^2=42$（种）不同的安排方法.

8.（D）

【解析】古典概型.

设至少应抽出 x 个产品，则基本事件总数为 C_{10}^x.

使这 3 个次品全部被抽出的基本事件个数为 $C_3^3 C_7^{x-3}$，故有 $\dfrac{C_3^3 C_7^{x-3}}{C_{10}^x}\geqslant 0.6$，得 $x(x-1)(x-2)\geqslant 432$.

分别把选项代入，得（D）、（E）均满足不等式，x 取最小值，故 $x=9$.

9.（A）

【解析】掷色子问题．

两人投掷色子共有 36 种可能，用穷举法，当 $p^2-4q \geq 0$ 时，p、q 的取值如下：

$p=6$ 时，$q=6$、5、4、3、2、1．

$p=5$ 时，$q=6$、5、4、3、2、1．

$p=4$ 时，$q=4$、3、2、1．

$p=3$ 时，$q=2$、1．

$p=2$ 时，$q=1$．

以上共有 19 种情况，故满足方程有实数解的概率为 $\dfrac{19}{36}$．

10.（C）

【解析】古典概型．

使用穷举法，由题干可知 $a,b \in \{1,2,3,4,5,6\}$，共有 $6 \times 6 = 36$（种）可能．

a,b 需要满足 $\begin{cases} b \geq a-1, \\ a^2+b^2 \leq 9, \end{cases}$ 满足条件的有 (1，1)、(1，2)、(2，1)、(2，2)，共 4 种可能．

故概率为 $\dfrac{4}{36}=\dfrac{1}{9}$．

11.（D）

【解析】环形涂色问题．

先涂区域 1，有 4 种涂法；余下的区域为环形，用 3 种颜色去涂 4 块区域，可使用环形涂色公式，得

$$N=(s-1)^k+(s-1)(-1)^k=(3-1)^4+(3-1)(-1)^4=18.$$

根据乘法原理，有 $4 \times 18 = 72$（种）不同的涂色方法．

12.（C）

【解析】对号入座问题．

①2 个球对号入座：先从 5 个球中任取 2 个放入编号相同的盒子中，有 C_5^2 种放法；剩下的 3 个小球不对号入座，有 2 种放法．故 2 个球对号入座共有 $C_5^2 \times 2 = 20$（种）不同放法．

②3 个球对号入座：先从 5 个球中任取 3 个放入编号相同的盒子中，有 C_5^3 种放法；剩下的 2 个小球不对号入座，只有 1 种放法．故 3 个球对号入座共有 $C_5^3 = 10$（种）不同放法．

③恰有 5 个小球与盒子编号相同，只有 1 种放法．

由加法原理得共有 $20+10+1=31$（种）不同放法．

13.（E）

【解析】万能元素问题．

10 名演员中，只会唱歌的有 5 人，只会跳舞的有 2 人，3 人为全能演员．分成三种情况：

①唱歌组中只会唱歌的有 2 人，则会跳舞的剩下 5 人，从中选 2 个：$C_5^2 C_5^2$ 种；

②唱歌组中只会唱歌的有 1 人，全能演员有 1 人，则会跳舞的剩下 4 人，从中选 2 个：$C_5^1 C_3^1 C_4^2$ 种；

③唱歌组有 2 个全能演员，则会跳舞的剩下 3 人，从中选 2 个：$C_3^2 C_3^2$ 种．

由加法原理得，选派方法有 $C_5^2 C_5^2 + C_5^1 C_3^1 C_4^2 + C_3^2 C_3^2 = 100+90+9 = 199$（种）．

14. （C）

【解析】不同元素的分组与分配.

将 6 人分成两组，共有两种分法：

①一组 4 人另一组 2 人，即 $C_6^4C_2^2=15$（种）；再将两组人分到两张桌子上，即 A_2^2，故有 $15 \times A_2^2 = 30$（种）坐法.

②两组均为 3 人，平均分组，需要消序，即 $\dfrac{C_6^3C_3^3}{A_2^2}=10$（种）；再将两组人分到两张桌子上，即 A_2^2，故有 $10 \times A_2^2 = 20$（种）坐法.

根据加法原理，一共有 $30+20=50$（种）坐法.

15. （B）

【解析】排队问题.

不相邻问题插空法. 10 个座位，坐 3 个人，还剩 7 个座位，且 7 个座位一共形成 8 个空；3 个人往 7 个座位中插空，且不插在两端，所以只剩 6 个空可以插入，故满足条件的坐法为 $A_6^3=120$（种）.

二、条件充分性判断

16. （A）

【解析】分房问题.

条件（1）：每封信都有 3 种选择，共有 4 封信，由乘法原理知，有 3^4 种，充分.

条件（2）：每封信都有 4 种选择，共有 3 封信，由乘法原理知，有 4^3 种，不充分.

17. （B）

【解析】排队问题.

条件（1）：先排甲，6 个位置任意选为 C_6^1；再排乙，在甲没选的那一排的 3 个位置中选 1 个，为 C_3^1；其余四人全排列，由乘法原理得，共有 $C_6^1C_3^1A_4^4=432$（种）排法，条件（1）不充分.

条件（2）：插空法. 其余四人全排列，形成 5 个空；甲、乙插空且不能插在第一个空，故不同的排法有 $A_4^4A_2^2=288$（种），条件（2）充分.

18. （B）

【解析】成双成对问题.

条件（1）：从 5 双鞋里任选 1 双是 C_5^1 种；再从余下的 4 双中选 2 双，这 2 双中每双各选一只，就能保证不成双，是 $C_4^2C_2^1C_2^1$ 种.

根据乘法原理，恰好有 2 只是 1 双的可能性有 $C_5^1C_4^2C_2^1C_2^1=120$（种），即 $n=120$，故条件（1）不充分.

条件（2）：若至少有 2 只是 1 双，则有两种情况：恰好有 2 只是 1 双，为 120 种；4 只恰好是 2 双，为 $C_5^2=10$（种）. 根据加法原理，有 $120+10=130$（种），即 $n=130$，条件（2）充分.

19. （B）

【解析】排列组合的基本问题＋分解质因数法.

将 30 030 分解质因数，得 $30\ 030=2 \times 3 \times 5 \times 7 \times 11 \times 13$.

条件（1）：只有一个偶因数为 2，由奇数×偶数＝偶数可知，任何一个或几个奇因数与 2 相乘，都是能整除 30 030 的正偶数. 剩下每个因数是否被选取均有 2 种可能，故有 $2^5=32$（种）可能性，此时 $n=32$，是合数. 条件（1）不充分.

条件（2）：要求该偶数大于 2，故除 2 外，剩下 5 个因数至少要选取一个，即排除每个因数均不选取的可能，即有 $32-1=31$（种），此时 $n=31$，是质数，条件（2）充分.

20.（B）

【解析】不同元素的分配问题＋相同元素的分配问题.

条件(1)：将 5 本不同的书分配给 4 名同学，每本书都有 4 种可能，故共有 4^5 种可能. 每名同学至少有一本书的可能为 $C_5^2 A_4^4$.

故概率为 $\dfrac{C_5^2 A_4^4}{4^5}=\dfrac{\dfrac{5\times 4}{2}\times 4\times 3\times 2\times 1}{4^5}=\dfrac{15}{4^3}=\dfrac{15}{64}$，条件(1)不充分.

条件(2)：挡板法.

6 本相同的书分配给 4 个人，每人至少 1 本书的可能性有 C_5^3 种. 6 本相同的书任意分配给 4 个人，可以有人分不到书，相当于 10 本相同的书分给 4 个人，每人至少分得 1 本，可能性有 C_9^3 种.

故所求概率为 $\dfrac{C_5^3}{C_9^3}=\dfrac{5}{42}$，条件(2)充分.

21.（C）

【解析】古典概型.

单独显然不成立，故联立两个条件.

此题可以看作将 2 个次品放在 10 个格子中，则第 1 个次品在前四个位置，第 2 个次品在第五个位置的概率为 $\dfrac{C_4^1}{C_{10}^2}=\dfrac{4}{\dfrac{10\times 9}{2}}=\dfrac{4}{45}$，故两个条件联立起来充分.

22.（A）

【解析】相同元素的分配问题.

第 2 个箱子至少放 3 个小球，故减少 2 个小球；第 3 个箱子可以为空，故增加 1 个小球，则有 $n-2+1=n-1$，此题可转化为 $n-1$ 个相同的小球，放入 3 个不同的箱子中，每个箱子至少放一个小球的问题，用挡板法，共有 C_{n-2}^2 种情况.

条件(1)：$C_5^2=10$，故有 10 种情况，充分.

条件(2)：$C_6^2=15$，故有 15 种情况，不充分.

23.（A）

【解析】取球问题.

条件(1)：恰有 1 个黑球，则有 2 个白球，故所求概率 $P=\dfrac{C_7^2}{C_8^3}=\dfrac{21}{56}=\dfrac{3}{8}$，充分.

条件(2)：不含有黑球，则 3 个球都是白球，故所求概率 $P=\dfrac{C_7^3}{C_8^3}=\dfrac{5}{8}$，不充分.

24.（B）

【解析】排队问题.

条件(1)：

方法一：插空法(分两类).

第一类：2 个新加节目相邻：$C_7^1\times A_2^2$；

第二类：2 个新加节目不相邻，插空即可：A_7^2.

由加法原理，共有 $C_7^1 \times A_2^2 + A_7^2 = 7 \times 2 \times 1 + 7 \times 6 = 14 + 42 = 56$（种）不同的安排方法，故条件 (1)不充分.

方法二：可先将 8 个节目全排列，原先有的 6 个节目顺序已定，要消序，故所有不同的安排 方法共有 $\dfrac{A_8^8}{A_6^6} = \dfrac{8!}{6!} = 8 \times 7 = 56$（种）.

条件(2)：

方法一：插空法(分三类).

第一类：3 个新加节目相邻：$C_7^1 \times A_3^3$；

第二类：3 个新加节目中有 2 个相邻，另外 1 个不相邻：$C_3^2 \times A_2^2 \times A_7^2$；

第三类：3 个新加节目均不相邻：A_7^3.

由加法原理，得共有 $C_7^1 \times A_3^3 + C_3^2 \times A_2^2 \times A_7^2 + A_7^3 = 42 + 252 + 210 = 504$（种）安排方法.

方法二：可先将 9 个节目全排列，原先有的 6 个节目顺序已定，要消序，故所有不同的安排 方法共有 $\dfrac{A_9^9}{A_6^6} = \dfrac{9!}{6!} = 9 \times 8 \times 7 = 504$（种）. 故条件(2)充分.

25. (C)

【解析】古典概型.

两个条件单独显然不充分，联立，用穷举法.

满足条件的事件：$a = 1$，$b = 2$；$a = 1$，$b = 3$；$a = 2$，$b = 3$，共 3 种结果；

总的可能事件：$C_5^1 \times C_3^1 = 15$（种）.

故所求概率为 $P = \dfrac{3}{15} = \dfrac{1}{5}$，两个条件联立充分.

第7章 《应用题》母题精讲

听本章课程

本章题型思维导图

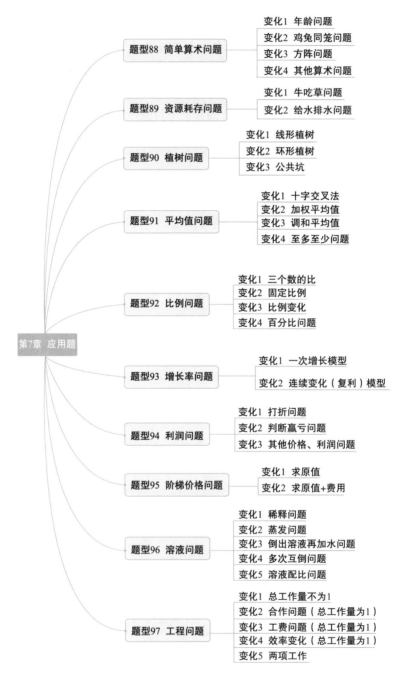

第7章 应用题

题型88 简单算术问题
- 变化1 年龄问题
- 变化2 鸡兔同笼问题
- 变化3 方阵问题
- 变化4 其他算术问题

题型89 资源耗存问题
- 变化1 牛吃草问题
- 变化2 给水排水问题

题型90 植树问题
- 变化1 线形植树
- 变化2 环形植树
- 变化3 公共坑

题型91 平均值问题
- 变化1 十字交叉法
- 变化2 加权平均值
- 变化3 调和平均值
- 变化4 至多至少问题

题型92 比例问题
- 变化1 三个数的比
- 变化2 固定比例
- 变化3 比例变化
- 变化4 百分比问题

题型93 增长率问题
- 变化1 一次增长模型
- 变化2 连续变化（复利）模型

题型94 利润问题
- 变化1 打折问题
- 变化2 判断赢亏问题
- 变化3 其他价格、利润问题

题型95 阶梯价格问题
- 变化1 求原值
- 变化2 求原值+费用

题型96 溶液问题
- 变化1 稀释问题
- 变化2 蒸发问题
- 变化3 倒出溶液再加水问题
- 变化4 多次互倒问题
- 变化5 溶液配比问题

题型97 工程问题
- 变化1 总工作量不为1
- 变化2 合作问题（总工作量为1）
- 变化3 工费问题（总工作量为1）
- 变化4 效率变化（总工作量为1）
- 变化5 两项工作

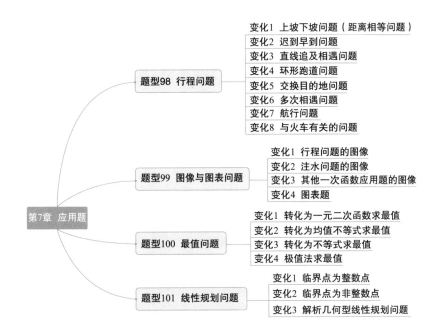

题型名称	2013	2014	2015	2016	2017	2018	2019	2020	2021	2022	合计
简单算术问题		4	2	2	7，8	21			2	8，11，20	10 道
资源耗存问题											0 道
植树问题							6				1 道
平均值问题	3	1	7	16			23	3	16	18	8 道
比例问题	6			1		1，23	3		19		6 道
增长率问题	1		11	13	6，17	23		1			7 道
利润问题									2		1 道
阶梯价格问题						3					1 道
溶液问题		6		20					14		3 道
工程问题	4	2	9		16		1，11		18	1	8 道
行程问题	2	8	6	3	19			13	15，23	14	9 道
图像图表问题							13，23				2 道
最值问题	3，23			5				8			4 道
线性规划问题	11					22					2 道

注意：图像图表问题一般是用图像图表的形式考查诸如平均值、方差、行程问题、最值问题等其他问题，因此，这一类题型的统计与其他题型有重复.

命题趋势及预测

2013—2022 年，合计考了 59 道应用题(不含图像图表问题)，平均每年 5.9 道，是所有章节中考的最多的一章．

另外，集合、整数不定方程、数列这三部分内容都常考应用题，但因为在前面章节已经统计，所以在本章未做重复统计．如果加上这三类题，那么平均每年考 6 道以上应用题．

较有难度的题型为工程问题、行程问题、线性规划问题、最值问题．

题型88 简单算术问题

[母题综述]

本节涉及常见的一些简单的算术问题，如：年龄问题、鸡兔同笼问题、方阵问题等.

[母题精讲]

母题88 今年父亲的年龄是儿子年龄的 10 倍，6 年后父亲的年龄是儿子年龄的 4 倍，那么 2 年前父亲比儿子大（   ）岁.

(A)25　　　　　(B)26　　　　　(C)27　　　　　(D)28　　　　　(E)29

【解析】设今年父亲和儿子的年龄分别为 x 岁、y 岁，则有

$$\begin{cases} x=10y, \\ x+6=4(y+6) \end{cases} \Rightarrow \begin{cases} x=30, \\ y=3, \end{cases}$$

即父亲比儿子大 27 岁.

【答案】(C)

[母题变化]

变化 1　年龄问题

技巧总结

年龄问题记得同增同减. 年龄一般是取值在 0～100 之间的整数.

例 1 老王对小李说，"我像你这么大的时候，你才 5 岁"，小李对老王说，"我像你这么大的时候，你刚好退休（男性退休年龄 65 岁）"，那么老王现在的年龄是（   ）岁.

(A)25　　　　　(B)36　　　　　(C)45　　　　　(D)50　　　　　(E)55

【解析】设小李现在的年龄是 y 岁，由于两个人的年龄一定是一一对应的，可列表如表 7-1 所示：

表 7-1

时间段	老王的年龄	小李的年龄
过去	y	5
现在	$2y-5$	y
将来	$3y-10$	$2y-5$

根据题意可知，$3y-10=65$，解得 $y=25$，故老王现在的年龄为 $2y-5=45$（岁）.

【答案】(C)

变化 2   鸡兔同笼问题

> 技巧总结
>
> 鸡兔同笼问题，常用二元一次方程组法，解方程组即可，具体内容如下：
>
> $$\begin{cases} 总头数＝鸡的只数＋兔的只数, \\ 总脚数＝2×鸡的只数＋4×兔的只数. \end{cases}$$

例 2   在 1 500 年前，《孙子算经》中记载了这样一个问题："今有雉兔同笼，上有三十五头，下有九十四足，问雉兔各几何？"意思是说：有若干只鸡兔同在一个笼子里，从上面数，有 35 个头，从下面数，有 94 只脚，问笼中鸡和兔有多少只？故鸡和兔分别有(   )只．

(A)9，26   (B)10，25   (C)11，24   (D)23，12   (E)13，22

【解析】方法一：抬腿法．

假设来了一个教官，给这些鸡和兔子军训．教官吹一声哨子，每只鸡和兔子各抬起一只脚，共抬起了 35 只脚；再吹一声哨子，每只鸡和兔子抬起一只脚，又抬起了 35 只脚，地上还有 94－35－35＝24(只)脚．这时，鸡两只脚都抬起来，一屁股坐在了地上，而每只兔了还有 2 只脚在地上，故兔子有 24÷2＝12(只)，鸡有 35－12＝23(只)．

方法二：方程组法．

设鸡有 x 只、兔有 y 只，则有

$$\begin{cases} 总头数：x＋y＝35, \\ 总脚数：2x＋4y＝94, \end{cases}$$

解得 $x＝23$，$y＝12$，则鸡有 23 只、兔有 12 只．

【答案】(D)

变化 3   方阵问题

> 技巧总结
>
> $$方阵总人数＝\left(\frac{最外围数量}{4}＋1\right)^2.$$

例 3   若干个人组成一个方阵，最外层一圈站了 36 人，则这方阵有(   )人．

(A)64   (B)81   (C)100   (D)121   (E)144

【解析】根据方阵人数公式，总人数为 $\left(\dfrac{36}{4}＋1\right)^2＝100$．

【答案】(C)

变化 4   其他算术问题

例 4   一辆出租车有段时间的营运全在东西走向的一条大道上，若规定向东为正向，向西为负向，且知该车行驶的千米数依次为－10、6、5、－8、9、－15、12，则将最后一名乘客送到目的地时该车的位置是(   )．

(A)在首次出发地的东面 1 千米处　　　　　　(B)在首次出发地的西面 1 千米处

(C)在首次出发地的东面 2 千米处　　　　　　(D)在首次出发地的西面 2 千米处

(E)仍在首次出发地

【解析】根据题意，$-10+6+5-8+9-15+12=-1$，故该车在首次出发地的西面 1 千米处.

【答案】(B)

例 5　整个队列的人数是 57.

(1)甲、乙两人排队买票，甲后面有 20 人，而乙前面有 30 人.

(2)甲、乙两人排队买票，甲、乙之间有 5 人.

【解析】两个条件单独显然不充分，联立两个条件.

由于不知道甲、乙的前后位置顺序，所以无法推断队列人数，故联立也不充分.

【答案】(E)

题型89　资源耗存问题

[母题综述]

常见两种命题方式：(1)牛吃草问题；(2)给水排水问题.

[母题精讲]

母题89　牧场上有一片青草，每天都生长得一样快. 这片青草供给 10 头牛吃，可以吃 22 天，或者供给 16 头牛吃，可以吃 10 天，其间一直有草生长. 如果供给 25 头牛吃，可以吃(　　)天.

　(A)4　　　　　(B)5　　　　　(C)5.5　　　　　(D)6　　　　　(E)6.5

【解析】设每头牛每天吃 1 个单位的草量，每天新长草量为 x 个单位，原有草量为 y 个单位，则原有草量＋新长草量＝牛数×天数，代入数据得

$$\begin{cases} y+22x=10\times 22, \\ y+10x=16\times 10 \end{cases} \Rightarrow \begin{cases} x=5, \\ y=110. \end{cases}$$

设 25 头牛可以吃 n 天，则有 $y+x\cdot n=25\cdot n$，解得 $n=5.5$.

故供给 25 头牛吃，可以吃 5.5 天.

【答案】(C)

[母题变化]

变化 1　牛吃草问题

技巧总结

基本等量关系：设每头牛每天吃 1 个单位的草量，则有

　　　　原有草量＋每天新长草量×天数＝牛数×天数＋剩余草量.

例 6 　由于气候原因，某块草场的草非但不生长，反而以固定的速度减少．已知草场的草可供 20 头牛吃 5 天或 15 头牛吃 6 天．那么可供（　　）头牛吃 10 天．

(A)4　　　　　　　(B)5　　　　　　　(C)8　　　　　　　(D)10　　　　　　　(E)12

【解析】设每头牛每天吃 1 个单位的草量，每天减少的草量为 x 个单位，原有草量为 y 个单位，则原有草量－每天减少的草量×天数＝牛的数量×天数，代入数据得

$$\begin{cases} y-5x=20\times5, \\ y-6x=15\times6 \end{cases} \Rightarrow \begin{cases} x=10, \\ y=150. \end{cases}$$

设 n 头牛可以吃 10 天，则有 $y-10x=10n$，解得 $n=5$. 故可供 5 头牛吃 10 天．

【答案】(B)

变化 **2** 　给水排水问题

技巧总结

命题方式一：简单的给水排水问题

原有水量＋进水量＝排水量＋剩余水量．

命题方式二：与牛吃草问题等价

基本等量关系：设每个闸门每天放 1 个单位的水量，则有

原有水量＋新流进的水量＝放水闸门数量×天数＋剩余水量．

例 7 　一艘轮船发生漏水事故．当漏进水 600 桶时，两台抽水机开始排水，甲机每分钟能排水 20 桶，乙机每分钟能排水 16 桶，经 50 分钟，刚好将水全部排完．则每分钟漏进的水有（　　）．

(A)12 桶　　　　　　(B)18 桶　　　　　　(C)24 桶　　　　　　(D)30 桶　　　　　　(E)40 桶

【解析】设进水量每分钟 x 桶，则原有水量＋进水量＝排水量，故有

$$600+50x=(20+16)\times50,$$

解得 $x=24$，故每分钟漏进 24 桶水．

【答案】(C)

例 8 　有一个水库，里面有部分储水．山上的水每天以均匀的流速流入水库．这个水库有若干个流速相同的闸门，如果开 10 个闸门可供水 20 天，开 15 个闸门可供水 10 天．现在要开 25 个闸门，则可供水（　　）天．

(A)5　　　　　　　(B)6　　　　　　　(C)7　　　　　　　(D)8　　　　　　　(E)9

【解析】设每个闸门每天放 1 个单位的水量，每天流进来的水量为 x 个单位，原有水量为 y 个单位，则原有水量＋新流进的水量＝闸门数量×天数，代入数据得

$$\begin{cases} y+20x=10\times20, \\ y+10x=15\times10 \end{cases} \Rightarrow \begin{cases} x=5, \\ y=100. \end{cases}$$

设 25 个闸门可以供水 n 天，则有 $y+x\cdot n=25\cdot n$，解得 $n=5$. 故打开 25 个闸门可供水 5 天．

【答案】(A)

例9 有一个灌溉用的中转水池,一直开着进水管往里灌水,一段时间后,用2台抽水机排水,则用40分钟能排完;如果用4台同样的抽水机排水,则用16分钟排完.问如果计划用10分钟将水排完,需要( )台抽水机.

(A)5 　　　　(B)6 　　　　(C)7 　　　　(D)8 　　　　(E)9

【解析】设每台抽水机的抽水速度为每分钟1个单位,进水速度为每分钟x个单位,开始抽水时已有水量为y个单位,则原有水量+进水量=排水量,得

$$\begin{cases} y+40x=2\times40, \\ y+16x=4\times16 \end{cases} \Rightarrow x=\frac{2}{3}, \quad y=\frac{160}{3}.$$

计划用10分钟将水排完,需要n台抽水机,则有$y+10x=10n$,解得$n=6$.故需要6台.

【答案】(B)

题型90 植树问题

[母题综述]

植树问题考查的是树木与间距之间的数量关系,分为以下情况:

(1)线形植树:以一条线形(非封闭,两端点皆有树)来植树.

(2)环形植树:以环形(封闭图形)来植树.

(3)公共坑问题.

[母题精讲]

母题90 在一条长为180米的道路一旁种树,每隔2米已挖好一坑,由于树种改变,现改为每隔3米种一棵树,则需要重新挖坑和填坑的个数分别是( ).

(A)30,60 　　(B)60,30 　　(C)60,120 　　(D)120,60 　　(E)100,50

【解析】根据题意,每2米挖一个坑,总共挖坑的数量为$\frac{180}{2}+1=91$;现在每3米挖一个坑,总共挖坑的数量为$\frac{180}{3}+1=61$;其中每6米重复一个坑,重复的数量为$\frac{180}{6}+1=31$.

因此需要重新挖坑的数量为$61-31=30$,需要填坑的数量为$91-31=60$.

【答案】(A)

[母题变化]

变化1 线形植树

技巧总结

两端种树:植树数量=$\frac{总长}{间距}+1$.

一端种树：植树数量＝$\dfrac{总长}{间距}$.

两端都不种树：植树数量＝$\dfrac{总长}{间距}-1$.

例 10 同学们做早操，有 21 名同学排成一排，每相邻两名同学之间的距离相等，第一名同学到最后一名同学的距离是 40 米，则相邻两名同学之间相隔( )米.

(A)1   (B)2   (C)1.5   (D)3   (E)4

【解析】把同学看成树，本题相当于在总长度 40 米的路上种了 21 棵树，且两端都种树.

由两端种树，植树数量＝$\dfrac{总长}{间距}+1$，得间距＝$\dfrac{总长}{植树数量-1}=\dfrac{40}{21-1}=2$(米).

【答案】(B)

变化 2 环形植树

技巧总结

以环形（封闭图形）来植树，树木的数量与间距数量相等，故植树数量＝$\dfrac{总长}{间距}$.

例 11 有一个三角形鱼塘，三边长分别为 120 米、60 米、90 米. 沿鱼塘周围每隔 6 米栽一棵杨树，三角形的三个顶点上都种树，则需要种( )棵杨树.

(A)44   (B)45   (C)46   (D)35   (E)50

【解析】根据题意，三条边长均为 6 的倍数，则三个顶点一定可以种上树，故可将三角形看作圆形，应用环形植树结论，可知植树数量＝$\dfrac{总长}{间距}=\dfrac{120+60+90}{6}=45$(棵)，故需要种 45 棵杨树.

【答案】(B)

变化 3 公共坑

技巧总结

在修改植树方案问题中，要注意原方案下挖的坑在新方案下有多少可以被利用，分为两种情况：

（1）原方案已定但未执行：原方案的挖坑数可全都被新方案利用；

（2）原方案已定且已执行：原方案的挖坑数有的可被新方案利用，有些则不能，考虑两种方案下植树间距的最小公倍数.

例 12 某小区绿化部门计划植树改善小区环境，原方案每隔 15 米种一棵树，在挖好树坑以后突然接到上级通知，要改为每隔 10 米种一棵树，则需要多挖 80 个坑.

(1)在周长为1 200米的圆形公园外侧种一圈树.

(2)在长为1 200米的马路的一侧种一排树，两端都要种上.

【解析】条件(1)：圆形中，挖坑的数量＝间隔的数量.

15和10的最小公倍数为30，故原来挖的坑现在仍然可以被使用的数量为1 200÷30＝40(个).

新方案需要的坑数为1 200÷10＝120(个).

所以，改变方案后，需要多挖120－40＝80(个)坑，条件(1)充分.

条件(2)：直线形中，两端都种树，挖坑的数量＝间隔的数量＋1.

15和10的最小公倍数为30，故原来挖的坑现在仍然可以被使用的数量为1 200÷30＋1＝41(个).

新方案需要的坑数为1 200÷10＋1＝121(个).

所以，改变方案后，需要多挖121－41＝80(个)坑，条件(2)充分.

【答案】(D)

题型 91　平均值问题

【母题综述】

1. 平均值问题常考查算术平均值、加权平均值、调和平均值.

2. 常用极值法.

【母题精讲】

母题91　某物理竞赛原定一等奖10人，二等奖20人. 现将一等奖中最后5人调整为二等奖，这样，得二等奖的学生平均分提高了1分，得一等奖的学生平均分提高了2分. 则原来一等奖平均分比二等奖平均分高 m 分.

(1) $m=6$.　　　　　　　　　　(2) $m=7$.

【解析】设原来一等奖平均分为 x 分、二等奖平均分为 y 分，根据题意，得

$$10x+20y=(10-5)(x+2)+(20+5)(y+1)\Rightarrow x-y=7,$$

即原来一等奖平均分比二等奖平均分高7分，故条件(2)充分，条件(1)不充分.

【答案】(B)

【母题变化】

变化 1　十字交叉法

技巧总结

如果已知两部分中每部分的值，又已知两部分混合后的值，则可以用十字交叉法求出其数量比.

例 13 某车间共有 40 人，某次技术操作考核的平均成绩为 80 分，其中男工平均成绩为 83 分，女工平均成绩为 78 分．该车间有女工( )人．

(A)16 　　　(B)18 　　　(C)20 　　　(D)24 　　　(E)25

【解析】方法一：设该车间有女工 x 人，则有男工 $40-x$ 人．

已知女工的平均成绩为 78 分，男工的平均成绩为 83 分，则女工总分数＝总分数－男工总分数＝$80 \times 40 - 83(40-x)$，故有

$$\frac{80 \times 40 - 83(40-x)}{x} = 78 \Rightarrow 3\,200 - 3\,320 + 83x = 78x,$$

解得 $x=24$，则女工有 24 人．

方法二：设有女工 x 人、男工 y 人，则女工相对于平均成绩总共少得的分数等于男工相对于平均值总共多得的分数，即

$$(80-78)x = (83-80)y \Rightarrow \frac{y}{x} = \frac{2}{3}.$$

又因为 $x+y=40$，联立解得 $x=24$，$y=16$．故有女工 24 人、男工 16 人．

方法三：十字交叉法．

男工：83 　　　　80-78=2
　　　　　 80
女工：78 　　　　83-80=3

所以，$\dfrac{男工人数}{女工人数} = \dfrac{2}{3} = \dfrac{16}{24}$，则女工有 24 人．

【答案】(D)

例 14 若用浓度为 30%和 20%的甲、乙两种食盐溶液配成浓度为 24%的食盐溶液 500 克，则甲、乙两种溶液各取( )克．

(A)180，320 　　　　　(B)185，315 　　　　　(C)190，310

(D)195，305 　　　　　(E)200，300

【解析】设甲 x 克、乙 y 克，则由溶质守恒定律，得

$$\begin{cases} 30\%x + 20\%y = 500 \times 24\%, \\ x+y=500 \end{cases} \Rightarrow \begin{cases} x=200, \\ y=300. \end{cases}$$

【快速得分法】十字交叉法．

$\dfrac{甲}{乙} = \dfrac{4\%}{6\%} = \dfrac{2}{3} = \dfrac{200}{300}$，故有甲溶液 200 克、乙溶液 300 克．

甲：30%　　　　　　　　　4%
　　　　　 新溶液：24%
乙：20%　　　　　　　　　6%

【答案】(E)

变化 2 　加权平均值

技巧总结

加权平均值是将各数值乘以相应的权数，然后加总求和得到总体值，再除以总的单位数．

【例】一位同学的平时测验成绩为 80 分，期中考试为 90 分，期末考试为 95 分，学校规定的科目成绩的计算方式：平时测验占 20%，期中成绩占 30%，期末成绩占 50%，则有

$$算术平均值 = \frac{80 + 90 + 95}{3} = 88.3（分）;$$

$$加权平均值 = 80 \times 20\% + 90 \times 30\% + 95 \times 50\% = 90.5（分）.$$

例 15 某股民投资股票，已知股票 A 买了 1 000 股，价格为 10 元每股，股票 B 买了 2 000 股，价格为 15 元每股，则他购买的两种股票平均每股(　　)元.

(A)12.5　　　　(B)$\dfrac{40}{3}$　　　　(C)13　　　　(D)14　　　　(E)15

【解析】方法一：平均值公式.

$$平均价格 = \frac{1\,000 \times 10 + 2\,000 \times 15}{1\,000 + 2\,000} = \frac{40}{3}（元）.$$

方法二：加权平均值公式.

$$平均价格 = 10 \times \frac{1\,000}{1\,000 + 2\,000} + 15 \times \frac{2\,000}{1\,000 + 2\,000} = \frac{40}{3}（元）.$$

故他购买的两种股票平均每股 $\dfrac{40}{3}$ 元.

【答案】(B)

变化 3　调和平均值

技巧总结

调和平均值又称倒数平均值，用来解决在无法掌握单位数（频数）的情况下，只有每组的变量值和相应的标志总量，而需要求平均值时使用的一种方法.

（1）计算方法：n 个数 x_1，x_2，$\cdots$，x_n 的调和平均值为 $\dfrac{n}{\dfrac{1}{x_1} + \dfrac{1}{x_2} + \dfrac{1}{x_3} + \cdots + \dfrac{1}{x_n}}$；

（2）几种平均值的大小关系：算术平均值≥几何平均值≥调和平均值.

例 16 冬雨和老吕曾三次一同去买苹果，买法不同，由于市场波动，三次苹果价格不同，三次购买，冬雨购买的苹果平均价格要比老吕低.

(1)冬雨每次购买 1 元钱的苹果，老吕每次购买 1 千克的苹果.

(2)冬雨每次购买数量不等，老吕每次购买数量恒定.

【解析】设三次购买苹果的价格为 x 元/千克、y 元/千克、z 元/千克.

条件(1)：冬雨购买的苹果平均价格为 $\dfrac{3}{\dfrac{1}{x} + \dfrac{1}{y} + \dfrac{1}{z}}$ 元，老吕购买的苹果平均价格为 $\dfrac{x + y + z}{3}$ 元.

根据算术平均值≥几何平均值≥调和平均值，可知在 x，y，z 不相等的情况下，有

$$\frac{x + y + z}{3} > \frac{3}{\dfrac{1}{x} + \dfrac{1}{y} + \dfrac{1}{z}}.$$

显然冬雨购买的苹果平均价格低于老吕的，条件(1)充分.

条件(2)：假设冬雨三次购买苹果的数量分别为 a，b，c，冬雨的平均价格为 $\dfrac{ax+by+cz}{a+b+c}$，老吕的平均价格为 $\dfrac{x+y+z}{3}$.

由于 a，b，c 不定，所以不能判断二者的大小，条件(2)不充分.

【快速得分法】对于条件(1)可使用特殊值法判断.

【答案】(A)

变化 4　至多至少问题

> **技巧总结**
>
> 至多至少问题，常用极值法（如一个极大，其余极小；或者一个极小，其余极大）.

例 17　五位选手在一次物理竞赛中共得 412 分，每人得分互不相等且均为整数，其中得分最多的选手得 90 分，那么得分最少的选手至多得(　　)分.

(A)77　　　　(B)78　　　　(C)79　　　　(D)80　　　　(E)81

【解析】根据题意，其余的四位选手一共得了 $412-90=322$（分）.在总分固定的情况下，想使得分最少的人得分尽量多，则其余 3 个人的得分应该尽量少，即这四位选手的得分应该尽量接近.

故其余四位选手的平均成绩为 $\dfrac{322}{4}=80.5$（分）.

又已知每位选手的得分均为整数，故这四位选手的得分为 79，80，81，82.

所以，得分最少的选手至多得 79 分.

【答案】(C)

例 18　五位选手参加比赛，每个人的分数都不相等且都是整数，满分为 100，五个人平均分是 88，那么得分排名第三的选手最少得(　　)分.

(A)78　　　　(B)79　　　　(C)80　　　　(D)81　　　　(E)82

【解析】根据题意，五个人总得分为 $5\times88=440$（分），在总分固定的情况下，第三名选手得分要最少，那么其他选手得分就得最多，设第三名选手得分为 x 分，可得

$$100+99+x+x-1+x-2=440,$$

解得 $x\approx81.3$，最少 81.3 分，取整数只能取 82 分.

【答案】(E)

题型 *92*　比例问题

[母题综述]

> 1.比例问题的常规方法是设未知数求解，其中
>
> (1)部分的量＝总量×对应比例.

(2)如遇分数比，先化成整数比．例如 $\frac{1}{2} : \frac{1}{3} : \frac{1}{4} = 6 : 4 : 3$．

2．常用赋值法．

[母题精讲]

母题92 本学期某大学的 a 个学生或者付 x 元的全额学费或者付半额学费，付全额学费的学生所付的学费占 a 个学生所付学费总额的比率是 $\frac{1}{3}$．

(1)在这 a 个学生中 20% 的人付全额学费．

(2)这 a 个学生本学期共付 9 120 元学费．

【解析】条件(1)：付全额学费的学生共交费 $20\% ax = 0.2ax$．

付半额学费的学生共交费 $(1-20\%)\dfrac{ax}{2} = 0.4ax$．

所以，付全额学费的学生所付学费占学费总额的比率为 $\dfrac{0.2ax}{0.2ax + 0.4ax} = \dfrac{1}{3}$．故条件(1)充分．

条件(2)：显然不充分．

【答案】(A)

[母题变化]

变化 1　三个数的比

技巧总结

命题模型：给出三个数的两两之比．

方法：取中间数的最小公倍数，化成三个数的比．

例 19 某厂生产的一批产品经产品检验，优等品与二等品的比是 $5 : 2$，二等品与次品的比是 $5 : 1$，则该批产品的合格率(合格品包括优等品与二等品)为(　　)．

(A)92% 　　　(B)92.3% 　　　(C)94.6% 　　　(D)96% 　　　(E)98%

【解析】取中间数的最小公倍数，列表如表 7-2 所示：

表 7-2

优等品	二等品	次品
5	2	
	5	1
25	10	2

故优等品：二等品：次品 $= 25 : 10 : 2$．则合格率为 $\dfrac{25+10}{25+10+2} \times 100\% \approx 94.6\%$．

【答案】(C)

变化 2 | **固定比例**

例 20　某人在市场上买猪肉，小贩称得肉重为 4 斤．但此人不放心，拿出一个自备的 100 克重的砝码，将肉和砝码放在一起让小贩用原秤复称，结果重量为 4.25 斤．由此可知顾客应要求小贩补猪肉(　　)两．

(A)3　　　　　(B)6　　　　　(C)4　　　　　(D)7　　　　　(E)8

【解析】设猪肉的实际重量为 x 斤，100 克＝0.2 斤，根据题意有

$$\frac{x}{4}=\frac{x+0.2}{4.25}\Rightarrow x=3.2.$$

所以，应补猪肉的重量为 $4-3.2=0.8$(斤)，即 8 两．

【答案】(E)

变化 3 | **比例变化**

技巧总结

命题模型：先给出两个对象的比例关系，然后增加或者减少对象的量，再给出变化后的比例．

方法：通过公倍数法，使数量上未发生变动的对象在变化过程中的比例不变．

例 21　某国参加北京奥运会的男、女运动员的比例原为 19：12，由于先增加若干名女运动员，使男、女运动员的比例变为 20：13，后又增加了若干名男运动员，于是男、女运动员比例最终变为 30：19，如果后增加的男运动员比先增加的女运动员多 3 人，则最后运动员的总人数为(　　)．

(A)686　　　　　(B)637　　　　　(C)700　　　　　(D)661　　　　　(E)600

【解析】方法一：由题意，可设原来男运动员人数为 $19k$，女运动员人数为 $12k(k\in\mathbf{N}^{+})$，先增加 x 名女运动员，则后增加的男运动员是 $x+3$ 人，根据题意，得

$$\begin{cases}\dfrac{19k}{12k+x}=\dfrac{20}{13},\\[2mm]\dfrac{19k+x+3}{12k+x}=\dfrac{30}{19},\end{cases}$$

解得 $k=20$，$x=7$. 故最后运动员的总人数为

$$(19k+x+3)+(12k+x)=(19\times20+7+3)+(12\times20+7)=637.$$

方法二：根据比例变化，一开始男女之比是 19：12，增加女运动员之后，男女比变为 20：13，但男运动员的人数是没有变化的，比例却从 19 变成了 20，为保持男运动员的比例不变，将两次比例化为 380：240，380：247．观察答案，总人数都是 600～700 之间，因此女运动员增加了 7 人，从而男运动员增加 10 人．总人数为 $390+247=637$．

方法三：倍数法．男、女运动员的最终比例为 30：19，故可设女运动员为 $19x$，男运动员为 $30x$，则最终的总人数一定为 49 的倍数．增加男运动员之前，男、女比例为 20：13，所以女运动员一定能被 13 整除，即 $19x$ 可以被 13 整除，19 与 13 互质，因此 x 可以被 13 整除，即 $49x$ 可以被 13 整除，因此总人数也能被 13 整除．

故总人数一定为 13 和 49 的公倍数，观察选项，只有 637 符合．

【答案】(B)

例22 甲、乙两仓库储存的粮食重量之比为 4 : 3,现从甲库中调出 10 万吨粮食,则甲、乙两仓库存粮吨数之比为 7 : 6.甲仓库原有粮食为( )万吨.

(A)70 　　　　(B)78 　　　　(C)80 　　　　(D)85 　　　　(E)90

【解析】甲、乙两仓库储存的粮食重量之比为 4 : 3 = 8 : 6,调出 10 万吨粮食后,甲、乙两仓库存粮吨数之比为 7 : 6,可见调出量为甲仓库原存量的 $\frac{1}{8}$.

故甲仓库原有粮食 $10 \div \frac{1}{8} = 10 \times 8 = 80$(万吨).

【答案】(C)

变化 4 　百分比问题

例23 王女士以一笔资金分别投于股市和基金,但因故需抽回一部分资金.若从股市中抽回 10%,从基金中抽回 5%,则其总投资额减少 8%;若从股市和基金的投资额中各抽回 15% 和 10%,则其总投资额减少 130 万元,其总投资额为( )万元.

(A)1 000 　　(B)1 500 　　(C)2 000 　　(D)2 500 　　(E)3 000

【解析】设王女士股市投资额为 x 万元,在基金的投资额为 y 万元,根据题意,可得

$$\begin{cases} 10\% \cdot x + 5\% \cdot y = 8\% \cdot (x+y), \\ 15\% \cdot x + 10\% \cdot y = 130, \end{cases}$$

解得 $x = 600$,$y = 400$,$x + y = 1\ 000$.所以,总投资额为 1 000 万元.

【快速得分法】逻辑推理法.

由题意,从股市和基金的投资额中各抽回 15% 和 10%,总投资额减少 130 万元,说明 130 万元占总投资额的比例一定在 10% 和 15% 之间,所以投资总额一定小于 1 300 万,观察选项只有选项(A)满足.

【答案】(A)

题型93 增长率问题

[母题综述]

原有值为 a,增长 $b\%$,则现值为 $a(1+b\%)$;

原有值为 a,下降 $b\%$,则现值为 $a(1-b\%)$.

甲比乙大 $a\%$:$\frac{甲-乙}{乙} = a\%$;甲比乙小 $a\%$:$\frac{乙-甲}{乙} = a\%$;甲是乙的 $a\%$:甲 = 乙 × $a\%$.

[母题精讲]

母题93 A企业的职工人数今年比前年增加了 30%.

(1)A企业的职工人数去年比前年减少了 20%.

(2)A 企业的职工人数今年比去年增加了 50%.

【解析】条件(1)和条件(2)单独显然不充分，联立两个条件.

设 A 企业前年的职工人数为 a.

由条件(1)可知，A 企业去年的职工人数为 $a(1-20\%)=\dfrac{4}{5}a$.

由条件(2)可知，A 企业今年的职工人数为 $(1+50\%) \cdot \dfrac{4}{5}a=\dfrac{6}{5}a$.

故 A 企业的职工人数今年比前年增加了 $\left(\dfrac{6a}{5}-a\right) \div a \times 100\%=20\%$. 故联立也不充分.

【快速得分法】赋值法.

设 A 企业前年的职工有 100 人，则 A 企业去年的职工有 80 人，今年的职工有 120 人，比前年增加 20%.

【答案】(E)

[母题变化]

变化 1　一次增长模型

> 技巧总结
>
> 设基础数量为 a，增长率为 x，增长后数量为 b，则有 $b=a(1+x)$.

例 24　某城区 2001 年绿地面积较上年增加了 20%，人口却负增长，结果人均绿地面积比上年增长了 21%.

(1)2001 年人口较上年下降了 8.26‰.

(2)2001 年人口较上年下降了 10‰.

【解析】赋值法.

设 2000 年人口数为 100，绿地面积为 100.

因为人口负增长，可设 2001 年人口数为 $100-a$，绿地面积较上年增长了 20%，故绿地面积为 120，根据题意，人均绿地面积比上年增长了 21%，得

$$\frac{120}{100-a}-1=0.21 \Rightarrow a=\frac{100}{121} \approx 0.826,$$

故 2001 年人口较上年下降比率为 $0.826 \div 100=8.26‰$. 条件(1)充分，条件(2)不充分.

【答案】(A)

变化 2　连续变化（复利）模型

> 技巧总结
>
> 设基础数量为 a，平均增长率为 x，增长了 n 期（n 年、n 月、n 周等），期末值设为 b，则有
> $$b=a(1+x)^n.$$

例25 A公司2015年6月的产值是1月产值的$(1+5a)^5$倍.

(1)在2015年上半年,A公司月产值的平均增长率为$5a-1$.

(2)在2015年上半年,A公司月产值的平均增长率为$5a$.

【解析】设1月的产值为1.

条件(1):由题意,根据增长率公式,6月产值为$(1+5a-1)^5=(5a)^5$,是1月产值的$(5a)^5$倍,故条件(1)不充分.

条件(2):同理,6月产值为$(1+5a)^5$,是1月产值的$(1+5a)^5$倍,故条件(2)充分.

【答案】(B)

例26 某电镀厂两次改进操作方法,使用锌量比原来节约15%,则平均每次节约(   ).

(A)42.5%   (B)7.5%   (C)$(1-\sqrt{0.85})\times100\%$

(D)$(1+\sqrt{0.85})\times100\%$ (E)以上选项均不正确

【解析】设原来用锌量为a,平均节约率为x,根据题意,有
$$a(1-x)^2=a(1-15\%),$$
解得$x=1-\sqrt{0.85}=(1-\sqrt{0.85})\times100\%$.

【答案】(C)

例27 某商品经过八月份与九月份连续两次降价,售价由m元降到了n元.则该商品的售价平均每次下降了20%.

(1)$m-n=900$.   (2)$m+n=4\,100$.

【解析】两个条件显然不充分,联立得$m=2\,500$,$n=1\,600$.

设该商品的售价平均每次下降x,由题意得
$$2\,500(1-x)^2=1\,600,$$
解得$x=20\%$.故条件(1)和条件(2)联立起来充分.

【答案】(C)

题型 94 利润问题

[母题综述]

利润问题,常用以下公式:

(1)利润=销售额-总成本;

(2)单位利润=单位售价-单位成本;

(3)利润率$=\dfrac{利润}{成本}\times100\%$.

[母题精讲]

母题94 某商店将每套服装按原价提高50％后再作7折"优惠"的广告宣传，这样每售出一套服装可获利625元．已知每套服装的成本是2000元，则该店按"优惠价"售出一套服装比按原价( )．

(A)多赚100元   (B)少赚100元   (C)多赚125元

(D)少赚125元   (E)多赚155元

【解析】设原价为 x 元，现在的售价为 $2\,000+625=2\,625$（元），故有
$$x\cdot(1+50\%)\times0.7=2\,625,$$

解得 $x=2\,500$．故该店按"优惠价"售出一套服装比按原价多赚 $2\,625-2\,500=125$（元）．

【答案】(C)

[母题变化]

变化 1 **打折问题**

技巧总结

优先使用特殊值法．

例28 一商店把某商品按标价的九折出售，仍可获利20％，若该商品的进价为每件21元，则该商品每件的标价为( )元．

(A)26   (B)28   (C)30   (D)32   (E)36

【解析】设该商品每件的标价为 x 元，根据题意，得
$$0.9x-21=21\times20\%,$$

解得 $x=28$．故该商品每件的标价为28元．

【答案】(B)

例29 某电子产品一月份按原定价的80％出售，能获利20％，二月份由于进价降低，按同样原定价的75％出售，却能获利25％，那么二月份进价是一月份进价的( )．

(A)92％   (B)90％   (C)85％

(D)80％   (E)75％

【解析】赋值法．

设某电子产品原定价为10元，按8元出售获利20％，则进价为 $8\times\dfrac{1}{1.2}=\dfrac{20}{3}$（元）；

二月份按原定价的75％出售，即7.5元出售，进价为 $7.5\times\dfrac{1}{1.25}=6$（元）．

故二月份进价是一月份进价的 $\left(6\div\dfrac{20}{3}\right)\times100\%=90\%$．

【答案】(B)

变化 2 **判断赢亏问题**

例 30 一家商店为回收资金,把甲、乙两件商品以 480 元一件卖出,已知甲商品赚了 20%,乙商品亏了 20%,则商店盈亏结果为( ).

(A)不亏不赚   (B)亏了 50 元   (C)赚了 50 元   (D)赚了 40 元   (E)亏了 40 元

【解析】设甲商品原价为 x 元,乙商品原价为 y 元. 根据题意,得

$$\begin{cases} \dfrac{480-x}{x}=20\% \\ \dfrac{y-480}{y}=20\% \end{cases} \Rightarrow \begin{cases} x=400, \\ y=600. \end{cases}$$

又因为 $480\times2-400-600=-40$(元),所以商店亏了 40 元.

【答案】(E)

例 31 甲花费 5 万元购买了股票,随后他将这些股票转卖给乙,获利 10%,不久乙又将这些股票返卖给甲,但乙损失了 10%,最后甲按乙卖给他的价格的 9 折把这些股票卖掉了,不计交易费,甲在上述股票交易中( ).

(A)不盈不亏   (B)盈利 50 元   (C)盈利 100 元   (D)亏损 50 元   (E)亏损 100 元

【解析】第一笔交易,甲卖给乙:甲获利 $50\,000\times10\%=5\,000$(元),售价为 55 000 元;

第二笔交易,乙卖给甲:售价为 $55\,000\times(1-10\%)=49\,500$(元);

第三笔交易,甲售出:甲亏损 $=49\,500\times(1-90\%)=4\,950$(元);

故甲在上述交易中共获利 $5\,000-4\,950=50$(元).

【答案】(B)

变化 3 **其他价格、利润问题**

例 32 1 千克鸡肉的价格高于 1 千克牛肉的价格.

(1)一家超市出售袋装鸡肉与袋装牛肉,一袋鸡肉的价格比一袋牛肉的价格高 30%.

(2)一家超市出售袋装鸡肉与袋装牛肉,一袋鸡肉比一袋牛肉重 25%.

【解析】两个条件单独显然不充分,联立之.

设一袋牛肉的重量为 a,价格为 b,可得表 7-3.

表 7-3

肉类	重量	价格
鸡肉	$1.25a$	$1.3b$
牛肉	a	b

由每千克肉的价格 $=\dfrac{总价}{重量}$,得出 $\dfrac{1.3b}{1.25a}>\dfrac{b}{a}$,故两个条件联立起来充分.

【快速得分法】特殊值法.

设一袋牛肉的重量为 1,价格为 1,可得表 7-4.

表 7-4

肉类	重量	价格
鸡肉	1.25	1.3
牛肉	1	1

则每千克肉的价格 $=\dfrac{总价}{重量}$，得 $\dfrac{1.3}{1.25} > \dfrac{1}{1}$，故两个条件联立起来充分.

【答案】(C)

例 33　甲、乙两商店某种商品的进货价格都是 200 元，甲店以高于进货价格 20% 的价格出售，乙店以高于进货价格 15% 的价格出售，结果乙店的售出件数是甲店的 2 倍. 扣除营业税后乙店的利润比甲店多 5 400 元. 若设营业税率是营业额的 5%，则甲、乙两商店售出该商品各为（　　）件.

(A)450，900　　　(B)500，1 000　　　(C)550，1 100　　　(D)600，1 200　　　(E)650，1 300

【解析】设甲店售出该商品 x 件，则乙店售出该商品 $2x$ 件，甲店的售价为 $200 \times (1+20\%) = 240$(元)，乙店的售价为 $200 \times (1+15\%) = 230$(元)，根据题意，得

$$(240 - 240 \times 5\% - 200) \cdot x + 5\ 400 = (230 - 230 \times 5\% - 200) \cdot 2x,$$

解得 $x = 600$. 故甲、乙两商店售出该商品的数量分别为 600 件、1 200 件.

【答案】(D)

题型 95　阶梯价格问题

【母题综述】

阶梯价格问题的解题步骤：

第 1 步：确定要求的值位于哪个阶梯上；

第 2 步：按照此阶梯的情况进行计算.

【母题精讲】

母题 95　某自来水公司的消费标准如下：每户每月用水不超过 5 吨的，每吨收费 4 元，超过 5 吨的，收较高的费用. 已知 9 月份张家的用水量比李家多 50%，张家和李家的水费分别为 90 元和 55 元，则用水量超过 5 吨时的收费标准是（　　）元/吨.

(A)5　　　　　(B)5.5　　　　　(C)6　　　　　(D)6.5　　　　　(E)7

【解析】每户消费的前 5 吨水的费用为 20 元，可见张家和李家 9 月用水量都超过了 5 吨.

设超过 5 吨时的收费标准是 x 元/吨，9 月李家的用水量为 y 吨，则张家的用水量为 $1.5y$ 吨，得

$$\begin{cases} 20 + (1.5y - 5)x = 90, \\ 20 + (y - 5)x = 55 \end{cases} \Rightarrow \begin{cases} x = 7, \\ y = 10, \end{cases}$$

所以用水量超过 5 吨时的收费标准为 7 元/吨.

【答案】(E)

[母题变化]

变化 1　求原值

例34　某商场在一次活动中规定：一次购物不超过 100 元时没有优惠；超过 100 元而没有超过 200 元时，按该次购物全额 9 折优惠；超过 200 元时，其中 200 元按 9 折优惠，超过 200 元的部分按 8.5 折优惠．若甲、乙两人在该商场购买的物品分别付费 94.5 元和 197 元，则两人购买的物品在举办活动前需要的付费总额是(　　)元．

(A)291.5　　　(B)314.5　　　(C)325　　　(D)291.5 和 314.5　　　(E)314.5 或 325

【解析】甲有两种情况：

①甲没有得到优惠，则甲的购物全额为 94.5 元；

②甲得到了 9 折优惠，则甲的购物全额为 $\frac{94.5}{0.9}=105$(元)．

乙购物 200 元得到了 9 折优惠，实际付款 180 元，180<197，所以乙购物超过 200 元，超过的部分按 8.5 折优惠，此部分的购物全额为 $\frac{197-180}{0.85}=20$(元)．故乙的购物全额为 200+20=220(元)．

因此，两人在活动前需要付费总额为 94.5+220=314.5(元)或 105+220=325(元)．

【答案】(E)

变化 2　求原值＋费用

例35　为了调节个人收入，减少中低收入者的赋税负担，国家调整了个人工资薪金所得税的征收方案．已知原方案的起征点为 2 000 元/月，税费分九级征收，前四级税率见表 7-5.

表 7-5

级数	全月应纳税所得额 q/元	税率/%
1	$0<q\leqslant500$	5
2	$500<q\leqslant2\ 000$	10
3	$2\ 000<q\leqslant5\ 000$	15
4	$5\ 000<q\leqslant20\ 000$	20

新方案的起征点为 3 500 元/月，税费分七级征收，前三级税率见表 7-6.

表 7-6

级数	全月应纳税所得额 q/元	税率/%
1	$0<q\leqslant1\ 500$	3
2	$1\ 500<q\leqslant4\ 500$	10
3	$4\ 500<q\leqslant9\ 000$	20

若某人在新方案下每月缴纳的个人工资薪金所得税是 345 元，则此人每月缴纳的个人工资薪金所得税比原方案减少了(　　)元.

(A)825　　　　　(B)480　　　　　(C)345　　　　　(D)280　　　　　(E)135

【解析】在新方案下，第 1 级数最多需纳税 $1\,500 \times 3\% = 45$(元).

第 2 级数最多需纳税 $(4\,500 - 1\,500) \times 10\% = 300$(元).

此人每月纳税 345 元，说明他刚好在第 2 级数的最高点，每月收入为起征点＋第 2 级数最高值 $= 3\,500 + 4\,500 = 8\,000$(元).

在原方案下，工资收入为 $8\,000$ 元，则减去 $2\,000$ 元的起征点后为 $6\,000$ 元，处于第 4 级数，所以按照阶梯价格计费：

第 1 级纳税额：$500 \times 5\% = 25$(元)；

第 2 级纳税额：$(2\,000 - 500) \times 10\% = 150$(元)；

第 3 级纳税额：$(5\,000 - 2\,000) \times 15\% = 450$(元)；

第 4 级纳税额：$1\,000 \times 20\% = 200$(元).

故原方案总纳税额为 $25 + 150 + 450 + 200 = 825$(元)，比新方案多纳税 $825 - 345 = 480$(元).

【答案】(B)

题型 *96* 溶液问题

〔母题综述〕

1. 溶质守恒定律

(1)无论如何倒来倒去，溶质的量保持不变；

(2)若添加了溶质(如纯药液)，水的量没变，则把水看作溶质，把纯药液看作溶剂.

2. 溶液质量＝溶质质量＋水的质量.

3. 浓度 $= \dfrac{溶质}{溶液} \times 100\%$.

〔母题精讲〕

母题 96　一种溶液，蒸发掉一定量的水后，溶液的浓度为 10%；再蒸发掉同样多的水后，溶液的浓度变为 12%；第三次蒸发掉同样多的水后，溶液的浓度变为(　　).

(A)14%　　　　　(B)15%　　　　　(C)16%　　　　　(D)17%　　　　　(E)18%

【解析】设浓度为 10% 时，溶液的体积为 x，蒸发掉水分的体积为 y，根据题意，得

$$\frac{10\% x}{x - y} = 12\% \Rightarrow y = \frac{1}{6} x.$$

根据溶质守恒定律，溶质的量始终为 $10\% x$.

故再次蒸发掉同样多的水后，浓度为 $\dfrac{10\%x}{x-y-y} = \dfrac{10\%x}{x-\frac{x}{6}-\frac{x}{6}} = 15\%$.

【答案】(B)

[母题变化]

变化 1 稀释问题

例 36 烧杯中盛有一定浓度的溶液若干，加入一定量的水后，浓度变为了 15%，第二次加入等量的水后浓度变为 12%，如果第三次再加入等量的水，浓度会变为(   ).

(A)6%   (B)7%   (C)8%   (D)9%   (E)10%

【解析】设每次加入的水为 x，第三次加水后浓度为 y，由十字交叉法，可得

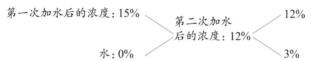

第一次加水后的溶液量：加入的水 = 12% : 3% = 4 : 1，可设第一次加水后溶液量为 $4x$，则第三次加水后溶液量为 $6x$. 依据溶质守恒定律，有 $15\% \cdot 4x = y \cdot 6x$，解得 $y = 10\%$.

【答案】(E)

变化 2 蒸发问题

例 37 仓库运来含水量为 90% 的一种水果 100 千克，一星期后再测发现含水量降低了，现在这批水果的总重量是 50 千克.

(1)含水量变为 80%.

(2)含水量降低了 20%.

【解析】由含水量为 90%，水果重量为 100 千克，可得果肉质量为 $100 \times (1-90\%) = 10$(千克).
设水量降低后该水果的含水量为 x.

由溶质守恒定律，果肉质量不变，可知 $10 = 50 \cdot (1-x)$，解得含水量 $x = 80\%$.

显然条件(1)充分，条件(2)不充分.

【答案】(A)

变化 3 倒出溶液再加水问题

> **技巧总结**
>
> 倒出溶液再加水问题，有公式 $C_1 \times \dfrac{V-V_1}{V} \times \dfrac{V-V_2}{V} = C_2$，其中 V 为总体积，V_1 和 V_2 为倒出的溶液的体积，C_1 为初始浓度，C_2 为最终浓度.

例38 一满桶纯酒精倒出 10 升后，加满水搅匀，再倒出 4 升后，再加满水．此时，桶中的纯酒精与水的体积之比是 2∶3. 则该桶的容积是(   )升．

(A)15   (B)18   (C)20   (D)22   (E)25

【解析】设该桶的容积为 V 升，由已知条件，两次倒出溶液后，桶中的纯酒精与水的体积之比是 2∶3，故可知最后桶内的酒精溶液浓度为 $\dfrac{2}{5}$.

由原酒精的容积－倒出的酒精容积＝剩余的酒精容积，可得

$$V-10-\frac{V-10}{V}\times 4=\frac{2}{5}V,$$

解得 $V=20$ 或 $V=\dfrac{10}{3}$，由题可知，显然 $V>10$，故 $V=20$，即桶的容积为 20 升．

【快速得分法】根据倒出溶液再加水问题的公式，本题中有 $100\%\times\dfrac{V-10}{V}\times\dfrac{V-4}{V}=40\%$，由此可解 $V=20$.

【答案】(C)

变化 4　多次互倒问题

例39 在某实验中，三个试管各盛水若干克．现将 10 克浓度为 12% 的盐水倒入 A 试管中，混合后取 10 克倒入 B 试管中，混合后再取 10 克倒入 C 试管中，结果 A、B、C 三个试管中盐水的浓度分别为 6%，2%，0.5%，那么三个试管中原来盛水最多的试管及其盛水量各是(   )．

(A)A 试管，10 克　　　　(B)B 试管，20 克　　　　(C)C 试管，30 克

(D)B 试管，40 克　　　　(E)C 试管，50 克

【解析】设 A 试管中原有水 x 克，B 试管中原有水 y 克，C 试管中原有水 z 克．根据题意，得

$$\begin{cases}\dfrac{0.12\times 10}{x+10}=0.06,\\[2mm]\dfrac{0.06\times 10}{y+10}=0.02,\\[2mm]\dfrac{0.02\times 10}{z+10}=0.005,\end{cases}\Rightarrow\begin{cases}x=10,\\y=20,\\z=30,\end{cases}$$

故原来盛水最多的试管为 C 试管，其盛水量为 30 克．

【答案】(C)

变化 5　溶液配比问题

例40 已知甲桶中有 A 农药 50 升，乙桶中有 A 农药 40 升，则两桶农药混合，可以配成浓度为 40% 的农药溶液．

(1)甲桶中 A 农药的浓度为 20%，乙桶中 A 农药的浓度为 65%．

(2)甲桶中 A 农药的浓度为 30%，乙桶中 A 农药的浓度为 52.5%．

【解析】条件(1)：混合后农药浓度为 $\dfrac{20\%\times 50+65\%\times 40}{40+50}\times 100\%=40\%$，条件(1)充分．

条件(2)：混合后农药浓度为$\dfrac{30\%\times 50+52.5\%\times 40}{40+50}\times 100\%=40\%$，条件(2)充分.

【答案】(D)

题型97 工程问题

[母题综述]

1. 基本等量关系：工作效率$=\dfrac{\text{工作量}}{\text{工作时间}}$.

2. 常用的等量关系：各部分的工作量之和＝总工作量.

3. 当题目不用求出具体的工作数量时，可把总工作量设为1.

[母题精讲]

母题97 甲、乙两组工人合作一项工程，合作10天后，甲组因故提前退出，剩下的工作由乙组单独做2天才能完成. 若这项工程交给两组单独完成，那么甲组完成后，乙组还需工作4天才能完成，那么乙组单独完成这项工程需要(　　)天.

(A)18　　　　(B)20　　　　(C)22　　　　(D)23　　　　(E)24

【解析】设工程总量为1，乙组单独完成这项工程需要x天，则甲组需要$x-4$天，由各部分的工作效率×工作时间之和＝工作总量，得

$$\left(\dfrac{1}{x}+\dfrac{1}{x-4}\right)\times 10+\dfrac{2}{x}=1,$$

解得$x=24$或$x=2$(舍去). 故乙组单独完成这项工程需要24天.

【答案】(E)

[母题变化]

变化1　总工作量不为1

技巧总结

如果某部分工作量已经给出具体的值，或者工作总量、某部分工作量待求时，可设总工作量为x.

例41 甲、乙两队修一条公路，甲单独施工需要40天完成，乙单独施工需要24天完成，现在两队同时从两端开始施工，在距离公路中点7.5千米处会合完工，则公路长度为(　　)千米.

(A)60　　　　(B)70　　　　(C)80　　　　(D)90　　　　(E)100

【解析】方法一：直接求解.

甲、乙施工进度比为$24:40$，即$3:5$，中点将公路分为两部分，为$4:4$，可见会合处离中

点距离是全程的 $\frac{1}{8}$，故 $7.5 \times 8 = 60$（千米）.

方法二：取样放缩法.

设全长 120 千米（120 为 40 和 24 的最小公倍数），则甲每天完成 3 千米，乙每天完成 5 千米，共 $\frac{120}{3+5} = 15$（天）完工，此时甲施工 $3 \times 15 = 45$（千米），距离中点 60 千米相距 15 千米. 所以，公路长度为 $120 \times \frac{7.5}{15} = 60$（千米）.

【答案】(A)

例 42 打印一份资料，若每分钟打 30 个字，需要若干小时打完. 当打到此材料的 $\frac{2}{5}$ 时，打字效率提高了 40%，结果提前半小时打完. 这份材料的字数是（　　）个.

(A)4 650　　　　(B)4 800　　　　(C)4 950　　　　(D)5 100　　　　(E)5 250

【解析】设材料的字数为 x，效率提高后，共完成 $\frac{3}{5}x$ 的工作量，由题意可知所用时间减少了 30 分钟，即在 $\frac{3}{5}x$ 工作量中减少 30 分钟，得

$$\frac{\frac{3}{5}x}{30} - \frac{\frac{3}{5}x}{30(1+40\%)} = 30,$$

解得 $x = 5\,250$. 故这份材料的字数是 5 250 个.

【答案】(E)

变化 2　合作问题（总工作量为 1）

技巧总结

1. 若两人合作，则甲的工作量＋乙的工作量＋未完成的工作量＝1.

2. 若三人合作，则甲的工作量＋乙的工作量＋丙的工作量＋未完成的工作量＝1.

例 43 一项工程要在规定时间内完成，若甲单独做要比规定的时间推迟 4 天，若乙单独做要比规定的时间提前 2 天完成. 若甲、乙合作了 3 天，剩下的部分由甲单独做，恰好在规定时间内完成，则规定时间为（　　）天.

(A)19　　　　(B)20　　　　(C)21　　　　(D)22　　　　(E)24

【解析】设总工程量为 1，规定时间为 x 天，则甲单独做需要 $x+4$ 天，乙单独做需要 $x-2$ 天，根据题意可知，乙工作 3 天，甲工作 x 天，可完成工程量，故有

$$3 \cdot \frac{1}{x-2} + x \cdot \frac{1}{x+4} = 1 \Rightarrow \frac{3}{x-2} = \frac{4}{x+4},$$

解得 $x = 20$，即规定时间为 20 天.

【答案】(B)

例 44 管径相同的三条不同管道甲、乙、丙可同时向某基地容积为 1 000 立方米的油罐供油. 丙管道的供油速度比甲管道供油速度大.

(1)甲、乙同时供油 10 天可注满油罐.

(2)乙、丙同时供油 5 天可注满油罐.

【解析】两个条件单独显然不充分，考虑联立.

设甲、乙、丙三条管道的供油效率分别为 x，y，z.

条件(1)：由条件可知 $x+y=\dfrac{1}{10}$，得 $x=\dfrac{1}{10}-y$.

条件(2)：由条件可知 $y+z=\dfrac{1}{5}$，得 $z=\dfrac{1}{5}-y$.

显然 $z>x$，联立两个条件充分.

【快速得分法】逻辑推理法.

联立两个条件可知，乙和甲一起供油比乙和丙一起供油要慢，可见甲比丙要慢.

【答案】(C)

例45 完成某项任务，甲单独做需 4 天，乙单独做需 6 天，丙单独做需 8 天.现甲、乙、丙三人依次一日一轮换地工作，则完成该项任务共需(   )天.

(A)$\dfrac{20}{3}$ (B)$\dfrac{16}{3}$ (C)6   (D)$\dfrac{14}{3}$ (E)4

【解析】设总任务量为 1，则甲、乙、丙的工作效率分别为 $\dfrac{1}{4}$，$\dfrac{1}{6}$，$\dfrac{1}{8}$.

通分可得：甲、乙、丙的工作效率分别为 $\dfrac{6}{24}$，$\dfrac{4}{24}$，$\dfrac{3}{24}$.

第一轮：甲、乙、丙各做 1 天，共完成 $\dfrac{6}{24}+\dfrac{4}{24}+\dfrac{3}{24}=\dfrac{13}{24}$.

第二轮：甲、乙各做 1 天，共完成 $\dfrac{6}{24}+\dfrac{4}{24}=\dfrac{10}{24}$.

则余下工作为 $1-\dfrac{13}{24}-\dfrac{10}{24}=\dfrac{1}{24}$，由丙完成，需要 $\dfrac{1}{24}\div\dfrac{1}{8}=\dfrac{1}{3}$（天）.

所以，完成该项任务共需 $5+\dfrac{1}{3}=\dfrac{16}{3}$（天）.

【答案】(B)

变化3 工费问题（总工作量为1）

技巧总结

基本等量关系：

(1)甲的工作量＋乙的工作量＝总工作量；

(2)甲的单价×天数＋乙的单价×天数＝总工费.

例46 公司的一项工程由甲、乙两队合作 6 天完成，公司需付 8 700 元，由乙、丙两队合作 10 天完成，公司需付 9 500 元，甲、丙两队合作 7.5 天完成，公司需付 8 250 元，若单独承包给一个工程队并且要求不超过 15 天完成全部工作，则公司付钱最少的队是(   ).

(A)甲队   (B)丙队   (C)乙队

(D)不能确定   (E)以上选项均不正确

【解析】设总工程量为 1，甲、乙、丙的工作效率分别为 x，y，z，根据题意，得

$$\begin{cases} (x+y)\cdot 6=1, \\ (y+z)\cdot 10=1, \\ (x+z)\cdot 7.5=1 \end{cases} \Rightarrow x=\frac{1}{10},\ y=\frac{1}{15},\ z=\frac{1}{30}.$$

甲完成工作需要 10 天，乙完成工作需要 15 天，丙完成工作需要 30 天．要求 15 天内完成工作，所以只能由甲队或乙队工作．

设甲队每天的酬金为 m 元，乙队每天的酬金为 n 元，丙队每天的酬金为 k 元，由题意，可得

$$\begin{cases} (m+n)\cdot 6=8\,700, \\ (k+n)\cdot 10=9\,500, \\ (m+k)\cdot 7.5=8\,250 \end{cases} \Rightarrow m=800,\ n=650,\ k=300.$$

所以，由甲队完成共需工程款 $800\times 10=8\,000$（元）；由乙队完成共需工程款 $650\times 15=9\,750$（元）．由于 $8\,000<9\,750$，因此由甲队单独完成此项工程花钱最少．

【答案】（A）

变化 4　效率变化（总工作量为 1）

> **技巧总结**
>
> 基本等量关系：效率变化前的工作量＋效率变化后的工作量＝1．

例 47　甲、乙两项工程分别由一、二工程队负责完成．晴天时，一队完成甲工程需要 12 天，二队完成乙工程需要 15 天；雨天时，一队的工作效率是晴天时的 60%，二队的工作效率是晴天时的 80%，结果两队同时开工并同时完成各自的工程，那么，在这段施工期间雨天有（　　）天．

(A)8   (B)10   (C)12   (D)15   (E)18

【解析】设晴天为 x 天、雨天为 y 天，已知一队的工作效率为 $\frac{1}{12}$，二队的工作效率为 $\frac{1}{15}$，则

$$一队完成甲工程：\frac{1}{12}x+\frac{1}{12}\cdot 60\%\cdot y=1,$$

$$二队完成乙工程：\frac{1}{15}x+\frac{1}{15}\cdot 80\%\cdot y=1,$$

解得 $x=3$，$y=15$，故雨天为 15 天．

【答案】（D）

变化 5　两项工作

> **技巧总结**
>
> 1. 若是两项相同的工作，则可设总工作量为 2．
>
> 2. 若是两项不同的工作，则需要对两项工作分别进行计算．

例48 搬运一个仓库的货物,甲需 10 小时,乙需 12 小时,丙需 15 小时.有同样的仓库 A 和 B,甲在 A 仓库,乙在 B 仓库同时开始搬运货物,丙开始帮助甲搬运,中途又转向帮助乙搬运,最后同时搬完两个仓库的货物.丙帮助甲、乙各搬运了(   )小时.

(A)1,2　　　　　　　(B)2,3　　　　　　　(C)2,5

(D)3,5　　　　　　　(E)2,4

【解析】本题可以看作是甲、乙、丙合作搬运 A、B 两仓库的货物,可设总工作量为 2.

故总时间为 $2\div\left(\dfrac{1}{10}+\dfrac{1}{12}+\dfrac{1}{15}\right)=8$(小时).

甲在 A 仓库搬运 8 小时,余下的是丙搬运的,乙在 B 仓库搬运 8 小时,余下的是丙搬运的.

丙在 A 仓库搬运的时间和在 B 仓库搬运的时间之和为 8 小时,又因为丙在 A 仓库搬运了

$\left(1-\dfrac{1}{10}\times 8\right)\div\dfrac{1}{15}=3$(小时),故丙在 B 仓库搬运的时间为 $8-3=5$(小时).

【快速得分法】本题算出所需总时间为 8 小时,此时观察选项,就可以快速得出答案为(D)项.

【答案】(D)

题型98 行程问题

[母题综述]

1. 行程问题的基本等量关系

路程＝速度×时间,即 $s=vt$.

路程差＝速度差×时间,即 $\Delta s=\Delta v\cdot t$.

路程差＝速度×时间差,即 $\Delta s=v\cdot\Delta t$.

2. 相对速度问题

迎面而来,速度相加;同向而去,速度相减.

[母题精讲]

母题98 甲、乙两汽车从相距 695 千米的两地出发,相向而行,乙汽车比甲汽车迟 2 个小时出发,甲汽车每小时行驶 55 千米,若乙汽车出发后 5 小时与甲汽车相遇,则乙汽车每小时行驶(   )千米.

(A)55　　　(B)58　　　(C)60　　　(D)62　　　(E)65

【解析】设乙车的速度为 x 千米/小时,两人行驶的路程之和等于总路程,故有

$$55\times(5+2)+5x=695,$$

解得 $x=62$,则乙汽车每小时行驶 62 千米.

【答案】(D)

[母题变化]

变化 1 上坡下坡问题（距离相等问题）

> **技巧总结**
>
> 当两段路程相等时（每段路程为 S），平均速度为两段路各自平均速度的调和平均值，即
>
> $$\overline{v}=\frac{2S}{\dfrac{S}{v_1}+\dfrac{S}{v_2}}=\frac{2}{\dfrac{1}{v_1}+\dfrac{1}{v_2}}=\frac{2v_1v_2}{v_1+v_2}.$$

例 49 一个人从 A 地开车去铁岭，已知他的前半段路程的平均速度为 60 千米/小时，后半段路程的平均速度为 30 千米/小时，则在从 A 地到铁岭的这段路程中，他的平均速度为（　　）千米/小时.

(A)32　　　　(B)35　　　　(C)40　　　　(D)45　　　　(E)50

【解析】前、后两段的路程相等，所以可直接使用技巧，得平均速度为 $\dfrac{2v_1v_2}{v_1+v_2}=\dfrac{2\times60\times30}{60+30}=40$（千米/小时）.

【答案】(C)

例 50 某人以 6 千米/小时的平均速度上山，上山后立即以 12 千米/小时的平均速度原路返回，那么此人在往返过程中平均每小时走（　　）千米.

(A)9　　　　(B)8　　　　(C)7　　　　(D)6　　　　(E)5

【解析】设此人的平均速度为 v 千米/小时，上山和下山的路程均为 1.

上山、下山路程相等，所以平均速度为 $\dfrac{2v_1v_2}{v_1+v_2}=\dfrac{2\times12\times6}{6+12}=8$（千米/小时），即此人在往返过程中平均每小时行走 8 千米.

【答案】(B)

变化 2 迟到早到问题

> **技巧总结**
>
> 迟到：实际时间－迟到时间＝计划时间.
>
> 早到：实际时间＋早到时间＝计划时间.

例 51 一辆大巴车从甲城以匀速 v 行驶可按预定时间到达乙城，但在距乙城还有 150 千米处因故停留了半小时，因此需要平均每小时增加 10 千米才能按预定时间到达乙城，则大巴车原来的速度 v 为（　　）千米/小时.

(A)45　　　　(B)50　　　　(C)55　　　　(D)60　　　　(E)65

【解析】根据题意，计划时间＝实际时间＋早到时间，可知 $\dfrac{150}{v}=\dfrac{150}{v+10}+\dfrac{1}{2}$，即 v^2+10v-

3 000＝0，解得 $v_1＝50$，$v_2＝-60$（含去）．则大巴车原来的速度为 50 千米/小时．

【答案】(B)

变化 3 直线追及相遇问题

相遇：甲的速度×时间＋乙的速度×时间＝距离之和．

追及：追及时间＝追及距离÷速度差．

例 52 甲、乙两辆汽车同时从东、西两地相向开出，甲车每小时行 56 千米，乙车每小时行 48 千米，两车在离中点 32 千米处相遇．求东、西两地相距( )千米．

(A)832　　　　(B)448　　　　(C)384　　　　(D)480　　　　(E)416

【解析】根据题意，由于两车在离中点 32 千米处相遇，故甲比乙多走了 64 千米．

由 $\Delta s＝\Delta v \cdot t$，得 $64＝(56-48) \cdot t$，解得 $t＝8$．

相遇问题，路程之和＝速度和×时间，故总路程 $s＝(56+48)×8＝832$（千米）．

【答案】(A)

例 53 一支队伍排成长度为 800 米的队列行军，速度为 80 米/分钟．队首的通信员以 3 倍于行军的速度跑步到队尾，花 1 分钟传达首长命令后，立即以同样的速度跑回到队首．在这往返全过程中通信员所花费的时间为( )分钟．

(A)6.5　　　　(B)7.5　　　　(C)8　　　　(D)8.5　　　　(E)10

【解析】从队首到队尾（迎面而来，速度相加）所花时间为 $\dfrac{800}{3×80+80}＝2.5$（分钟）．

从队尾到队首（同向而去，速度相减）所花时间为 $\dfrac{800}{3×80-80}＝5$（分钟）．

一共花费的时间为 $2.5+5+1＝8.5$（分钟）．

【答案】(D)

变化 4 环形跑道问题

当起点相同时，有同向运动，每相遇一次，路程差增加一圈；反向运动，每相遇一次，路程和增加一圈．

例 54 甲、乙两人在环形跑道上跑步，他们同时从起点出发，当方向相反时每隔 48 秒相遇一次，当方向相同时每隔 10 分钟相遇一次．若甲每分钟比乙快 40 米，则甲、乙两人的跑步速度分别是( )米/分钟．

(A)470，430　　　(B)380，340　　　(C)370，330　　　(D)280，240　　　(E)270，230

【解析】设甲、乙两人跑步速度分别为 v 米/分钟、$v-40$ 米/分钟，环形跑道长度为 s 米，得

$$\begin{cases} [v+(v-40)]\times 0.8=s, \\ [v-(v-40)]\times 10=s, \end{cases} \Rightarrow \begin{cases} v=270, \\ s=400, \end{cases}$$

所以甲、乙两人的跑步速度分别为 270 米/分钟、230 米/分钟.

【答案】(E)

例 55　一条环形跑道长 400 米，甲、乙二人练习跑步，甲的速度为 9 米/秒，乙的速度为 7 米/秒. 二人同时从起点同向出发，那么出发后，甲、乙二人第 3 次相遇时，距离起点(　　)米.

(A)100　　　　　(B)150　　　　　(C)200　　　　　(D)250　　　　　(E)300

【解析】设当甲、乙第 3 次相遇时，时间为 t.

第 3 次相遇，甲比乙多跑了 3 圈，故 $9t-7t=3\times 400$，解得 $t=600$.

此时甲跑了 $\dfrac{600\times 9}{400}=13.5$（圈），故此时距离起点 0.5 圈，为 $0.5\times 400=200$（米）.

【答案】(C)

变化 5　**交换目的地问题**

例 56　甲、乙两人同时从同一地点出发，相背而行. 一小时后他们分别到达各自的终点 A 和 B. 若从原地出发，互换彼此的目的，则甲在乙到达 A 之后 35 分钟到达 B. 则甲的速度和乙的速度之比是(　　).

(A)3：5　　　　　　　　　(B)4：3　　　　　　　　　(C)4：5

(D)3：4　　　　　　　　　(E)4：7

【解析】设甲的速度是 x、乙的速度是 y，如图 7-1 所示：

$$A \overset{\longleftarrow 甲 \mid 乙 \longrightarrow}{\underset{\longleftarrow 乙 \quad P \quad 甲 \longrightarrow}{\rule{8cm}{0pt}}} B$$

图 7-1

设甲从 P 地出发到 A 地，乙从 P 地出发到 B 地，一小时后到达目的地，则 $AP=x$，$PB=y$. 交换目的地之后，甲从 P 地出发到 B 地，乙从 P 地出发到 A 地，甲在乙到达 A 之后 35 分钟到达 B，则 $\dfrac{x}{y}+\dfrac{35}{60}=\dfrac{y}{x}$，解得 $\dfrac{x}{y}=\dfrac{3}{4}$ 或 $-\dfrac{4}{3}$（舍去）. 故甲的速度和乙的速度之比是 3：4.

【答案】(D)

变化 6　**多次相遇问题**

例 57　甲、乙两辆汽车同时从 A、B 两站相向开出，第一次在离 A 站 60 千米的地方相遇，之后两车继续以原来的速度前进. 各自到达对方车站后都立即返回，又在距 B 站 30 千米处相遇，则两站相距(　　)千米.

(A)130　　　　　(B)140　　　　　(C)150　　　　　(D)160　　　　　(E)180

【解析】根据题意画图，如图7-2所示：

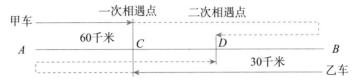

图 7-2

方法一：设 A、B 两地距离为 s 千米，则第一次相遇时，两车路程之和为 s 千米，从第一次相遇到第二次相遇，两车路程之和为 $2s$；

第一次相遇的行驶时间为 t，因为两车速度始终不变，故从第一次相遇到第二次相遇的行驶时间为 $2t$；

已知 $AC = v_甲 \cdot t = 60$（千米），解得 $v_甲 = \dfrac{60}{t}$，$BC + BD = v_甲 \cdot 2t = 120$ 千米，$BC = 120 - BD = 120 - 30 = 90$（千米）. 故 $AB = AC + BC = 60 + 90 = 150$（千米）.

方法二：设 CD 的长度为 x，两车的速度保持不变，故有

$$\frac{v_甲}{v_乙} = \frac{\dfrac{s_甲}{t}}{\dfrac{s_乙}{t}} = \frac{s_甲}{s_乙} = \frac{60}{30 + x} = \frac{2 \times 30 + x}{2 \times 60 + x},$$

解得 $x = 60$，故 $AB = 60 + 60 + 30 = 150$（千米）.

【答案】(C)

变化 7　航 行 问 题

技巧总结

航行问题有关公式：

（1）顺水行程＝（船速＋水速）×顺水时间；
　　　逆水行程＝（船速－水速）×逆水时间.

（2）顺水速度＝船速＋水速；逆水速度＝船速－水速.

（3）静水速度＝船速＝（顺水速度＋逆水速度）÷2；
　　　水速＝（顺水速度－逆水速度）÷2.

例58　一艘轮船顺流航行 120 千米，逆流航行 80 千米，共用时 16 小时；顺流航行 60 千米，逆流航行 120 千米，也用时 16 小时. 则水流速度为(　　)千米/小时.

(A)1.5　　　　(B)2　　　　(C)2.5　　　　(D)3　　　　(E)4

【解析】设船的速度为 $v_船$，水的速度为 $v_水$，则顺流速度＝$v_船 + v_水$，逆流速度＝$v_船 - v_水$，可得

$$\frac{120}{v_船 + v_水} + \frac{80}{v_船 - v_水} = \frac{60}{v_船 + v_水} + \frac{120}{v_船 - v_水},$$

解得 $v_船 = 5v_水$，即 $16 = \dfrac{120}{6v_水} + \dfrac{80}{4v_水}$，解得 $v_水 = 2.5$ 千米/小时.

【答案】(C)

例59 一艘轮船往返航行于甲、乙两个码头，若船在静水中的速度不变，则当这条河的水流速度增加 50% 时，往返一次所需的时间比原来将(   ).

(A)增加　　　　　　　(B)减少半个小时　　　　　　　(C)不变

(D)减少一个小时　　　(E)无法判断

【解析】设甲、乙两个码头之间距离为 s，船在静水中的速度为 v，原来的水流速度为 x，则后来的水流速度为 $1.5x$.

根据题意，原来往返所需要的时间为 $t_1=\dfrac{s}{v+x}+\dfrac{s}{v-x}=\dfrac{2vs}{v^2-x^2}$；

后来往返所需要的时间为 $t_2=\dfrac{s}{v+1.5x}+\dfrac{s}{v-1.5x}=\dfrac{2vs}{v^2-2.25x^2}$；

因为 $v^2-x^2>v^2-2.25x^2$，故 $t_1<t_2$，即增加水速增加了往返所需要的时间.

【快速得分法】极值法.

设水速增加到与船速相等，则船逆水行驶的速度为 0，永远达不到目的地. 显然增加水速就增加了往返所需要的时间.

【答案】(A)

例60 一艘小轮船上午 8：00 起航逆流而上(设船速和水流速度一定)，中途船上一块木板落入水中，直到 8：50 船员才发现这块重要的木板丢失，立即调转船头去追，最终于 9：20 追上木板. 由上述数据可以算出木板落水的时间是(   ).

(A)8：35　　　(B)8：30　　　(C)8：25　　　(D)8：20　　　(E)8：15

【解析】设轮船出发后过了 t 分钟，木板落入水中. 设船的速度和水的速度分别为 $v_{船}$、$v_{水}$，根据题意可知，船逆流而上的距离＋木板顺流而下的距离＝船顺流去追的距离，即

$$(v_{船}-v_{水})\times(50-t)+v_{水}\times(80-t)=(v_{船}+v_{水})\times30,$$

解得 $t=20$，即木板落水时间为 8：20.

【快速得分法】极值法.

设水流速度为 0，木板位置保持不变，船的速度保持不变，则船远离木板的时间等于回追木板的时间，均为 30 分钟，所以木板丢失的时间比 8：50 早 30 分钟，即 8：20 木板落水.

【答案】(D)

变化 8 　与火车有关的问题

技巧总结

火车问题一般需要考虑车身的长度，有关公式：

(1)火车穿过隧道：火车通过的距离＝车长＋隧道长.

(2)快车超过慢车：

相对速度＝快车速度－慢车速度（同向而去，速度相减）；

从追上车尾到超过车头的相对距离＝快车长度＋慢车长度.

（3）两车相对而行：

相对速度＝快车速度＋慢车速度（迎面而来，速度相加）；

从两车相遇到两车分离的距离＝快车长度＋慢车长度．

（4）整个火车车身在隧道里：

总路程＝火车车尾进入隧道到火车车头出隧道的距离＝隧道长度－火车长度．

例61 一列火车完全通过一个长为1 600米的隧道用了25秒，通过一根电线杆用了5秒，则该列火车的长度为（ ）米．

(A)200 　　　　(B)300 　　　　(C)400 　　　　(D)450 　　　　(E)500

【解析】 令火车长为a米，火车通过隧道与电线杆时的速度相等，即

$$\frac{1\ 600+a}{25}=\frac{a}{5},$$

解得$a＝400$．故该列火车的长度为400米．

【答案】(C)

例62 在一条与铁路平行的公路上有一行人与一骑车人同向行进，行人速度为3.6千米/小时，骑车速度为10.8千米/小时．如果一列火车从他们的后面同向匀速驶来，它通过行人的时间是22秒，通过骑车人的时间是26秒，则这列火车的车身长为（ ）米．

(A)186 　　　　(B)268 　　　　(C)168 　　　　(D)286 　　　　(E)188

【解析】 设火车的长度为x米，火车的速度为v米/秒，行人的速度为3.6千米/小时＝1米/秒，骑车人的速度为10.8千米/小时＝3米/秒，则火车与行人的相对速度为$v-1$，火车与骑车人的相对速度为$v-3$，根据题意，得

$$\begin{cases} \dfrac{x}{v-1}=22, \\ \dfrac{x}{v-3}=26, \end{cases}$$

解得$v＝14$，$x＝286$．故火车的车身长为286米．

【快速得分法】 最小公倍数法．

两个时间分别为22秒和26秒，可知车身长很可能是11和13的公倍数，只有(D)选项符合．

【答案】(D)

例63 快慢两列车长度分别为160米和120米，它们相向驶在平行轨道上，若坐在慢车上的人看见整列快车驶过的时间是4秒，那么坐在快车上的人看见整列慢车驶过的时间是（ ）秒．

(A)3 　　　　(B)4 　　　　(C)5 　　　　(D)6 　　　　(E)7

【解析】 设快车速度为a米/秒，慢车速度为b米/秒，则$\frac{160}{a+b}=4$，解得$a+b=\frac{160}{4}=40$．所以，坐在快车上的人看见整列慢车驶过的时间为$120\div(a+b)=3$秒．

【答案】(A)

例64 在有上、下行的轨道上，两列火车相向开来，若甲车长 187 米、每秒行驶 25 米，乙车长 173 米、每秒行驶 20 米，则从两车头相遇到两车尾离开，需要(   )秒.

(A)12　　　　(B)11　　　　(C)10　　　　(D)9　　　　(E)8

【解析】从两车头相遇到两车尾离开，走的相对路程为两车长之和；相向而行，相对速度为两者速度之和，故所求时间为 $\dfrac{187+173}{25+20}=8$(秒).

【答案】(E)

例65 一列火车匀速行驶时，通过一座长为 250 米的桥梁需要 10 秒，通过一座长为 450 米的桥梁需要 15 秒，该火车通过长为 1 050 米的桥梁需要(   )秒.

(A)22　　　　(B)25　　　　(C)28　　　　(D)30　　　　(E)35

【解析】设火车的长度为 x 米，火车的速度为 v 米/秒，根据题意，有

$$v=\frac{250+x}{10}=\frac{450+x}{15},$$

解得 $x=150$，$v=40$. 故通过长为 1 050 米的桥梁需要的时间 $t=\dfrac{1\,050+150}{40}=30$(秒).

【快速得分法】相减比例法. 根据题意，得

$$v=\frac{450-250}{15-10}=\frac{1\,050-250}{t-10}\Rightarrow t=30.$$

【答案】(D)

例66 一批救灾物资分别随 16 列火车从甲站紧急调到 600 千米外的乙站，每列车的平均速度为 125 千米/小时. 若两列相邻的火车在运行中的间隔不得小于 25 千米，则这批物资全部到达乙站最少需要(   )小时.

(A)7.4　　　　(B)7.6　　　　(C)7.8　　　　(D)8　　　　(E)8.2

【解析】由于车长与总距离相比差距过大，故不必考虑车长.

16 列火车间隔 25 千米相继到达乙站，相当于第一列火车行走 $600+15\times25=975$(千米)，故所需时间为 $975\div125=7.8$(小时).

【答案】(C)

题型99 图像与图表问题

【母题综述】

考试大纲规定，要考查"数据的图表表示".

从历真题来看，此类题多以应用题的方式出现，尤其是与行程问题有关的图像问题，真题中考的较多.

〖母题精讲〗

母题99　货车行驶 72 千米用时 1 小时，图 7-3 所示为速度 v 与行驶时间 t 的关系，则 $v_0 =$（　　）.

（A）72 千米/小时　　　　（B）80 千米/小时

（C）90 千米/小时　　　　（D）85 千米/小时

（E）100 千米/小时

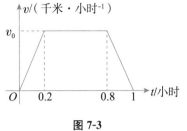

图 7-3

【解析】因为 $s = vt$，已知行驶的路程恰好为题干中梯形的面积．将右边的三角形补到左边，形成一个矩形，可得矩形面积 $s = v_0 t = v_0 \times 0.8 = 72$，故 $v_0 = 90$ 千米/小时．

【答案】（C）

〖母题变化〗

变化 1　行程问题的图像

技巧总结

1. $s - t$ 图

（1）匀速直线运动：斜率即为速度 v. 如图 7-4 所示．

（2）速度有变化的运动：初始速度为 0，然后变为一个较大的速度进行匀速直线运动，再变为一个较小的速度进行匀速直线运动．如图 7-5 所示．

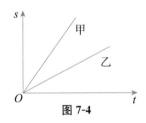

图 7-4

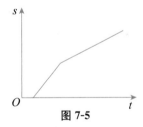

图 7-5

2. $v - s$ 图

甲是一个速度为 v_1 的匀速直线运动．乙为一个初始速度为 v_2，逐渐降低到速度为 0 的变速运动．如图 7-6 所示．

3. $v - t$ 图

甲是一个速度为 v_1 的匀速直线运动．乙为一个初始速度为 v_2，逐渐降低到速度为 0 的变速运动．如图 7-7 所示．

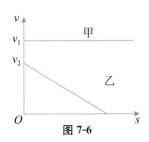

图 7-6

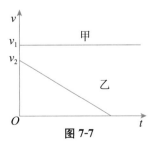

图 7-7

例 67 冬雨从家里出发步行去父母家看望父母，她全部活动的函数关系图像如图 7-8 所示. x 轴表示时间（时），y 轴表示离冬雨家的距离（单位：千米），则冬雨去程速度、返程速度和往返路上的平均速度分别为（   ）千米/小时.

(A)6，3，4   (B)6，6，6

(C)6，3，4.5   (D)3，6，4.5

(E)3，6，4

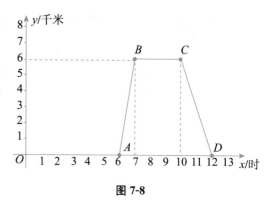

图 7-8

【解析】观察图 7-8，可知从冬雨家到父母家的距离为 6 千米.

6 点到 7 点，冬雨从自己家出发到了父母家，可知去程速度 $v_1 = \dfrac{s}{t_1} = \dfrac{6}{1} = 6$（千米/小时）.

10 点到 12 点，冬雨从父母家出发回到了自己家，可知返程速度 $v_2 = \dfrac{s}{t_2} = \dfrac{6}{2} = 3$（千米/小时）.

平均速度为 $v = \dfrac{2s}{t_1 + t_2} = \dfrac{12}{3} = 4$（千米/小时）.

【答案】(A)

例 68 甲、乙两车分别从 A、B 两市相向而行，甲先行 0.5 小时，乙才出发，行驶 4 小时后到达 A 市，两车行驶的路程 s（千米）与乙车出发后的时间 t（小时）的函数关系如图 7-9 所示，则结合图像可知，乙车出发（   ）小时后两车相遇.

(A)$\dfrac{4}{5}$ (B)$\dfrac{3}{2}$ (C)$\dfrac{4}{3}$ (D)$\dfrac{40}{19}$ (E)$\dfrac{24}{19}$

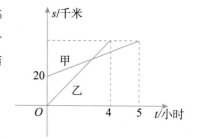

图 7-9

【解析】由图像可知，乙出发时甲走了 20 千米，故甲的速度为 $v_甲 = \dfrac{20}{0.5} = 40$（千米/小时）.

甲的路程与时间的关系式为 $s_甲 = v_甲 t + 20 = 40t + 20$.

甲一共走了 5.5 小时，故 A、B 两市的路程为 $s = 40 \times 5.5 = 220$（千米）.

观察图像，乙一共走了 4 小时，故乙的速度为 $v_乙 = \dfrac{220}{4} = 55$（千米/小时），乙的路程与时间的关系式为 $s_乙 = v_乙 t = 55t$.

从乙出发到两车相遇时，两车一共走了 $220 - 20 = 200$（千米），设经过 t 小时两车相遇，故有
$$(v_甲 + v_乙)t = 200 \Rightarrow (40 + 55)t = 200,$$

解得 $t = \dfrac{40}{19}$. 故乙车出发 $\dfrac{40}{19}$ 小时后两车相遇.

【注意】很多同学通过求图像上两条直线的交点来求相遇时间，这是不对的，认真观察图像的函数关系，此图像表示的是两个车行驶的路程与乙出发后的时间之间的关系，并没有体现两个车的相对位置关系.

【答案】(D)

变化 2 注水问题的图像

例69 图 7-10 所示为某蓄水池的纵断面示意图，分为深水池和浅水池，如果这个蓄水池以固定的流量注水，下面能大致表示开始注水以后水的最大深度 h 与时间 t 之间关系的图像是（ ）．

图 7-10

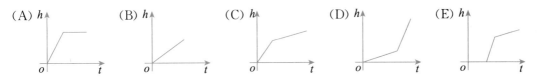

【解析】单位时间内注水量一定，所以蓄水池内水量在单位时间内的变化是一定的．

又因为水量 $V=$ 底面积 $S\times$ 高 h，即高 $h=\dfrac{V}{S}$，由于底面积先小后大，故水面升高速度先快后慢．观察选项，只有(C)项正确．

【答案】(C)

例70 一个装有进水管和出水管的容器，从某时刻起只打开进水管进水，经过一段时间，再打开出水管放水，至 12 分钟时，关停进、出水管．在打开进水管到关停进、出水管这段时间内，容器内的水量 y（单位：升）与时间 x（单位：分钟）之间的函数关系如图 7-11 所示，则从打开出水管起至 12 分钟时，容器内的水量 y 与时间 x 的函数解析式为（ ）．

(A)$y=5x$ 或 $y=\dfrac{5}{4}x+15$ (B)$y=\dfrac{5}{4}x+15$

(C)$y=5x$ (D)$\begin{cases}y=5x, & 0\leqslant x\leqslant 4,\\ y=\dfrac{5}{4}x+15, & 4<x\leqslant 12\end{cases}$

(E)$y=\dfrac{5}{4}x+15(4<x\leqslant 12)$

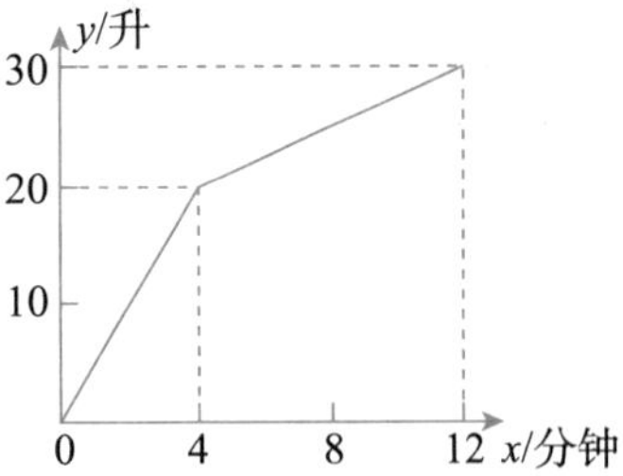

图 7-11

【解析】设只打开进水管进水时，容器内的水量 y 与时间 x 的函数解析式为 $y=k_1x(0\leqslant x\leqslant 4)$．

将 $(4,20)$ 代入函数解析式，可得 $4k_1=20$，解得 $k_1=5$，故解析式为 $y=5x(0\leqslant x\leqslant 4)$．

注意：题干问的是从打开出水管起的图像，因此，以上计算可以直接省略．

设从打开出水管起至 12 分钟，容器内的水量 y 与时间 x 的函数解析式为 $y=k_2x+b(4<x\leqslant 12)$．

将 $(4,20)$ 和 $(12,30)$ 代入函数解析式，可得

$$\begin{cases}4k_2+b=20,\\ 12k_2+b=30\end{cases}\Rightarrow k_2=\dfrac{5}{4},\ b=15.$$

故所求的解析式为 $y=\dfrac{5}{4}x+15(4<x\leqslant 12)$．

【答案】(E)

变化 **3** 　其他一次函数应用题的图像

例 71 　在空中，自地面算起，每升高 1 千米，气温下降若干摄氏度($℃$). 某地空中气温 t($℃$)与高度 h(千米)间的函数图像如图 7-12 所示，观察图像，可知该地面气温为(　　)$℃$.

(A)24　　(B)16　　(C)8　　(D)4　　(E)0

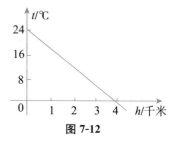

图 7-12

【解析】题中地面高度可视为 0 千米，所以求地面气温即求高度为 0 时的气温，观察图像可发现，当 $h=0$ 千米时，$t=24℃$，即地面气温为 $24℃$.

【答案】(A)

例 72 　某电子厂家经过市场调查发现，某种计算器的供应量 x_1(万个)与价格 y_1(万元)之间的关系和需求量 x_2(万个)与价格 y_2(万元)之间的关系如图 7-13 所示，如果你是这个电子厂的厂长，你会计划生产这种计算器(　　)万个，才能使市场达到供需平衡.

(A)24　　(B)20　　(C)18　　(D)15　　(E)12

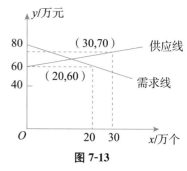

图 7-13

【解析】设供应线的解析式为 $y_1=k_1x_1+60$，将 $x_1=30$，$y_1=70$ 代入得 $70=30k_1+60$，解得 $k_1=\dfrac{1}{3}$，故供应线的解析式为 $y_1=\dfrac{1}{3}x_1+60$.

设需求线的解析式为 $y_2=k_2x_2+80$，将 $x_2=20$，$y_2=60$ 代入得 $60=20k_2+80$，解得 $k_2=-1$，故需求线的解析式为 $y_2=-x_2+80$.

为求使市场达到供需平衡的量，即求两条直线的交点，联立两个方程，得

$$\begin{cases} y_1=\dfrac{1}{3}x_1+60, \\ y_2=-x_2+80. \end{cases} \Rightarrow \begin{cases} x_1=x_2=15, \\ y_1=y_2=65. \end{cases}$$

故应计划生产这种计算器 15 万个.

【答案】(D)

变化 **4** 　图表题

例 73 　一辆中型客车的营运总利润 y(单位：万元)与营运年数 x($x\in \mathbf{N}^+$)的变化关系如表7-7所示，则客车的营运年数为(　　)年时，该客车的年平均利润最大.

表 7-7

x/年	4	6	8	⋯
$y=ax^2+bx+c$/万元	7	11	7	⋯

(A)4　　　　(B)5　　　　(C)6　　　　(D)7　　　　(E)8

【解析】由题干可知二次函数 $y=ax^2+bx+c$ 过三点 $(4, 7)$，$(6, 11)$，$(8, 7)$，故有

$$\begin{cases} 7=a \cdot 4^2+4 \cdot b+c, \\ 11=a \cdot 6^2+6 \cdot b+c, \Rightarrow a=-1,\ b=12,\ c=-25, \\ 7=a \cdot 8^2+8 \cdot b+c \end{cases}$$

故有 $y=-x^2+12x-25$. 故平均利润为 $R=\dfrac{y}{x}=-x+12-\dfrac{25}{x}=-\left(x+\dfrac{25}{x}\right)+12 \leqslant -10+12=2$.

当 $x=\dfrac{25}{x}$，即 $x=5$ 时，取到最值. 故营运年数为 5 年时，年平均利润最大.

【答案】(B)

题型 100 最值问题

〔母题综述〕

解最值应用题，常用四种方法：

(1)转化为一元二次函数求最值；

(2)转化为均值不等式求最值；

(3)转化为不等式求最值；

(4)极值法求最值.

〔母题精讲〕

母题 100 甲商店销售某种商品，该商品的进价每件 90 元，若每件定价 100 元，则一天内能售出 500 件，在此基础上，定价每增加 1 元，一天少售出 10 件，若使甲商店获得最大利润，则该商品的定价应为(　　)元.

(A)115　　　　(B)120　　　　(C)125　　　　(D)130　　　　(E)135

【解析】设定价比原定价高了 x 元，利润为 y 元，可得 $y=(100+x-90)(500-10x)$，整理得

$$y=10(500+40x-x^2)=-10(x^2-40x+400-900)=-10(x-20)^2+9\ 000.$$

根据一元二次函数的性质，可知当 $x=20$ 时利润最高，此时定价为 120 元.

【答案】(B)

〔母题变化〕

变化 1 转化为一元二次函数求最值

> 技巧总结
> 注意对称轴是不是落在定义域的区间内.

例 74　设罪犯与警察在一开阔地上相隔一条宽 0.5 千米的河的两岸，罪犯从北岸 A 点处以每分钟 1 千米的速度向正北逃窜，警察从南岸 B 点以每分钟 2 千米的速度向正东追击（如图 7-14 所示），则警察从 B 点到达最佳射击位置（即罪犯与警察相距最近的位置）所需的时间是(　　)分钟.

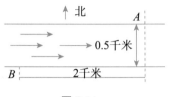

图 7-14

(A)$\dfrac{3}{5}$　　　　(B)$\dfrac{5}{3}$　　　　(C)$\dfrac{10}{7}$　　　　(D)$\dfrac{7}{10}$　　　　(E)$\dfrac{1}{5}$

【解析】设在最佳射击时机时，警察在 B' 点，罪犯在 A' 点，与 A 点相对应的南岸的点为 C 点，警察从 B 到 B' 所用时间为 t，则如图 7-15 所示.

求最佳射击位置，即求 $A'B'$ 距离的最小值.

由 $A'C = 0.5 + 1 \cdot t$，$B'C = 2 - 2 \cdot t$，$A'B' = \sqrt{A'C^2 + B'C^2} = \sqrt{5t^2 - 7t + 4.25}$，可知当 $t = \dfrac{7}{10}$ 分钟时，$A'B'$ 距离最小.

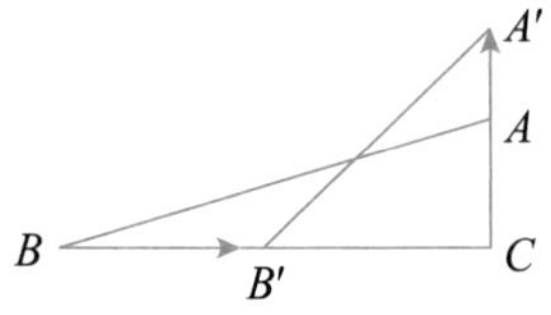

【答案】(D)

图 7-15

变化 2　**转化为均值不等式求最值**

技巧总结

如果题干中已知条件为和的定值，求积的最大值；或者已知条件为积的定值，求和的最小值，则一般是考查均值不等式.

例 75　某产品的产量 Q 与原材料 A、B、C 的数量 x、y、z（单位均为吨）满足 $Q = 0.05xyz$，已知 A、B、C 每吨的价格分别是 3、2、4（百元）. 若用 5 400 元购买 A、B、C 三种原材料，则使产量最大的 A、B、C 的采购量分别为(　　)吨.

(A)6，9，4.5　　(B)2，4，8　　(C)2，3，6　　(D)2，2，2　　(E)4，8，2

【解析】由题意可知 $3x + 2y + 4z = 54$，结合均值不等式，可得
$$Q = 0.05xyz = \frac{1}{20} \cdot \frac{1}{24} \cdot 3x \cdot 2y \cdot 4z \leqslant \frac{1}{480}\left(\frac{3x + 2y + 4z}{3}\right)^3 = \frac{243}{20},$$
当 $3x = 2y = 4z$ 时等号成立，解得 $x = 6$，$y = 9$，$z = 4.5$.

【答案】(A)

变化 3　**转化为不等式求最值**

例 76　有 30 本书分给小朋友，如果每人分 5 本，那么不够分；如果每人分 4 本，那么有剩余，则小朋友有(　　)人.

(A)4　　　　(B)5　　　　(C)6　　　　(D)7　　　　(E)8

【解析】设小朋友有 x 人，根据题意，得
$$4x < 30 < 5x \Rightarrow 6 < x < 7.5.$$
由于人数为整数，故小朋友有 7 人.

【答案】(D)

例77 某工程队有若干个甲、乙、丙三种工人．现在承包了一项工程，要求在规定时间内完成．若单独由甲种工人来完成，则需要 10 人；若单独由乙种工人来完成，则需要 15 人；若单独由丙种工人来完成，则需要 30 人．若在规定时间内恰好完工，则该工程队工人总数至少有 12 人．

(1)甲种工人人数最多．

(2)丙种工人人数最多．

【解析】设规定时间为 1，则甲、乙、丙种工人的效率分别为 $\frac{1}{10}$，$\frac{1}{15}$，$\frac{1}{30}$．

设需要甲、乙、丙种工人的人数分别为 x 人、y 人、z 人，则有

$$\frac{1}{10}x+\frac{1}{15}y+\frac{1}{30}z=1, \qquad ①$$

$$x+y+z\geqslant 12, \qquad ②$$

将式①代入式②，得 $x+y+z\geqslant 12\left(\frac{1}{10}x+\frac{1}{15}y+\frac{1}{30}z\right)$，整理，得

$$y+3z\geqslant x. \qquad ③$$

条件(1)：x 最大，无法判断式③是否成立，故条件(1)不充分．

条件(2)：$z\geqslant x$，则必有 $y+3z\geqslant x$，条件(2)充分．

【答案】(B)

变化 4　极值法求最值

例78 甲班共有 30 名学生，在一次满分为 100 分的考试中，全班平均成绩为 90 分，则成绩低于 60 分的学生至多有(　　)个．

(A)8　　　　　(B)7　　　　　(C)6　　　　　(D)5　　　　　(E)4

【解析】极值法．

欲使低于 60 分的人数最多，则不及格的学生分数越接近 60 分越好，及格的同学分数越接近 100 越好．

故设不及格的同学的分数约等于 60 分，有 x 人，及格的同学均为 100 分，有 $30-x$ 人，得

$$(30-x)100+60x=30\times 90,$$

解得 $x=7.5$，故最多有 7 个人低于 60 分．

【答案】(B)

题型 101　线性规划问题

【母题综述】

线性规划问题常用方法：

(1)"先看边界后取整数"法，其中"取整数"的方式要分情况讨论；

(2)图像法．

【母题精讲】

母题 101　某居民小区决定投资 15 万元修建停车位，据测算，修建一个室内车位的费用为 5 000 元，修建一个室外车位的费用为 1 000 元，考虑到实际因素，计划室外车位的数量不少于室内车位的 2 倍，也不多于室内车位的 3 倍，这笔投资最多可建车位的数量为(　　)个.

(A)78　　　　　(B)74　　　　　(C)72　　　　　(D)70　　　　　(E)66

【解析】 方法一：设可建室内车位 x 个，室外车位 y 个，根据题意，有

$$\begin{cases} 5\ 000x + 1\ 000y \leqslant 150\ 000, \\ 2x \leqslant y \leqslant 3x \end{cases} \Rightarrow \begin{cases} 5x + y \leqslant 150, \\ 2x \leqslant y \leqslant 3x. \end{cases}$$

采用极值法，将上述不等式取等号，可得

$$\begin{cases} 5x + y = 150, \\ 2x = y, \end{cases} \text{或者} \begin{cases} 5x + y = 150, \\ 3x = y, \end{cases}$$

解得 $x = \dfrac{150}{7}$ 或 $x = \dfrac{150}{8}$，故有 $\dfrac{150}{8} \leqslant x \leqslant \dfrac{150}{7}$.

又因为 x 必须为整数，故 x 的可能取值为 19，20，21.

代入可知，当 $x = 19$ 时，可建车位数量最多，此时 $y = 55$，车位总数为 $19 + 55 = 74$(个).

方法二：由题意可知，欲使总车位最多，应尽量多建室外车位，故应使室外车位数量是室内车位数量的 3 倍，设室内车位建 x 个，则室外车位建 $3x$ 个，则

$$5\ 000x + 1\ 000 \cdot 3x = 150\ 000 \Rightarrow x = 18.75.$$

检验 $x = 18$ 和 $x = 19$，可知当 $x = 19$ 时，可建 19 个室内车位和 55 个室外车位，此时车位最多为 74 个.

【答案】 (B)

【母题变化】

变化 1　临界点为整数点

技巧总结

第一步："先看边界"，将不等式直接取等号，求得未知数的解.

第二步："再取整数"，若所求解为整数，则此整数解一般就是最优解.

例 79　某家具公司生产甲、乙两种型号的组合柜，每种柜的制造白坯时间、油漆时间及有关数据如表 7-8 所示：

表 7-8

工艺要求	甲	乙	生产能力/(工时·天$^{-1}$)
制白坯时间	6	12	120
油漆时间	8	4	64
单位利润	200	240	

则该公司每天可获得的最大利润为(　　)元.

(A)2 560　　　　(B)2 720　　　　(C)2 820　　　　(D)3 000　　　　(E)3 800

【解析】设 x、y 分别为甲、乙两种柜的日产量，则目标函数为 $z=200x+240y$.

线性约束条件为 $\begin{cases} 6x+12y\leqslant120, \\ 8x+4y\leqslant64 \end{cases} \Rightarrow \begin{cases} x+2y\leqslant20, \\ 2x+y\leqslant16. \end{cases}$

用先取边界后取整数法，将不等式取等号，得

$$\begin{cases} x+2y=20, \\ 2x+y=16, \end{cases}$$

解得 $x=4$，$y=8$. 故 $z_{max}=200\times4+240\times8=2\,720$(元).

【答案】(B)

变化 2　临界点为非整数点

技巧总结

第一步："先看边界"，将不等式直接取等号，求得未知数的解.

第二步："再取整数"，若所求解为小数，则取其左右相邻的整数，验证是否符合题意.

例80 某公司计划运送180台电视机和110台洗衣机下乡，现在有两种货车，甲种货车每辆最多可载40台电视机和10台洗衣机，乙种货车每辆最多可载20台电视机和20台洗衣机，已知甲、乙两种货车的租金分别是每辆400元和360元，则最少的运费是(　　)元.

(A)2 560　　　　(B)2 600　　　　(C)2 640　　　　(D)2 580　　　　(E)2 720

【解析】设用甲种货车 x 辆，乙种货车 y 辆，总费用为 z 元，则有

$$\begin{cases} 40x+20y\geqslant180, \\ 10x+20y\geqslant110, \\ z=400x+360y \end{cases} \Rightarrow \begin{cases} 2x+y\geqslant9, \\ x+2y\geqslant11, \\ z=400x+360y. \end{cases}$$

先看边界，直接解方程组 $\begin{cases} 2x+y=9, \\ x+2y=11, \end{cases}$ 解得 $x=\dfrac{7}{3}$，$y=\dfrac{13}{3}$.

再取整数：

若 $x=2$，则 $y=5$，费用为 $400\times2+360\times5=2\,600$(元).

若 $x=3$，则 $y=4$，费用为 $400\times3+360\times4=2\,640$(元).

可知用甲车2辆、乙车5辆时，费用最低，为2 600 元.

【答案】(B)

变化 3　解析几何型线性规划问题

技巧总结

图像法：由已知条件写出约束条件，并作出可行域，进而通过平移目标函数的图像（一般为直线），从而在可行域内求线性目标函数的最优解.

例81 已知点 $P(m, 0)$，$A(1, 3)$，$B(2, 1)$，点 (x, y) 在 $\triangle PAB$ 上．则 $x-y$ 的最小值与最大值分别为 -2 和 1．

(1) $m \leqslant 1$．

(2) $m \geqslant -2$．

【解析】条件(1)：当 m 的值很小时，将点 P 坐标代入 $x-y$，可得值很小，不充分．

条件(2)：当 m 的值很大时，将点 P 坐标代入 $x-y$，可得值很大，不充分．

联立两个条件，设 $x-y=b$，则有 $y=x-b$，可知：$x-y$ 的最小值和最大值分别为直线 $y=x-b$ 截距相反数的最小值和最大值．

如图 7-16 所示：

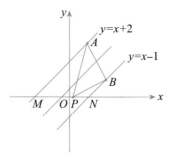

图 7-16

$x-y$ 的最小值和最大值分别为 -2 和 $1 \Leftrightarrow A(1, 3)$，$B(2, 1)$ 分别为可行域的最大值和最小值 $\Leftrightarrow$ P 在 $M(-2, 0)$，$N(1, 0)$ 之间，即 $-2 \leqslant m \leqslant 1$．所以联立充分．

【答案】(C)

本章模考题 ▶ 应用题

(共 25 小题，每小题 3 分，限时 60 分钟)

一、问题求解：第 1~15 小题，每小题 3 分，共 45 分，下列每题给出的 (A)、(B)、(C)、(D)、(E) 五个选项中，只有一项是最符合试题要求的.

1. 某城市按以下规定收取每月煤气费，用煤气如果不超过 60 立方米，按每立方米 0.8 元收费；如果超过 60 立方米，超过部分按每立方米 1.20 元收费. 已知某用户 4 月份所用煤气平均每立方米 0.88 元，那么 4 月份该用户应交煤气费 (　　) 元.
   (A)78　　　　(B)75　　　　(C)66　　　　(D)60　　　　(E)58

2. 甲、乙两名同学的分数比是 5∶4，如果甲少得 22.5 分，乙多得 22.5 分，则他们的分数比是 5∶7，甲、乙原来两人分数相差 (　　) 分.
   (A)18　　　　(B)16　　　　(C)15　　　　(D)14　　　　(E)12

3. 张家与李家的收入之比是 8∶5，开支之比是 8∶3，结果张家结余 240 元，李家结余 270 元. 问张家比李家多收入 (　　) 元.
   (A)270　　　　(B)260　　　　(C)280　　　　(D)290　　　　(E)250

4. 箱子里有红、白两种玻璃球，红球数比白球数的 3 倍多 2 只. 每次从箱子里取出 7 只白球、15 只红球，经过若干次后，箱子里剩下 3 只白球、53 只红球，那么，箱子里原来红球数比白球数多 (　　) 只.
   (A)112　　　　(B)106　　　　(C)116　　　　(D)118　　　　(E)122

5. 某项工程，小王单独做需 20 天完成，小张单独做需 30 天完成. 现在两人合作，但中间小王休息了 4 天，小张也休息了若干天，最后该工程用 16 天时间完成，则小张休息了 (　　) 天.
   (A)4　　　　(B)4.5　　　　(C)5　　　　(D)5.5　　　　(E)6

6. 有一项工程，甲、乙、丙三个工程队轮流做. 原计划按甲、乙、丙次序轮流做，恰好最后一天由甲完成，且甲用整数天完成；如果按乙、丙、甲次序轮流做，比原计划多用 $\frac{1}{2}$ 天完成；如果按丙、甲、乙次序轮流做，也比原计划多用 $\frac{1}{2}$ 天完成. 已知甲单独做用 10 天完成，且三个工程队的工作效率各不相同，那么这项工程由甲、乙、丙三队合作要 (　　) 天可以完成.
   (A)7　　　　(B)$\frac{19}{3}$　　　　(C)$\frac{209}{40}$　　　　(D)$\frac{40}{9}$　　　　(E)$\frac{50}{9}$

7. 从甲地到乙地的公路，只有上坡路和下坡路，没有平路. 一辆汽车上坡时的时速为 20 千米/小时，下坡时的时速为 35 千米/小时. 车从甲地开往乙地需 9 小时，从乙地到甲地需要 7.5 小时. 则从甲地到乙地须行驶 (　　) 千米的上坡路.
   (A)120　　　　(B)130　　　　(C)140　　　　(D)160　　　　(E)180

8. 若甲食盐水的浓度为 12%、乙食盐水的浓度为 24%，则甲、乙两种食盐水该以 (　　) 的质量比混合，能混合成浓度为 16% 的食盐水.
   (A)1∶2　　　　(B)2∶1　　　　(C)2∶3　　　　(D)3∶2　　　　(E)1∶1

9. 一块正方形地板，用相同的小正方形瓷砖铺满，已知地板两对角线上共铺 101 块黑色瓷砖，而其余地面全是白色瓷砖，则白色瓷砖共用(   )块．

(A)1 500　　　(B)2 500　　　(C)2 000　　　(D)3 000　　　(E)3 500

10. 甲杯中有纯酒精 12 克，乙杯中有水 15 克，第一次将甲杯中的部分纯酒精倒入乙杯，使酒精与水混合．第二次将乙杯中部分混合溶液倒入甲杯，这样甲杯中酒精含量为 50%，乙杯中酒精含量为 25%．问第二次从乙杯倒入甲杯的混合溶液是(   )克．

(A)13　　　(B)14　　　(C)15　　　(D)16　　　(E)11

11. 甲、乙、丙、丁四人共同做一批纸盒，甲做的纸盒数量是另外三人做的总和的一半，乙做的纸盒数量是另外三人总和的 $\frac{1}{3}$，丙做的纸盒数量是另外三人做的总和的 $\frac{1}{4}$，丁一共做了 169 个，则甲一共做了(   )个纸盒．

(A)780　　　(B)450　　　(C)390　　　(D)260　　　(E)189

12. 某团体有 100 名会员，男会员与女会员的人数之比是 14∶11，会员分成三个组，甲组人数与乙、丙两组人数之和一样多．各组男会员与女会员人数之比分别是甲为 12∶13，乙为 5∶3，丙为 2∶1，那么丙有(   )名男会员．

(A)11　　　(B)12　　　(C)13　　　(D)14　　　(E)15

13. 小明早上起来发现闹钟停了，把闹钟调到 7∶10 后，就去图书馆看书．当他到那里时，他看到墙上的钟是 8∶50，又在那看了 1.5 小时书后，又用同样的时间回到家，这时家里闹钟显示为 11∶50，小明该把时间调到(   )．

(A)11∶50　　(B)11∶30　　(C)11∶35　　(D)11∶45　　(E)11∶55

14. 某木器厂生产圆桌和衣柜两种产品，现有两种木料，第一种 72 立方米，第二种 56 立方米．假设生产每种产品都需要用两种木料，生产一个圆桌和一个衣柜分别所需木料如表 7-9 所示．每生产一个圆桌可获利 6 元，生产一个衣柜可获利 10 元．木器厂在现有木料条件下，圆桌和衣柜各生产(   )个，才使获得利润最多．

表 7-9

产品	木料（单位：立方米）	
	第一种	第二种
圆桌	0.18	0.08
衣柜	0.09	0.28

(A)330，120　　　　　　　(B)340，110　　　　　　　(C)350，100

(D)360，90　　　　　　　(E)370，80

15. 小玲从家去学校，如果每分钟走 80 米，结果比上课时间提前 6 分钟到校；如果每分钟走 50 米，则要迟到 3 分钟，小玲家到学校的路程有(   )米．

(A)1 000　　　(B)1 050　　　(C)1 150　　　(D)1 100　　　(E)1 200

二、条件充分性判断：第 16～25 小题，每小题 3 分，共 30 分．要求判断每题给出的条件(1)和条件(2)能否充分支持题干所陈述的结论．(A)、(B)、(C)、(D)、(E)五个选项为判断结果，请选择一项符合试题要求的判断．

(A)条件(1)充分，但条件(2)不充分．

(B)条件(2)充分，但条件(1)不充分．

(C)条件(1)和条件(2)单独都不充分，但条件(1)和条件(2)联合起来充分．

(D)条件(1)充分,条件(2)也充分.

(E)条件(1)和条件(2)单独都不充分,条件(1)和条件(2)联合起来也不充分.

16. 一批旗帜有两种不同的形状:正方形和三角形,且有两种不同的颜色,红色和绿色. 某批旗帜中有 26% 的正方形,则红色三角形旗帜和绿色三角形旗帜的比是 $\frac{7}{30}$.

(1)红色旗帜占 40%,红色旗帜中有 50% 是正方形.

(2)红色旗帜占 35%,红色旗帜中有 60% 是正方形.

17. 甲单独完成这项任务需要 20 天.

(1)甲、乙共同完成这项任务,需要 12 天完成;乙单独完成这项任务需要 30 天.

(2)甲、乙合作 4 天后完成了总任务的 $\frac{1}{3}$,乙再单独工作 20 天才能完成余下的任务.

18. 在雅典奥运会上,中国奥运健儿共获得 32 枚金牌,那么,中国奥运健儿在个人项目获得的金牌数为 18 枚.

(1)在双人和团体项目中获得的金牌数与在个人项目中获得的金牌数的比是 9:7.

(2)在双人和团体项目中获得的金牌数与在个人项目中获得的金牌数之比是 $\frac{1}{9}$:$\frac{1}{7}$.

19. 现有甲、乙两杯浓度不同的溶液共 500 克,甲溶液的浓度是乙溶液的两倍,则将两杯溶液混合后,得到浓度为 36% 的混合溶液.

(1)甲溶液共有 100 克.

(2)乙溶液浓度为 30%.

20. 一列火车驶过铁路桥,从车头上桥到车尾离桥共用 1 分 25 秒,紧接着这列火车又穿过一条隧道,从车头进隧道到车尾离开隧道用了 2 分 40 秒,能确定火车的速度及车身的长度.

(1)铁路桥长 900 米.

(2)隧道长 1 800 米.

21. 由于天气逐渐冷了起来,牧场上的草不仅不生长,反而以固定的速度枯萎. 已知某块草地上的草可供 20 头牛吃 5 天,或可供 15 头牛吃 6 天. 照这样计算,可供 M 头牛吃 10 天.

(1)$M=5$.

(2)$M=6$.

22. 某班同学在一次小测验中平均成绩是 75 分,可以确定女生的平均成绩为 84 分.

(1)男生人数比女生人数多 80%.

(2)女生的平均成绩比男生的高 20%.

23. 游泳者在河中逆流而上. 在桥 A 下面时水壶遗失被水冲走,继续前游 20 分钟后他发现水壶遗失,于是立即返回追寻水壶,假设在此过程中水速不变,那么该水速是 3 千米/小时.

(1)在桥 A 下游距桥 A 3 千米的桥 B 下面追到水壶.

(2)在桥 A 下游距桥 A 2 千米的桥 B 下面追到水壶.

24. 一项任务,交给甲同学单独完成需要 12 天. 现在甲、乙两名同学合作 4 天后,剩下的交给乙同学单独完成,结果两个阶段所花费的时间相等.

(1)甲同学做 6 天后,乙同学做 4 天恰可完成任务.

(2)甲同学做 2 天后,乙同学做 3 天恰可完成任务的一半.

25. 一笼中鸡和兔子共 250 条腿,则笼中共 75 只鸡.

(1)鸡的数量比兔子多 50 只.

(2)鸡的数量是兔子的 3 倍.

本章模考题 ▶ 参考答案

一、问题求解

1. (C)

【解析】阶梯价格问题.

显然该用户用气超过了 60 立方米，设该用户用气 x 立方米，则有

$$60 \times 0.8 + (x-60) \times 1.2 = 0.88x,$$

解得 $x = 75$. 故总费用为 $0.88x = 0.88 \times 75 = 66$(元).

2. (A)

【解析】比例问题.

设原先甲的得分是 $5x$ 分，那么乙的得分是 $4x$ 分，根据题意，得

$$(5x - 22.5) : (4x + 22.5) = 5 : 7 \Rightarrow 20x + 112.5 = 35x - 157.5,$$

解得 $x = 18$，故两人相差 $5x - 4x = x = 18$ 分.

3. (A)

【解析】比例问题.

设张家收入为 $8x$ 元，李家收入为 $5x$ 元；张家支出为 $8y$ 元，则李家支出为 $3y$ 元.

显然可得 $\begin{cases} 8x - 8y = 240, \\ 5x - 3y = 270, \end{cases}$ 解出 $\begin{cases} x = 90, \\ y = 60, \end{cases}$ 则收入差为 $3x = 3 \times 90 = 270$(元).

4. (B)

【解析】比例问题.

因为每次都是拿出 7 只白球、15 只红球，因此拿出白球和红球的总量之比必然是 $7 : 15$.

设原来白球有 x 只，则红球有 $3x + 2$ 只，即 $(x - 3) : (3x + 2 - 53) = 7 : 15$，解得 $x = 52$.

故红球比白球多 $3x + 2 - x = 2x + 2 = 2 \times 52 + 2 = 106$(只).

5. (A)

【解析】工程问题.

设工程总量为 1，小张休息了 x 天，两人合作期间，小王工作 $16 - 4$ 天 ，小张工作 $16 - x$ 天，则有

$$(16 - x) \times \frac{1}{30} + (16 - 4) \times \frac{1}{20} = 1,$$

解得 $x = 4$. 故小张休息了 4 天.

6. (D)

【解析】工程问题.

先把题目的条件分类：

①按甲、乙、丙的顺序，甲整数天完成(最后一天甲做，刚好完成)；

②按乙、丙、甲的顺序，多用 0.5 天(最后乙做 1 天，丙做 0.5 天)；

③按丙、甲、乙的顺序，多用 0.5 天(最后丙做 1 天，甲做 0.5 天).

设工程总量为 1,甲单独做 10 天完成,甲的工作效率是 $\frac{1}{10}$;

由①与③,甲最后一天的工作量给丙做,丙需要 1 天,还得让甲做 0.5 天,所以丙的效率是甲的一半,即为 $\frac{1}{20}$;

同理,由①与②,得乙的效率 $=\frac{1}{10}-\frac{1}{20}\times\frac{1}{2}=\frac{3}{40}$.

所以三队合作需要 $1\div\left(\frac{1}{10}+\frac{3}{40}+\frac{1}{20}\right)=\frac{40}{9}$(天).

7. (C)

【解析】行程问题.

从甲地到乙地的上坡路,就是从乙地到甲地的下坡路;从甲地到乙地的下坡路,就是从乙地到甲地的上坡路,设甲地到乙地的上坡路为 x 千米、下坡路为 y 千米,依题意,得

$$\begin{cases} \dfrac{x}{20}+\dfrac{y}{35}=9, & ① \\ \dfrac{x}{35}+\dfrac{y}{20}=7.5. & ② \end{cases}$$

由式①+式②,得 $x+y=210$. 将 $y=210-x$ 代入式①,解得 $x=140$.

8. (B)

【解析】溶液配比问题.

设需要的甲、乙两种食盐水的质量分别为 x,y,根据题意得

$$\frac{12\%x+24\%y}{x+y}\times100\%=16\%,$$

解得 $x=2y$,即 $x:y=2:1$.

【快速得分法】十字交叉法求解,两种食盐水的质量比为 $(24\%-16\%):(16\%-12\%)=2:1$.

9. (B)

【解析】算术问题.

因为正方形地板的两对角线交叉处共用一块黑色瓷砖,所以它的一条对角线上共铺 $\frac{(101+1)}{2}=$ 51(块)瓷砖,因此该地板的一条边上应铺 51 块瓷砖,则整个地板铺满时,共需要瓷砖总数为 $51\times51=2\,601$(块),故需白色瓷砖为 $2\,601-101=2\,500$(块).

10. (B)

【解析】溶液问题.

混合后乙杯中酒精浓度为 25% 是不会变的,设第一次甲杯倒入乙杯 x 克纯酒精.

根据 $\frac{x}{x+15}\times100\%=25\%$,得到 $x=5$. 然后甲杯中就只有 $12-5=7$(克)纯酒精了.

再取出乙杯中的混合溶液倒入甲杯中,乙浓度不变,设乙倒入甲中的溶液为 y 克,就有

$$\frac{0.25y+7}{y+7}\times100\%=50\%,$$

解得 $y=14$,即第二次从乙杯倒入甲杯的混合溶液有 14 克.

11. (D)

【解析】算术问题．

甲、乙、丙做的纸盒数量分别占总量的 $\frac{1}{3}$、$\frac{1}{4}$、$\frac{1}{5}$，则丁占总量的 $1-\left(\frac{1}{3}+\frac{1}{4}+\frac{1}{5}\right)=\frac{13}{60}$．

设总量为 x 个，$\frac{13}{60}x=169$，解得 $x=780$，则 $\frac{1}{3}x=260$，故甲一共做了 260 个纸盒．

12. (B)

【解析】比例问题．

甲组人数是 $100\div2=50$（名）；

全体男会员人数是 $100\times\frac{14}{14+11}=56$（名）；

甲组男会员人数是 $50\times\frac{12}{12+13}=24$（名），乙、丙两组男会员人数是 $56-24=32$（名）．

乙组中男会员占全组人数的 $\frac{5}{8}$，丙组男会员占全组人数的 $\frac{2}{3}$．

可设乙组人数为 x 名，丙组人数为 $50-x$ 名，则有 $\frac{5}{8}x+\frac{2}{3}(50-x)=32$，解得 $x=32$．

故丙组男会员人数是 $(50-32)\times\frac{2}{3}=12$（名）．

13. (E)

【解析】算术问题．

从家到图书馆再回家的总时间为从 7：10 到 11：50，共计 4 小时 40 分钟，他在图书馆待的时间为 1.5 小时，故从家到图书馆的路上（来回）一共用了 4 小时 40 分钟 -1.5 小时 $=3$ 小时 10 分钟，单程为 1 小时 35 分钟．

所以，他从刚到图书馆再回到家共用时 1.5 小时 $+1$ 小时 35 分钟 $=3$ 小时 5 分钟，故闹钟的准确时间应该为 11：55．

14. (C)

【解析】线性规划问题．

设生产圆桌 x 个，生产衣柜 y 个，利润总额为 z 元．

$$\begin{cases}0.18x+0.09y\leqslant72,\\0.08x+0.28y\leqslant56.\end{cases}$$

如图 7-17 所示，作出以上不等式组所表示的平面区域，阴影部分为可行域．

作直线 l：$6x+10y=0$，即 $3x+5y=0$，把直线 l 向右上方平移至 l_1 的位置时，直线经过可行域上点 M，且与原点距离最大，此时 $z=6x+10y$ 取最大值．

解方程组 $\begin{cases}0.18x+0.09y=72,\\0.08x+0.28y=56,\end{cases}$ 得 M 点坐标 $(350,100)$，即生产圆桌 350 个，衣柜 100 个．

【快速得分法】先取边界，后取整数法．

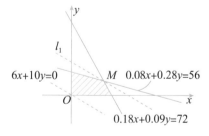

图 7-17

直接取等式 $\begin{cases} 0.18x+0.09y=72, \\ 0.08x+0.28y=56, \end{cases}$ 得 $\begin{cases} x=350, \\ y=100 \end{cases}$ 为整数解，必然为使利润最大的点．

15. (E)

【解析】行程问题．

设总距离为 x 米，则有 $\dfrac{x}{80}+6=\dfrac{x}{50}-3 \Rightarrow \dfrac{50x-80x}{4\,000}=-9$，解出 $x=1\,200$．

二、条件充分性判断

16. (B)

【解析】简单算术问题．

假设这批旗帜共有 100 个，则正方形旗帜有 26 个，三角形旗帜有 $100-26=74$（个）．

条件(1)：红色旗帜有 $100\times40\%=40$（个），红色旗帜中的正方形有 $40\times50\%=20$（个），所以红色旗帜中的三角形有 $40-20=20$（个），绿色旗帜中的三角形有 $74-20=54$（个），则红色三角形旗帜和绿色三角形旗帜的比是 $\dfrac{20}{54}=\dfrac{10}{27}\neq\dfrac{7}{30}$，条件(1)不充分．

条件(2)：红色旗帜有 $100\times35\%=35$（个），红色旗帜中的正方形有 $35\times60\%=21$（个），所以红色旗帜中的三角形共有 $35-21=14$（个），绿色旗帜中三角形有 $74-14=60$（个），则红色三角形旗帜和绿色三角形旗帜的比是 $\dfrac{14}{60}=\dfrac{7}{30}$，条件(2)充分．

17. (D)

【解析】工程问题．

条件(1)：令总工程量为 1，甲的工作效率为 $\dfrac{1}{12}-\dfrac{1}{30}=\dfrac{1}{20}$，故甲单独完成任务需要 20 天，条件(1)充分．

条件(2)：乙单独工作 20 天完成 $\dfrac{2}{3}$ 的任务，乙的效率为 $\dfrac{2}{3}\div20=\dfrac{1}{30}$，甲的工作效率为 $\left(\dfrac{1}{3}-\dfrac{4}{30}\right)\div4=\dfrac{1}{20}$，故甲单独完成任务需要 20 天，条件(2)充分．

18. (B)

【解析】比例问题．

条件(1)：可知个人项目获得的金牌数为 $32\times\dfrac{7}{16}=14$（枚），显然不充分．

条件(2)：可得个人项目获得的金牌数为 $32\times\dfrac{\frac{1}{7}}{\frac{1}{7}+\frac{1}{9}}=18$（枚），充分．

19. (C)

【解析】溶液问题．

两条件明显单独不成立，考虑联立．

联立可得，混合溶液浓度为

$$\dfrac{100\times60\%+(500-100)\times30\%}{500}\times100\%=36\%.$$

故两个条件联立起来充分．

20.（C）

【解析】行程问题．

显然单独不充分，故考虑联立．

设火车速度和车身长度分别为 x 米/秒、y 米．易知 1 分 25 秒＝85 秒，2 分 40 秒＝160 秒．

根据条件(1)和条件(2)可得

$$\begin{cases} \dfrac{900+y}{x}=85, \\ \dfrac{1\,800+y}{x}=160. \end{cases}$$

显然可以解出 x,y，即可以确定火车的速度及车身的长度，故联立充分．

21.（A）

【解析】牛吃草问题．

设 1 头牛 1 天吃 1 份草，则 20 头牛吃 5 天，可吃 100 份草．15 头牛吃 6 天，可吃 90 份草．从第 5 天到第 6 天，牧场枯萎的草是 $100-90=10$（份）．故原有草量为 $10\times 5+100=150$（份）．

所以，若要吃 10 天，日均消耗量是 $150\div 10=15$（份），除去日均枯萎量之后，每日可供 $15-10=5$（头）牛，可得 $M=5$．故条件(1)充分，条件(2)不充分．

22.（C）

【解析】平均值问题．

显然单独不成立，故考虑联立．

设女生人数为 x 人，男生平均成绩为 y 分．故男生人数为 $1.8x$ 人，女生平均成绩为 $1.2y$ 分．由十字交叉法，可得 $(1.2y-75):(75-y)=1.8:1$，解出 $y=70$．

所以女生的平均成绩为 $1.2y=1.2\times 70=84$（分），故联立充分．

23.（B）

【解析】航行问题．

设游泳者和水流的速度分别为 $v_{人}$ 千米/小时和 $v_{水}$ 千米/小时，从发现水壶遗失后，过了 t 小时追到水壶．

继续前游，则游泳者与水壶相背而行，20 分钟$\left(\text{即}\dfrac{1}{3}\text{小时}\right)$后游泳者与壶的距离为

$$s=\frac{1}{3}(v_{人}-v_{水})+\frac{1}{3}v_{水}=\frac{1}{3}v_{人}.$$

游泳者追壶时为追及问题，追及速度为 $v_{人}+v_{水}-v_{水}=v_{人}$，则有 $t\cdot v_{人}=s=\dfrac{1}{3}v_{人}$，$t=\dfrac{1}{3}$．游泳者追壶的时间为 $\dfrac{1}{3}$ 小时．故壶从遗失到被游泳者追上共用了 $\dfrac{1}{3}+\dfrac{1}{3}=\dfrac{2}{3}$（小时）．

条件(1)：$\dfrac{2}{3}v_{壶}=\dfrac{2}{3}v_{水}=3$，故 $v_{水}=4.5$，不充分．

条件(2)：$\dfrac{2}{3}v_{壶}=\dfrac{2}{3}v_{水}=2$，故 $v_{水}=3$，充分．

24. (E)

【解析】工程问题.

令工程总量为1，已知甲同学的工作效率为$\frac{1}{12}$，设乙同学的工作效率为$\frac{1}{x}$.

条件(1)：由条件可得$6 \times \frac{1}{12} + 4 \times \frac{1}{x} = 1$，解得$x = 8$.

故$4 \times \left(\frac{1}{12} + \frac{1}{8}\right) + 4 \times \frac{1}{8} = \frac{5}{6} + \frac{1}{2} = \frac{4}{3} > 1$，不充分.

条件(2)：由条件可得$2 \times \frac{1}{12} + 3 \times \frac{1}{x} = \frac{1}{2}$，解得$x = 9$.

故$4 \times \left(\frac{1}{12} + \frac{1}{9}\right) + 4 \times \frac{1}{9} = \frac{7}{9} + \frac{4}{9} = \frac{11}{9} > 1$，也不充分.

两个条件无法联立，故选(E).

25. (D)

【解析】鸡兔同笼问题.

条件(1)：设兔子有x只，则鸡有$x + 50$只. 显然有$(x + 50) \times 2 + 4x = 250$，解得$x = 25$，则鸡有$x + 50 = 75$只，故条件(1)充分.

条件(2)：设兔子有x只，鸡有$3x$只，则有$2 \times 3x + 4x = 250$，解得$x = 25$，故鸡有$3x = 75$只，故条件(2)也充分.

图书配套服务使用说明

一、图书配套工具库：喵屋

扫码下载"乐学喵 App"
(安卓/iOS 系统均可扫描)

下载乐学喵App后，底部菜单栏找到"喵屋"，在你备考过程中碰到的所有问题在这里都能解决。可以找到答疑老师，可以找到最新备考计划，可以获得最新的考研资讯，可以获得最全的择校信息。

二、各专业配套官方公众号

可扫描下方二维码获得各专业最新资讯和备考指导。

老吕考研
（所有考生均可关注）

专硕考研喵
免费图书课程赠送，
专硕备考最全资讯&干货获取

老吕教你考MBA
(MBA/MPA/MEM/MTA
专业考生可关注)

会计专硕考研喵
（会计专硕、审计
专硕考生可关注）

图书情报硕士考研喵
(图书情报硕士考生可关注)

物流与工业工程考研喵
（物流工程、工业工程
考生可关注）

396经济类联考
（金融、应用统计、税务、
国际商务、保险及资产评估
考生可关注）

三、图书勘误 📖

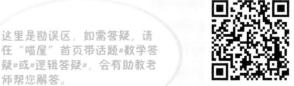

这里是勘误区，如需答疑，请在"喵屋"首页带话题#数学答疑#或#逻辑答疑#，会有助教老师帮您解答。

扫描获取图书勘误